人邮晋华
PUHUA BOOK

我们一起解决问题

心理评估：过程、诊断与技术

第9版

Assessment Procedures
for Counselors and Helping Professionals
9TH EDITION

卡尔·J. 谢珀里斯（Carl J. Sheperis）

［美］ 罗伯特·J. 德拉蒙德（Robert J. Drummond） 著

卡琳·黛勒·琼斯（Karyn Dayle Jones）

孙 沛 鲁小华 邹筱雯 蔡 飞 林令瑜

李月姣 成 杲 王 娟 韩雪蕊 曾煦琪 译

人民邮电出版社

北 京

图书在版编目（CIP）数据

心理评估：过程、诊断与技术：第9版 /（美）卡尔·J. 谢珀里斯（Carl J. Sheperis），（美）罗伯特·J. 德拉蒙德（Robert J. Drummond），（美）卡琳·黛勒·琼斯（Karyn Dayle Jones）著；孙沛等 译. -- 北京：人民邮电出版社，2024.4
　ISBN 978-7-115-60601-3

Ⅰ. ①心⋯ Ⅱ. ①卡⋯ ②罗⋯ ③卡⋯ ④孙⋯ Ⅲ. ①心理测验 Ⅳ. ①B841.7

中国版本图书馆CIP数据核字(2022)第231273号

内 容 提 要

作为心理咨询评估领域中颇受欢迎的教材，本书如今已更新至第9版，书中包含了17个与心理评估相关的重要主题，包括什么是心理评估，心理评估的伦理和法律议题，多元群体的评估议题，心理评估信息的获取方法和来源，信度、效度等与统计学相关的概念，智力和一般能力评估，成就评估，能力倾向评估，职业生涯和就业评估，人格评估和教育评估等内容。

本书每章内容均由一系列学习目标引出，并围绕该目标深入浅出地讲解各章对应的内容。为了便于读者更好地理解本书内容，并将其应用于临床工作中，本书设置了"总结""问题讨论""建议活动"等内容。另外，与之前的版本相比，本书在各个章节中展示了被广泛使用的评估工具信息和示例，以帮助读者熟悉常见的心理测评量表。

本书适合高校与相关研究机构的心理学研究者与实践者使用，也适合所有对心理评估感兴趣的读者阅读、参考。

◆ 著　[美] 卡尔·J. 谢珀里斯（Carl J. Sheperis）
　　　[美] 罗伯特·J. 德拉蒙德（Robert J. Drummond）
　　　[美] 卡琳·黛勒·琼斯（Karyn Dayle Jones）
　　译　孙　沛　鲁小华　邹筱雯　蔡　飞　林令瑜
　　　　李月姣　成　杲　王　娟　韩雪蕊　曾煦琪
　　责任编辑　柳小红
　　责任印制　彭志环

◆ 人民邮电出版社出版发行　北京市丰台区成寿寺路11号
　　邮编　100164　电子邮件　315@ptpress.com.cn
　　网址　https://www.ptpress.com.cn
　　固安县铭成印刷有限公司印刷

◆ 开本：787×1092　1/16
　　印张：25.5　　　　　　　　　　2024年4月第1版
　　字数：400千字　　　　　　　2025年4月河北第3次印刷
　　著作权合同登记号　图字：01-2020-7505 号

定　价：118.00 元
读者服务热线：（010）81055656　印装质量热线：（010）81055316
反盗版热线：（010）81055315

总序
构建基于胜任力模型的咨询师培养体系

樊富珉

近期，人民邮电出版社旗下的普华心理准备引进和出版一套"心理咨询与心理治疗精选书系"，邀请我作序。我看了这套书系所列书目，非常兴奋，也非常认同，符合心理咨询与心理治疗专业人才培养的要求，相信这套书系的出版能够为国内心理咨询师、心理治疗师，以及准备进入这个专业领域的后备人才提供重要的学习参考，所以，我欣然应允为书系的出版写序。

心理咨询与心理治疗专业人才培养是我的主要研究方向之一，也是我近年来最关心、最投入的研究和探索领域。在 30 多年的心理咨询的教学、研究、实践以及人才培养工作中，我深知国内在这个专业领域发展中的困难和瓶颈。

习近平总书记在全国卫生与健康大会上的讲话中指出，要加大心理健康问题基础性研究，做好心理健康知识和心理疾病科普工作，规范发展心理治疗、心理咨询等心理健康服务。在我看来，规范发展心理咨询与心理治疗服务最重要的因素是要有一批靠谱的、具有基本胜任力的心理咨询师与心理治疗师，以及规范的行业入门及行业监管制度。目前，国内心理咨询师的数量、质量，以及行业管理都与社会大众急需的心理健康服务的要求及规模有很大的差距。中国太需要建立一个专业的、规范的心理咨询师与心理治疗师培养体系，从而培养出合格的、规范的、有专业胜任力的、大众信任的专业人才。

心理咨询与心理治疗是要求很高的专业工作，专业人才的培养是有规律可循的。在国外，成为一名专业的心理咨询师或心理治疗师需要几千小时的专业培训和临床实习，需要花费几年到十几年系统的、规范的训练和养成。20 多年前，由于缺乏临床与咨询心理学方向的学历教育，我国高校研究生层次培养的心理咨询与心理治疗专业人才少之又少。2001 年，人力资源和社会保障部颁布了《心理咨询师国家职业标准》，2002 年，心理咨询师国家职业资格项目正式启动。这个项目启动的积极意义在于心理咨询首次成为国家认可的职业，推动了国民对心理健康服务的认识和了解。

但由于培训入门标准低、培训时间短、培训方式不规范、缺乏实习和督导，并且缺乏后续行业管理，该项考试已于2017年停止了。2002年开始，国家卫生健康委员会在医疗系统内开展了心理治疗师初级和中级职称考试，现在还在进行中，但数量与质量亟待提升。

随着大众对心理健康服务需求的日益强烈，心理健康服务越来越受到国家、社会的关注，培养有专业胜任力的心理咨询与心理治疗专业人才的工作越来越被重视。为了加强心理健康专业人才的培养，国家卫生健康委员会、中宣部等22个部门联合印发了《关于加强心理健康服务的指导意见》，文件指出："教育部门要加大应用型心理健康专业人才培养力度，完善临床与咨询心理学、应用心理学等相关专业的学科建设，逐步形成学历教育、毕业后教育、继续教育相结合的心理健康专业人才培养制度。鼓励有条件的高等院校开设临床与咨询心理学相关专业，建设一批实践教学基地，探索符合我国特色的人才培养模式和教学方法。"北京师范大学心理学部为响应社会需要，专门成立了临床与咨询心理学院，探索和构建了以胜任力培养为目标的心理咨询师与心理治疗师培养体系。

胜任力是指影响一个人大部分工作、学习、角色及职责的相关知识、技能和态度，它与工作绩效紧密相连，可被测量，而且可以通过教育与培训加以改善和提高。心理咨询师与心理治疗师的胜任力是指在经过专业的教育、实践、督导、研究基础上获得的专业能力。

心理咨询与心理治疗在专业领域及工作范围方面是有一定联系和区别的。心理咨询的工作对象更多是正常人群，这项工作是建立在良好的咨询关系基础上，由经过专业训练的心理咨询师运用咨询心理学的相关理论和技术，对有一般心理问题的求助者进行帮助的过程，以消除或缓解求助者的心理问题，疏导情绪，促进其良好适应和协调发展。心理治疗的工作对象更多是达到诊断标准的心理疾病患者，它是由经过专业训练的临床心理学家或心理治疗师运用临床心理学的有关理论和技术，对心理障碍患者进行帮助的过程，目标是消除或缓解患者的心理障碍或问题，促进其人格向健康、协调的方向发展。在实际专业人才培养中，心理咨询与心理治疗的课程有80%是相同的，但实习阶段会在不同机构进行。实习咨询师在学校的心理健康教育与心理咨询中心实习，而实习治疗师在专科医院临床心理科或综合医院的心理科实习。

从咨询实习生到新手咨询师，再到资深咨询师的成长过程是非常不容易的，他们需要在知识、技能、态度三个方面进行培养。一般需要经历四个重要的途径，包括知识学习、专业实习、接受督导、个人体验。

第一是知识学习，心理咨询师需要拥有完备的知识储备，这项任务主要通过专业课程的学习和演练完成。北京师范大学应用心理学专业硕士（临床与咨询心理学方向）的课程体系包括：心理学理论基础（发展心理学、人格心理学、社会心理学、心理病理学等），心理咨询专业基础（咨询伦理、心理评估与诊断、心理咨询理论与技术、心理咨询过程与方法、心理咨询研究方法），心理咨询流派（短程动力、认知行为治疗、家庭治疗、后现代心理咨询等），心理咨询专项技能（团体心理咨询、心理危机干预、儿童心理干预、生涯发展、箱庭治疗）。

第二是专业实习，它是指初学及未获得心理咨询或心理治疗专业胜任力的人员（也包括有一定经验但未达到胜任力要求的新手咨询师）在规范的实习机构，在有效督导的监管下，直接与来访者、病人进行心理咨询或心理治疗实务工作的专业活动。在美国，大学心理咨询中心是主要的咨询心理学专业博士实习机构，临床心理学专业博士在医院实习，但必须是被美国心理学会认证的实习机构。中国心理学会临床心理学注册工作委员会认证的实习机构主要是大学心理咨询中心和精神专科医院。实习的前提是经过见习，见习包括心理健康服务见习和精神科见习。通过实习，实习咨询师可以将所学用于接待真实来访者（有可能是儿童、青少年、成年人、老年人），并且进行心理评估、个别咨询、团体咨询等，在实战中提升心理咨询的专业能力。目前，根据国内本专业发展现状，北京师范大学临床与咨询心理学院制定了100小时的见习和100小时的实习的要求，并且设有专门的实习基地。心理咨询师积累的个案小时数是评估咨询师专业成熟度和能力的关键指标。

第三是接受督导，这是指心理咨询师与心理治疗师在咨询实习和实践中接受具备专业资格的督导师的帮助。督导师被称为临床与咨询专业的守门人。督导师帮助被督导者理解咨询与治疗过程的专业行为是否符合专业伦理，是否对来访者有益，是否使用恰当的助人方法和技术。接受专业督导是心理咨询师与心理治疗师成长的必经之路。北京师范大学应用心理学专业硕士（临床与咨询心理学方向）必须接受100小时的专业督导（包括个体督导和团体督导）。督导过程也是对实习咨询师进行评估的过程。在考核环节，实习不合格的学生不能进行学位申请。督导不仅是新手咨询师成长必不可少的过程，那些有经验的咨询师在专业实践中也需要督导师的协助，以应对复杂的心理咨询案例，同时不断提升专业能力。

第四是个人体验，这是指心理咨询师自己作为来访者参与咨询的经历，这种体验包括咨询师作为来访者接受个体咨询，也包括咨询师作为团体成员参与团体咨询。当然，并非所有流派都要求咨询师这样做，但这种经历在我看来是心理咨询师专业训练不可或缺的，这一过程可以为咨询师提供体验层面的经验，以便他们与服务对象建立更专业的、更具有疗愈功能的咨询关系。

综上所述，心理咨询师的成长蜕变过程非常不易。我在对心理咨询师的督导实践中发现，有不少人在专业学习过程中走了很多弯路，进入这个领域后产生了迷茫，怀疑自己的助人效能，甚至让他们的学习和实践事倍功半。究其原因，就是他们缺少对该领域知识框架的基本了解，缺乏对心理咨询师成长规律、训练过程及养成途径的了解。可见，想成为有胜任力的心理咨询师，想少走弯路，专业的"导航"非常必要。

"心理咨询与心理治疗精选书系"的引入和出版恰逢时机，它构成了咨询师培养的完整的知识和技能体系。这套书系有三个鲜明的特点：第一是知识体系完整，第二是知识内容新颖，第三是理论结合案例。在上文中提到的咨询师专业成长的四个重要途径中，该先迈哪一步呢？我认为知识储备应该是最关键的基础。

普华心理推出的这套"心理咨询与心理治疗精选书系"的第一个特点是知识体系完整，涉及心理咨询与心理治疗专业胜任力的三个方面：从知识领域看，涉及心理咨询专业发展趋势，精神病理学，心理咨询研究方法，心理评估的过程、诊断与技术；从技能方面看，涉及助人艺术，心理咨询常用技术，伴侣与家庭治疗，团体咨询，心理危机干预与预防，儿童青少年心理咨询，成瘾心理咨询与治疗指南；从态度方面看，涉及心理咨询专业伦理，多元文化咨询，与咨询相关的法律。这套书系为未来的咨询师提供了最新的专业培训标准和实践指导。如果读者能按照这个书目有条不紊地学习，就会逐渐构建出自己在心理咨询领域乘风破浪的"航海图"，形成专业的胜任力。

这套书系的第二个特点是知识内容新颖，提供了咨询基础、新兴问题和最新发展的丰富信息。书系中的每本书都在保留经典文献的基础上，增加了许多心理咨询理论和技术的最新发展成果和有效治疗的最新研究，例如关于正念冥想法、叙事疗法、基于优势法、来访者支持法等新兴咨询技术的介绍。无论新手咨询师还是资深咨询师都可以根据自己的实务经验，有选择性地学习和提高。尤其是心理危机干预与预防、儿童青少年心理咨询更是当前心理咨询师急需学习和掌握的专业技能。

这套书系的第三个特点是理论结合案例，实操性非常强，每本书都能将理论整合到临床和咨询的实践中，对常见的心理问题及咨询干预结合多样化和多元文化的案例研究加以阐述，进一步强调了在咨询工作中必备的技能、基本的理念及先进的技术。其中，有的书的每一章都以一个独特的、现实的来访者案例开始，这种基于案例的方法可以帮助读者将理论、原则、假设和技术应用到实践中，更好地理解和掌握相关的知识及技能。

我衷心希望这套"心理咨询与心理治疗精选书系"的引进能够进一步促进我国心理

咨询与心理治疗工作者在专业性和规范性方面的提升，为我国心理咨询与心理治疗专业人才培养提供积极参考。

北京师范大学心理学部临床与咨询心理学院院长

清华大学心理学系咨询心理学退休教授、博士生导师

中国心理学会临床心理学注册工作委员会监事组组长

2024 年 2 月

译者序

心理学工作离不开评估，准确、有效的评估能够为心理干预指明方向。没有评估，就如同航船失去灯塔，即使再出色的船只也无法抵达目的地。

本书为心理评估这项重要工作提供了全面而实用的信息，既包含理论知识，也涵盖各个助人领域的各种实操方法，强调评估的多元性和信息整合。对于想要全面且系统地理解和学习心理评估工作的人来说，本书是一个理想的选择；对于已经具备评估相关工作经验的人来说，本书也有助于深化其对评估的理解，使其获得非常具有实操意义的指导。

将心理评估方面的外版专业书籍翻译成中文，我们深感责任重大。本书的译者均为心理学专业人士或从业者，具体包括以下人员。

- 邹筱雯：伦敦大学学院精神分析发展心理学硕士、心理咨询师。
- 蔡飞：CATTI 三级笔译证书持有者、心理咨询师、《团体心理咨询理论与实践》《超越愤怒》译者。
- 林令瑜：艺术治疗师、心理咨询师。
- 李月姣：清华大学应用心理专业硕士在读。
- 成杲：联勤保障部队第九四〇医院主治医师。
- 王娟：北京第二外国语学院学生心理健康教育与咨询中心主任，清华大学心理学博士在读。
- 韩雪蕊：多伦多大学临床心理学博士在读。
- 曾煦琪：清华大学心理学本科，哥伦比亚大学心理学硕士。

初步校对由邹筱雯和蔡飞负责，我们（孙沛、鲁小华）负责全程指导和最终审校、统稿。翻译过程中，我们真切地感受到各位译者的认真和严谨，翻译此书也使我们受益匪浅，丰富和加深了我们对于心理评估工作的理解。

翻译中首先要确保评估工具的翻译在语言上无误并且前后一致。评估领域中有大量的专有名词，译者在学习过程中曾接触过不同的翻译版本，为此我们花费了许多时间进行选择和校对。本书也涉及了不同领域的大量评估工具，我们查阅了大量文献资料，以便更准确、更清晰地呈现评估工具所评估的构念及其应用方法。

翻译时不仅要确保评估工具的翻译在语言上准确无误，还要关注内容的文化适应性。不同文化之间存在着价值观、信念和行为模式的差异，这些差异可能会对心理评估结果产生影响。我们尽量在翻译过程中充分考虑这些差异。另外，本书中举例的评估工具的使用场景主要是在美国，我们通过多方搜集资料以理解评估工具应用的具体背景，从而使翻译更易于理解。但翻译过程难免会出现遗漏或错误，在此我们诚挚地欢迎读者朋友们的反馈和指正。

感谢翻译团队的努力和协作，尤其感谢邹筱雯和蔡飞两位女士，她们在校对过程中付出了大量的时间和精力，多方查阅资料，对措辞和表述的规范性进行了反复的推敲。感谢本书编辑柳小红和黄文娇两位女士的辛苦付出。也感谢我们的家人在时间上的让渡，使得我们有时间投入本书的翻译工作。

我们希望读者能够通过这本书深入了解心理评估工作，并在实践中获得更好的应用。

孙沛　鲁小华
2024 年 2 月

前　言

　　在《心理评估：过程、诊断与技术》（第9版）这本书中，我们的总体目标是协助即将和已经就职的学校咨询师、婚姻和家庭治疗师、心理健康咨询师、职业顾问及其他助人专业人员更好地使用评估过程中可能采用的各种方法，并了解评估程序。心理评估可以在许多场景下进行，如学校、心理健康诊所、职业咨询中心、物质滥用治疗中心、私人诊所、精神病院和职业康复中心等。评估是心理咨询过程中的一个组成部分，在这个过程中，咨询师和来访者共同努力，以更好地了解来访者的困扰。我们相信评估的有效性和精确性对于有效的心理咨询来说至关重要。通观全书，我们想要强调的是：评估不仅仅指进行测验，评估还涉及通过多种方法（multiple methods）和多种来源（multiple resources）收集和整合个体的相关信息。本书的主要目标是为读者提供众多评估方法的概览，使他们能够在多元文化社会中成为有能力和诚信尽责（具备胜任力和伦理道德）的从业者。

　　本书有三个具体目标。第一个目标是概述心理评估的基本信息，包括各种评估方法和评估所需信息的来源。读者必须学习一些基本的测量原理，以便理解心理评估的应用和议题。因此，本书也涉及了有关评估的统计学概念（如效度和信度等）的基础信息。第二个目标是对评估常用的一般领域进行概述，如智力、成就、能力倾向、职业兴趣和技能及人格等。第三个目标是就具体评估应用和议题方面提供信息，如临床评估、沟通评估结果、对不同人群进行评估及伦理和法律议题等。

　　为了实现这些目标，本书分为三个部分，即评估原则、评估基础和评估类型，这样不仅平衡了理论和实践，还涵盖了在学校咨询、临床心理健康咨询或职业生涯咨询等环境中常用的评估工具和策略。

评估原则

　　本书的第一部分是有关心理和教育评估的原则和基础（包括第一章、第二章、第三章、第四章），重点介绍心理和教育评估的基本原则，旨在为咨询师提供评估过程中需要了解或使用的测量与评估的基本概念。第一章概述了心理评估，并总结了曾影响评估实践的相关历史信息。第二章重点介绍与评估相关的重要伦理和法律议题。由于不同的评估策略会用于不同人群，所以第三章提供了多元群体评估的重要信息，包括与评估个体、团体和特定人群有关的社会和文化因素，以及评估来自不同背景的个体时所需的能力和应遵守的标准。第四章着重介绍评估过程，强调使用多种方法从多种来源收集数据的重要性。此章介绍正式与非正式的数据收集方法（如访谈、测验、观察）和评估信息来源（如来访者、家长、重要他人、教师和健康专业人员）的详细信息。

评估基础

本书的第二部分建立在评估原则的基础上，探索评估的基础（包括第五章、第六章、第七章、第八章、第九章）。第五章介绍与测验和评估相关的基本统计概念。第六章介绍分数类型及评估工具的计分和解释标准。第七章和第八章介绍评估过程中至关重要的心理测量指标：信度和效度。第九章通过呈现与选择、施测、计分和报告评估结果相关的信息，整合评估过程的要素。

评估类型

第三部分为评估类型，集中介绍与特定评估领域相关的应用和议题（包括第十章、第十一章、第十二章、第十三章、第十四章、第十五章、第十六章、第十七章），重点关注评估方法在各种环境中的有效性及合乎伦理的应用。第十章介绍智力和一般能力评估，包括主要的智力理论、智力测验（如韦氏量表、斯坦福 – 比内测验和考夫曼测验），以及智力评估中的特殊议题。第十一章介绍成就评估，包括成套成就测验、个人成就测验、诊断性测验、科目领域的测验和其他类型的成就测验。第十二章介绍有关能力倾向评估的信息。美国社会和经济状况的广泛变化可能让更多咨询师需要与来访者一起探讨与职业相关的议题，因此，第十三章提供有关职业生涯和就业评估的重要信息。第十四章重点介绍人格评估及各种类型的人格评估工具和技巧。第十五章重点关注临床评估和评估程序的使用，以诊断精神障碍、制订治疗计划、监测心理咨询进展，以及评估结果。第十六章介绍教育方面的评估议题，例如，学校咨询师的评估活动、学校使用的评估工具种类、对特定学习障碍和天赋的评估、备考和学业表现、学校的环境评估，以及学校咨询师的评估胜任力。最后，第十七章介绍沟通评估结果。

本版新增内容

本书首次出版于 1988 年，并已成为心理评估教材的经典之作。第 9 版的内容有较大的改动：我们对各章都做了更新，并努力提供最准确、最与时俱进的评估信息。与此同时，我们保留该书易于阅读的格式，并持续重视对学校咨询师、婚姻和家庭治疗师、心理健康咨询师和其他助人专业人员最有用且最相关的评估信息，尽力保持本书原有的吸引力。在各章中，我们展示广泛应用的评估工具信息和示例，以帮助读者熟悉这些众所周知的测验。该版本与2014年《教育与心理测验标准》一致，其中包括以下更新内容。

- 使用最新的评估工具对内容进行了全面的更新。
- 包括了对 ICD-10 和 DSM-5 的讨论。
- 更多的个案研究。
- 重新组织了内容，将伦理、法律和多元文化议题归属于评估的基本原则。这个版本对评估原则、基础和类型进行了更合乎逻辑的整理。
- 针对关键概念提供了更清晰的定义。
- 添加了"建议活动"版块来说明关键概念。
- 更新了全书参考文献。

本版主要的章节内容修订如下。

- 第一章"评估概述"：修订后，本章包含了更清晰的有关评估胜任力的讨论，并加入了更多关键概念的可视化演示（如测验和评估的异同）。
- 第二章"评估中的伦理和法律议题"：将该部分内容移至此处，旨在强调该主题的重要性。此外，该版本还增加了与美国学校咨询师协会（ASCA）和美国心理咨询协会的《伦理准则》E 部分（ACES）相关的信息。最后，本章新增了一些个案研究的内容，以辅助阐明伦理议题。
- 第三章"多元群体的评估议题"：将该部分内容移至此处，旨在强调该主题的重要性。此外，该主题的定义已被更新，以反映当前社会对多样性的新观点。
- 第四章"评估信息的获取方法和来源"：更新后，本章的信息更清晰，更便于读者理解。
- 第五章"统计学概念"：更新后本章对相关的类型提供了更全面的解释，并添加了分数使用的示例。此外，我们简化了统计计算，同时提供了更多的信息来阐释评估概念的实际应用。
- 第六章"理解评估分数"：更新后为读者提供了更易于理解的分数介绍。此外，我们使统计计算更加简化，语言更通俗易懂。
- 第七章"信度/精确度"：更新后提供了更多与内部一致性相关的示例。此外，我们对内容进行了精简，删除了内部一致性度量的计算。

- 第八章"效度"：本章更新了信度和效度的差异，展开了更清晰的讨论。此外，我们还对本章的语言进行了修改，使之更加适合读者阅读。

- 第九章"选择、施测、计分和解释评估结果"：更新后进一步澄清了评估过程的步骤，同时将其与文化和多样性因素建立了更明确的联系。

- 第十章"智力和一般能力评估"：更新后在智力和心理咨询实践之间建立了更清晰的联系。我们也更新了与智力相关的理论，同时修订本章使其更易于读者理解。

- 第十一章"成就评估"：更新后提供了与本章所述的每项评估工具相关的说明。

- 第十二章"能力倾向评估"：更新后纳入了有关心理运动能力的内容。此外，还增加了针对身心障碍（残疾）成人的能力倾向评估的信息。最后，我们更新了关于美国研究生入学考试（GRE）计分的信息。

- 第十三章"职业生涯和就业评估"：更新后添加了职业生涯清单活动。我们删除了本章原有的三个部分，以便让重点更清晰，减少职业评估一章和职业咨询课程之间的信息重叠。

- 第十四章"人格评估"：更新时对定义人格的复杂性进行了更全面的探究。

- 第十五章"临床评估"：更新后纳入了关于生物－心理－社会访谈更清晰的解释。此外，还加入了 ICD-10 的相关信息。

- 第十六章"教育评估"：更新后对跨领域的心理咨询应用做出了更清晰的解释。

- 第十七章"沟通评估结果"：更新后包括了更多有关扁平式简况的信息。

鸣谢

感谢以下同事为我们改进第9版提出宝贵意见，他们是鲍林格林州立大学的贾里德·罗斯（Jared Rose）；西伊利诺伊大学的丽贝卡·麦克利恩（Rebecca McLean）；加州州立大学洛杉矶分校的罗克珊娜·佩布达尼（Roxanna Pebdani）；拉马尔大学的乔伊·德尔·斯努克（Joy-Del Snook）。除了感谢审稿人之外，我还要感谢爱丽丝·斯塔基（Ellis Starkey）女士和唐纳·谢珀里斯（Donna Sheperis）博士，感谢他们在编写本书第9版的过程中提供的帮助。他们的贡献对于完成这次修订至关重要。

关于作者

卡尔·J. 谢珀里斯

卡尔·J. 谢珀里斯（Carl J. Sheperis）博士是得克萨斯农工大学教育与人类发展学院的院长。谢珀里斯博士曾担任美国国家咨询师注册顾问委员会（National Board for Certified Counselors，NBCC）及其附属机构的主席和首席执行官。他是心理咨询评估与研究协会（Association for Assessment and Research in Counseling，AARC）的前任主席，也是《心理咨询与发展杂志》（*Journal of Counseling and Development*）中定量研究版块的副主编。他曾任美国心理咨询协会（American Counseling Association，ACA）研究与知识委员会主席，并担任《心理咨询研究与实践杂志》（*Journal of Counseling Research and Practice*）的编辑。

除了本书外，谢珀里斯博士还是以下著作的作者：《心理咨询研究：定量，定性和混合方法》（*Research in Counseling: Quantitative, Qualitative, and Mixed Methods*）；《临床心理健康咨询：应用实践的基础》（*Clinical Mental Health Counseling: Fundamentals of Applied Practice*）；《诊断和治疗儿童和青少年》（*Diagnosing and Treating Children and Adolescents*）和《和平列车》（*The Peace Train*）。他还在各种学术期刊中发表过多篇文章。

罗伯特·J. 德拉蒙德

罗伯特·J. 德拉蒙德（Robert J. Drummond）博士已于 2005 年 3 月 14 日去世，他是北佛罗里达大学咨询心理学专业退休教授，曾在该校任职 20 年。他专攻教育和心理测验、职业发展、评估模型、教育研究、人格理论和测量，是评估领域的先驱。德拉蒙德博士在 1988 年撰写了本书的第一版。如今本书已更新至第 9 版，仍然是心理咨询领域中颇为流行的评估图书。

卡琳·黛勒·琼斯

卡琳·黛勒·琼斯（Karyn Dayle Jones）博士是中佛罗里达大学咨询教育专业的副教授。她在心理咨询行业有超过 20 年的经验，从事心理咨询教育工作已超过 15 年。琼斯是《心理咨询职业导论》（*Introduction to the Profession of Counseling*）的合著者之一，曾独立撰写或合作撰写过几本书，并做过许多专业演讲。她的主要研究领域是评估和诊断。她是人本主义心理咨询协会（Association for Humanistic Counseling）的前任主席，该协会是美国心理咨询协会（ACA）的一个分支。琼斯也是美国佛罗里达认证的心理健康咨询师和美国国家认证心理咨询师，她曾在心理健康机构、学校和私人诊所从事心理咨询工作。

目　录

1 第一章
　　评估概述 /1

学习目标 /1

什么是评估 /2

评估目的 /3

多种方法和多种来源 /5

评估过程 /7

评估的胜任力要求 /9

历史观点 /11

评估与科技 /16

基于计算机的评估 /16

基于互联网的评估 /17

评估中的争议议题 /18

总结 /18

问题讨论 /19

建议活动 /19

2 第二章
　　评估中的伦理和法律议题 /20

学习目标 /20

专业标准和伦理准则 /20

美国心理咨询协会的《伦理准则》/21

美国教育研究协会、美国心理学会和美国国
　家教育测量委员会的《教育与心理测验标
　准》/24

美国学校咨询师协会的《学校咨询师伦理标
　准》/25

美国心理学会的《心理学家伦理原则和行为
　准则》/25

心理咨询评估协会的《标准化测验使用者的

责任》（第三版）/25

美国测验实践联合委员会的《教育公平测验
　实施准则》/26

美国国家教育测量委员会的《教育测量的专
　业责任准则》/26

评估中的伦理议题 /27

专业培训和胜任力 /27

来访者福祉议题 /28

测验使用者资格 /28

评估中的法律议题 /31

法规和条例 /31

1

司法判决 /35

问题讨论 /37

总结 /37

建议活动 /37

3

第三章
多元群体的评估议题 /39

学习目标 /39

多元文化评估 /40

心理咨询评估中的特权与边缘化 /40

测量偏差 /40

评估中的多元文化视角 /43

文化适应 /44

策略 /45

对使用不同语言个体的评估 /46

对残疾人士的评估 /47

对视觉障碍患者的评估 /49

对听觉障碍患者的评估 /49

对智力障碍患者的评估 /50

对神经心理障碍患者的评估 /52

对交流障碍患者的评估 /52

对残疾儿童的评估 /53

多元群体的评估标准 /55

总结 /56

问题讨论 /56

建议活动 /56

4

第四章
评估信息的获取方法和来源 /57

学习目标 /57

评估方法和来源 /57

正式与非正式评估工具和策略 /58

初始访谈 /60

访谈的结构化程度 /60

访谈指南 /62

测验 /63

测验类别 /65

观察 /69

正式观察和非正式观察 /70

直接观察和间接观察 /71

自然环境和人为环境 /71

无干扰式观察和参与式观察 /71

记录观察内容的方法 /72

自我监测 /77

间接来源 /77

总结 /78

问题讨论 /78

建议活动 /79

5 第五章
统计学概念 /80

学习目标 /80

评估的统计学概念 /80

测量尺度 /81

名目尺度 /82

顺序尺度 /82

等距尺度 /83

等比尺度 /83

描述分数 /83

频数分布 /85

集中量数 /89

差异量数 /91

正态曲线 /94

关系量数 /95

总结 /101

问题讨论 /101

建议活动 /101

6 第六章
理解评估分数 /102

学习目标 /102

评估分数 /102

标准参照分数 /103

常模参照分数 /104

常模团体 /105

常模参照分数的类型 /107

标准分数 /109

年级当量与年龄当量 /115

定性评估 /116

表格及剖析图 /118

**是用标准参照法还是用常模参照法，或
两者兼而有之 /118**

总结 /120

问题讨论 /121

建议活动 /121

7 第七章
信度 / 精确度 /122

学习目标 /122

信度 /123

测量误差 /124

测量误差的来源 /124

评估信度 / 精确度的方法 /126

重测法 /128

复本法 /129

内部一致性信度 /130

评分者间信度 /131

选择一个信度系数 /132

评估信度系数 /132

测量的标准误差 /133

置信区间 /135

提高信度 / 精确度 /135

总结 /137

问题讨论 /137

活动建议 /138

8

第八章
效度 /139

学习目标 /139

效度的本质 /139

重温构念 /141

威胁效度的因素 /142

效度和信度 / 精确度 /142

效度证据的来源 /143

测验内容循证 /143

内部结构循证 /145

与其他变量关系循证 /146

测验结果循证 /151

反应过程循证 /152

总结 /152

问题讨论 /153

建议活动 /153

9

第九章
选择、施测、计分和解释评估结果 /155

学习目标 /155

选择评估工具和策略 /155

辨识所需信息的类型 /156

辨识可用信息 /156

确定获取信息的方法 /157

搜索评估资源 /158

考虑文化和多样性因素 /162

评价并选择一个评估工具或策略 /162

施测 /168

施测前 /169

施测中 /170

施测后 /172

对评估工具计分 /172

对表现评估进行计分 /173

计分误差 /174

评估工具的计分标准 /174

解释评估结果 /175

总结 /176

问题讨论 /176

建议活动 /177

10 第十章
智力和一般能力评估 /178

学习目标 /178

定义智力 /178

智力理论 /181

斯皮尔曼的二因素理论 /181

弗农的智力层次模型 /182

卡罗尔的智力三层次模型 /182

卡特尔－霍恩－卡罗尔的三阶层模型 /183

瑟斯通的多因素理论 /184

卡特尔－霍恩的流体智力与晶体智力理论 /186

吉尔福德的三层智力结构模型 /186

皮亚杰的认知发展理论 /187

鲁利亚的模型 /188

斯滕伯格的三元智力理论 /188

加德纳的多元智力理论 /188

计划－注意－同时性－继时性认知加工理论 /189

特曼的研究 /189

智力测验 /190

能力、智力、成就和能力倾向 /192

个体智力测验 /193

团体智力测验 /203

专门测验 /205

访谈及观察 /207

智力评估中的议题 /207

总结 /209

问题讨论 /209

建议活动 /209

11 第十一章
成就评估 /210

学习目标 /210

评估成就 /210

标准化成就测验 /211

成套成就测验 /213

个人成就测验 /217

诊断性测验 /221

科目领域的测验 /224

成人成就测验 /225

其他成就评估工具 /225

标准参照测验和最低水平技能测验 /225

美国各州成就测验 /226

美国国家教育进展评估 /227

课程本位评估与课程本位测量 /228

表现评估 /228

档案袋评估 /229

影响学生成就的因素 /229

学情分析 /235

总结 /237

问题讨论 /237

建议活动 /237

12 第十二章
能力倾向评估 /239

学习目标 /239

能力倾向测验 /239

多元能力倾向成套测验 /240

专业能力倾向测验 /246

入学测验 /251

准备测验 /255

身心障碍成人的能力倾向评估 /256

总结 /257

问题讨论 /257

建议活动 /257

13 第十三章
职业生涯和就业评估 /259

学习目标 /259

职业生涯评估 /259

兴趣量表 /260

工作价值观量表 /266

人格量表 /268

能力和技能评估 /269

职业发展量表 /270

综合评估方案 /271

访谈 /272

就业评估 /273

选拔性面试 /273

履历信息 /274

测验 /275

职业分析 /277

评估中心法 /279

员工选拔指南 /280

就业评估趋势 /281

总结 /282

问题讨论 /282

建议活动 /283

14 第十四章
人格评估 /285

学习目标 /285

定义人格 /285

特质、状态和类型 /286

人格问卷 /287

人格问卷的开发方法 /288

人格问卷的种类 /289

结构化人格问卷 /290

投射工具和技术 /299

聚焦积极心理学的人格问卷 /305

反应风格 /308

总结 /309

问题讨论 /309

建议活动 /309

15 第十五章
临床评估 /312

学习目标 /312

临床评估的基础 /313

诊断中的政策议题 /313

确定诊断 /313

DSM-5/314

临床评估中的访谈 /317

精神状态检查 /319

用于临床评估的工具 /321

自杀风险评估 /326

观察和临床评估 /328

神经心理学评估 /335

临床评估中的文化考量 /338

总结 /338

问题讨论 /339

建议活动 /339

16 第十六章
教育评估 /340

学习目标 /340

学校评估项目 /341

设计学校评估项目 /341

学校评估项目中使用的评估工具 /342

学校咨询师的评估活动 /343

需求评估 /345

评估特殊学习障碍 /345

评估天赋 /348

为教师提供咨询 /351

学校的环境评估 /353

学校咨询师的评估和评价胜任力 /355

教育中的评估议题 /355

考试准备和表现 /357

辅导 /358

提升考试技巧 /358

降低考试焦虑 /359

总结 /360

问题讨论 /361

建议活动 /361

17 第十七章
沟通评估结果 /362

学习成果 /362

反馈环节 /363

团体反馈环节 /366

问题领域 /366

家长反馈环节 /368

评估报告 /370

优秀报告的品质 /371

评估报告格式 /372

与其他专业人员沟通评估结果 /377

向公众传达评估结果 /378

总结 /380

问题讨论 /380

建议活动 /380

参考文献 /382

评估概述

学习目标

学习本章之后，你将能够做到以下几点。

- 定义评估。

- 描述评估的各种目的。

- 描述数据收集方法的大致类别和评估信息的各种来源。

- 理解对多种方法和多种评估信息来源进行整合的重要性。

- 列出并描述评估过程的步骤。

- 描述咨询师有效使用评估工具所需的胜任力。

- 描述评估的历史背景。

- 描述计算机技术在评估领域中的应用。

想象一下，一家儿童福利机构要求你进行一项评估，旨在确定一名儿童顺利从寄养状态过渡到家庭收养状态的可能性。作为评估的一部分，你可能会拜访潜在的养父母家庭，以确定环境的适合程度，并对此家庭的功能有一番真实的体验。你还必须评估该儿童的社会和情感发展情况及其被收养的意愿。例如，我们有必要考虑儿童与新家庭建立关系的能力、可能出现的任何发展议题，以及任何影响收养过程成功与否的潜在阻碍。为了收集足够的信息，你可能需要对养父母进行访谈，观察儿童的玩耍及其与他人的互动，并使用标准化评估工具进行评估，如贝利婴幼儿发展量表（Bayley Scales of Infant and Toddler Development）。整个评估过程相当复杂，且结果可能会对当事人的人生道路产生重大影响。最终的评估报告将包括有关任何发展问题的信息、家庭环境评估、对标准化分数的解释及基于数据的最终建议。评估结果将影响儿童福利机构对是否同意进行家庭收养做出最终决定。评估专业人员有幸在儿童收养方面发挥作用，并给予儿童拥有积极家庭生活的机会。想想这一评估过程对这些儿童和他们的新父母有多重要，就会知道评估专业人员需要负起多么大的责任。

长期以来，评估一直被视为所有助人专业的基本组成部分，也是心理咨询过程的基石。简而言之，评估是收集来访者信息并确定该信息含义的过程。通过评估，咨询师可以发现来访者问题的本质，这些问题的严重程度及其如何影响来访者的生活，来访者的家庭、关系或过去的经历如何引发了当前问题，来访者的优势和心理咨询意愿，以及心理咨询是否对来访者有益。评估对于确定心理咨询目标和最有效的干预措施也至关重要。评估发生在所有心理咨询场合，包括学校、心理健康诊所、职业咨询中心、物质滥用治疗中心、私人诊所、精神病医院和职业康复中心。实际上，咨询师总是在评估。评估是一个持续的、动态的过程，贯穿于助人关系始终。尽管就读助人专业的学生最初常常质疑评估培训的必要性，但评估胜任力是成功的咨询实践的必要组成部分（Whiston，2015）。

本书的目的是帮助当前和未来的学校咨询师、心理健康咨询师、职业咨询师、婚姻和家庭治疗师及其他助人专业人员，使他们认识到评估在心理咨询中的整体作用，了解评估过程，拥有应用评估的意识，并了解与评估相关的特定法律和伦理议题。我们相信评估的胜任力对于心理咨询的积极结果至关重要。为了能够胜任评估工作，除了学习本书的内容外，你还需要寻求在督导支持下的实践机会。本书的每一章都将帮助你提升将评估整合到你的专业心理咨询实践中的能力。

在整本书中，我们使用评估（assessment）这一术语，而非测验（testing）。我们必须认识到，测验只是评估过程的一个组成部分，评估的范围远远超出标准化测验的范围。尽管我们将在全书中介绍重要且被广泛使用的心理评估工具，但我们强调，评估不仅仅是进行测验，评估涉及运用多种方法（如访谈、观察、测验）和通过多种来源（如来访者、家庭成员、教师、医生等）收集和整合有关个人的信息。通过多种评估方法和来源确认数据有助于更全面、更准确地了解来访者及其关注的问题。

什么是评估

在我们讨论评估过程之前，理解评估的定义很重要。"评估"一词指用于收集信息的系统性程序，这些信息用于对一个人的特征做出推测或判断（AERA，APA，& NCME，2014）。评估包括从多渠道进行广泛数据收集的方法，目的是收集与个体相关的、精确和可信的信息。在心理咨询和其他助人专业中，评估被认为是一个过程，因为它是收集信息的持续性实践过程。有些人持有一种错误的信念，认为评估仅限于与个体的第一次会面，事实上，评估是一个持续性的过程，甚至可能在与个体进行第一次面对面接触之前就开始了，并贯穿于助人关系的整个过程。

许多学科会用到评估，包括心理学、心理咨询、教育、社会工作、健康、军事、商业和工业。教育工作者和其他学校工作人员使用评估来确定学生的学习或行为/情绪问题，并确定合适的干预措施和教育计划。心理学家和其他心理健康专业人员利用评估来诊断精神障碍、制订治疗计划、监测和评估治疗进展。职业生涯咨询师使用评估来评价个体的职业兴趣和能力。由于有众多类型的专业人员使用评估，我们在本书中会根据语境将这些人称为咨询师（counselor）（或心理咨询师）、测验使用者（test user）、评估者（assessor）、施测者（examiner）或专业人员（professional）。同样，我们将参与评估过程的人称为来访者（client）、被评估者（assessee）或受测者（examinee）。

评估经常被等同于测验，这两个术语经常被混淆或错误地互换使用。即使在今天，许多已出版的图书也很少区分评估和测验。正如科恩和施沃德里克（Cohen & Swerdlik，2018）所指出的，"测验"一词已被广泛用于从施测到分数解释等一系列要素上。然而，评估不仅是施测，而是一个综合过程，涉及通过多种数据收集方法（如访谈、测验和观察）整合信息。因此，测验被视为只是"在评估的更大框架内收集信息的一种方法"（AERA et al.，2014）。事实上，评估可以在没有测验的情况下有效地进行，理解这一点有助于区分这两种活动（Weiner，2013）。图1-1 提供了评估和测验的比照。

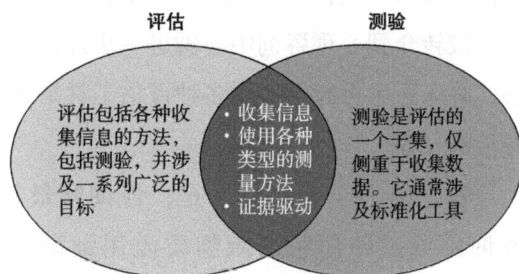

图 1-1　评估和测验

Source: Based on Weiner, I. B. (2013). The assessment process. In J. R. Graham & J. A. Naglieri (Eds.), Handbook of psychology: Volume 10 assessment psychology (2nd ed) (pp. 3–25). Hoboken, NJ: John Wiley & Sons.

收集评估信息的方法可分为三大类：访谈、测验和观察。每个类别都包含一系列正式和非正式的工具和策略，如非结构化访谈、评定量表（rating scales）、标准化测验、投射绘画（投射技术中的一种，详见第十四章）、检查清单、问卷等。

评估还涉及从各种来源获取信息，这些来源可能包括来访者、家庭成员、教师、医生、心理健康专业人员和其他专业人员。评估过程因评估目的、评估环境、来访者的需求及方法和信息来源的可得性与实用性而有所不同（Weiner，2013）。我们强调在大多数评估中使用多种方法的重要性，因为单一评估工具的结果永远不应成为制定与来访者相关的重要决策的唯一决定因素。

评估目的

既然我们已经定义了评估，接下来重要的是探索在心理咨询和其他助人活动中进行评估的理论基础。咨询师为什么要进行评估？简单来说，是为了收集有关来访者的信息，而咨询师需要收集的信息在很大程度上取决于评估的目的。相关研究表明至少应包含以下四个评估目的，即筛查、识别和诊断、制订干预计划，以及评估进展和结果（Erford，2006；Sattler & Hoge，2006；Selborn，Marion，& Bagby，2013）。

筛查　筛查是评估过程中的一个部分，通常涉及单一程序或工具，用于预测个体是否存在出现特定问题的高风险，以及是否需要进行更深入的评估。筛查过程并不全面，筛查工具通常有较低的可靠性（Erford，2012）。筛查不一定能确定一个人是否具有特定问题或障碍，也不一定能发现其严重程度，但它为咨询师提供了初步信息，以识别出那些极有可能出现特定问题的人。如果一个人在筛查过程中被确定具有高患病风险，那么就需要进一步评估。例如，许多大学都有"抑郁症筛查日"，在这一天，学生会完成一份调查问卷或检测抑郁风险的量表。如果测量结果表明学生具有高抑郁风险，那么他们会被转介到心理咨询中心做进一步评估，如有必要还会接受心理咨询。在心理咨询中心，临床医生可能会使用多种评估工具来诊断来访者患抑郁症的可能性，并用其帮助指导治疗过程。

筛查的一个常见例子是，咨询师最初担心来访者有物质滥用的可能性，为此咨询师可以使用第四版物质滥用细微筛查量表（Substance Abuse Subtle Screening Inventory–4th Edition，SASSI-4）。如果来访者得分达到临床显著水平，那么咨询师会进行更全面的评估，以确定物质类型、使用水平、戒断可能性、潜在戒毒需求，以及最佳治疗计划。

识别和诊断　在心理咨询中，评估通常作为识别或诊断问题、症状或障碍的一种手段。诊断可以被定义为对个体的优势和劣势进行详细分析，其总体目标是得出一个分类决定（Erford，2006）。以诊断为目的的评估过程通常涉及使用一系列工具和策略，从而确定来访者需要干预的问题领域。许多专业人员被要求使用《精神障碍诊断与统计手册》（第五版）（*Diagnostic and Statistical Manual of Mental Disorders*，DSM-5；American Psychiatric Association，2013）进行诊断。精神障碍（mental disorder）是损害个体认知、情绪或行为功能的行为或心理模式。在心理健康咨询环境中，如抑郁症和焦虑症等精神障碍通常依据该手册进行诊断。在学校环境中，识别可能存在发育迟滞或学习问题的学生是评估的一个重要目标。

制订干预计划　制订干预计划（治疗计划）涉及确定一个执行方案，以促进来访者的积极改变。在大多数情况下，个体被转介到心理咨询处常常是因为受问题困扰且需要特定的心理、教育或行为干预（Lichtenberger，Mather，Kaufman，& Kaufman，2004）。在这些情况下，评估的目的是收集信息，以确定最有效的干预措施来解决来访者具体关切的问题。可供咨询师选择的干预措施不胜枚举，而确定干预措施需基于来访者的问题和就诊原因。此外，进行评估的环境（如学校、医院、社区心理健康机构等）会影响推荐的干预类型（Lichtenberger et al., 2004）。

评估进展和结果　一旦实施了干预，咨询师就可以使用各种评估工具和策略来监测干预的进展和评估结果。通过定期监测来访者的状况，咨询师可以确定干预是否对来访者产生了积极影响。如果干预并未产生积极效果，那么咨询师可以重新评估来访者并制订新的干预计划。当一项干预计划完成后，咨询师可以进行结果评估，以确定特定干预是否有效，以及心理咨询结束时来访者是否实现了他们的目标。评估进展和结果的第一步是对来访者当前的状况进行基线测量。这一步通常发生在初始评估期间，可能涉及使用正式或非正式评估工具或策略。例如，一种非正式的方法是让来访者对他们的抑郁情绪进行评分，评分为 0 ~ 10 分，0 分表示完全没有抑郁症状，10 分表示极度抑郁。效果问卷（Outcome Questionnaire，OQ-45）便是一个专门为评估进展和结果设计的正式评估工具，该问卷测量成年来访者的心理症状（如抑郁和焦虑）、人际功能和社会角色功能。用于收集基线数据的评估方法需要定期重新实施，以监测来访者在干预过程中的进展情况。在来访者接受干预后，我们也会使用相同的测量工具评估干预的结果，同时还要分析评估的结果，确定得分与基线相比是否有变化。

多种方法和多种来源

你可能开始发现，评估是一个复杂且不可或缺的过程。咨询师使用多种方法并通过多种信息来源实现最优评估。想象一下，你有一个复杂的拼图，你需要把它拼在一起，但不知道拼图完成后应该是什么样子。你可能会尝试使用不同的方法来确定完成拼图的方式，你可能会让其他人向你提供有关拼图过程和结果的信息，你也可能会在任务中应用一些解决问题的方法。进行全面的评估也是一个类似的过程。作为咨询师和助人专业人员，我们通常不知道来访者最终会是什么样子，但我们必须开始将旨在解决当前问题的各个部分拼凑起来。

选择和利用多种数据收集方法，也就是利用多模式方法进行评估，这对于建立一个信息收集的平衡系统至关重要。用于收集评估信息的方法大致可分为访谈、测验和观察。在每个类别中，都有一系列正式（如标准化测验、结构化访谈和正式观察）和非正式（如非结构化访谈、投射技术、检查清单、问卷和轶事报告）工具和策略。评估信息的来源可能包括来访者、父母、配偶 / 伴侣、教师、医生和心理健康专业人员等。图 1-2 说明了评估过程中可能使用的各种方法和信息来源。在大多数评估中，使用多种方法和多种信息来源才能获得足够全面的信息，从而形成对个体的深入了解，这至关重要。咨询师决不能仅依靠单一评估工具或策略的结果做出与来访者有关的重要决策。在本节中，我们将对收集评估信息的方法和信息来源进行概述。我们会在第四章更全面地描述

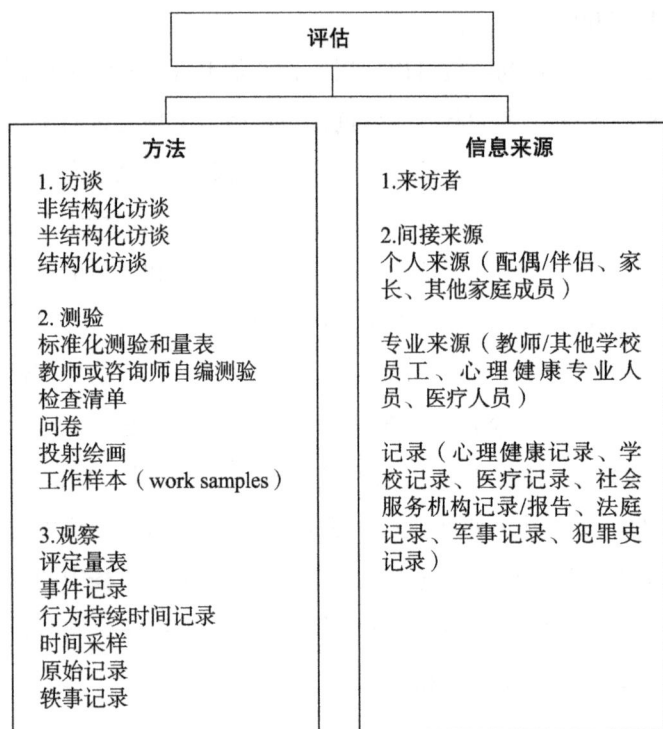

图 1-2　评估过程的多种方法和多种来源

（图中文字：）

评估

方法
1. 访谈
非结构化访谈
半结构化访谈
结构化访谈

2. 测验
标准化测验和量表
教师或咨询师自编测验
检查清单
问卷
投射绘画
工作样本（work samples）

3. 观察
评定量表
事件记录
行为持续时间记录
时间采样
原始记录
轶事记录

信息来源
1. 来访者

2. 间接来源
个人来源（配偶/伴侣、家长、其他家庭成员）

专业来源（教师/其他学校员工、心理健康专业人员、医疗人员）

记录（心理健康记录、学校记录、医疗记录、社会服务机构记录/报告、法庭记录、军事记录、犯罪史记录）

每种评估方法和信息来源。

要想在评估过程中了解完整情况，关键是要与来访者进行面对面（或视频）会谈，这一点显而易见。**访谈**是指评估专业人员和来访者之间进行的面对面会谈。访谈的范围可以从完全非结构化访谈，到半结构化访谈，再到高度正式的结构化访谈。访谈的主要目的是收集与评估目标相关的背景信息。访谈可以被认为是收集来访者呈现的问题及其背景信息的最重要方法。如果没有访谈数据，那么测验和观察所得的信息就没有背景，也就毫无意义。在许多情况下，访谈是用来收集数据的主要（有时是唯一的）评估方法。

测验是用来测量个体特定特征的工具，如知识或技能水平、智力、能力倾向、兴趣或偏好、价值观、人格特质、心理症状、功能水平等。咨询师可以使用从正式和非正式测验、检查清单、问卷或量表中收集的数据来达到很多目的，例如，筛查情绪、行为或学习问题；对某些特征、问题或障碍进行分类或诊断；选择或安排个体参加培训、教育/职业计划，或给予就业机会；协助制订教育计划或心理干预方案；评估特定干预措施或教育计划的有效性。测验结果在评估中特别有用，因为它可以揭示一些无法通过其他评估方法发现的重要诊断信息。

观察是一种评估方法，涉及观察和记录个体在特定环境中的行为。这是一种观察个体实际行为的方法，而非依赖他人对被评估者行为的感知。观察有助于收集个体的情绪反应、社交互动和工作表现等信息，也有助于识别个体特定的行为模式。观察可以是正式的，包括使用标准化评定量表和高度结构化的程序，也可以是非正式的，即咨询师在评估过程中简单地对来访者的言语和非言语行为进行原始记录。

除了多种方法外，咨询师还使用多种信息来源。在评估过程中，来访者通常是信息的主要来源。其他信息来源（间接来源）包括个人来源如父母、配偶/伴侣和与被评估者关系密切的其他人，以及专业来源如教师、医生、心理健康专业人员和其他专业人员等。间接来源的信息也是有价值的，因为它通常比直接从被评估者那里获得的信息更客观、更可靠。评估信息的另一个来源是有关来访者的记录，如学校成绩/出勤率、以往的心理或教育评估报告、心理健康治疗计划或总结、法庭文件、社会服务机构的记录等。

对于评估中应使用的方法或来源的数量没有既定的标准。为评估过程选择的方法和来源通常取决于转介问题的性质、评估的原因和可用的评估资源。访谈被认为是评估的基石，几乎在所有情况下都可以采用。然而，利用额外的方法和信息来源可以更完整、准确地了解被评估者。例如，假设一位在门诊心理咨询中心工作的咨询师对来访者进行非结构化访谈，以确定他们寻求心理咨询的原因，并收集相关背景信息。咨询师还要求来访者填写一份心理症状检查清单。从检查清单中，咨询师发现某位来访者有许多抑郁症状，而该来访者在访谈中并未透露。在本例中，检查清单的使用提供了仅通过访谈无法收集的基本信息。通过实施一些标准化测验，来访者的档案会变得更加丰富，然而受工作环境所限，咨询师也可能无法接触到这些信息。

评估过程

我们已经定义了评估并讨论了评估方法和信息来源，有必要再次强调评估过程不仅是简单地施测。评估是一个复杂的问题解决过程，需要收集和整合有关个人的信息，以便做出决策。评估过程中的第一步也是最重要的一步是识别来访者面临的问题和评估目的（Urbina，2014）。明确评估目的有助于咨询师选择评估方法和信息来源，为得出有用的结论和建议提供充分的基础（Weiner，2013）。在大多数情况下，评估过程的终点是传达评估结果并以口头或书面报告的形式提出建议。在这两点之间还有其他旨在收集来访者相关信息的附加操作（见图1-3）。评估过程通常可以分为四个可操作步骤（Hardwood，Beutler，& Groth-Marnat，2011）。

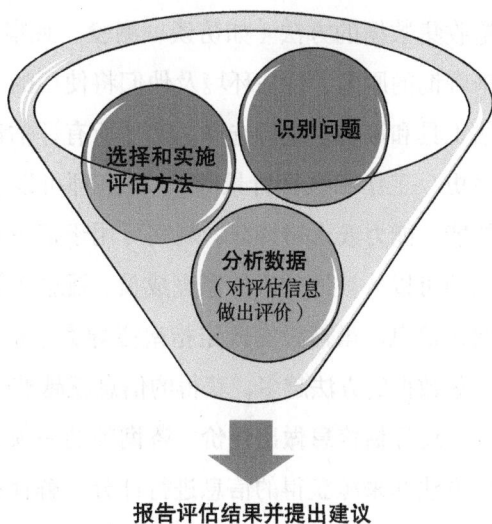

图 1-3　评估过程

识别问题　评估过程的第一步是确定个体呈现的问题。因为评估与心理咨询有着如此明确的联系，所以个体被评估和寻求心理咨询的原因通常是相同的，如个体在学业 / 职业表现、认知能力、行为、情绪和社会功能等方面存在问题或担忧（Lichtenberger et al., 2004）。为了进入评估过程的下一步，咨询师必须清楚地知道来访者面临的问题是什么及其来咨询的原因。

来访者可能自行前来求助，也可能被转介或被建议来咨询，如被家庭成员、教师、法官、医生或人力资源经理推荐来咨询。咨询师可以通过询问转介者（或推荐者）有关来访者的特定问题来帮助澄清来访者困扰的性质和严重程度。以下提问示例有助于确定来访者面临的问题。

- 该学生是否有学习障碍？如果是，他们是否有资格接受特殊教育或相关服务？
- 这个孩子准备好上幼儿园了吗？
- 这个孩子的问题行为是否指向注意缺陷 / 多动障碍（ADHD）的诊断？
- 此人是否有自杀倾向？
- 该成年人是否患有创伤后应激障碍？
- 该家长是否患精神疾病，可能会影响其对子女的抚养吗？
- 此人的职业兴趣是什么？
- 如果升迁到管理职位，该员工的预期表现如何？

选择和实施评估方法　在咨询师确定需要评估的问题性质后，下一步涉及选择和实施收集数据的方法（如访谈、测验、观察），以及确定信息来源。咨询师根据来访者前来咨询的原因、评估环境及他们将使用的工具和程序的充分性，从众多正式和非正式评估工具和策略中进行选择。几乎所有评估都会使用访谈来获取个体的背景信息（包括家庭史、工作和教育背景等）。咨询师可以使用测验来评估个体的认知功能、知识储备、技能、能力或人格特征，观察可用于记录或监控来访者在特定环境中的行为。最后，咨询师可以从被评估者的家庭成员、配偶 / 伴侣及与被评估者关系密切的其他人那里获得间接信息。虽然没有既定指南指导大家使用哪种或多少评估工具或策略，但总体而言，收集数据的方法越多，获得的信息就越准确和客观。

对评估信息做出评价　咨询师的一项关键任务是评价评估信息，它涉及对从所有评估方法和来源获得的信息进行计分、解释和整合，目的是回答来访者咨询中的问题。要胜任对评估信息做出评价，咨询师需要掌握基本的统计概念、心理测量原理和解释评估结果的程序等方面的知识和技能。评价评估信息是一个困难的步骤，因为咨询师在评估过程中经常会遇到令人眼花缭乱的信息。为了整理这些数据，咨询师可以使用以下步骤（Kamphaus, Barry, & Frick, 2010; Sattler & Hoge, 2006）。

- 记录任何能够清晰识别问题领域的重要发现。
- 识别不同方法和来源的一致性发现。
- 识别并解释不同方法和来源的信息差异。
- 对个体的问题做出初步的构想或假设。
- 确定评估报告包含的信息。

报告评估结果并提出建议 评估过程的最后一步是报告评估结果并提出建议。这涉及以下四点：（1）描述被评估者及其状况；（2）报告关于该个体的一般假设；（3）用评估信息支持这些假设；（4）提出相关建议（Kaufman & Lichtenberger，2002；Ownby，1997；Sattler，2008）。总体假设是咨询师对被评估者的临床描述或印象，这些印象基于获取评估数据的多种方法和多种来源。在报告这些假设时，咨询师要确保提供足够的评估数据来支持自己的结论。提出建议涉及处理评估中对被评估者的关键发现，确定解决被评估者呈现的问题的具体方法（Lichtenberger et al.，2004）。咨询师根据被评估者及其评估结果推荐能促进改变的策略和干预措施（Kaufman & Lichtenberger，2002）。被评估者因各种原因需要被评估，评估建议也因被评估者被评估的原因而不同。此外，学校、医院、心理健康诊所、大学或职业培训中心等不同评估环境也会影响评估类型（Kaufman & Lichtenberger，2002）。例如，在学校环境中，大多数评估涉及影响学生学业成绩的问题。在这种情况下，我们通常建议侧重行为干预、教学策略或其他适当的教育服务（Lichtenberger et al.，2004）。心理健康诊所的评估通常用于诊断精神障碍、制订治疗计划和监测治疗进展，因此，提出的建议应包括各种临床干预措施和技术。

评估的胜任力要求

就像心理咨询实践一样，要胜任评估，既需要知识，也需要技能。在掌握了测量和评估的基础知识后，为了提高胜任力，你必须在督导下练习评估技能。例如，在一门关于基本评估程序的课程中，你可能会学到智力理论，你的导师可能会让你接触第五版韦氏成人智力量表（Wechsler Adult Intelligence Scale–5th Edition，WAIS-V）。但是，为了培养使用 WAIS-V 的基本能力，你需要学习测验手册，然后在有督导的情况下至少施测10 次。督导下的施测能培养基本胜任力，而持续性的督导实践将帮助你磨炼技能并掌握该量表的使用方法。WAIS-V 的计分和解释要比施测复杂得多。为具备对该量表进行计分和解释的胜任力，你需要接受过评估方面的高级培训，并且明白对施测的要求可能受美国法律制约。你务必要检查自己所在的（美国）州的法律，以确定智力测验的计分和解释属于你的执业范围。咨询师需要不同程度的培训，以达到适当的胜任力水平，而某些工具（如评定量表）要求咨询师至少在接受一定限度的督导后才能在独立实践中使用。使用每个工具的第一步是阅读相应的测验手册并确定需要接受什么样的培训，第二步是与督导协商培训和督导实践的机会。

一些人低估了评估的复杂性，超培训范围地实践评估，或者将太多的意义归于一个测验分数，导致公众对评估产生了一定程度的质疑。因此，一些与评估相关的行政机构和专业协会为评估工具的选择、使用、施测和解释制定了明确的指导方针。这些方针可以转化为以下胜任力。

1. 了解基本统计概念，并定义、计算和解释集中量数、差异量数和关系量数。

2. 了解基本测量概念，如测量量表、信度类型、效度类型和常模团体。

3. 计算并应用测量公式，如测量的标准误差和斯皮尔曼－布朗公式。

4. 阅读、评估和理解测验手册和报告。

5. 严格按照评估工具规定的步骤施测、计分和解释。

6. 列出并描述各自领域中的主要评估工具。

7. 识别和定位评估工具的信息来源。

8. 用表格和图形呈现数据，讨论并说明这两种不同呈现方式的使用。

9. 比较和对比不同类型的计分方式，并讨论其优缺点。

10. 说明在解释个体分数时，常模参照解释的相对性质。

11. 帮助来访者学会将测验作为探索工具并根据测验结果进行决策。

12. 学会以口头（使用反馈会谈）和书面形式呈现评估工具的结果。

13. 安排一次反馈会谈，以加强来访者对测验结果的了解。

14. 为最大限度地提高测验结果的准确性，使用策略让来访者为测验做好准备。

15. 用来访者可以理解的语言向来访者详细、准确地解释评估结果。

16. 在向个体、团体、家长、学生、教师和专业人员介绍评估结果时，使用有效的沟通技巧。

17. 关注来访者对评估信息的反应，并鼓励其恰当使用评估信息。

18. 在整个评估过程中，留意来访者的言语和非言语线索。

19. 对认为评估结果为负面的来访者使用适当的策略。

20. 熟悉解释的形式和计算机自动出具的报告，以引导来访者了解信息和说明。

21. 熟悉与评估相关的法律、专业和伦理准则。

22. 了解来访者的权利及专业人员作为测验施测者和咨询师的责任。

23. 了解评估的当前议题和未来趋势。

心理咨询评估与研究协会（AARC）^①出版过《标准化测验使用者的责任》（*Responsibilities of Users of Standardized Tests*，RUST，2003），其中描述了专业人员向公众提供有价值、合乎伦理和有效的评估服务所必须具备的资格。使用标准化测验的资格至少取决于以下四个因素。

1. 测验目的：使用评估工具的目的需明确。由于工具的用途直接影响结果的使用，因此可能需要超出一般胜任力的资质来解释结果。

2. 测验的特点：咨询师应了解所使用工具的优势和劣势。

3. 测验的环境和条件：在使用特定评估工具之前，咨询师应评估使用特定评估工具所需的知识和技能水平。

4. 测验选择者、施测者、计分者和解释者的角色：施测者的教育、培训和经验决定了他们有资格使用和解释哪些评估工具。

RUST（2003）为咨询师在实践中使用评估或测验提供指导。该声明为咨询师评价自己在评估各个领域的胜任力提供了基础。虽然该声明提供了一些基本指南，但咨询师可以通过国际测验委员会（International Test Commission，ITC）的测验使用指南（International Test Commission，2001）更深入地了解评估胜任力的各个方面。

历史观点

目前我们已围绕着评估胜任力介绍了相关原则，而了解评估随着时间的推移是如何变化的也很重要。掌握评估历史中的实用知识可以为持续发展当前和未来的评估实践方法提供机会。评估不是一个新概念。尽管美国的测验运动在 20 世纪初才开始（见表 1-1），但测验实际上已有数千年历史。中国人很早就通过考试选拔官员。苏格拉底和柏拉图的哲学强调在职业选择中评估个人胜任力和能力倾向的重要性。几个世纪以来，哲学家和教育家设计了特定量表或条目，为教师和家长帮助孩子提供有用的信息。菲茨赫伯特（Fitzherbert，1470—1538）确定了一些用于筛选学习障碍者的条目，例如，无学习障碍者能够数到 20 便士、能够说出自己的年龄，以及能够认出自己的父亲或母亲。

---

① 前身是心理咨询评估协会（Association for Assessment in Counseling，AAC）。

表 1-1 测验运动的主要事件

1900-1909
- 出版荣格词语联想测验（Jung Word Association Test）
- 出版比内 – 西蒙智力测验量表（Binet and Simon Intelligence Scale）
- 开发标准化团体成就测验（Standardized group tests of achievement）
- 出版桑代克笔迹、语言、拼写和算术测验（Thorndike Handwriting，Language，Spelling，and Arithmetic Tests）
- 开发斯皮尔曼测量理论（Spearman's measurement theory）
- 开发皮尔逊相关理论（Pearson's theory of correlation）
- 出版桑代克教育测量教科书（Thorndike's textbook on educational measurement）

1910-1919
- 出版陆军甲种和陆军乙种测验（Army Alpha and Army Beta Tests）
- 出版西肖尔音乐才能测量（Seashore Measures of Musical Talents）
- 开发斯皮尔曼智力因素（Spearman's Factors in Intelligence）
- 出版斯坦福 – 比内智力量表（Stanford-Binet Intelligence Scale）
- 出版奥的斯绝对点量表（Otis Absolute Point Scale）
- 开发斯特恩的心智商数概念（Stern's concept of mental quotient）

1920-1929
- 成立心理公司（Founding of the Psychological Corporation）
- 出版古迪纳夫氏画人测验（Goodenough Draw-a-Man Test）
- 出版斯特朗职业兴趣量表（Strong Vocational Interest Blank）
- 出版特曼、凯利和鲁赫的斯坦福成就测验（Terman，Kelley，and Ruch's Stanford Achievement Test）
- 出版克拉克能力倾向测验（Clark's Aptitude Testing）
- 出版斯皮尔曼的《人的能力：它们的性质与度量》（*The Abilities of Man: Their Nature and Measurement*）一书
- 出版罗夏墨迹测验（Rorschach Inkblot Test）
- 出版柯斯积木图案测验（Kohs's Block Design Test）

1930-1939
- 开发瑟斯通的基本心理能力（Thurstone's primary mental abilities）
- 出版布鲁斯的第一本《心理测量年鉴》（*Mental Measurements Yearbook*）
- 开发约翰逊测验评分器（Johnson's test-scoring machine）
- 出版美国研究生入学测验（Graduate Record Examinations）
- 出版韦克斯勒 – 拜诺沃智力量表（Wechsler Bellevue Intelligence Scale）
- 修订 1937 年版的斯坦福 – 比内智力量表（Stanford-Binet Intelligence Scale）
- 出版默里的主题统觉测验（Murray's Thematic Apperception Test）
- 出版库德的偏好记录量表（Kuder Preference Scale Record）
- 出版林德奎斯特的爱荷华（艾奥瓦）州每名小学生测验（Lindquist's Iowa Every Pupil Test）
- 出版本德尔视觉 – 运动格式塔测验（Bender Visual-Motor Gestalt Test）
- 开发马力诺的社会计量技术（Marino's Sociometric Techniques）
- 开发皮亚杰的智力起源（Piaget's Origins of Intelligence）

1940-1949
- 出版明尼苏达多相人格测验（Minnesota Multiphasic Personality Inventory）
- 出版韦氏儿童智力量表（Wechsler Intelligence Scale for Children）
- 出版美国就业服务的一般能力倾向成套测验（U.S. Employment Service's General Aptitude Test Battery）
- 出版卡特尔婴儿智力量表（Cattell Infant Intelligence Scale）

（续表）

1950-1959

- 开发林德奎斯特电子测验计分（Lindquist's electronic test scoring）
- 出版《心理测验和诊断技术的技术建议》（Technical Recommendations for Psychological Tests and Diagnostic Techniques）一书
- 出版《成就测验的技术建议》（Technical Recommendations for Achievement Tests）一书
- 出版吉尔福德（Guilford）的《人类智力的本质》（The Nature of Human Intelligence）一书
- 出版史蒂文森（Stevenson）的《行为研究：O技术及其方法论》（The Study of Behavior: O-Technique and Its Methodology）一书
- 通过（美国）《国防教育法案》（National Defense Education Act）
- 开发弗里德柯森的篮子评估技术（Frederikson's In-Basket Assessment Technique）
- 开发布卢姆的教育目标分类学（Bloom's Taxonomy of Educational Objectives）

1960-1969

- 创建美国全国教育进展评估（National Assessment of Educational Progress）
- 出版韦氏学前和小学生智力量表（Wechsler Preschool and Primary Scale of Intelligence）
- 出版了1960年版的斯坦福–比内智力量表修订版（revision of the Stanford-Binet Intelligence Scale）
- 通过《教育与心理测验标准》（Standards for Educational and Psychological Testing）
- 出版詹森（Jensen）的《我们能在多大程度上提高智商和学业成绩》（How Much Can We Boost IQ and Scholastic Achievement?）一书
- 通过1964年《民权法案》（Civil Rights Act）
- 出版库德职业兴趣量表（Kuder Occupational Interest Survey）
- 开发卡特尔的流体智力与晶体智力理论（Cattell's theory of fluid and crystallized intelligence）
- 出版贝利婴儿发展量表（Bayley Scales of Infant Development）

1970-1979

- 通过1974年《家庭教育权与隐私权法案》（Family Educational Rights and Privacy Act）
- 通过纽约州《真理测验法案》（New York State Truth in Testing Act）
- 通过《所有残疾儿童教育法案》（Education of All Handicapped Children Act），后改名为《残疾人教育法案》，Individuals with Disabilities Education Act，IDEA）
- 出版自我探索量表（Self-Directed Search）
- 出版多元文化评价体系（System of Multicultural Pluralistic Assessment）
- 出版韦氏儿童智力量表修订版（Wechsler Intelligence Scale for Children-Revised）
- 修订《教育与心理测验标准》（Standards for Educational and Psychological Testing）
- 出版皮博迪图片词汇测验（Peabody Picture Vocabulary Test）
- 出版米隆临床多轴问卷（Millon Clinical Multiaxial Inventory）
- 出版麦卡锡儿童能力量表（McCarthy Scales of Children's Abilities）
- 开始使用计算机进行测验（Beginning use of computers in testing）

1980-1989

- 出版桑代克、哈根、斯塔特勒的斯坦福–比内智力量表修订版（Thorndike, Hagen, and Stattler's revision of the Stanford-Binet Intelligence Scale）
- 通过1984年卡尔·珀金斯《职业教育法案》（Vocational Education Act）
- 出版考夫曼儿童成套评估测验（Kaufman Assessment Battery for Children）
- 修订《教育与心理测验标准》（Standards for Educational and Psychological Testing）
- 出版明尼苏达多相人格测验第二版（Minnesota Multiphasic Personality Inventory, 2nd Edition）
- 出版韦氏成人智力量表修订版（Wechsler Adult Intelligence Scale-Revised）
- 出版纳德和奈恩的《教学测验：下定决心的企业》（The Reign of ETS: The Corporation That Makes Up Minds, Ralph Nader's report on the Educational Testing Service）

（续表）

- 出版差异能力量表（Differential Ability Scales）
- 出版非言语智力测验 1-3（Test of Nonverbal Intelligence 1–3）
- 出版贝利婴儿发展量表（Bayley Scale of Infant Development）
- 开始计算机自适应和计算机辅助测验（Beginning use of computer-adaptive and computer-assisted tests）

1990-2000
- 通过 1990 年《美国残疾人法案》（Americans with Disabilities Act）
- 通过 1996 年《健康保险携带和责任法案》（Health Insurance Portability and Accountability Act）
- 出版赫恩斯坦（Herrnstein）和默里（Murray）的《钟形曲线》（*The Bell Curve*）一书
- 出版 16 种人格因素问卷第五版（Sixteen Personality Factor Questionnaire, 5th Edition）
- 出版韦氏成人智力量表第三版（Wechsler Adult Intelligence Scale, 3rd Edition）
- 修订《教育与心理测验标准》（*Standards for Educational and Psychological Testing*）
- 出版韦氏个人成就测验（Wechsler Individual Achievement Test）
- 出版斯坦福 – 比内智力量表第五版（Stanford-Binet Intelligence Scale, 5th Edition）
- 出版戈尔曼（Goleman）的《情商：为什么情商比智商更重要》（*Emotional Intelligence: Why It Can Matter More Than IQ*）一书及巴昂情商测验量表（Baron's Emotional Quotient Inventory）
- 开始使用互联网测验（Beginning use of Internet-based tests）

2001-2010
- 通过 2001 年《不让一个儿童落后法案》（No Child Left Behind Act）
- 通过 2004 年《残疾人教育促进法案》（Individuals with Disabilities Education Improvement Act）
- 出版斯特朗兴趣量表（Strong Interest Inventory）

2011- 至今
- 出版明尼苏达多相人格测验第二版（MMPI-2）
- 出版《精神障碍诊断与统计手册》（第五版）（DSM-5）
- 出版韦氏儿童智力量表第五版［Wechsler Intelligence Scale for Children, 5th Edition（WISC-V）］
- 出版韦氏学龄前儿童智力量表第四版［Wechsler Preschool and Primary Scale of Intelligence（WPPSI-IV）, 4th Edition］
- 出版韦氏成人智力量表第五版（Wechsler Adult Intelligence Scale, 5th Edition）
- 出版 2014 年《教育与心理测验标准》（Standards for Educational and Psychological Testing）
- 出版《国际测验委员会标准》（International Test Commission Standards）

　　胡安·华尔特（Juan Huarte，1530—1589）可能是第一位提出进行正式智力测验的人。他所著图书为《智慧的考验：发现人类智慧的巨大差异及什么样的学习最适合每个天才》（*The Trial of Wits: Discovering the Great Differences of Wits Among Men and What Sorts of Learning Suit Best with Each Genius*）。法国医生琼·埃斯基罗尔（Jean Esquirol，1772—1840）提出，智力缺陷存在多个水平，语言是区分不同水平的有效心理标准。爱德华多·塞金（Eduardo Seguin，1812—1880）也曾与智力障碍人士工作，他认为这些人应该接受感官辨别和运动控制发展方面的培训。

　　维多利亚时代标志着现代科学的开始，见证了达尔文生物学对个体研究的影响。1879 年，冯特（Wundt）在莱比锡建立了第一个心理学实验室，主要关注视觉、听觉和其他感官刺激的敏感性及简单的反应时间。他遵循科学程序，严格控制观察结果。他要求数据和结果的精确度、准确度、顺序和可重复性，这种方法论影响了测验运动。之后他对特殊个体的关注扩大到人格和行为。弗洛伊德、夏科和皮内尔（Freud, Charcot, & Pinel）对有个人和社会判断问题的人感兴趣。早期对智力测量的兴趣可以追溯到 19世纪末，当时查尔斯·达尔文（Charles Darwin）的表兄弗朗西斯·高尔顿（Francis Galton, 1890）爵士力图运用达尔文的进化论证明智力的遗传基础。1905 年，法国心理学家阿尔弗雷德·比内（Alfred Binet）构建了第一个智力测验（比内 – 西蒙量表，Binet-Simon scale），该测验测量儿童完成学校类任务或取得教育成就的认知能力，重点关注语言、记忆、判断、理解和推理（Binet & Simon, 1916）。比内声称，他的量表为区分能够在普通教室里发挥功能的孩子和不能在普通教室里发挥功能的孩子提供了一种粗略的方法。

美国在 1917 年即第一次世界大战期间，将对儿童的评估迅速扩展到对成年人的评估（Anastasi & Urbina, 1997）。在此期间，武装部队开发了一种被称为陆军甲种（Army Alpha）的团体情报测验，用于军事人员的选拔和分类。该测验的最初目的是识别那些会给军事组织带来问题的智力低下的新兵。他们后续创建了另一个被称为陆军乙种（Army Beta）的类似测验，用于对文盲或不会讲英语的新兵进行测验。在第一次世界大战结束时，人们开始关注对新兵进行精神疾病和其他情绪障碍的筛查。陆军再次开发了一种被称为伍德沃斯个人资料调查表（Woodworth Personal Data Sheet）的新测验，并成为现代人格测验的先驱。

测验在武装部队中的成功使用，促使测验在教育和工业领域被广泛采用。其他因素也有助于测验接受度的提高。人口的增长、免费公共教育、义务教育法及进入高等教育机构的学生的增加，都是改变测验理念和实践的因素。

此外，平等主义、政治和哲学运动对平等、女性权利、残疾人权利和文化群体遗产的倡导影响了人们对测验的看法。测验因文化偏见、性别偏见、对少数群体的不公平及对残疾群体的不公平而受到批评，这些批评使选择测验题目和常模样本的审查程序得以改进。

然而，近年来，美国主流的教育政策已经从原本开放、人文的教育，转变为回归基础和以问责制为基础（要求被问责主体对其组织成员承担职责和义务）的教育。美国教育系统目前使用的高利害关系测验（指测验结果会对受测者的人生产生重大影响的测验）可能会影响学生的教育路径或选择，例如，学生是升学还是留级，是毕业还是进入期望的培养项目。

尽管社会和政治氛围已发生变化，在 20 世纪和 21 世纪，美国对测验的使用频率仍急剧增加。据估计，美国人每年仅在教育方面就要进行 1.43 亿至近 4 亿次的标准化测验，在商业和工业方面有 5000 万至近 2 亿次职业测验，在政府和军队工作方面也会施测数百万次（Sacks，1999）。测验行业受到科技的巨大影响，运用计算机完成的测验在施测、计分、解释及撰写测验结果报告方面与之前费时费力的测验实施时代相比有了很大进步（Cohen & Swerdlik，2018）。今天，大多数测验出版商提供用于施测、计分和 / 或解释测验的计算机软件。科技进步使得评估过程中使用测验更加方便和经济，从而进一步促进了测验使用量的增长。

评估与科技

基于计算机的评估

自 1879 年冯特建立第一个实验室以来，评估过程发生了巨大变化。虽然观察仍然是评估过程的一个重要组成部分，但我们已经开发出更有效的方法来实施评估、收集信息、分析数据和撰写报告。至少可以说，咨询师已经看到了评估中科技使用量的巨大增长。使用计算机被视为加强和推进评估领域发展的一种方式。在所有评估领域（如人格、智力、成就、职业和就业评估），都有基于计算机的评估工具和策略。通过动态的视觉、声音、用户交互和近乎实时的评估报告，基于计算机的评估大大地扩展了评估的可能性，打破了传统纸笔工具的局限性（Scalise & Gifford，2006）。虽然计算机最初仅用于测验数据的处理，但现在基于计算机的评估也包含了广泛的操作和程序，例子如下。

- **通过计算机实施测验** 运用计算机施测、填写问卷和开展访谈是最常见的计算机评估应用之一。与传统的纸笔答题方式相比，计算机答题方式有许多优点，例如，增加了投递量、节省了时间，并且能够根据测验使用者对上一个条目的回答来调整或定制后续条目。

- **测验评分的自动化** 基于计算机的评估可以自动计分，能够给受测者几乎即时性的反馈和总体分数。计算机计分降低了受测者手填答卷时出错的可能性，也消除了临床医生和技术人员在人工计分时出错的可能性。

- **计算机生成的报告和描述** 基于计算机的评估工具通常提供计算机生成的报告或描述。这些报告是基于使用者输入的回答和最终测验分数而自动生成的解释（Butcher，2013）。报告可以包含非常复杂和详细的说明或摘要。

- **计算机自适应测验** 计算机自适应测验（computer-adaptive test）是专为评估个人能力水平量身定制的测验。计算机快速确定受测者的能力水平，然后将问题调整到该水平。第一个问题通常选在接近及格的水平。如果受测者答对了问题，那么接下来会出现一个更难的题目。通过使用计算机自适应测验，受测者可以在受控环境中获得更具个性化的评估体验。计算机自适应测验还对残疾使用者的需求具有敏感性，这有助于确保测验的公平性。

- **计算机模拟** 计算机模拟是通过计算机程序表现真实世界体验的技术。交互式软件程序允许个体探索新情况，做出决策，根据输入获取知识，并应用这些知识来控制不断变化的模拟状态。多年来，计算机模拟一直用于评估个体在不同环境下的表现。在军队中，计算机模拟长期以来被用于评估个体执行军事行动的准备情况，计算机模拟所用的设备可以从塑料模型到笔记本电脑，再到全动态飞机模拟器。在教育领域，计算机模拟可以用来考查学生的问题解决能力，让学生在特定问题情境中探索一系列选择。基于情境的测验也用于一些心理咨询相关的考试，如临床心理健康咨询考试。

计算机技术也有助于促进和改进测量实践的所有阶段。近几十年来，功能强大的计算机和计算机软件的不断普及，大大提高了评估测验结果的信度（一致性）和效度（准确性）。这类统计操作通常使用 SPSS 和 SAS 等计算机软件程序完成。

尽管使用基于计算机的评估有许多优点，但也存在一些局限性。例如，基于计算机的测验所给出的解释或叙述性报告不应被视为独立的临床评估（Butcher，2013）。基于计算机的解释无法考虑受测者的独特性，也无法考虑受测者的个人历史、生活事件或当前压力等因素。因此，计算机化报告被认为是一种泛泛的、一般性的描述，在没有技术熟练的咨询师进行评估的情况下不应该使用。无论是否选择使用基于计算机的测验解释，咨询师最终都要对解释的准确性负责。

基于互联网的评估

互联网提供不计其数的评估工具，这些工具可随时访问，易于使用，能即时计分，且对施测者的限制更低，使便利、成本效益和效率成为测验趋势，如此，互联网也在改变评估的现状和未来。我们很难估计在互联网上与评估相关的网站数量，只能说数量很大且还在增加（Buchanan，2002）。基于互联网的评估网站的内容、质量和功能各不相同，一些网站力求提供高标准的专业评估，而另一些网站则较不专业且不关心伦理和安全问题。我们不难理解开发这些网站的动机，因为互联网为大量参与者提供了便捷的访问途径，商业评估网站可以赚更多钱。研究人员可受益于基于互联网的评估，原因如下：（1）他们能够接触到大量的参与者；（2）此方式消除了与传统评估方法相关的成本，如纸质调查问卷的发布和分发、向参与者邮寄材料及数据的收集和录入；（3）开发、发布和维护基于互联网的调查的成本大幅降低。

互联网评估工具的使用也带来了一些问题。尽管之前的研究表明，传统测验和基于互联网的测验之间没有显著差异，但人们仍然担心通过互联网收集的数据的信度和效度。另一个问题是，尽管许多人都能联网，但并非每个人都上网，这在人口样本的研究中可能是一个混淆变量。关于测验安全性的问题仍然存在，如果测验不是在特定地点进行，那么很难确认在线受测者的身份。另一个问题涉及向受测者提供反馈／结果，尤其是当受测者接收和处理测验结果时无法与临床医生／专业人员接触。

评估中的争议议题

像评估这样复杂且长期存在的领域不可能没有争议。正如你可能猜到的，一些争议发生在评估专业人员之间，而其他争议则发生在公众和评估专业人员之间。其所涉及的一些问题是反复出现的，我们将在其他章中再次讨论。进行评估的咨询师必须意识到持续存在的争议及其对评估实践范围的影响。争议可以推动实践中的变革。因此，咨询师应持续留意与评估过程相关的法律和伦理准则，并确保将这些准则应用于实践中。以下表述反映了当前的一些议题、不满和争议。

- 评估是对隐私的侵犯。
- 做决策时，人们过于依赖测验分数，没有充分考虑个体的背景历史。
- 测验有偏见、不具公平性且对不同群体有歧视性。
- 测验可能是自证其罪的，个体应有权反驳。
- 智力测验没有对正确的构念（construct）进行测量。
- 我们不能依赖成绩和文凭，我们必须在客观测验中展示能力。
- 对真实表现的评估应替代多项选择题测验。
- 高利害关系测验给学生、教师和家长带来了太大的压力。

总结

许多学科或领域（如心理学、教育学、心理咨询、社会工作、卫生、军事和商业／工业）采用评估来筛查、识别和诊断，制订干预计划，完成进度评估。评估过程包括来自多种来源的多种数据收集方法，以产生与个人相关的、准确和可靠的信息。评估专业人员的一项关键任务是分析和整合运用所有评估方法和通过多种来源获得的信息，并提出与评估结果相关的建议。

了解评估历史有助于理解当前的评估议题和实践。测验运动已经有 100 多年的历史了。一些测验创建于 19 世纪，但大部分测验开发于 20 世纪。基于计算机和互联网的评估变得更加普遍。

问题讨论

1. 迄今为止，你参加过哪些测验？这些测验的目的是什么？如何使用这些测验结果？你从结果中得到了哪种反馈？

2. 你是否认为评估是咨询过程的必要组成部分？为什么？

3. 说明对多种评估方法和信息来源进行整合的重要性。

4. 助人专业人员是否应该具备有关测验历史的基础知识？为什么？

5. 基于计算机的评估工具和传统评估工具在哪些方面相同？在哪些方面不同？

建议活动

1. 访谈从事助人专业的人员，了解他们经常使用哪些评估工具或策略。

2. 查看媒体（如网站、报纸等），找到过去五年中发生的影响评估的三个事件。

3. 讨论你认为对咨询师来说最需要解决的评估议题。

评估中的伦理和法律议题

学习目标

学习本章之后，你将能够做到以下几点。

- 识别和描述与评估相关的专业机构伦理标准。
- 说明专业培训和胜任力在评估中的重要性，并总结测验使用者胜任力的指导方针。
- 总结测验使用者资格的专业标准。
- 讨论评估中来访者的福祉议题。
- 列举和描述影响评估实践的法规和条例。
- 列举和描述影响就业和教育评估的司法判决。

专业标准和伦理守则的重要性在于，它们是咨询师实践的基础，并为评估的使用提供了框架。社会中有多少职业协会，就有多少伦理标准，要想成为能有效帮助他人的助人专业人员，就必须遵循职业伦理标准，并在实践中遵守伦理标准。此外，无论是美国州立层面或美国国家层面都有很多法律影响评估与测验的实践。咨询师需要熟悉对评估有影响的法规、条例和司法判决。我们把本章放在此处，以便为其他章提供测量与评估的伦理框架。一些读者可能在测量与评估课程一开始就阅读本章，另一些读者可能在研究生课程快结束时才阅读本章。无论你在何时阅读本章，我们强烈建议你把这些材料整合到你对评估过程的理解中。

专业标准和伦理准则

由于评估对社会和人们的生活具有影响，因此人们制定了专业标准和伦理准则，以促进负责任的职业实践。伦理可以被看作个体或团体采用的道德原则，是正确行为的基础。大部分与心理和教育评估有关的管理机构都制定了供其成员遵守的伦理准则。这些准则为专业人员提供指引，但并不会解决所有伦理难题。因此，伦理难题的解决取决于每名专业人员对自己的行为做出反思并评估自己的做法是否符合来访者的最大利益。一些专业机构对评估有专门的伦理标准。我们的讨论将集中在以下方面。

- 美国心理咨询协会（American Counseling Association，ACA）的《伦理准则》（*Code of Ethics*，2014）；
- 美国学校咨询师协会（American School Counselor Association，ASCA）的《学校咨询师伦理标准》（*Ethical Standards for School Counselors*）。
- 美国教育研究协会（American Educational Research Association，AERA）、美国心理学会（American Psychological Association，APA）和美国国家教育测量委员会（National Council on Measurement in Education，NCME）的《教育与心理测验标准》（*Standards for Educational and Psychological Testing*）。
- 美国心理学会（American Psychological Association，APA）的《心理学家伦理原则和行为准则》（*Ethical Principles of Psychologists and Code of Conduct*）。
- 心理咨询评估协会（Association for Assessment in Counseling，AAC）的《标准化测验使用者的责任》（第三版）（*Responsibilities of Users of Standardized Tests, 3rd Edition*，RUST）。
- 美国测验实践联合委员会（Joint Committee on Testing Practices，JCTP）的《教育公平测验实施准则》（*Code of Fair Testing Practices in Education*）。
- 美国国家教育测量委员会（National Council on Measurement in Education，NCME）的《教育测量的专业责任准则》（*Code of Professional Responsibilities in Educational Measurement*）。

美国心理咨询协会的《伦理准则》

　　美国心理咨询协会（ACA）是一个专业组织，其会员在各种环境中以各种身份提供服务。美国心理咨询协会的《伦理准则》旨在明确成员的伦理责任，并描述心理咨询行业的最佳做法。准则分八个主要部分来讲述关键的伦理议题。作为 E 部分的"评价、评估和解释"特别侧重于评估（见表 2-1）。美国心理咨询协会强调咨询师应将评估工具作为心理咨询过程的一部分，并考虑到来访者的个人和文化背景。

表 2-1　美国心理咨询协会的《伦理准则》E 部分：评价、评估和解释

咨询师应将评估工具作为心理咨询过程的一部分，并考虑到来访者的个人和文化背景。咨询师通过适当的开发和使用教育、心理健康、心理学和职业评估，增进个体或团体来访者的福祉。

E.1　概述

E.1.a. 评估

教育评估、心理健康评估、心理学评估和职业评估的主旨是根据各种目的收集来访者的资料，包括但不限于关于来访者的决策、治疗方案和法医程序。评估包括质性方法和量化方法。

E.1.b. 来访者福祉

咨询师不可滥用评估的结果和解释，且需要使用合理的程序，预防他人滥用评估结果。来访者有权获知评估结果、结果解释和咨询师得出结论和建议的基础，咨询师应尊重这些权利。

E.2　使用和解释评估工具的胜任力

E.2.a. 胜任力的局限性

咨询师只能使用那些自己受过培训并具有胜任力的测验和评估。使用技术辅助型测验解释的咨询师在使用基于技术的应用前，需要接受所测构念和所用特定工具的培训。咨询师应选择合理的测量方法确保接受其督导的人员恰当使用评估技术。

E.2.b. 恰当使用

咨询师有责任根据来访者的需要对评估工具进行恰当的应用、计分、解释和使用，无论他们是自己对评估进行计分和解释，还是使用技术或其他服务。

E.2.c. 基于结果的决策

对涉及个人或政策的评估结果，咨询师有责任基于足够的心理测量知识来做决策。

E.3　评估的知情同意

E.3.a. 对来访者进行说明

在评估前，咨询师应向潜在的被评估者解释评估的性质和目的，向准受测者解释结果的具体使用。解释时，咨询师应使用来访者（或其他能代表来访者的合法授权人）能理解的措辞和语言。

E.3.b 结果的接收

在决定由谁接收评估结果时，咨询师应考虑来访者和 / 或受测者的福祉、确切的理解和事先的协议。咨询师应对任何发布的个体或团体评估结果给予精确和适当的解释。

E.4　向被授权人公布数据

咨询师只有在获得来访者或来访者法定代理人知情同意的情况下才能公布评估数据。这些数据只向咨询师认为有资格解释这些数据的人员公布。

E.5　精神障碍诊断

E.5.a. 正确的诊断

咨询师需要特别注意给出正确的精神障碍诊断。要谨慎地选择和恰当地使用决定来访者治疗方式（如治疗场所、治疗类型、建议随访方式）的评估技术（包括个人访谈）。

E.5.b. 文化敏感性

咨询师需要认识到文化会影响来访者的问题被定义和体验的方式。在诊断精神障碍时，需要考虑来访者的社会经济状况和文化经历。

E.5.c. 病理诊断中的历史和社会偏见

咨询师应在对某些个体和群体的误诊和病态化中识别历史和社会偏见，并努力觉察和避免自身或他人的偏见。

E.5.d. 节制诊断

如果咨询师认为诊断会伤害来访者或其他人，可以选择避免做出和 / 或报告诊断。咨询师需要谨慎地考虑诊断的积极影响和消极影响。

E.6　评估工具的选择

E.6.a. 工具的恰当性

在选择评估工具时，咨询师应谨慎地考虑信度、效度、心理测量的局限性和评估工具的适用性，如果可

（续表）

能，应采用多种形式的评估方法、数据和 / 或工具来形成结论、诊断或建议。

E.6.b. 转介信息

如果要将来访者转介给第三方进行评估，那么咨询师需要陈述具体的转介问题并提供关于来访者的充足客观数据，让第三方可据此使用恰当的评估工具。

E.7 实施评估的条件

E.7.a. 实施条件

咨询师应在根据标准化建立的相同条件下实施评估。如果评估没有按照标准实施（如对于残疾来访者可能有必要进行安置），或者在实施评估期间出现不寻常的行为或异常情况，那么在解释评估时需要注明这些情况，且结果可能会被认定无效，或者其有效性会受到质疑。

E.7.b. 提供有利的条件

咨询师应提供合适的施测环境（如私密、舒适、不受干扰）。

E.7.c. 基于技术的实施

咨询师应确保基于技术的评估能正常运作并能给来访者提供准确的结果。

E.7.d. 无人监督的评估

除非评估工具是为自我施测和 / 或计分而设计、规划和验证的，否则不允许咨询师在无监督的情况下让受测者自行使用评估工具。

E.8 评估中的多元文化 / 多样性议题

咨询师需要谨慎地选择和使用以非来访者所属群体为常模的评估技术。在实施和解释测验时，咨询师需要意识到年龄、肤色、文化、残疾、民族、性别、种族、语言偏好、宗教信仰、精神境界、性取向和社会经济地位的影响，并且结合其他相关的因素，用正确的观点看待测验结果。

E.9 评估的计分和解释

E.9.a. 报告

当咨询师报告评估结果时，应考虑来访者的个人和文化背景、来访者对结果的理解水平，以及结果对来访者的影响。在报告评估结果时，对于受施测情境所限或常模不适合的来访者，咨询师应对评估的信度和效度持保留态度。

E.9.b. 缺乏实证数据的评估工具

如果评估工具缺乏实证数据支持，那么咨询师在解释运用该工具得到的结果时应谨慎。使用这类评估工具时需要明确地向受测者说明具体目的。咨询师应补充解释任何基于缺乏信度和效度的评估或工具而做出的结论、诊断或建议。

E.9.c 评估服务

咨询师在提供评估、计分和解释服务时应确保解释的有效性。咨询师需要准确地描述评估程序的目的、常模、信度、效度和应用，以及使用该评估的任何特殊资质。咨询师时刻都要对被评估者负起伦理责任。

E.10 评估的安全性

咨询师应基于法律和合同义务来维持测验和评估的完整性和安全性。咨询师不可以在未经出版方允许的情况下盗用、复制或修改已发表的全部或部分评估。

E.11 废弃的评估和过时的结果

咨询师不能将过时的评估数据或结果用于当下的目的（如非最新版本的评估 / 工具）。咨询师应尽各种努力预防他人误用过时的测量和评估数据。

E.12 评估的构建

在评估技术的开发、出版和使用中，咨询师应使用评估设计中公认的科学程序、相关标准和最新的专业知识。

美国教育研究协会、美国心理学会和美国国家教育测量委员会的《教育与心理测验标准》

有关评估标准的最详尽的文件之一是《教育与心理测验标准》(*Standards for Educational and Psychological Testing*, American Educational Research Association [AERA], American Psychological Association [APA], & National Council on Measurement in Education [NCME], 2014)。它是自 1954 年推出的系列出版物中的第七本。它帮助测验开发者和使用者评价其教育评估工具和心理评估工具的技术充分性。此标准旨在促进正确而符合伦理地使用测验，并提供测验评价、测验实践和测验使用效果方面的标准。我们建议经常实施任何形式测验（从测验设计和实施到评估和评价）的人员都应该获得一份此标准的复本，并熟悉这些指南。此标准的现行版本包含三个部分。

基础　此标准的第一部分包括信度 / 精确度、效度、测量误差和测验公平性的标准。其小节部分讨论相关标准，包括测验编制和修订标准，计分、常模和分数可比性标准，测验的实施、计分和报告标准，以及测验辅助文件标准。根据此标准，"效度是……开发和评估测验时的最基本考虑因素"(AERA et al., 2014)。因此，此标准也涉及支持测验使用所需的不同类型的效度证据。此外，关于信度和测量误差的标准解决了测验分数一致性的议题，虽然此标准支持标准化程序，但它也认识到要考虑公平性和测验的关系。根据此标准，特殊情况下对程序的调整可能是可取的或依法强制的。例如，视觉障碍者需要看文字放大版的测验。正式出版的工具的编制和修订标准是一个重要但经常被忽视的部分，它描述了编制量表的重要标准。

此标准的第一部分特别关注公平和偏见、受测者的权利和责任、对不同语言背景个体的测验和对残疾人士的测验。这部分强调公平性在测验和评估各方面的重要性。根据此标准，公平性是影响效度的基础组成部分。使用者需要从各方面考虑测验使用时的公平性。在开发、施测、计分、解释和根据测验分数做决策时，要特别注意与不同语言背景人士或残疾人士相关的议题。

操作　此标准的第二部分涉及测验的设计和开发，计分、量表、常模、得分链接（score linking）和划界分数（cut scores），测验的实施、分数报告与实施，测验的辅助文件，受测者的权利和责任，以及测验使用者的权利和责任。此部分对评估的技术和心理测量方面做了更多探讨。作为职业咨询师，谨慎地回顾这部分内容并很好地理解如何在实践中应用这些标准是很重要的。

测验的应用　此标准的第三部分概述了心理测验和评估，工作场所测验和认证，教育测验和评估，以及应用于项目评价、政策研究和问责制中的测验。该部分就每个领域中测验使用者的一般职责提供了具体指导。此标准中一个新的要素是问责。该部分为测验使用者提供了关于项目评价和政策倡议、基于测验的问责制及项目和政策评价中问责制议题的具体指导。

美国学校咨询师协会的《学校咨询师伦理标准》

美国学校咨询师协会的《学校咨询师伦理标准》（ASCA，2016）将对评估的考量贯穿于管理学校咨询师工作的伦理规范中。A13节特别提供了学校咨询师在机构中使用评估的指导方针。九项特定的伦理准则指导咨询师使用恰当和完善的评估测量方法，在基于评估做出决策时使用多种数据，建立和维护评估的保密系统，以及使用适当的评估方法开展项目评价，以确定有效性（ASCA，2016）。

美国心理学会的《心理学家伦理原则和行为准则》

美国心理学会的《心理学家伦理原则和行为准则》（APA，2017）包括作为心理学家行为规范的若干伦理标准。第九部分特别论述了11项与评估相关的议题。

标准9.01规定，心理学家应根据足以证实自己研究结果的信息和技术提出建议。标准9.02阐述了研究中使用信度和效度评估技术作为证据的重要性。标准9.03阐述了心理学家在使用评估技术时必须获得知情同意，其中包括解释评估的性质和目的、费用、是否有第三方参与和保密的局限性。标准9.04明确规定，除非来访者允许，否则心理学家绝不能透漏来访者的测验结果，心理学家只有在法律或法庭的要求下才能在未经来访者允许的情况下提供测验数据。标准9.05涉及测验编制中的伦理程序。标准9.06涉及对测验的解释，要求心理学家用被评估者能够理解的语言来解释测验结果。标准9.07强调心理学家有责任不提倡无资格的评估者使用心理评估技术。标准9.08强调不使用过时的测验或结果的重要性，即心理学家必须避免根据过时且不适用于当前目的的测验和结果来做评估、决定或提出建议。标准9.09和标准9.10提到计分、解释测验，以及阐释评估结果。心理学家在为其他专业人员提供评估或计分服务时，有义务确保流程是恰当、有效和可靠的。在解释评估结果时，心理学家必须确保解释是由恰当的个体或服务机构提供的。标准9.11规定心理学家有责任为保持测验和其他评估技术的完整性和安全性做出合理的努力，使之符合法律、合同义务和伦理准则。

心理咨询评估协会的《标准化测验使用者的责任》（第三版）

心理咨询评估与研究协会（原心理咨询评估协会）是美国心理咨询协会的分会，是一个由咨询师、心理咨询教师和其他专业人员组成的组织，在心理咨询行业的评估和诊断技术的创造、开发、生产和使用方面起到引领作用，并提供培训和研究方面的支持。

协会负责制定了《标准化测验使用者的责任》（AAC，2003），促进了心理咨询和教育界准确、公正和负责任地使用标准化测验。《标准化测验使用者的责任》阐述了几个与测验使用者资格相关的方面，包括测验使用者资格、技术知识、测验选择、测验实施、测验分数计算、测验结果的解释和测验结果的交流，强调合格的测验使用者在使用测验方面应具有适当的教育、培训和经验，并且在专业实践上遵守最高水平的伦理、法律和标准。缺乏资质或未遵守伦理和法律可能会导致失误，并对来访者造成后续伤害。测验使用者有责任在参与测验前获得适当的教育、培训或专业督导。

美国测验实践联合委员会的《教育公平测验实施准则》

《教育公平测验实施准则》是为从事教育测验的专业人员提供的指南。它由美国测验实践联合委员会（JCTP）编写，该委员会的成员来自美国心理咨询协会、美国教育研究协会、美国心理学会、美国言语语言听力协会（American Speech-Language-Hearing Association，ASHA）、美国国家学校心理学家协会（National Association of School Psychologists，NASP）、美国国家测验指导者协会（National Association of Test Directors，NATD）和美国国家教育测量委员会（NCNE）。《教育公平测验实施准则》强调公平性是测验的首要考虑因素。专业人员有义务提供和使用对所有受测者公平的测验，无论其年龄、性别、残疾状况、种族、民族、国籍、宗教信仰、性取向、语言背景和其他个人特征如何。此准则在四个方面为测验开发者和测验使用者提供指导：（1）恰当测验的开发和选择；（2）测验的实施和计分；（3）测验结果的报告和解释；（4）受测者知情。

美国国家教育测量委员会的《教育测量的专业责任准则》

美国国家教育测量委员会在1995年出版了《教育测量的专业责任准则》。委员会制定此准则的目的在于促进教育评估中负责任的专业实践做法。此准则提供了八个主要评估标准领域的框架，重点关注从事下列工作的人员的责任。

- 开发评估产品和服务的人员。
- 销售评估产品和服务的人员。
- 选择评估产品和服务的人员。
- 实施评估的人员。
- 为评估计分的人员。
- 解释、使用和沟通评估结果的人员。
- 为他人做评估培训的人员。
- 评价教育项目和进行评估研究的人员。

此准则的每一部分都包括更具体的标准。例如，第六部分：解释、使用和沟通评估结果的人员必须提供有关评估、其目的及用途的所有必要信息，以便对结果做出适当解释；对所有报告的分数进行可理解的讨论，包括适当的解释；促进在做出教育决策时使用有关个人或项目的多种来源的信息；告知在解释评估结果时使用的任何常模或标准的充分性和恰当性，以及任何可能的误解；保护个人和机构的隐私权。

评估中的伦理议题

当前，伦理议题受到心理和教育测验专业人员的广泛关注。类似的主题包含在所有准则中，例如，评估的专业培训和胜任力、来访者福祉议题、测验使用者的资格和评估的公平性。

专业培训和胜任力

伦理议题中最重要的是专业人员使用现有评估工具的胜任力。专业人员必须具备选择、实施、计分和解释测验的资格。不同测验要求不同水平的胜任力。有些测验，如韦氏量表（Wechsler Scales）、主题统觉测验（Thematic Apperception Test）和罗夏墨迹测验（Rorschach Inkblot Test）要求高水平技术。数个专业协会的专业标准为测验人员胜任力制定了明确的指导方针，以下为这些指导方针的摘要。

1. 理解基本的测量概念，如测量量表、信度类型、效度类型和常模类型。

2. 理解测量中的基本统计知识，能够定义、计算和解释集中趋势、变异性和相关性。

3. 计算和应用测量公式，如测量的标准误差和斯皮尔曼－布朗公式。

4. 阅读、评价及理解测验手册和报告。

5. 严格按照规定的程序进行测验的实施、计分和解释。

6. 列举并讨论所在领域的主要测验。

7. 确定并定位所在领域的测验信息来源。

8. 讨论并演示如何使用表格和图形这两种不同系统形式表示测验数据。

9. 比较和对比不同类型的测验分数，并讨论它们的优势和劣势。

10. 说明常模参照解释的相对性质和在解释个人分数时对测量标准误差的使用。

11. 帮助受测者和来访者将测验作为探索性工具。

12. 协助受测者和来访者做出决定并完成发展任务。

13. 安排一次会面进行解释，以加强来访者对测验结果的了解。

14. 使用策略帮助来访者做好测验准备，以最大限度地提升测验结果的准确性。

15. 用受测者能理解的语言仔细且准确地解释测验结果。

16. 在解释测验时运用必要的沟通技巧，选择合适的策略向个体、团体、家长、学生、教师和专业人员呈现测验结果。

17. 引导来访者对测验信息做出恰当的反应并鼓励他们恰当地使用测验信息。

18. 在施测和反馈时留意来访者表达的言语和非言语线索。

19. 对认为测验结果为负面结果的来访者使用恰当的策略。

20. 熟悉测验的口头解释形式和计算机报告形式，以便引导来访者理解这些信息和解释。

21. 熟悉与测验相关的法律、专业指南和伦理指南。

22. 作为施测者和咨询师，留意来访者的权利和自身的专业责任。

23. 列举和讨论有关测验的当前议题和趋势。

24. 采用口头和书面形式呈现测验结果，并且知道在个案研究和会议中应提供什么类型的信息。

25. 讨论和使用策略协助受测者掌握测验技巧和降低测验焦虑。

26. 识别并讨论计算机辅助测验和计算机自适应测验，并且展示它们在各自领域的应用。

来访者福祉议题

在评估中，一个主要的议题是在选择使用何种测验时是否考虑到了来访者的福祉。测验中保密性的欠缺和隐私侵犯在教育领域被认为是次要问题，但在心理学领域则被视为更严重的问题。对专业人员来说，重点是在对个体施测或将结果公布给第三方之前，必须征得知情同意。个体已经开始怀疑未经授权的用户可能会"下载"信息。

测验使用者资格

根据国际测验委员会（ITC，2013），胜任力是使个体获得使用测验的资格的关键部分。测验使用者资格这一概念是指测验使用中必要的知识、技术、能力、训练和资历（Oakland，2012）。关于测验使用者资格的议题仍具争议。有些专业群体提倡心理测验仅由心理学家使用，有些人则坚信测验使用者资格直接与胜任力相关，而不与特定的专业领域相关。此外，胜任力可以通过各种方式获得，如教育、培训和使用测验的经验。在国际上，以胜任力为基础的评估实践被认为是获得特定执照或学位的标准。根据国际测验委员会的规定，负责任的测验使用者会在科学原则和实证经验的范围内工作，设立并保持较高的个人胜任力标准，了解自己胜任力范围并在范围内进行操作，跟进所使用测验的相关变化和更新，并跟踪测试开发，包括可能影响测验使用的法规和政策的变化和更新（ITC，2013）。美国心理咨询协会（ACA，2014）也为测验使用者资格制定了一套标准。《测验使用者资格标准》（*Standards for the Qualifications of Test Users*）规定，职业咨询师只有在具备适当的知识和技能后才有资格在实践中使用测验和评估（见表 2-2）。

表 2-2　美国心理咨询协会的《测验使用者资格标准》

1. 具备与测验背景和心理咨询专业类型相关的实践技能和理论知识。
评估和测验必须与理论背景及专业知识相结合，而不是单独的行为、角色或实体。此外，专业咨询师应熟练地掌握服务人群的治疗实践。

2. 透彻理解测验理论、测验编制的技术和测验的信度与效度。
这部分知识包括项目的选择方法、给定测验中的人性理论、信度和效度。有关信度的知识至少包括信度的确定方法，如区域采样信度、重测信度、复本信度、半分信度和内部一致性信度；以上方法的优势和局限性；测量的标准误差——表明一个人的测验分数如何反映其被测量特质的真分数的准确程度；真分数理论，即将测验分数定义为对真实情况的估计。有关效度的知识至少包括效度的种类，如内容效度、效标效度（同时效度和预测效度）；评估各种效度的结构方法，包括相关性运用，以及估计标准误差的意义和重要性。

3. 具备抽样技术、常模，以及描述统计、相关统计和推论统计的实用知识。
抽样中的重要主题包括样本量、抽样技术、抽样与测验准确度之间的关系。描述统计的工作知识至少包括概率论；集中量数；多模态的偏态分布；差异量数，包括方差和标准差；标准分数，包括离差智商、z 分数、T 分数、百分等级、标准九分，正态曲线、等级，以及年龄当量。相关和预测的知识至少包括最小二乘原理、两组分数间关系的方向和大小、回归方程推导、回归与相关的关系，以及用于计算相关性的最常用程序和公式。

4. 具备访谈、筛选和实施适合来访者／学生和心理咨询实践背景的测验的能力。
使用测验的职业咨询师应该能够描述不同类型测验的目的和用途。职业咨询师利用他们对抽样、规范、测验结构、信度和效度的理解，准确评估测验的优势、局限性，以及适用于服务于来访者的测验。职业咨询师在使用测验时也应注意计算机输出的测验解释中潜在的错误。为了保证解释的准确性，我们必须根据职业咨询师对来访者和测验背景的一手知识对计算机技术资源进行扩充。

5. 具备实施测验和解释测验分数的技能。
具备胜任力的测验使用者执行适当和标准化的实施程序。这一要求使得职业咨询师能够为协助其他测验实施和计分的人员提供相关心理咨询和培训。除了标准化程序外，测验使用者应提供舒适、无干扰的测验环境。咨询师的专业性解释需要对测验、测验目的、测验分数的统计学意义和用于测验结构的常模样本有充分的实用知识。专业性解释还需要理解来访者或学生与测验结构中使用的常模样本之间的相似和差异之处。最后，在以口头或书面形式给来访者、学生或适当的他人提供解释时，必须清晰准确地传达测验分数的含义。

6. 了解影响测验准确性的多元因素，包括年龄、性别、民族、种族、残疾状况和语言差异。
使用测验的职业咨询师应致力于测验中各个方面的公平性。只有在准确和公正地评估来访者或学生的特征时，咨询师才能有效地获得信息并做出决定。在选择和解释测验时，要注意测验条目可能存在一定程度的文化偏见，或常模样本不能反映或不包含来访者或学生多元性的情况。测验使用者应了解年龄和残疾状况这类差异可能会影响来访者对测验条目的感知和反应能力。测验分数应结合可能影响个体分数的文化、种族、残疾状况或语言因素来解释。这些因素包括视觉、听觉和行动等障碍，可能需要在施测和计分中做出适当的调整。测验使用者应理解基于测验的性质和目的，某些类型的常模和测验分数解释可能不适用。

（续表）

7. 具备专业负责地进行评估和评价实践的知识和技能。 职业咨询师在使用测验时应遵循美国心理咨询协会的《伦理准则》及《实践标准》（*Standards of Practice*，1997）、《标准化测验使用者的责任》（AAC，2003）、《教育公平测验实施准则》（JCTP，2002）、《受测者的权利和责任：指导和期望》（*Rights and Responsibilities of Test Takers：Guidelines and Expectations*；JCTP，2000）和《教育与心理测验标准》（AERA/APA/NCME，1999）。此外，职业学校咨询师应遵循美国学校咨询师协会的《学校咨询师伦理标准》（ASCA，2016）。在测验安全性、正版材料的使用和用于自我实施的评估工具在非督导状态下的使用方面，测验使用者应了解相关法律与伦理原则和实践方法。在使用和监督测验的使用时，合格的测验使用者应表现出对来访者福祉和测验分数保密性的极端重要性的敏锐理解。测验使用者应寻求持续的教育和培训机会，以保持胜任力并获得评估和测验方面的新技能。

Source: Reprinted from *Standards for the Qualifications of Test Users*, Copyright © 2003 The American Counseling Association. Reprinted with permission. No further reproduction authorized without written permission from the American Counseling Association.

为了让这些信息发挥作用，我们来看一个例子。一位在高校心理咨询中心担任主任一职的心理学家联系了心理咨询评估与研究协会的主席。心理学家问了以下问题："我正准备为我校残疾人资源办公室设立的协调员岗位做招聘，有一些持照职业咨询师前来应聘。理想情况下，我们希望协调员能够进行注意缺陷/多动障碍（ADHD）的评估，其中会用到持续性表现测验（如综合视听测试，Integrated Visual and Auditory）、自我报告测量（如成人版执行功能行为评定量表，Behavior Rating Inventory of Executive Function–Adult）、间接测量（如家长评定量表，Parents' Rating Scale），以及情绪相关测验（如人格评估量表，Personality Assessment Inventory）这类评估工具。你知道持照职业咨询师的实践范围是否包括实施这些测量、进行计分、解释结果和书写报告吗？"基于你目前所读到的内容，你有何看法？阅读以下关于测验采购的部分，我们将重新讨论这个问题。

购买测验通常仅限于满足特定最低资格的人员。大部分测验出版商会基于一个三级系统对测验使用者的资格进行分类，该分类系统最早由美国心理学会（APA）于 1950 年开发。后来美国心理学会在 1974 年放弃了该分类系统，但许多出版商仍继续使用该分类系统或类似分类系统。该分类系统包括以下三个级别。

A 级：测验使用者不需要在测验实施和解释方面接受高阶培训便能购买 A 级测验。他们可能拥有心理学、公共服务、教育学或相关学科的学士学位；与评估相关的培训或认证；具有使用测验的实践经验。A 级测验的例子包括一些态度和职业探索测验。

B 级：使用 B 级测验时，从业者通常拥有心理学、心理咨询、教育学或相关学科的研究生学位；完成测验方面的专业培训或课程；或拥有证明测验方面培训和经验的执照或证书。此外，如果是美国言语语言听力协会或美国职业治疗协会（American Occupational Therapy Association，AOTA）这类专业组织的成员，就有资格购买 B 级产品。B 级测验的示例包括一般智力测验和兴趣调查问卷。

C 级：C 级测验要求使用者具备 B 级资格并拥有心理学或相关学科的博士学位（在测验的实施和解释方面提供适当的培训），或拥有执照 / 认证，或接受心理学或相关领域具有资质的专业人员的直接督导。C 级测验的例子有智力测验、人格测验和投射测验，例如，韦氏儿童智力量表第五版（WISC-V）、明尼苏达多相人格测验第二版（MMPI-II）和罗夏墨迹测验。

现在让我们回到先前那名心理学家提出的问题。答案由三个部分组成。首先，为使硕士学历的咨询师可以施测，测验是否符合 A 级或 B 级资格的标准？例如，成人版执行功能行为评定量表属于 B 级，所以硕士学历的咨询师有资格购买并施测。其次，咨询师是否接受过评估培训？可以是现场培训、硕士课程培训，也可以是测验发布者为达到胜任力标准而进行的培训。最后，该（美国）州是否限制持照职业咨询师的实践？了解实践范围是决定专业人员能做什么的一个基本要素。咨询师应参考所在（美国）州的法律来确定评估实践的范围。

评估中的法律议题

除了伦理准则外，美国州立法律和国家法律也对评估进行规范。法律有以下几个来源。

- **法规**（statute）：立法机构制定的法律。
- **条例**（regulation）：政府机构制定的法律。
- **司法判决**（judicial decision）：基于法庭的意见制定的法律，通常在诉讼案件中产生。

专业人员需要随时了解影响评估的主要法律。我们将开始介绍影响评估的法规和条例，以及涉及诉讼案的若干司法判决。

法规和条例

1990 年的《美国残疾人法案》 1990 年 7 月 26 日，美国国会通过了《美国残疾人法案》，并签署成为法律。这项法律旨在减少歧视，使超过 4300 万身患某种残疾的美国人的日常生活更加便利。此法案将残疾定义为严重限制主要生活活动的身体或精神损伤（U. S. C. Title 42，Chapter 126，Section 12102［2］）。法案规定职业介绍所或劳工机构不得歧视残疾人。它适用于工作申请程序，雇员的雇佣，晋升和解雇，工人的补偿，工作培训，以及其他就业相关的条款、条件和特权。

该法案对就业评估有特定的规定。在合理调整部分，其规定如下。

私营机构提供测验时，有责任对实施测验的地点和方式进行选择和管理，以确保测验能准确反映个体的能力和成就水平或测验意在测量的其他因素，而不是反映个体受损的感官、动手或言语技能，除非这些技能是测验试图测量的因素（Section III. 4. 6100）。

换句话说，如果某种残疾对个人在就业测验中的表现产生不利影响，雇主就不能选择该测试。这意味着为了遵守《美国残疾人法案》，人们必须"合理调整"对残疾人进行评估的测验，即在测验实施程序中做适当的修改和调整。关键要记住，对标准化测验进行任何修改时，应谨慎地解释结果，要认识到修改可能会对效度产生损害。修改的示例包括以下内容。

- 延长测验时长。
- 提供大号印刷品、盲文或录音带形式的书面材料。
- 提供朗读者或手语翻译员。
- 在可进行测验的地点实施测验。
- 使用辅助性设备。

1991年的美国《民权法案》 1964年的《民权法案》第七编分别于1971年、1978年和1991年进行了修订，其中规定禁止基于种族、肤色、宗教信仰、性别、妊娠或国籍的就业歧视。最初的立法设立了平等就业机会委员会（Equal Employment Opportunity Commission，EEOC），该委员会负责制定规范平等就业的指导原则。在20世纪70年代，平等就业机会委员会制定了严格的就业测验使用指导原则。该原则指出，所有用于雇佣决定的正式评估工具，如果对法案第七编所保护阶层的雇佣、晋升或其他就业机会产生不利影响，就构成歧视，除非测验能够证明对工作表现的合理测量（效度）。

关于就业测验和潜在歧视问题的一个例子是具有里程碑意义的格里格斯诉杜克电力公司案（Griggs v. Duke Power Company，1971）。该案件涉及一家私营电力公司的非裔美国员工，他声称，要求获得高中毕业证书和通过标准化测验［如温德利人事测验（Wonderlic Personnel Test）和班奈特机械理解测验（Bennett Mechanical Comprehension Test）］的标准具有歧视性，并将该公司告上法庭。美国联邦最高法院裁定，杜克公司违反了《民权法案》第七编，因为标准化测验的要求阻碍了多数非裔美国员工被该公司雇佣和晋升。在该案件中，测验的效度是一个关键问题，因为这两项测验均未显示出与成功的工作表现显著相关。因此，该案件促使人们更加关注就业测验的效度。

1974年的美国《家庭教育权与隐私权法案》 1974年的美国《家庭教育权与隐私权法案》是一部保护学生档案隐私的联邦法案。该法案给予家长在子女教育记录方面的某些权利，如检查子女学业记录的权利，并明确规定了其他人查阅这些记录的条件。即使记录中有评估信息，家长也有权查看这些结果。

2004 年的美国《残疾人教育促进法案》　美国《残疾人教育法案》最初于 1975 年签署成为法律。其目的是确保全美残疾儿童受到适当的服务和教育。该法案要求每个州都有一个能认定、定位和评估残疾儿童（从出生至 21 岁）的综合系统。法案将"残疾儿童"定义为经评估患有自闭症（孤独症）、耳聋、聋盲、情绪障碍、听力障碍、精神障碍、多重残疾、骨科损伤、其他健康障碍、特定学习障碍、言语或语言障碍、创伤性脑损伤及视力障碍（包括失明）的儿童。学校必须为残疾儿童提供特殊教育服务。特殊教育教学可以在普通教育教室、特殊教育教室、专业学校、家庭、医院或机构中进行。教育内容可能包括学习或行为支持、言语和语言病理服务、职业教育和许多其他服务。

2004 年，美国《残疾人教育法案》被重新授权更名为《残疾人教育促进法案》（Individuals with Disabilities Education Improvement Act）。这部最新版本的美国《残疾人教育促进法案》极大地影响了教育评估和学校确定学生是否有特殊学习障碍（specific learning disabilities，SLDs，详见第十六章"评估特殊学习障碍"部分）的过程。学区不再需要使用作为 1997 年法案组成部分的传统能力 – 成就差异模型（ability-achievement discrepancy model）。法案现在要求学校利用一些基于科学的评估、指导和行为干预措施来确定学生是否患有特殊学习障碍，从而使他们有资格获得特殊教育服务。因此，许多州和学区都采用了被称为干预反应（responsiveness to Intervention，RTI）的另一种模式。干预反应是一种综合性方法，通过进度监测和数据分析，以不断提高的强度向学生提供服务和干预措施。有关干预反应的详细描述见第十六章。

1996 年的美国《健康保险携带和责任法案》　美国《健康保险携带和责任法案》由美国国会于 1996 年颁布。该法案有三个主要目的：保证保险的可携带性（portability），加强对保险业欺诈行为的预防，以及制定有关健康信息安全和隐私的新法规。

该法案中的隐私条例规定了健康信息隐私保护的最低级别。对参与评估的专业人员来说，新的隐私规定最重要。隐私条例规定个人健康信息（包括评估信息）必须保密。这些条例旨在保护个人健康信息的隐私和保密性，特别是在如今的信息电子传输时代（American Mental Health Counselors Association，AMHCA，2004）。这些条例界定了个人的权利、所涵盖实体（医疗保健提供者、医疗保健计划、医疗保健信息交换所）的行政义务，以及何种情况允许使用和披露受保护的健康信息。一般来说，隐私规则要求从业人员执行以下操作（APA，2013）。

- 向来访者提供有关其隐私权的信息，以及如何使用这些信息。
- 在实践中采取明确的隐私程序。

- 培训员工，使他们了解隐私程序。
- 指定一名人员负责确保隐私程序的采纳和遵守（如隐私管理员）。
- 确保患者记录的安全。

2001 年的美国《不让一个儿童落后法案》和 2015 年的美国《让每一个学生成功法案》《不让一个儿童落后法案》对《中小学教育法案》（Elementary and Secondary Education Act，ESEA）进行了自 1965 年颁布以来最彻底的修改。它改变了美国联邦政府在 K-12 教育中的角色，要求美国学校用每名学生的成就来描述学校的成功。《不让一个儿童落后法案》包含四项基础教育改革原则：更强的责任制；更高的灵活性和地方控制；扩大的家长选择范围；对已被证明有效的教学方法的强调。该法案显著提高了对州立、地方学校系统和个别学校的期望，因为所有学生都希望在 12 年求学期间达到或超越州立阅读和数学标准。该法案要求所有州建立符合联邦要求的州立学习标准和州立测验系统。

由于此法案，各州制定政策奖励在高利害关系测验（指测验结果会对受测者的人生产生重大影响的测验）中取得优异成绩的学校。高利害关系测验的好处是能提供基于成绩的奖励，明确责任，提高公众知名度，以及对教育工作者进行财政激励。然而，也有许多人批评这些测验在教育中的使用（在第十六章进一步讨论）。因此，联邦政府寻求改进《不让一个儿童落后法案》，并于 2015 年通过了《让每一个学生成功法案》（Every Student Succeeds Act，ESSA）。

《让每一个学生成功法案》在学校和学生表现方面产生了巨大的问责转变。根据《不让一个儿童落后法案》，各学校对学生的考试成绩负责。这种责任聚焦导致学校产生欺诈现象、应试教育现象，并对教育者、学生和管理者提出了其他挑战（Grapin & Benson，2018）。虽然《让每一个学生成功法案》保留了对高利害关系测验的使用，但学生成功的责任主体在于每个州，而不在于每个学校。因此，各州对如何实施该法案的要求有更多的控制权，以使本州的学生获得最大利益。从心理咨询和评估的角度来看，该法案的一个主要优势是基于现有的 2006 年《卡尔·帕金斯职业和技术教育法案》（Carl Perkins Vocational and Technical Education Act）增加的一项要求，即要求学校向所有学生提供就业和高校咨询（Grapin & Benson，2018）。

2006 年的美国《卡尔·帕金斯职业和技术教育法案》 该法案为职业和技术教育提供了联邦资金和指导，重点关注学生的成绩并为学生的职业生涯和高等教育做准备。2006 年的再次授权呼吁更多地关注职业和技术教育学生的学业成绩，加强中等教育和高等教育之间的联系，并改善州和地方的问责制。这项新法律的问责制部分意味着，职业和技术教育项目将通过测量学生的学业能力，首次对成绩的持续提高负责。教育的成功将通过有效和可靠的测验来决定，其中包括采用《不让一个儿童落后法案》中的阅读、数学和科学方面的评估。

司法判决

司法判决是基于法院意见制定的法律，通常源自诉讼案件。大部分影响评估的司法判决涉及教育和就业测验。

涉及教育测验的司法判决

- 拉里诉莱尔斯案（Larry P. v. Riles，1974，1979，1984）涉及来自美国加利福尼亚州一个学区的非裔美国小学生，他们声称自己被不当安置在可教育的智力迟滞者（Educable Mentally Retarded，EMR）教室。这一安排依据的是他们在一次智力测验中的分数，他们声称这项测验不适用于非裔美国学生。在此学区的EMR中，28.5% 为白人，66% 为非裔美国人。法院的结论是，这些学校一直在使用一种不恰当的测验来安排非裔美国人参加 EMR 项目计划，因此这项测验不能使用。未来，学校必须提交一份书面报告，声明测验不具有歧视性，且学生进入 EMR 计划的决定是有效的，同时提供白人和非裔美国学生的分数统计数据。

- 戴安娜诉美国加州教育委员会案（Diana v. California State Board of Education，1973，1979）涉及墨西哥裔美国学生使用智力测验的适当性。这些学生往往因为成绩不佳而被安排进 EMR 班。庭外协议要求学校对学生进行母语和英语测验，并限制了测验中许多口头部分的施测。

- 德布拉诉特林顿案（Debra P. v. Turlington，1979，1981，1983，1984）质疑了美国佛罗里达州学生评估测验的公平性。原告为 10 名非裔美国学生，他们认为自己被剥夺了正当程序，因为他们没有足够的时间准备考试，而且考试被用来按种族隔离学生。法庭认为该测验不具有歧视性。法院的结论是，在使用测验授予高中文凭时，学校系统有责任确保测验内容仅包含实际教授给学生的内容。

- 谢里夫诉美国纽约州教育署案（Sharif v. New York State Educational Department，1989）关乎将学术能力评估测验（Scholastic Aptitude Test，SAT）分数作为授予该州优秀奖学金的唯一依据。原告声称该州歧视竞争该奖项的女孩。法院判定，纽约不能仅以学术能力评估测验成绩作为授予奖学金的依据，还需要有其他标准，如学校成绩或全州成就测验的数据。

涉及就业测验的司法判决

- 格里格斯诉杜克电力公司案（Griggs v. Duke Power Company，1971）裁定杜克

电力公司要求职位应聘者具有高中文凭并参与两次笔试违反了 1964 年《民权法案》第七编。美国最高法院裁定杜克电力公司违反法案是因为标准化测验的要求阻碍了大量非裔美国员工被公司雇佣及晋升到公司内薪酬较高的部门。在这种情况下，测验的效度成为一个关键问题，因为这两项测验均未显示出与良好的工作表现显著相关。

- 华盛顿诉戴维斯案（Washington v. Davis，1976）涉及筛选测验中的偏见问题。在这起案件中，两名非裔美国人对哥伦比亚行政区的警察局提起诉讼，理由是该警察局使用的筛选测验（一种语言技能测验）将过量的非裔美国应聘者（求职责）筛选掉。美国最高法院做出了不利于这些应聘者的判决，并指出不能仅因为一项官方行为（在本案中，使用筛选测验）会导致种族录取不成比例而判定其违法。相反，法院的依据在于警察局是否有意歧视非裔美国求职者。法院没有发现警察局具有歧视的意图，因此做出了有利于警察局的判决。

- 贝克诉加州案（Bakke v. California，1978）是美国最高法院在平权行动中具有里程碑意义的判决。它判定在大学招生中使用种族"配额"是违法的，但它批准了给予少数族裔平等机会的平权行动计划。

- 黄金法则保险公司诉理查德·马赛厄斯案（Golden Rule Insurance Company v. Richard L. Mathias，1984）是一起具有里程碑意义的诉讼，原告指控美国教育考试服务中心（Educational Testing Service，ETS）的保险代理人执照考试存在种族偏见且与工作无关。案件得到庭外和解，ETS 同意未来在编制测验时让所有考生能正确地回答至少 40% 的题目，以及若白人和非裔美国考生之间的正确答案百分比差异超过 15%，则考虑题目可能存在偏见。

- 孔特雷拉斯诉洛杉矶市案（Contreras v. City of Los Angeles，1981）认为雇主有责任使用专业上可接受的测验方法，并且该测验在与其岗位相关的工作行为和相关的重要因素上，具有预测性或存在显著相关性。

- 伯克曼诉纽约市案（Berkman v. City of New York，1987）废除了一项意图提高女性消防员申请者分数的任意转换程序，尽管基本测验并不能预测工作表现。

- 沃森诉沃思堡银行与信托案（Watson v. Fort Worth Bank and Trust，1988）判定负面影响不适用于主观标准。原告必须确定产生负面影响的具体标准，并提供可靠和可证明的统计证据来支持歧视的推断。雇主只需为标准提供合法的商业理由。即使在为标准化测验辩护时，雇主也不需要引入正式的研究证明特定标准可以预测员工实际的工作表现。

- 沃德封面包装公司诉安东尼奥案（Ward Cover Packing Company v. Antonio，

1989）逆转了格里格斯诉杜克电力公司案的影响。一个更为保守的最高法院认为，就业测验必须与工作有实质性的关系，然而，作为"业务需要"的一部分，雇主可以要求员工进行超出必要工作范围的测验。

总结

职业标准和伦理准则确保咨询师和其他参与评估的专业人员的伦理和专业行为。法律和司法判决会对评估实践产生影响。总体效果是对不同群体采用更公平的测验和测验实践。测验的角色则不断由法院重新定义。专业人员需要遵守其所在组织的伦理准则，熟悉与测验相关的法律和法院解释，并对评估实践和程序持谨慎、批判的态度。

伦理准则和实践标准是公平评估的基本要素。各伦理准则之间有相似之处。一些共同的原则包括胜任力、诚实、尊重来访者、承担责任和关心他人的福祉。参与测验的人员需要具备实施所选定测验的胜任力，为测验的使用提供解释，用受测者能理解的语言与其讨论测验结果。从业人员在施测前必须获得知情同意。咨询师需要熟悉适用于来自其他族裔和文化群体的来访者的技术和程序。从业人员还需要了解并尊重所有受测者的信仰、态度、知识和技能。这就要求咨询师了解自己的假设、偏见和价值观。

问题讨论

1. 应该允许谁购买心理测验？他们的资格应该是什么？

2. 许多就业测验专业人员认为，法院和立法机构的指导方针已经过时，并对雇主提出了高成本要求，而最新的研究表明这些要求是不合理的。你同意还是不同意这种立场？为什么？

3. 如果你的职业伦理准则与最近的司法判决相冲突，你会采取什么立场？

建议活动

1. 对两三个与测验相关的伦理准则进行内容分析。它们有何相似及相异之处？

2. 选一个有关测验的主要议题进行模拟练习，如正当程序议题、某些测验对特定功能的适用性议题、测验滥用议题或某测验对少数群体的适用性议题等。

3. 讨论在"测验使用者资格"部分中提到的例子。

4. 调查你所在的当地法院系统是否有涉及评估议题的案件。

5. 阅读以下案例研究，并回答之后的问题。

一所私立文科学院正在努力获得地区的认证。在这所学院通常录取的学生中，有很大一部分是在高中表现较差的学生，包括在 4.0 等级量表中平均成绩（grade point average，GPA）为 2.0 的学生。该学院不要求学术能力评估测验（SAT）或美国大学入学考试（ACT）。招生委员会面临压力想要改变标准，要求 SAT 的推理测验分数至少达到 900 分，以提高学院的学术声望。招生委员会被告知，如果学院采用一个既定的评估测验，可以使入学人数增加，而且能减少辍学学生。

（1）此情况下的评估议题是什么？

（2）涉及哪些因素或评估实践？

（3）如果学院邀请你作为顾问帮助招生委员会筛选和留住学生，你有什么建议？

6. 阅读以下案例研究，并回答之后的问题。

为了保持竞争力，某医院决定通过裁减半熟练工人削减预算，对象包括后勤人员、食堂工作人员、仓库人员、档案室人员等。为了使这些员工能够留下，医院希望帮助他们有资格获得更高水平的工作。从人员流失率来看，医院管理者知道他们需要具有高级技能的员工，如果内部没有合格人员，他们将不得不通过外部招聘来填补这些职位。人事部已决定对所有将失去职位的目标员工进行第四版广泛成就测验（Wide Range Achievement Test，WRAT-IV）和修订版温德利人事测验（Wonderlic Personnel Test Revised，WPT-R），并选择得分排名靠前的员工进行再培训。在这些员工中，80% 的人为女性和少数族群。

（1）与本案例相关的伦理和法律议题有哪些？

（2）如果你是医院聘请的顾问，来帮助确定需要接受再培训的员工，并为即将离职的员工提供再就业咨询，那么你会建议该医院怎么做？

多元群体的评估议题

学习目标

学习本章之后，你将能够做到以下几点。

- 定义多元文化评估。
- 列出并描述测验偏差的主要来源。
- 描述对不同群体使用标准化测验的有关议题，包括心理测量学特性、施测和计分程序，以及测验的使用和解释。
- 描述与受测者偏差和施测者偏差有关的评估议题。
- 描述与多元文化评估相关的伦理原则和其他议题。
- 定义残疾，并说明评估残疾个体的标准。
- 对于视力障碍、听力受损或耳聋，以及有智力障碍、交流障碍或其他障碍的个体，描述关于他们的评估议题。

测验的公平性是《教育与心理测验标准》的重要组成部分。根据美国教育研究协会（AERA）、美国心理学会（APA）和美国国家教育测量委员会（NCME）在2014年发布的标准，公平对待所有受测者的理念是评估过程的基础，值得特别关注。测验公平性是一个复杂的问题，其中包括的议题涉及测量偏差（measurement bias）、可测性（accessibility）、通用设计（universal design）、对个体特征和测验环境的反应性、测验过程中的治疗、被测量构念的可测性，以及个体测验分数的解释对测验用途的有效性等。进行评估的心理咨询师在操作时必须考虑不同亚群体的特征（如种族、性别、能力和语言）。

文化胜任力对所有的专业心理咨询师都至关重要。因此，进行心理评估的心理咨询专业人员应努力确保公平、公正地对待多元群体。多元群体可以被定义为因种族、民族、文化、语言、年龄、性别、性取向、宗教信仰和能力而不同的人们（Association for Assessment in Counseling，AAC，2003）。在本章中，我们将分两部分讨论多元群体评估：（1）多元文化评估，涉及评估来自不同文化的群体所需的胜任力，这些文化群体被种族、民族、语言、年龄、性别、性取向、宗教信仰和其他文化维度所区分；（2）对残疾人士的评估，主要探讨对身体或认知功能有重大限制的个体进行评估所需的胜任力和标准。

多元文化评估

美国人口的文化多样性持续增长。毫无疑问，咨询师和其他助人专业人员将与具有不同文化背景、习俗、传统和价值观的个体合作。因此，咨询师需要准备好与来自不同背景的个体合作，并且必须认识到并理解不同来访者之间存在的差异。多元文化评估是指评估在文化认同的各个方面存在差异的个体所需的能力和标准，如种族、民族、语言、年龄、性别、性取向、宗教信仰和其他文化维度。每一个文化层面都有独特的问题和关注点。因此，为了有效评估，咨询师必须具备与来访者的文化背景相关的知识，以及了解获取不同文化背景人士相关信息的可用资源（Huey Jr，Tilley，Jones，& Smith，2014）。

在评估过程中经常使用标准化测验，许多专业人员依靠标准化测验的分数做出有关来访者的重要决定或推断。然而，标准化测验因显示出偏差和不公平性而受到批评。多元文化评估重点关注评估工具和程序在多大程度上是适当、公平和有用的，以准确描述特定文化中个体的能力和其他特征。

心理咨询评估中的特权与边缘化

为了有效地讨论多元群体的评估事宜，有必要在心理咨询和评估中探讨特权和边缘化的概念。特权是指一个群体相对于另一个群体享有优势（University of the Sunshine Coast，2018），而边缘化则是指一个群体相对于另一个群体受到的待遇更低。在心理咨询和评估中，重要的是认识到特权和边缘化可能存在于工具、常模、协议过程及解释中，也可能存在于评估者和被评估者中。多元文化和社会公正心理咨询胜任力提供了期望心理咨询师拥有的熟练技能，包括心理咨询师应该拥护的态度、信念、知识、技能和行为（Ratts，Singh，Nassar-McMillan，Butler，& McCullough，2016）。

测量偏差

根据《教育与心理测验标准》，对公平性的主要威胁之一是测量偏差。测量偏差有两个主要组成部分：可测性和通用设计。这两个组成部分是早期测验标准中概念的演变。可测性是指在评估过程中，所有人都有平等的机会展示其能力或功能水平。例如，假设将明尼苏达多相人格测验第二版简明版（MMPI-2-RF）用于对一位英语为第二语言的受测者开展临床评估。若受测者的英语水平不足以完全理解问题，则施测者很难使用此评估工具的结果准确地做出诊断。

通用设计是一种有目的的测验设计，旨在最大限度地提高受测群体的可测性。通用设计过程需要测验开发者考虑各种可能影响测验可测性的过程，并尝试将可能与这些过程相关的任何挑战降至最低。更简单地说，测验开发者必须设身处地为受测者着想，想象测验中可能会出现的各种阻碍其表现的因素。例如，试想你正在接受一个评估你是否有能力准确诊断来访者的情境测验。测验给你提供了一个案例研究，并要求你在20分钟内做出诊断。20分钟与诊断能力有什么关系？ 20分钟的时间限制是不是诊断能力的一部分，或者该时间限制是否会产生与构念无关的变异（由于测量误差导致测验分数提高或降低）？

如果评估工具的某些方面影响了可测性，或者不是为普遍可测性而设计的，那么该工具将被视为有偏差的。测量偏差可被定义为构念表征不足或与构念不相关的测验成分会对不同群体受测者的表现产生不同的影响，进而影响其测验分数的解释和测验使用的信度/精确度和效度（AERA et al., 2014）。换句话说，若具有相同能力的个体由于处于不同群体背景而在测验中表现不同，则测验被认为是有偏差的。值得注意的是，测验偏差（test bias）与群体间差异并不相同——群体测验结果的差异应与研究相一致，这是测验结果效度的证据（如抑郁个体在贝克抑郁量表上的得分也高）。公平不同于均等和包容。均等是给予每个人成功所需的东西，是公平的组成部分（见图3-1）。包容是关于被重视的体验，可能是公平的结果。但是测量中的公平性是一种对测量偏差进行概念化的独特方式。根据美国教育研究协会等组织的观点，测量中的公平性可以从三个不同的角度进行检验：少量或不存在测量偏差、被测量构念的可测性，以及个体测验分数解释的效度。

均等 公平

图3-1 均等与公平的比较

公平性——少量或不存在测量偏差　在检查测验分数与其他变量之间的关系模式时，各群体的表现是否有所不同？如果是，那么这种现象被称为差异预测（differential prediction）或预测偏差（predictive bias）。这是在考虑与测量偏差相关的公平性时首先要考虑的问题。在实践中，这意味着专业心理咨询师在评估测验时不仅必须查看心理测量数据的摘要，还必须查看与群体表现和潜在偏差相关的测验研究。例如，假设你需要安排一项合适的测验，意在测量个体是否有完成技校学业的潜能，然而，当查看关于这一测量工具的研究时，你发现女性在汽车机械、管道或其他具有男性刻板印象技能方面的得分较低。因此，你必须确定在这种情况下是否存在潜在的测量偏差，以及这是不是满足你的特定需求的公平测量。这个案例中的问题是："仅仅因为群体成员身份（如性别），这些分数就不能准确地预测学生完成技校学业的潜能吗？"

与测量偏差相关的公平性的另一个方面是项目功能差异（differential item functioning，DIF），或者说不同群体（通常为不同性别或不同种族的群体）中能力相同的受测者在特定项目上的分数差异。若不同群体成员对项目的解释不同，则会出现项目功能差异。为了避免项目功能差异，测验设计者应使用通用词汇和表达，而不是与特定学科、群体或地域相关的词汇和表达。若有明显证据表明出现了项目偏差，则要进一步检查目标项目，并对是否发生项目功能差异做出主观判断（Suzuki & Ponterotto，2008）。例如，设想有一道旨在考察知识储备情况的智力测验题目："什么是 toboggan？"美国新英格兰居民可能认为 toboggan 是一种雪橇，而田纳西或阿巴拉契亚居民可能认为 toboggan 是一种针织帽，还有一些亚利桑那州居民可能从未接触过这个词。在这一项目上的表现差异可能仅仅是地域差异的结果，而非智力差异的结果。

如果一个测验的许多项目导致同等地位的不同群体在测验分数上存在总体差异，那么该测验可能存在与项目功能差异相关的偏差。这类偏差也可能由缺乏清晰的测验说明或使用错误的计分程序造成。例如，对非英语国家的人来说，无法完成任务可能仅仅是因为不理解测验说明。

公平性——被测量构念的可测性　在检查一项测验的公平性时，重要的是确定测验的目标群体是否有平等的机会接触被测量构念。当完成测验所需的知识、技能和能力与测验要测量的能力不同时，就可能出现测量偏差。例如，试想某地区强制使用纸笔版本明尼苏达多相人格测验来确定死刑对一起重大谋杀案的适用性。当你阅读第十四章关于明尼苏达多相人格测验的介绍后，考虑到此量表可用的研究数量、其中的诈病量表，以及准确解释分数所涉及的培训水平，你可能会认为这是一个合理的测量。但是，明尼苏达多相人格测验要求具有美国 5 年级的阅读水平，而许多罪犯是文盲，因此提供音频版本可能会比纸笔版本更有效地描绘人格。

公平性——个体测验分数解释的效度　测验者需要认识到个人偏差及其对结果解释

的影响。要想减少偏差，施测者就需要尊重每一个受测者，并寻求受测者的最大利益。例如，设想一个心理咨询教育项目招收了一名英语为第二语言的国际学生，这名学生想在自己的国家成为一名专业心理咨询师。那么将他的英语成绩与以英语为母语的学生的英语成绩进行比较是否公平？由于英语水平不是本次测验测量的构念，因此在这种情况下，正确的程序是心理咨询教育项目工作人员在施测时尽可能地帮助这类学生克服来自语言的阻碍。一种可行的策略是提供字典和额外的时间。需要注意的是，在这种情况下还可以采取许多其他措施来提高测验分数解释的公平性。关键是施测者要考虑这些因素，并采取适当的步骤来提高公平性。

巴鲁斯和曼宁（Baruth & Manning，2012）认为，以下情况会降低多元文化心理咨询的有效性，这些障碍可能涉及施测者偏差问题。

1. 咨询师和来访者在阶层和文化价值观上存在差异。
2. 咨询师和来访者间存在语言差异。
3. 咨询师对不同文化存在刻板印象。
4. 咨询师不了解自己的文化背景。
5. 咨询师对来访者在心理咨询过程中的不情愿和阻抗缺乏了解。
6. 咨询师对来访者的世界观缺乏了解。
7. 当某文化群体的行为与"正常行为"不同时被贴上精神疾病的标签。
8. 所有来访者都被期待符合心理咨询师的文化标准和期望。

此外，《教育与心理测验标准》提到，在教育、临床和心理咨询情境中，测验使用者不应试图评估在年龄、残疾状况、语言、性别或文化背景等方面有特殊特征的受测者，因为这些特征已超出施测者的学术培训和受督导经验。

评估中的多元文化视角

如果不特别注意多元文化问题，就不可能全面地检视评估中公平的性质。评估中的许多法律议题都与公平性和文化有关（如拉里诉莱尔斯案、戴安娜诉美国加州教育委员会案和格里格斯诉杜克电力公司案）。为了说明评估与文化的相互关系，我们将回顾一些共同原则（客位视角和主位视角）。

客位视角通过考察多元文化中具有共同意义的现象来强调人类的共性。主位视角是关于特定文化的，使用与某文化内部特征相关的标准，从文化内部检视行为（Kelley，Bailey，& Brice，2014）。从客位视角来看，评估包括比较个体分数与常模团体分数，并将来自不同文化的不同个体放在一个假设所有文化都通用的构念上进行比较。达纳

（Dana，2005）将广泛的测量工具列为客位测验，包括精神病理学测验、人格测验及智力和认知功能领域的主要测验。客位人格测量包括加利福尼亚心理调查表（California Psychological Inventory）和艾森克人格问卷（Eysenck Personality Questionnaire）。智力和认知功能领域的测验包括韦氏智力量表（Wechsler Intelligence Scale）、多元文化评估系统（System of Multicultural Pluralistic Assessment）、考夫曼儿童成套评估测验（Kaufman Assessment Battery for Children）、麦卡锡儿童能力量表（McCarthy Scales of Children's Abilities）和斯坦福–比内智力问卷（Stanford- Binet Intelligence Scale）。其他识别心理病理的单一构念测验有状态–特质焦虑问卷（State-Trait Anxiety Inventory）、贝克抑郁量表（Beck Depression Inventory）和密西根酒精中毒筛查测验（Michigan Alcoholism Screening Test）。明尼苏达多相人格测验（MMPI）也属于单一构念测验，它已被翻译成150种语言，并在50个国家报告了应用情况。上述其他单一构念的测验也被翻译成其他语言，主要是西班牙语。

主位视角方法包括行为观察、案例研究、生活事件研究、图片故事技术、墨迹技术、单词联想、句子完成项目和绘画。这些方法大多被归类为投射方法。这些方法（测验）可以提供个体的人格描述，这反映了数据及文化和种族样貌（Dana，2005）。测验分析要求施测者对文化有更多的了解以帮助其在文化背景下理解个体。主题统觉测验包括为西班牙语群体设计的"讲述一个故事测验"（Tell Me a Story Test）、汤姆森主题统觉测验修订版（Thompson Modification of the Thematic Apperception Test），以及为非裔美国人设计的十张卡片版本的主题统觉测验。测验也可以使用句子完成法，设计其中的项目以评估不同文化背景来访者的社会规范、角色和价值观。以下是一些项目的示例。

我最喜欢美国的一点是＿＿＿＿＿＿＿＿＿＿＿＿＿＿＿＿＿＿＿＿＿。

欧裔白人＿＿＿＿＿＿＿＿＿＿＿＿＿＿＿＿＿＿＿＿＿＿＿＿＿＿＿＿。

如果我来自另一种文化或另一个民族群体，＿＿＿＿＿＿＿＿＿＿＿＿＿＿＿。

文化适应

对主流社会的文化适应程度和对原有文化的保留程度为解释评估结果提供了有价值的信息。评估文化适应程度可以帮助专业人员了解暴露在新文化中的种族和少数民族所经历的独特挑战和转变（Zhang & Tsai，2014）。通过提出表 3-1 所示的问题，施测者（咨询师）可以了解受测者（来访者）是否认同自身文化来源，而不是认同美国文化。

表 3-1　评估文化适应程度的问题

1. 您的原国籍是哪里
2. 您来美国的原因是什么
3. 您来美国多久了
4. 您来美国前是否有家长、祖父母或亲戚已经在这里了
5. 您在家说什么语言
6. 您能说什么语言？水平如何
7. 您的家人在美国吗
8. 您在这有和您来自相同国家的朋友吗
9. 您周围是否有和您来自相同国家的人
10. 您住在哪里？是住在独立房屋、公寓还是一个房间里
11. 您的学历背景是怎样的
12. 您现在在上学或上课吗
13. 您现在在工作吗？在哪里工作？您的工作职责是什么
14. 您来此国家前从事什么类型的工作
15. 您来这里后遇到过什么困难
16. 您在工作、学校和家庭中经历过什么冲突吗
17. 您来美国后遇到过什么问题需要您对生活做出调整

此外，还有一些评估文化和种族认同的工具，包括以下列举的量表。

- 墨西哥裔美国人文化适应评定量表（Acculturation Rating Scale for Mexican Americans，ARSMA）。
- 非裔美国人文化适应量表（African American Acculturation Scale，AAAS）。
- 东亚人文化适应量表（East Asian Acculturation Measure，EAAM）。
- 双文化参与性问卷（Bicultural Involvement Questionnaire，BIQ）。
- 跨种族认同量表（Cross Racial Identity Scale，CRIS）。
- 多元群体种族认同量表（Multigroup Ethnic Identity Measure，MEIM）。
- 种族认同态度量表（Racial Identity Attitude Scale，RIAS）。

策略

因为每位来访者都是独特的，所以在评估过程中，施测者需要对重要的行为指标保持警惕。特定行为可能会影响评估程序的信度和效度。表 3-2 总结了施测者的合理反应。

表 3-2　重要的行为指标和施测者的合理反应

行为指标	合理反应
沉默	建立融洽的关系。首先进行非言语和表现测验，以获得个体行为的其他指标
说"我不知道"	不要假设受测者（来访者）不会回答

（续表）

行为指标	合理反应
害羞和保守的；眼睛往下看	在其他情况下观察来访者，花时间建立融洽的关系，从非言语和不限时的测验入手，提供行为强化，并尝试激励来访者
使用幽默或流行的语言	坚定和积极；确保受测者知道使用此测验和工具的原因
中断测验或提出问题	坚定但允许有一些对话；确保受测者知道测验的目的
漫不经心、烦躁不安	周密安排测验环境；让受测者参与进来
不确定如何回复	将问题重新措辞；使意思清晰明了
看着施测者而非注意听施测者说的问题	坚定；确保清楚地说出问题；确保测验情境中没有其他分散受测者注意力的事物，如果受测者给出不适当的回复，继续询问
在限定时间的测验上表现不佳	识别有些文化背景的人缺少时间观念；在尝试过不限时测量前，避免得出关于个人表现的结论
表现出词汇匮乏	尝试用其他方式来测量受测者的词汇表达；用初级语言提问
测验动机低	向来访者及其家人说明测验的目的和价值；使用技巧激励来访者完成测验
在信息项目上得分很低	认识到某些项目可能存在测量偏差，并不属于受测者的文化；请受测者澄清不寻常的回答
担心家人感到羞耻或不光彩	提供测验技巧、练习或某种类型的热身
安静且不提问、不互动	建立融洽关系；说明施测者的角色和测验目的；如果来访者没有作答或答案不合适，请其复述问题
害怕男性施测者	观察受测者；施测前建立融洽的关系

对使用不同语言个体的评估

人口统计数据清楚地表明，在美国，多元语言背景的人数正在增加。根据 2018 年美国人口普查局的数据，超过 20% 的 5 岁及以上美国居民会说英语以外的语言。由于语言多样性在美国有明显增长的趋势，因此，美国的评估实践必须包含更全球化的视角，并在评估过程中关注语言基础方面的议题。

对这些多元语言背景个体而言，用英语编写的测验可能会成为针对语言能力的测验，而非测量其他构念。当然，有时进行英语水平测验是重要且必要的，尤其在教育评估和就业方面。不是用来测量英语水平的测验有时会被翻译成适当的母语。然而，在翻译中可能会出现问题，内容和单词对被测群体来说可能不合适或没有意义。

《教育与心理测验标准》包括对语言多元化群体进行测验的一些标准。整个标准主要针对测验开发者和出版者，但测验使用者也应考虑这些标准。若针对英语水平有限的个体修改了测验，则应在测验手册中说明更改的地方。测验的信度和效度对不同语言群体也很重要。若存在两种语言版本的测验，则应包括有关两者可比性的证据。该标准还提醒测验使用者，测验对英语水平的要求不应高于工作或职业认证中的英语水平要求，这是发展、就业选择、认证和执照考试中会遇到的一个重要问题。还有一条标准提醒测验使用者不要仅根据测验信息判断受测者的英语水平。许多语言技能不能通过多项选择测验的方式来充分测量。施测者需要使用观察技术，或使用非正式的检查清单来更全面地评估能力。

对残疾人士的评估

据报告，有超过 5600 万的美国人（占总人口的 19%）具有一定程度的残疾（Brault，2012）。根据《美国残疾人法案》，残疾被定义为严重限制主要生活活动的身体或精神损害（U. S. C. Title 42 Chapter 126 Section 12102［2］）。美国智力与发展障碍协会（American Association on Intellectual and Developmental Disabilities，AAIDD）做了进一步阐述，认为对于残疾，应将个体环境、人格因素，以及对个性化支持的需求纳入考虑（2008）。2004 年美国《残疾人教育促进法案》列出了 13 个具体的残疾类别（见表 3-3），根据这些类别，儿童可以获得特殊教育和相关服务。

表 3-3 《残疾人教育促进法案》的儿童残疾类别

1. 自闭症	8. 骨科损伤
2. 聋盲	9. 其他健康障碍
3. 耳聋	10. 特定学习障碍
4. 情绪障碍	11. 言语或语言障碍
5. 听觉障碍	12. 创伤性脑损伤
6. 智力障碍	13. 视觉障碍（包括失明）
7. 多重障碍	

尽管未列入美国《残疾人教育促进法案》的残疾类别，但"发育障碍"（developmental disabilities）一词被广泛用于描述各种各样的严重和终身性残疾，这些残疾可归因于精神和 / 或身体损伤，并且症状会在 22 岁之前表现出来。发育障碍者在主要生活活动方面存在问题，如语言、运动、学习、自我照顾和独立生活。自闭症、脑瘫、听力丧失、智力障碍和视觉障碍都属于发育障碍。

对残疾人进行评估有多种原因：诊断或确定是否存在残疾、确定干预计划、做出决策和 / 或监测教育环境中的表现（AERA et al.，2014）。评估工具要测量的是在生命周期特定阶段应掌握的技能，包括以下几个方面的技能。

- **沟通技能**　言语和非言语；接收和表达；倾听和理解。
- **认知技能**　推理、思考、记忆；基本的阅读、书写和数学能力；问题解决。
- **身体发育**　一般成长；运动和感觉；平衡；移动；行走。
- **情绪发展**　气质；调适；情绪表达；自我概念；态度。

- **社交发展**　同伴和家庭关系；友谊；人际关系。
- **自我照顾技能**　基本的自我照顾能力，如喝水、进食、如厕、穿衣。
- **独立生活技能**　在家庭和社区中的独立生活能力，包括穿衣、烹饪、出行、购物和财务管理。
- **工作习惯和调适技能**　独立工作；维持适当的工作习惯；与领导和同事共事；寻找和胜任工作。
- **调适问题**　攻击性；多动；见诸行动[1]；退缩；违法行为；压力和抑郁。

　　在评估残疾人时，一个主要问题是如何调整或修改测验，以尽量减少与被测量构念无关的个人属性的影响。大多数评估工具都是为普通人群设计的，可能不适合特定残疾人士使用。例如，盲人只能读盲文，无法完成传统的笔试。因此，为进行准确的评估，我们有必要修改测验和测验实施程序。以下列举了修改测验的策略（AERA et al., 2014）。

- 修改测验呈现的形式。
- 修改作答形式。
- 修改时间。
- 修改测验环境。
- 仅使用测验的一部分。
- 使用替代测验。

　　《教育与心理测验标准》为适用于残疾人群的评估工具制定了若干标准。测验开发者必须具备心理测量专业知识和与残疾人工作的经验，而测验发布者在测验完全被验证之前，应该提醒施测者慎重地对有特殊需求的来访者使用和解释测验。为检查测验修改的适当性和可行性，测验开发者应该对有类似残疾状况的人士进行试点测验，并且测验开发者应该详细阐明测验修改所采取的步骤，以便施测者能够识别任何可能影响效度的改变。测验开发者应该利用实验程序来确定修改版本的时间限制，并探明疲劳的影响。测验开发者还应提供形式修改后的测验的信度和效度信息，如同在修改前版本中一样。

　　显然，对于测验使用者而言，为确定修改对相关群体是否有效和可靠，学习测验手册和评估技术很重要。此外，与有特殊需求的来访者一起工作的从业人员应该知道，哪些替代测验和方法是可用并且适合这些人的。解释测验结果的人员需要知道应该使用哪一套常模。当施测者需要比较残疾人和普通人的测验分数时，应使用常规常模。当施测者想知道个体较相同残疾状况群体表现如何时，更适合使用特殊常模。

---

[1]　见诸行动是精神分析理论提出的一种不成熟的防御机制，是指将潜意识的欲望作直接的表达。——译者注

对视觉障碍患者的评估

视觉障碍可能是由损伤或疾病引起的，这些损伤或疾病会降低个体的中央视力、调焦能力、双眼视力、周边视力或色觉。这种障碍会影响个体的认知、情感和心理运动能力的正常发育。评估专业人员通过使用能满足视觉障碍患者需求的工具来评估他们，例如，使用大号印刷版本、盲文和录音机进行测验。由于许多测验尚未对视觉障碍患者建立常模，评估专业人员必须密切关注测量偏差、可测性和解释方面的公平性。斯蒂尔、盖尔和金特尔（Steer，Gale，& Gentle，2007）强调对视觉障碍患者进行测验调整的复杂性。根据他们的研究，视觉障碍患者的测验调整可分为五大类。

- 与呈现相关。
- 与时间相关。
- 与环境相关。
- 与反应相关。
- 与辅助相关。

对各类视觉障碍患者进行评估的心理咨询师必须熟悉与每种类别相关的各种调整措施。例如，许多评估工具都有音频材料供视觉障碍患者使用，在这种情况下，采用音频呈现方式能提供适当的便利性。

在评估过程中进行适当的调整是确保测验公平性的关键因素。然而，一个更合适的方式是选择一个具有适合此群体常模的测验。有专门用于评估视觉障碍儿童和成人的测验。希尔选定位置概念表现测验（Hill Performance Test of Selected Positional Concepts）可测量 6 ~ 10 岁视觉障碍儿童的空间概念。雷内尔 – 津金量表（Reynell-Zinkin Scales）可测量 5 岁以下儿童的 6 个方面概况：社会适应、感觉运动、环境探索、对声音 / 言语理解的反应、表达性语言和非言语交流。

对听觉障碍患者的评估

不同个体的听力损伤程度不同，发病年龄也不同。听力学家筛查听力受损从轻微到严重的个体，发现造成听力受损的因素有很多。一般情况下，听觉障碍患者有言语和语言发展迟缓问题和社交发展问题。

在评估过程中，听觉障碍患者需要人们使用手语为他们翻译测验的说明和项目。有些考试有视频，上面有用手语表达的说明和项目。施测者在观察过程中必须慎重做出结论。个体可能因为听力受损表现出学习障碍、行为障碍或智力障碍。西米恩森（Simeonsson，1986）提出了对聋人或听觉障碍患者进行评估的三个主要目标。

- 评估认知能力和成就差异。

- 评估认知和语言差异。
- 评估个人和社会功能。

在听觉障碍群体中存在许多个体差异，因此考虑听力受损的病因及个体的发展史是很重要的。以下指南适用于对聋人或听觉障碍患者的评估。

- 确保任何在口语表达或口语理解上有问题的个体都进行了听力评估。
- 保持测验环境可控并不受干扰，轻度听力受损者可能会被外界噪声分散注意力。
- 避免视觉干扰，尤其当受测者正在阅读唇语时。
- 如有必要，请一名翻译人员帮助与受测者沟通。
- 允许翻译人员和聋人或听觉障碍患者调整座位，以加强沟通。
- 采用不止一种评估方法来测量目标构念。

萨特勒和霍格（Sattler & Hoge，2006）建议评估所有残疾或疑似残疾学生的适应性行为，以及在不同环境下进行观察评估。

对智力障碍患者的评估

智力障碍是一种发育性障碍，其特点是在智力功能和适应性行为方面存在显著局限性，表现在概念、社交和实践技能等方面，一般在 18 岁前发病（Luckasson et al.，2010）。如今，人们更喜欢用智力障碍这个词而不是历史上曾被提及的智力迟钝（mental retardation）（AAIDD，2008）。在儿童中，智力障碍可能是由受伤、疾病或大脑异常引起的，这些情况可能发生在儿童出生前或儿童时期。对许多儿童来说，他们出现智力障碍的原因并不清楚。一些常见的智力障碍原因发生在出生前，包括唐氏综合征、X 染色体易损综合征（fragile x syndrome，一种遗传性综合征）、胎儿酒精综合征、感染，以及出生缺陷等。智力障碍的症状通常在生命早期出现。出现此障碍的儿童往往比正常儿童发育缓慢。他们可能比其他孩子更晚学会坐、爬或走路，或者需要更长的时间学会说话或者说话有困难。智力障碍成人和儿童都可能在下述领域中存在一种或多种问题：学习、交流、社交技能、学业技能、职业技能和独立生活。

在评估智力障碍时，我们会评估以下两个方面：（1）认知／智力能力；（2）适应性行为。智力测试，如韦氏量表和斯坦福 – 比内量表，是评估智力的主要工具。一般认为，如果一个儿童的智力分数在 70 分或以下，就会出现智力上的局限性。在《精神障碍诊断与统计手册》（第五版）[*Diagnostic and Statistical Manual of Mental Disorders*，Fifth Edition，DSM-5；APA，2013] 中，智力障碍包括四个级别（基于智力测验分数）：轻度、中度、重度或极重度。

与早期的《精神障碍诊断与统计手册》版本相比，智力障碍不再仅仅通过 IQ 分数来确定。适应性功能（adaptive functioning）是现在确定智力障碍严重程度的核心组成部分。适应性功能是指人们学会的能在日常生活中发挥作用的概念、社交和实践技能。它可以包括诸如交流、自我照顾、居家生活、社交 / 人际交往技能、社会资源的使用、自我指导、功能性学习能力、工作、休闲、健康和安全等技能领域（APA，2013）。适应性功能通过标准化测验来评估，广泛使用的工具是文兰适应行为量表（Vineland Adaptive Behavior Scales）。

第三版文兰适应行为量表（Sparrow，Cicchetti，& Saulnier，2016）是一种对个体实施的测量工具，用于测量日常生活所需的个人和社交技能。它被设计用来识别年龄在 90 岁以下的个体是否存在智力障碍、发育迟缓、自闭症谱系障碍和其他障碍。该测量工具包含 5 个领域，每个领域有 2 至 3 个子领域（见表 3-4）。该量表有 4 种形式：调查访谈形式、家长 / 照顾者评级形式、扩展访谈形式和教师评级形式。该工具可产生标准分数（平均值 =100，标准差 =15）、五级转换分数（平均值 =15，标准差 =3）、百分等级、年龄当量、标准九分、适应水平（低、中低、足够、中高和高），以及适应不良水平（平均、升高和临床显著）。

表 3-4　第三版文兰适应行为量表：领域和子领域

领域	交流
接受性语言	个体如何倾听和注意，以及理解了什么
表达性语言	个体说了什么，以及如何使用单词和句子来收集和提供信息
书写性语言	个体对字母如何构成单词及读写内容的理解
领域	**日常生活技能**
个人	个体如何吃、穿和管理个人卫生
家庭	个体会做什么家务
社会	个体如何使用时间、金钱、电话、电脑和工作技能
领域	**社会化**
人际关系	个体如何与他人互动
玩乐和休闲时间	个体如何玩乐和使用休闲时间
应对技能	个体如何向他人展示责任感和敏感性
领域	**运动技能**
大运动	个体如何使用手臂和腿来移动和协调
精细运动	个体如何使用手和手指来操作物品
不良行为领域（可选）	
内在行为	例如，悲伤、远离他人、精力不足、焦虑或紧张、睡眠和进食困难
外显行为	例如，冲动、蔑视权威、发脾气、撒谎、身体攻击、霸凌
其他	例如，吸吮大拇指、尿床、咬指甲、离家出走、逃学、吸毒或酗酒

Source: Vineland Adaptive Behavior Scales, Third Edition (Vineland-III). Copyright © 2016 by NCS Pearson, Inc. Reproduced with permission.

对神经心理障碍患者的评估

与智力障碍相关的一个主要评估领域是神经心理学评估，它涉及评估由脑损伤引起的障碍。神经心理学评估通常评估各种认知和智力能力，包括注意力和专注力、学习和记忆能力、感知能力、言语和语言能力、视觉空间技能（感知物体间空间关系的能力）、整体智力，以及执行功能。此外，心理运动的速度、力量和协调性也将以某种方式得到测量。三个著名的神经心理测量工具包括霍尔斯特德–雷坦神经心理成套测验（Halstead-Reitan Neuropsychological Test Battery，HRNTB）、鲁利亚–内布拉斯加神经心理成套测验（Luria-Nebraska Neuropsychological Battery，LNNB）和本德尔视觉–动作格式塔测验第二版（Bender Visual-Motor Gestalt Test，Second Edition，Bender-Gestalt II）。我们将在第十五章中介绍这些测验。

对交流障碍患者的评估

交流障碍是指影响个人言语或语言功能的问题。这类障碍是儿童时期最常见的障碍之一，（美国）大约有 4000 万人患有交流障碍，每年为这些障碍提供服务的成本高达 1860 亿美元（Tanner，2007）。尽管受交流障碍影响的人数庞大，但能为这些人提供的服务有限（Roth，2013）。言语障碍（speech disorders）通常包括发出声音（发音）、控制发出的声音（语音），以及控制语速和节奏（流利度）方面的问题。语言障碍（language disorders）包括使用合适的语言形式、使用语言内容（理解），以及语言的运用和功能（社会交流规则）方面的问题（Ysseldyke & Algozzine，2006）。交流障碍会导致个体在学校、工作和社会功能方面出现重大问题。

言语–语言病理学家负责评估有交流障碍的个体，并可能用到多种不同的评估方法。心理医生和心理咨询师对这些人进行测验时，可能会发现受测者无法正确地说出单词，也无法按照公认的规范表达想法。施测者需要将注意力集中在这些受测者所说的话上，热情、积极地来回应受测者的努力。以下是另外一些好的做法。

- 表现出对受测者个人的认可和积极关注。
- 试着从测验环境中移除任何分散注意力的刺激物。
- 尽量让说明和指示简明，适当地重复或重新表述问题。
- 注意面部表情、姿态和语调。
- 允许受测者用点头及用手指出答案等非言语方式回答问题。

对残疾儿童的评估

自闭症谱系障碍包括以在几个发展领域受损为特征的障碍，这些领域包括社交技能、沟通技能，或存在刻板行为、兴趣和活动。在 DSM-5 对自闭症谱系障碍诊断做出的修订中，包括了《精神障碍诊断与统计手册》（第四版修订版）（DSM-IV-TR）中的几种特定障碍，即雷特障碍（rett's disorder）、儿童期分裂障碍、阿斯伯格综合征和未特定说明的广泛性发育障碍。自闭症患者具有一系列复杂的症状，通常在出生后的头几年就出现明显症状。有一个问题会使诊断变得复杂，即个体的智力水平可能上至天才，下至某种程度的认知受损。无论智力功能如何，患有自闭症的儿童都会在以下方面表现出困难。

- **社交互动**：表现得冷漠，想要花更多的时间独处，而不是与他人待在一起，对交朋友不感兴趣，缺乏情感上的互惠。
- **沟通**：表现出明显的语言延迟或缺失。
- **重复性行为**：会过度执着在一件玩具或一项活动、仪式或例行事物上。
- **感官**：对感官（如视觉、听觉、触觉、嗅觉或味觉）信息表现出极端的过度反应或反应不足。

在评估自闭症儿童时至少应纳入父母 / 照顾者访谈、医学评估、直接行为观察、认知评估和适应性功能评估（Sheperis, Mohr, & Ammons, 2014）。不能单独使用评估工具或程序来诊断自闭症，建议综合使用具有科学依据的评估方法。正式的评估工具最好用来确定是否有患自闭症的风险，而不是做出具体的诊断。以下是一些评估自闭症谱系障碍的工具。

- 自闭症行为评定量表（Autism Behavior Checklist，ABC）
- 教育规划用自闭症筛查工具第三版（Autism Screening Instrument for Educational Planning, Third Edition，ASIEP-3）
- 自闭症诊断访谈量表修订版（Autism Diagnostic Interview, Revised，ADI-R）
- 自闭症行为观察量表（Behavior Observation Scale for Autism，BOS）
- 儿童自闭症评定量表第二版（Childhood Autism Rating Scale, Second Edition，CARS-2）
- 吉列姆自闭症评定量表第三版（Gilliam Autism Rating Scale, Third Edition，GARS-3）

注意缺陷 / 多动障碍是一种慢性疾病，其成因尚不清楚，在学龄前和学龄早期的一些儿童身上表现明显，并且这种障碍可以持续到成年。这类患者存在注意力不集中、多动和冲动问题。对注意缺陷 / 多动障碍的评估需要多种方法和多种信息来源。其中包括家长和儿童访谈、教师和家长评分量表、直接观察和学校报告。对注意缺陷 / 多动障碍进行评估的专业人员通常包括临床心理学家、学校心理学家、精神科医生、神经科医生和儿科医生。

在对注意缺陷 / 多动障碍儿童的评估中，行为检查清单和评定量表发挥了重要作用。它们能提供儿童在不同环境中的行为和重要他人如何判断其行为的重要信息（Hersen，2006）。一些检查清单或评定量表可以从广泛的维度评估儿童的行为，能用于评估注意缺陷 / 多动障碍的量表包括。

- 儿童行为检查清单（Child Behavior Checklist/6-18）。
- 儿童行为评估系统（Behavioral Assessment System for Children）。
- 康纳评定量表第三版（Conner's Rating Scales, Third Edition）。

更聚焦于注意缺陷 / 多动障碍特征或症状的检查清单和评定量表包括。
- ADHD 症状评定量表（ADHD Symptom Rating Scale）。
- 注意缺陷障碍评估量表（Attention Deficit Disorder Evaluation Scale）。
- 注意缺陷多动评定量表（Attention Deficit Hyperactivity Rating Scale）。
- 巴克利家庭状况问卷（Barkley Home Situation Questionnaire）。
- ADHD 症状行为和正常行为的优缺点（Strengths and Weaknesses of ADHD Symptoms and Normal Behavior）。
- 斯旺森、诺兰和佩勒姆评定量表（Swanson, Nolan, and Pelham Rating Scale）。
- 发展和福祉评估（Development and Well Being Assessment）。
- 儿童诊断性访谈（Diagnostic Interview Schedule for Children）。

发育迟缓是指儿童在一个或多个领域的发育速度低于正常水平，并存在学业失败的风险（Glascoe，Marks, & Squires，2012）。这些迟缓可能发生在一个或多个主要发育领域，包括身体能力（大运动或精细运动技能）、认知发展、语言，以及个人或社交技能发展。近年来，人们一直努力在幼儿园之前识别发育迟缓的儿童。残疾婴幼儿早期干预计划（2004）是美国的一项联邦拨款计划，旨在帮助各州为残疾婴幼儿（出生至 2 岁）及其家庭提供早期干预服务。为了获得服务资格，专业人员必须对儿童和家庭进行全面、多项的评价和评估。对儿童的评估包括以下发展领域。
- 身体（伸展、翻身、爬行、行走）。
- 认知（思考、学习、解决问题）。
- 交流（交谈、倾听、理解）。
- 社交 / 情感（玩耍、感到安全和快乐）。
- 适应性（如厕、进食、穿衣、个人卫生）。

有很多工具可用来评估这些发展领域。下面列举了一些工具。

- 贝利婴幼儿发展量表第三版（Bayley Scales of Infant and Toddler Development, Third Edition）用于评估 2 至 30 个月儿童的认知、语言和心理运动发育情况，以帮助诊断儿童是发育正常或发育迟缓。
- 巴特尔发育量表第二版（Battelle Developmental Inventory, Second Edition）旨在评估婴儿和 7 岁以下儿童的 5 个发展领域：大运动和精细运动能力、认知技能、交流、个人 / 社交技能、适应行为。
- 卡特尔婴儿智力量表（Cattell Infant Intelligence Scale）通过评估言语表达和运动控制能力来测量 3 至 30 个月儿童的智力发展。
- 达拉斯学前筛查测验（Dallas Preschool Screening Test）用于评估 3 ~ 6 岁儿童的学习障碍，测量听觉、语言、运动、视觉、心理和言语发音的发展。
- 丹佛发育筛查测验第二版（Denver Developmental Screening Test, Second Edition）用于评估儿童的人格、社交、精细运动、大运动、语言和适应能力。该测验适用于从出生到 6 岁儿童的筛查。
- 肯特婴儿发育量表第二版（Kent Infant Development Scale, Second Edition）使用包含 252 个项目的问卷来评估从出生到 15 个月的婴儿，以及 6 岁以下且发育年龄小于 15 个月的儿童。该量表测量认知、语言、运动、自理和社交技能。

多元群体的评估标准

伦理标准要求评估专业人员具备与来自不同文化背景的正常人士和残疾人士工作的特定知识和经验。心理咨询师必须尊重来访者的各种价值观、信仰和经验，因为它们会影响来访者的世界观和心理社会功能。心理咨询师还必须意识到社会、环境和政治条件对问题和干预的影响。在评估不同人群时，要准确评估个体的能力、潜力和局限性，更重要的是需要使用多种方法和多种信息来源［American Psychological Association（APA）2002. *Guidelines on Multicultural Education, Training, Research, Practice, and Organizational Change for Psychologists.* Washington：DC.］。

美国心理咨询评估与研究协会在 2012 年发布了《多元文化评估标准》（*Standards for Multicultural Assessment*），解决了许多与不同群体评估特别相关的挑战。这些标准是由 5 个来源的标准汇编而成的：（1）《教育公平测验实施准则》；（2）《标准化测验使用者的责任》；（3）《教育与心理测验标准》；（4）《多元文化心理咨询胜任力和标准》（*Multicultural Counseling Competencies and Standards*）；（5）美国心理咨询协会的《伦理准则》（*Code of Ethics*）和《实践标准》（*Standards of Practice*）。

总结

测验的公平性是所有评估的首要考虑因素。心理咨询师和其他助人专业人员必须认识并欣赏存在于不同种族、民族、年龄、语言、性别、性取向、宗教信仰、能力和其他文化维度的人们之间的差异。

多元文化评估包括适当、公平和有用的评估程序，以准确描述来自不同人群个体的能力和其他特征。专业人员应了解与标准化测验使用相关的重要议题，如测验偏差、心理测量学特性、施测和计分程序、测验的使用和解释，以及受测者和施测者偏差。此外，专业人员还需要了解伦理原则、客位视角和主位视角，以及文化适应议题。

对残疾人士进行评估是为了诊断或确定人们是否存在残疾、确定干预计划、做出就业或筛选决策，或监测教育学习表现。施测者应了解与残疾人士工作的评估标准和程序。他们应理解测验调整或修改的重要性，这些调整或修改能减少对与所测量构念无关的个人属性的测验。

问题讨论

1. 比较你的文化与另一种文化。它们有何相似之处？有何不同之处？测验者必须对哪些维度的偏差保持警觉？

2. 思考以下施测者变量如何影响测验结果的效度：（1）个人偏差和期望；（2）难以理解受测者所说的内容；（3）缺乏对特定残疾的认识；（4）缺乏对特殊个案进行工作的经验；（5）缺乏特殊的沟通技巧（如手语）；（6）缺乏对来访者母语的了解；（7）缺乏对特定民族群体的了解。

3. 你认为为适应残疾人士对标准化测验进行调整和修改是可以接受的吗？为什么？

4. 你觉得评估环境对评估残疾人士重要吗？思考以下因素如何影响测验结果的效度：（1）测验环境中的照明；（2）噪声大小；（3）测验环境的物理特性；（4）受测者对位置的需求。

建议活动

1. 采访评估多元群体的专业人员，了解他们使用了什么测验，为什么使用这些测验。

2. 观看一段对残疾人士施测的视频。测验者是否修改了测验程序？如果是，那么是怎么修改的？

3. 采访残疾人士，了解他们的经历和对测验的反应。

4. 查阅与评估多元文化群体和残疾人士有关的立法和司法判决。为你的发现写一个摘要。

5. 找一个经过调整和标准化、用于特定文化群体或多元群体的测验。将改编版本与原始版本进行比较。测验是如何被修改的？如何比较这两套常模？

评估信息的获取方法和来源

学习本章之后，你将能够做到以下几点。

- 识别并描述评估中使用的数据收集方法。
- 识别和描述评估信息的各种来源。
- 说明正式和非正式评估工具和策略之间的差异。
- 说明在评估中使用多种方法和多种信息来源的重要性。
- 描述初始访谈并说明其在评估过程中的目的。
- 说明结构化、半结构化和非结构化访谈之间的差异。
- 描述评估过程中使用的测验的类别和特点。
- 定义观察法并描述评估过程中使用的各种观察策略和方法。

评估过程包括收集有关个人的准确和可靠的信息，这些信息可用于对来访者做出推断或决定。为了收集足够全面的数据以对来访者产生深入的了解，咨询师通常使用多种方法来收集评估信息。这些方法可以分为三大类：访谈、测验和观察。每一类都包含一系列正式和非正式的工具和策略，如非结构化访谈、评定量表、标准化测试、投影绘画、检查清单、问卷等。评估还包括从各种来源获取信息，其中可能包括来访者、家庭成员、配偶/伴侣、教师、医生和其他专业人员。本章概述了评估过程中使用的方法及评估信息的来源。

评估方法和来源

评估过程利用不同方法收集不同来源的数据，以获取来访者的相关信息，作为得出结论和提供建议的基础。数据收集方法大致可分为访谈、测验和观察。在每一个类别中，咨询师都可以选择多种正式和非正式的工具和策略来收集信息。虽然来访者通常是信息的主要来源，但咨询师也可以从其亲属、朋友、教师、健康专业人员和其他间接相关来源获得信息。信息也可以来自文件，如医疗记录、学校记录和早期评估的书面报告等。

根据评估目的、评估环境、来访者需求，以及方法和信息来源的可获得性和实用性的不同，不同评估之间使用的方法和信息来源可能存在很大差异（Weiner，2013）。一些评估可能完全从访谈中获得信息，特别是当来访者对评估过程非常接受和开放的时候。如果来访者不愿意透露信息，评估可能主要通过间接来源和记录来收集信息。在临床环境中，通常很难在与来访者会面之前预测哪些方法和信息来源在评估过程中最关键或最有价值。行为观察和标准化测验都能提供极有价值的信息。几乎每种情况都有与之对应的最佳评估方法。例如，对课堂破坏性行为进行评估最好采用观察策略，而病理学评估最好采用标准化测验。在某些情况下，标准化测验的结果能提供通过观察或访谈难以获得的信息（Weiner，2013）。例如，想象对一名威胁过教授的大学生进行风险评估。要对是否有危险做出可靠的评估，仅仅通过观察或访谈可能无法获得足够的信息。在这种情况下，通过精神病理学标准化评估［如第二版明尼苏达多相人格测验（MMPI-2）或第四版米隆临床多轴问卷（MCMI-IV）］获得的数据能对个体的潜在伤人倾向进行更彻底的分析。

无论是采用观察法还是标准化评估法，为获得来访者相关背景信息及其对自身问题和优势的看法，评估过程几乎都需要进行初始访谈。在与儿童一起工作时，对家长或监护人、教师和其他照顾者进行访谈也很重要，他们可以提供相关信息，帮助你评估儿童。我们建议在大多数评估中，咨询师使用不止一种评估方法和信息来源。利用多种方法和来源确认信息有助于更全面、准确地了解来访者及其关注的问题。我们提醒咨询师不要使用单一评估工具或策略的结果做出与来访者有关的重要决策。

我们还建议咨询师尽可能收集不同环境下的评估数据。假设一个孩子在学校表现出破坏性行为。虽然在很多情况下，家长可以为孩子的行为提供最佳见解，但教师对这种特殊行为的视角也相当重要。假设你在诊所、家庭和学校环境中进行了观察，发现这种行为只发生在某位教师的教室中，那么你应设计基于特定环境的干预措施，并确定在这一环境下这种行为的目的（功能）是什么。如果在开始时，你将此行为当作全局性的，没有对其进行跨情境评估，那么你成功干预的可能性就受到了限制。

正式与非正式评估工具和策略

到目前为止，我们已举例说明了评估的复杂性及当获取的数据有限时将面临的潜在后果。然而，必须指出，评估过程的复杂性取决于评估目的。在某些情况下，咨询师会使用非正式评估程序来获得一些基本信息。非正式评估方法包括使用信度和效度未经证实的工具和策略。此方法没有标准化的施测、计分或解释程序。此外，咨询师在使用非正式评估方法对来访者做出假设，对评估结果做出解释，以及给出建议时，通常依靠的是自身的专业判断。咨询师可以使用的非正式评估程序多种多样，包括非结构化访谈、非正式观察、投射绘画、检查清单、工作样本、教师或咨询师自编测验，以及问卷调查。非正式评估方法的一个例子是使用感受图表，该图表描述了来访者可能体验到的感受类型，并帮助他们在无法用语言表达自己的感受时确定自己的情绪反应。

正式评估方法通常涉及使用标准化评估工具。这些正式评估方法具有结构化材料、统一的施测程序及一致的计分和解释方法。标准化评估工具涉及诸多工具的开发，包括项目的反复撰写，成百上千次的实施，信度和效度数据的开发，以及清晰明了的施测和计分程序的开发（Salkind，2012）。标准化评估工具的首要目的是确保在施测者的控制下尽可能地统一所有变量，以使每位受测者都以同样的方式进行测验（Urbina，2014）。正式的评估工具包括标准化的心理或教育测验、结构化访谈或结构化的行为观察。作为咨询师，我们出于各种原因使用标准化测验。咨询师经常使用贝克抑郁量表等工具对来访者的抑郁水平进行诊断和分类。第二版贝克抑郁量表（BDI-II；Beck, Steer, & Brown，1996）是评估抑郁症最常用的标准化工具，它提供了一个可以指出抑郁症严重程度的分数。虽然这是一个正式的评估工具，但它只有 21 个项目，仅需要 10 分钟左右便可完成。

一个标准化评估工具意味着达到了一定的技术质量水平，或这一工具在心理测量学上是稳健的。心理测量学可以被定义为与教育和心理测量有关的研究领域。具有心理测量稳健性（psychometric soundness）的工具通常具有经过证明的信度（或分数一致性）和效度（在多大程度上能精确测量目标内容），并基于常模团体（参与测验标准化的参考群体，专业人员可以将其与研究对象的表现进行比较）进行了标准化。

尽管在本书中，我们将评估方法分为三大类别（访谈、测验、观察），但重要的是要记住在每一类别中还有许多可以被划分为正式或非正式的工具和策略（见表 4-1）。我们建议综合使用正式和非正式评估方法对来访者进行深入评估，但正式和非正式评估方法的正确"组合"方式因评估而异。第九章将介绍选择适当评估工具和策略的过程。

表 4-1 正式与非正式评估工具和策略示例

方法	正式	非正式
访谈	结构化访谈 半结构化访谈	非结构化访谈 半结构化访谈
测验	标准化测验和问卷	教师或咨询师自编测验 检查清单 问卷 投射绘画 工作样本
观察	评定量表 事件记录 持续时间记录	原始笔记 轶事记录

初始访谈

在回顾了评估过程的各个要素后，对每个要素进行更深入的探讨是很重要的。正如我们在前文所述，访谈通常被包括在所有形式的评估中，是评估过程中收集信息最重要的方式之一。访谈的实践范围很广，从完全的非结构化访谈，到半结构化访谈，再到高度正式的结构化访谈。访谈的主要目的是收集与来访者当前问题相关的背景信息。获取背景信息通常有助于咨询师了解来访者当前所关注问题的背景，确定问题和症状的持续时间，并根据来访者的具体情况制订干预计划（Erford，2013）。

访谈通常是在使用其他评估方法前进行，访谈信息通常作为评估过程中选择其他工具和策略的基础。虽然咨询师在评估开始时已经收集了大部分访谈数据，但在整个评估和 / 或心理咨询过程中咨询师仍会持续地收集访谈数据（Bertilsson, Maeland, Löve, Ahlborg, Werner, & Hensing, 2018）。

访谈数据应与其他评估数据相结合来描述个体及对其做出预测或 / 和决策。初始访谈被视为评估的基石——没有访谈数据，就没有解释其他评估结果的基础。

在初始访谈中，来访者可能会讨论一些抑郁症的症状。为了更清楚地了解症状，咨询师可能会用到非正式的评估过程，如悲伤者量表（Sad Persons Scale; Patterson, Dohn, Bird, & Patterson, 1983）。该工具是一个非正式的量表，它可以根据性别、年龄、抑郁程度和过往自杀企图等类别对自杀倾向做出评定。如果来访者在此量表中有中等或较高的得分，咨询师可能会决定使用第二版贝克抑郁量表来确认信息，并对抑郁症严重程度做出更正式的评估。需要提醒的是，悲伤者量表中的问题也可以被应用到访谈中。

访谈的结构化程度

访谈的结构化程度各不相同。访谈可以没有什么结构，允许咨询师自由地从一个话题转移到下一个话题，也可以是高度结构化和目标导向的。结构化程度取决于访谈的目的、人群（如儿童或成人）、环境（如学校、研究所、门诊心理咨询中心、精神病医院等）和咨询师的技能。根据不同的结构化程度，访谈可以分为结构化访谈、半结构化访谈和非结构化访谈。每种类型都有其优缺点，但这三种类型的主要目的都是获取受访者的相关背景信息（见表 4-2）。

结构化访谈　结构化访谈是最严格、最不灵活的访谈形式。作为一种正式的评估程序，结构化访谈包括提前制定的具体问题。它们是可购买的标准化工具，附有施测、计分和结果解释的具体说明和指南。对于结构化访谈，咨询师要以同样的方式向每位来访者提出完全相同的问题，并且不偏离文本。尽管所有的咨询师都可以使用结构化访谈，但它们对那些刚开始学习访谈过程的咨询师来说尤其有用。结构化访谈的优势在于：

（1）它们确保能从所有受访者那里收集到特定信息；（2）访谈者不需要接受太多培训，因为访谈者只需按照规定顺序读出列表上的问题；（3）由于是标准化访谈，它大大提高了评估过程的信度（Erford，2006）。由于通过结构化访谈获得的信息具有一致性，因此它们是非常珍贵的工具。因为咨询师不被允许偏离文本，经常有人

表 4-2　访谈类型摘要

结构化访谈	较不灵活
	正式（标准化）
	程序无偏差
	通常在研究环境中使用
半结构化访谈	较为灵活
	非完全标准化
	访谈者可以对受访者的回复进行追问和扩展
非结构化访谈	非常灵活
	非正式（非标准化）
	访谈者可以遵循被广泛使用的一般模式

批评结构化访谈可能会破坏咨访关系，并阻止咨询师和来访者建立治疗联盟（Craig，2005）。需要注意的是，结构化访谈可能非常耗时。因此，由于时间限制，临床环境中的咨询师可能会认为结构化访谈不切实际。

半结构化访谈　尽管咨询师可能会因时间限制认为结构化访谈不切实际，但他们仍然需要具有结构并能够收集详细信息的访谈工具。与结构化访谈一样，半结构化访谈由一组事先确定的问题组成，但允许访谈者有一定程度的灵活性。访谈者可能会偏离文本，改变问题的措辞，或者改变提问的顺序（Opie，2004）。此外，访谈者还可以对受访者的回复进行追问和扩展（Craig，2009；Hersen & Turner，2012）。半结构化访谈可以是标准化的，也可以是非标准化的。

非结构化访谈　作为一种非正式评估策略，非结构化访谈是执业咨询师和心理医生最常用的访谈类型（Sommers-Flanagan & Sommers-Flanagan，2008）。之所以被称为非结构化访谈，是因为它不依赖于一组特定的问题。咨询师可以自由地询问他们认为相关的问题，提问的顺序也不是预先确定的。然而，非结构化访谈并不是一个无议题的过程（Erford，2013）。访谈者通常会评估几个一般领域，包括呈现的问题、家庭背景、社交和学习史、病史，以及心理咨询史或精神病史（见表4-3）。咨询师需要提前了解清楚个体为什么要进行访谈，因为提问的类型取决于访谈后做出的决策类型。

表 4-3　访谈的一般领域

身份信息	姓名、地址、电话号码、年龄、性别、出生日期、工作地、情感关系状态和其他相关信息
来访者主诉	来访者主要的问题或关注点
家庭史	有关来访者家庭背景的信息，包括一级亲属（父母、兄弟姐妹）、来访者童年和青春期的家庭构成，以及与过去和现在的家庭成员的关系质量

（续表）

情感关系史	来访者当前的生活状况、当前和过往的婚姻 / 非婚姻关系、子女情况，以及社会支持状况
发展史	可能影响当前问题或状况的重大发育相关事件
教育史	就读学校、教育水平，以及任何专业、技术和 / 或职业培训情况
就业史	当前就业状况、过去工作的任期、兵役（军衔和职责）、工作表现、失业、旷工和工伤情况
病史	过往和当前的医疗问题（重大疾病和伤害）、药物治疗、住院和残疾情况
过往的精神科就医或心理咨询经历	过往在住院或门诊部接受精神科或心理咨询服务的经历，以及任何精神科药物治疗史

非结构化访谈与心理咨询或心理治疗有许多相似之处（Jones，2010）。访谈者和咨询师都必须与受访者或来访者建立和谐的关系，这要求访谈者和咨询师做到热情、真诚、尊重和共情。访谈者和咨询师必须营造一种安全和接纳的氛围，以便受访者或来访者在自我暴露时感到舒适。此外，访谈者和咨询师都需要具备有效的倾听技能，如有效的提问、探究和反思技能。然而，与心理咨询不同，访谈的主要目的是获取来访者的相关信息。尽管访谈对来访者而言无疑是一种治疗体验，但更主要的目的还是收集信息以确定令来访者担忧的问题，并形成与来访者相关的假设。

与其他类型的访谈相比，非结构化访谈有几个优势：（1）访谈者可以自由地探讨重要但未预料到的话题；（2）受访者在决定谈论什么方面有更多的选择；（3）有更多机会建立和谐关系，这对心理咨询的成功至关重要。利用这种方法的灵活性，咨询师能够调整访谈，深入探讨某些问题或话题，同时减少关注那些无关的话题。非结构化访谈的主要局限与信度和效度相关：因为每个咨询师在访谈中提出的问题和问题的措辞都不同，所以很难评估访谈中所获信息的信度和效度。第十五章将继续介绍结构化和非结构化访谈。

访谈指南

成功的访谈取决于访谈者的沟通能力和理解受访者所表达信息的能力（Sattler & Hoge，2006）。专业人员在访谈前和访谈时都应该考虑使用下面的一般性指导原则（Groth-Marnat，2009；Morrison，2008；Young，2012）。

1. 关注访谈的物理条件或环境。如果环境安静舒适，访谈会进行得更好。如果房间噪声大或光线差，可能会降低所获得信息的质量。座位的安排应确保访谈者和受访者之间有适当的距离，座位之间不应有障碍物（如桌子）。

2. 说明访谈的目的及进行方式。说明如何使用访谈信息。

3.描述访谈的保密性质和保密限制。此外，说明来访者有权不讨论他们不希望披露的任何信息。

4.如果进行标准化结构化访谈或半结构化访谈，请遵守已发布的施测程序。

5.如果进行非结构化访谈，应从开放式问题开始，之后使用更直接（封闭）的问题来补充未尽之处。避免提出"为什么"的问题，因为这可能会增加受访者的防御。

6.留意受访者的非言语和言语行为。一个人如何说某事和说了什么内容同等重要。

测验

虽然评估是所有助人专业中公认的做法，但测验可能是一个有争议的过程，公众对此存在一定程度的质疑。在美国，测验的使用在 20 世纪急剧增长，并在 21 世纪持续增长。据估计，美国人每年光在教育方面就会进行 1.43 亿至近 4 亿次的标准化测验，在商业和工业方面进行 5000 万至近 2 亿次职业测验，在政府和军队工作方面则会有数百万次测验（Sacks，2001）。许多测验结果会对个体的人生道路产生重大影响，这类测验通常被称为高利害关系测验。当测验潜在地影响到就业、从公立学校毕业、进入大学或其他重大生活事件时，对测验进行审查就变得更加重要。我们将在第十六章和第十七章中更深入地讨论这些问题。

作为一名将测验视为评估过程中一环的咨询师，了解测验的要素并具备施测的胜任力是非常重要的。测验可以被定义为帮助咨询师收集信息的工具（Cohen & Swerdlik，2018）。在助人专业中，教育和心理测验用于提供对各种个人特征的测量，如认知功能、知识、技能、能力或人格特质。测验数据会以某种方式被整合到整体评估中，以帮助咨询师更好地了解来访者，并基于来访者最佳利益做出决策。测验可用于各种目的的评估，包括筛查情绪、行为或学习问题，将个体划入特定的描述性类别（如内向型），选择或安排个人参加某些培训、教育课程或职业计划，协助诊断精神障碍，协助制订干预或治疗计划，评估特定干预措施或行动方案的有效性（进度和结果评价），以及进行研究中的假设检验。

实际上，教育和心理学领域的测验有成千上万种，咨询师几乎不可能熟悉每一种测验。测验可能在许多方面有所不同，如内容、格式、施测程序、计分和解释程序以及费用（Cohen & Swerdlik，2018）。测验内容因特定测验的目的或重点而异。有些测验是综合性的，内容涵盖各学科领域。例如，加州成就测验（California Achievement Test，CAT 6）测量成就的多个领域，包括阅读、语言、数学、学习技能、科学和社会研究。相比之下，有些测验聚焦于更窄的领域，只包含单一学科领域的内容，如 SAT 生物学测验。

测验的格式与测验的类型、结构和项目数量有关。测验项目可分为选择性反应题型或建构性反应题型。

选择性反应题型也称为迫选式题型，它要求回答者指出两个或多个陈述中哪一项是正确的。多项选择题、是非题和匹配题都是选择性反应题型中的一种。评定量表也被认为是选择性反应题型中的一种，其项目将连续间隔等级作为选项（评定量表将在本章后面的"观察"部分做进一步讨论）。与选择性反应题型相比，建构性反应题型要求受测者提供自己的回答（而不是选择给定的回答）。这类题型包括项目填空、句子完成、问答题、口头回答、任务表现、作品集和绘画等。选择性反应题型通常比建构性反应题型更受欢迎，因为它们涵盖的内容范围更广，并且可以更快地作答和计分。选择性反应题型将受测者限制在一个合适的答案上，并且容易产生猜测的成分，而建构性反应题型允许个人在回答中表现出更深入的理解和更大的自由度和创造性。表4-4提供了一些选择性反应题型和建构性反应题型格式的示例。测验的项目数量和测验时长有很大差异：测验可以包含10或15个项目，需要10分钟完成，也可以包含数百个项目，需要几个小时才能完成，也可以介于两者之间。

表 4-4　测验题型格式示例

格式类型	示例
选择性反应题型 是非题	我在聚会上度过了一生中最快乐的时光。　　　　　　　　　　　是　　　否
多项选择题	有家杂货店，一位顾客给收银员20美元，以支付一瓶售价1.36美元的汽水。收银员应该找顾客多少钱？ 　　A. 17.64 美元 　　B. 18.36 美元 　　C. 18.64 美元 　　D. 18.74 美元 　　E. 19.36 美元
评定量表	我喜欢灵活且不需要固定时间的工作环境。
建构性反应题型 句子完成 口头回答 绘画	我常常希望＿＿＿＿＿＿＿＿＿＿＿＿＿＿＿＿＿＿＿＿＿＿＿＿＿＿＿＿＿ 拼出此单词：solemn 尽力画出一个人物

虽然理解测验的所有要素很重要，但咨询师只能使用他们经过培训且具有施测胜任

力的测验，这是伦理的要求（American Counseling Association，2014）。测验实施程序差异很大，可以（1）由非常积极、博学的施测者一对一进行，或（2）同时对一个团体进行测验。测验也可以自我实施，即受测者独自阅读说明并参加测验。其他施测形式包括计算机测验、视频/音频测验和非言语测验。测验的复杂性将决定具备施测胜任力所需的培训水平。

测验的计分和解释程序可能有所不同。测验可以是手工计分、计算机计分、发送给出版商计分或由来访者自行计分。有些测验分数是基于正确回答的项目数量，而有些测验分数只是呈现有关个人观点、偏好等方面的信息。根据正确性进行计分的测验通常用于测量一个人某方面的知识、技能或能力。非评价性的测验通常被归为人格测验（Urbina，2014）。

对测验进行计分后，解释过程涉及通过将测验数据转换为有意义的信息来理解测验分数。例如，原始分数可以转换为其他类型的分数（如百分位数或标准分数），以帮助描述和解释受测者的表现。虽然已出版测验通常有可用的计算机解释生成软件，但施测者是最终负责计分、解释和向受测者说明测验结果的人。

测验的费用差别很大。大多数标准化测验必须从测验出版商处购买，测验价格可能在一百美元到数千美元不等。测验的成本通常按组件细分。例如，许多出版商对测验手册、测验题卷、计分表、计算机软件和其他项目分别收费。一些测验出版商提供入门套装，里面包括所有测验材料，设定一个成套价格。此外，一些测验题卷是可重复使用的，只需要施测者另行购买测验的答题卷。有些测验是通过计算机软件提供的，可能只能一次性使用或需重新订购。一些测验可以在出版的研究期刊或教科书上免费获得。

测验类别

测验的数量有成千上万个，我们有必要对测验进行分类。然而，由于测验在许多方面彼此不同，因此还没有被人们一致接受的分类系统（Domino & Domino，2006）。但人们可以根据不同方面对测验进行分类，如评估领域、标准化与否、如何解释分数、如何施测，以及项目类型。与大多数评估实践一样，专业人员根据其受过的培训、经验和工作环境，使用不同的方式对测验进行分类。我们将介绍一些常用的测验分类方法。

评估领域 测验可根据评估领域进行分类。

- 智力测验：评估与智力和认知能力相关的变量，如言语能力、算数能力、推理能力、记忆能力和加工速度。
- 成就测验：评估个体在特定领域的知识水平。
- 能力倾向测验：评估个体在需要特定技能的活动中取得成功的潜力。

- 职业生涯和就业测验：评估个体的兴趣，并根据这些兴趣匹配工作或职业类别。
- 人格测验：评估范围广泛，既包括稳定和独特的人格特质、状态和类型，也包括情绪问题或心理障碍。

以上所有领域都将在本书中得到详细探讨。在每个测验领域中，都有不同类型的测验。

标准化测验和非标准化测验　测验可以大致分为标准化（正式）或非标准化（非正式）测验。标准化意味着施测和计分过程具有一致性，因此，标准化测验是指具有结构化测验材料、特定的施测指导和特定计分方法的测验。测验使用者应严格遵守测验手册中所述的施测、计分和解释过程的标准化程序。标准化测验分数的信度和效度通常已被证明。标准化测验也被认为与施测的目标群体有关。这意味着它们通常是基于一个数量庞大的、有代表性的常模而开发的。由于它们具备可靠性、有效性和标准化数据，标准化测验的质量通常高于非标准化测验。

与标准化测验相比，非标准化测验是一个非正式编制的测验，信度和效度未得到证明，并且在使用和应用上有局限性。非标准化测验的示例包括教师自编测验、投射绘画、检查清单和问卷等。

个体测验和团体测验　测验可以根据如何实施进行分类。例如，个体测验是为一次只对一名受测者施测而设计的，团体测验同时对多人施测。个体测验通常用于做出诊断决策，要求施测者与受测者进行会面，并建立和谐的关系。施测者能够在测验期间观察受测者的言语和非言语行为，从而更深入地了解受测者问题的根源。通常，实施个体测验需要具备胜任力。这意味着咨询师应该接受过专门培训，具备专业知识，熟悉测验材料，并按计时程序施测。根据国际测验委员会（ITC，2013）的要求，具备胜任力的施测者必须充分了解测验，以便正确地使用，必须通过专业和恰当的做法做到对测验过程所涉各方面的尊重。团体测验通常比个体测验更有效率。它们通常比个体测验成本低，能将施测和计分所需的时间减至最少，并且对施测者的技能和培训要求较低。一般而言，团体测验包含的项目是能够进行客观计分的，并通常由计算机进行计分，从而减少或消除个体测验中常见的计分错误。

最佳表现测验和典型表现测验　在评估中，一些测验根据答题的正确性（对/错，通过/失败）来评估受测者。这类测验被称为最佳表现测验，通常用于评估个体某方面的知识、技能或能力。例如，成就测验就通常测量最佳表现。然而，心理评估中使用的许多工具都不是评价性的，不包含答案涉及对错的项目。这种类型的工具被称为典型表现测验，它们被用来简单地获取关于个人观点和偏好的信息，并用于评估个人的动机、态度、兴趣和观点。例如，当咨询师帮助个体确定职业选择时，他们可能会使用职业兴趣问卷。这种类型的评估工具只是帮助个体明确在工作中更感兴趣的领域。这类评估工具不存在正确或错误的答案。

言语测验和非言语测验　测验可分为言语测验和非言语测验。言语测验在很大程度上依赖于对语言的使用，尤其是口头或书面回答。这些测验可能涉及语法、词汇、句子完成、类比和遵循言语指示。由于言语测验要求受测者理解单词的含义及语言的结构和逻辑，因此对以该语言为母语的人有很严重的偏袒。与言语测验相比，非言语测验减少或完全消除了受测者在测验时使用语言的需要。非言语测验可以让受测者用很少或不用语言的方式去理解测验，测验中的语言内容是有限的，并允许受测者用非语言的方式回答项目。例如，非言语测验可能要求受测者对图片材料而非言语项目进行回答。非语言测验的一个例子是第五版皮博迪图片词汇测验（Peabody Picture Vocabulary Test，PPVT-5；Dunn & Dunn，2007），它是一种对个体施测的常模参照测验。测验的常模样本代表了全国的文化多样性和特殊教育情况。因此，它可用于解决一些与英语作为第二语言相关的问题，以及与语言生成相关的特殊教育议题。

客观性测验和主观性测验　区分测验的一种常见方法是基于测验项目的类型来进行划分。客观性测验包含选择性反应题型（选择题、对/错判断题等），每个项目都包含一个正确或最佳答案。客观性测验之所以被认为是客观的，是因为计分方式将受测者对项目的回答与事先确定的正确答案相匹配，计分过程中不涉及主观判断。相比之下，主观性测验由建构性反应题型（问答题、任务表现、作品集等）组成，要求施测者做出评判性决定，以便为测验计分。

其他术语　严格来说，"测验"（test）一词只适用于那些根据答案正确性或质量来评估受测者的回答的程序（Urbina，2014）。这类工具通常是测量个体的知识、技能或能力的最佳表现测验。不根据项目答案正确与否来评价个体的测验（即典型表现测验）通常可用其他术语表示，如项目清单表、问卷、调查、检查清单、日程表或投射技术。这些工具通常会引出有关个人动机、偏好、态度、兴趣、观点和情绪等方面的信息（2014）。

"量表"（scale）一词通常和测验联系在一起。量表可参考以下任何一项（Urbina，2014）：（1）由几个部分组成的整体测验，如斯坦福 – 比内智力量表；（2）集中于单一特征的整体测验，如内部 – 外部控制源量表[①]（Internal-External Locus of Control Scale）；（3）子测验——作为测验中的一组项目，用于测量特定特征，如第二版明尼苏达多相人格测验（MMPI-2）的抑郁量表；（4）一组具有共同特征的子测验，如韦氏智力测验的言语量表；（5）用于对某些测量维度进行评定或分类的数字系统，如评定量表。

---

① 　内部 – 外部控制源量表与第五章提到的内外控信念量表是同一个量表，分别是不同时期的命名。——译者注

"成套测验"是我们在评估中经常看到的另一个术语。成套测验是指一组测验或一组子测验，一次对一个个体进行施测（Urbina，2014）。例如，在评估成就时就可能使用成套测验，它包含一些单独的测验，以测量阅读、数学和语言等领域。

测验程序的参与方   测验行业涉及许多利益相关者，《教育与心理测验标准》的制定旨在为测验、评估的实施标准和解释评估数据的循证方法提供开发和评价指南（AERA，APA，NCME，2014）。因此，厘清各参与方及其在测验行业中的角色非常重要。例如，测验开发者通常是指（但不总是）对研究感兴趣的学者或研究人员。他们致力于开发一种能够准确测量预期构念的测验，并进行研究以支持他们的主张。测验开发者为测验使用者提供文件材料（在测验手册中），以便对测验的性质和质量做出全面的判断（AERA et al.，2014）。测验发布者是指发布、营销和销售测验的组织或公司。它们有时还提供计分服务。测验使用者是指为实现一些目标而选择测验的个人或机构。他们还可能参与测验的实施和计分，并使用测验结果做出决策。测验使用者最感兴趣的是测验是否能实现他们的目的，而测验发布者天然更倾向于盈利（Urbina，2014）。接受测验者（受测者）是指通过自己选择、他人指导或必须参加而参加测验的个体。表 4-5 总结了测验参与方及各自作用。

表 4-5　测验程序的参与方

测验开发者	编制测验的人或组织。他们应该提供信息和支持性证据，以供测验使用者选择适当的测验
测验发布者	发布、营销和销售测验的组织或公司
测验使用者	选择符合其目的且适合受测者的测验的个人或机构。测验使用者还可能参与测验的实施、计分和解释，或者根据测验结果做出决策
接受测验者	接受测验的人
测验审查者	进行学术审查，根据心理测量学和实践质量对测验进行批判性评估的人

计算机测验   20 世纪 50 年代，计算机首次被引入心理学领域。从那时起，特别是在过去几十年中，计算机在评估中的使用次数呈指数级增长。计算机技术的进步及该技术与教育、心理和心理咨询实践的持续整合正在改变专业人员进行评估的方式。计算机测验是指使用计算机进行施测、计分、解释，以及生成叙事和书面报告（Butcher，2003）。基于计算机的测验是一个巨大的进步，过往的测验过程既费力又耗时，需要测验使用者亲自施测，人工计算分数（通常使用复杂的计分按键或模板），人工解释、分析和绘制测验数据图，并书写测验结果（Cohen & Swerdlik，2018）。如今，在计算机的帮助下，受测者可以在计算机显示器上对测验项目进行回答，然后计算机程序为测验计分，呈现分析结果，并提供某种形式的解释性报告（Cohen & Swerdlik，2018）。

毋庸赘言，计算机测验为测验使用者节省了大量时间，并使测验过程更加方便。与传统的纸笔测验相比，计算机测验还具有其他优势，如测验结果的即时计分和报告、高测验实施效率、灵活的测验实施日程、更高的测验安全性，以及更低的成本。计算机测验还允许使用纸笔测验无法使用的创新项目类型，如基于音频和视频的测验项目（Parshall，Spray，Kalohn & Davey，2002）。

在过去的 25 年中，超过 400 项研究调查了计算机测验结果是否可以和纸笔测验结果交替使用。越来越多的测验被调整为计算机测验，并且计算机测验分数与相同测验的纸笔测验分数相当（Boo & Vispoel，2012）。值得注意的是，一些测验尚未有效地调整为计算机测验。咨询师应在选择计算机版本之前，审查测验在施测模式方面的心理测量属性。虽然计算机测验仍然存在一些局限，但该过程仍在发展，越来越多的测验可通过计算机施测。有一项让许多咨询师感兴趣的测验是美国国家咨询师测验（National Counselor Exam，NCE）。该测验有 200 道选择题，通过纸笔和通过计算机都能实施。美国国家咨询师测验是成为美国国家认证咨询师所需的测验，也是许多州要求咨询师在获得执照前通过的测验。

在成就测验中，有一种常用的计算机测验是计算机自适应测验。该测验可根据每个受测者的能力来调整试题。受测者每回答一个问题，计算机就根据受测者的回答对测验项目进行调整，以确定下一个要提出的问题。例如，计算机自适应测验将以中等难度的问题开始。如果回答正确，下一个问题将更困难。如果回答不正确，下一个问题会更容易。这一过程一直持续到所有问题都得到回答，此时计算机就能确定受测者的能力水平。由于计算机在选择下一个问题之前会对每个项目进行计分，因此一次只会提出一个问题，受测者不得跳过、返回或更改对先前问题的回答。计算机自适应测验的一个例子是经企管理研究生入学考试（Graduate Management Admission Test，GMAT），该考试是商学研究生学位录取过程的一部分。GMAT 计算机自适应测验从受测者的假定平均分数开始并设置一个中等难度的题目。根据第一道题的成绩，计算机会调整考试的难度和分数。

观察

到目前为止，我们已经介绍了两种评估方法：访谈和测验。第三种方法是观察（观察法），它广泛用于心理和教育评估。观察是指在特定环境中检视他人或自己的行为，并记录观察到的内容的评估方法（Aiken & Groth-Marnat，2006）。它是一种观察人在情境中的实际行为的方法，而不是简单地根据访谈或测验结果的信息来推断行为。观察可以为专业人员提供有关个人功能的信息，如情绪反应、社交互动、运动技能（身体运动）和工作表现等（Murphy & Davidshofer，2005）。它对于识别行为模式特别有用，也就是说，识别直接行为及其前因（行为之前发生的事情）和后果（行为之后发生的事情）。识别行为模式的过程常通过一种被称为"功能性行为评估"的方法进行，这种方法可在幼儿园至高中 / 高职学校中使用，旨在识别学生的问题行为，并确定行为的功能或目的。咨询师可以利用功能性行为评估的结果制定干预措施或教授可接受的行为替代方案。

对行为功能的理解并不局限于幼儿园至高中 / 高职学校系统。任何与儿童和青少年工作的咨询师都应该了解行为观察法和功能性行为评估。在许多情况下，咨询师可以帮助家长、学校等制定针对儿童和青少年的行为干预措施。对于这样的任务，理解观察法和行为功能的要点至关重要。例如，想象一个孩子因为不想参加某活动而干扰了该活动。在这种情况下，他的行为功能（目的）可能是逃避活动。如果你暂停活动并将孩子从活动中移除，那么这可能正是孩子想要达到的目的。这将强化而不是改变他的行为。在这种情况下，更合适的一种做法是忽略该行为，或者寻找机会强化其他人的适当行为。

咨询师可以使用正式评估工具（如标准化测验）、计算机观察软件或非正式策略（如原始记录）进行观察。观察可以是一次性的，也可以在较长的时间跨度内进行多次取样。观察者可关注客观和可测量的特定行为，或者关注一般、整体性的行为或行为调整。根据来访者的背景和年龄，观察可由专业人员、重要他人、任何其他熟悉来访者的人或来访者本人开展和记录。观察法示例如下。

- 学校咨询师观察某儿童在学校操场上与同学的互动，以评估他的社交技能。
- 家庭治疗师观看父母与孩子一起玩耍的录像带，以评估家长的养育技能。
- 某成年人想要改变饮食模式，他在有暴饮暴食的冲动前记录自己的想法和感受。
- 在进行结构化访谈时，咨询师观察并记录来访者的性格、谈话技巧和总体情绪。

观察有多种策略和方法。我们接下来将介绍正式观察和非正式观察、直接观察和间接观察、观察环境（自然环境和人为环境），以及无干扰式观察和参与式观察。此外，我们还将讨论记录观察内容的方法。

正式观察和非正式观察

正式观察和非正式观察的主要区别在于所需结构化的程度不同。正式观察是一个高度结构化的过程，在这个过程中，观察者提前决定观察谁、观察什么行为、何时何地进行观察，以及如何记录行为。为进行记录、分析和数据解释，这一过程需由训练有素的观察者执行，并使用复杂的程序。正式观察通常依赖于标准化评估工具来记录数据，如已出版的评定量表。然而，近年来人们开发了大量软件来协助观察过程。这些软件可为各种行为问题的观察、计时和观察时间表提供标准化程序。观察结果可以用图表或表格的形式表示。除了标准化观察外，还可以自定义这些程序。

相比之下，非正式观察的结构化程度较低，只要专业人员对来访者的行为进行记录，就可视为非正式观察。专业人员可对观察到的任何行为做粗略的记录（这种记录通常不是预先确定的），并在观察后写一份更详细的摘要。例如，在访谈过程中，咨询师可能会注意到来访者动作迟缓、没有眼神交流、语速缓慢，这些行为通常表明个体有抑郁症状。通过记录观察结果，并结合从访谈和其他评估数据中获得的信息，咨询师可以确定来访者是否处于抑郁状态。需要注意的是，尽管非正式观察为理解个人问题提供了丰富的数据，但仅凭非正式观察本身并不足以诊断问题或确定有效的干预计划。与正式观察一样，也有用于非正式观察的软件。一些软件可以进行两种形式的观察。

直接观察和间接观察

直接观察提供了实际行为发生时的第一手记录。顾名思义，这一方法对行为的观察不经过他人的感知过滤——个体的行为是被直接观察的（Kamphaus，Barry，& Frick，2005）。相比之下，专业人员在进行间接观察时需依赖与个体有直接接触的其他人的行为观察报告。在直接观察中，观察者可以使用检查清单或其他工具记录特定行为的发生频率，或者观察者可以简单地观察和尽可能多地记录有用或重要的内容。除了追踪目标行为外，直接观察还可用来识别行为发生前持续发生的特定事件或刺激。

自然环境和人为环境

发生在个体的工作场所或学校这类自然环境中的观察被称为自然观察（自然观察法）。例如，学校咨询师可能会使用自然观察法来评估孩子在教室中的行为（如离开座位），或者观察在课间打架的孩子。观察也可能发生在实验室或其他人为环境中（这种观察也称为类比评估）。这类观察的目的是在理论情境下模拟现实生活（自然）情境来评估行为（Hersen，2006）。例如，研究人员可能会在一个模拟工作环境中对执行特定任务的个体进行观察。

无干扰式观察和参与式观察

无干扰式观察指观察者和被观察者之间没有互动，并且个体的行为不受观察本身影响。观察者可以使用单向镜或录像对个体进行不加干涉的观察。例如，临床督导师可以使用录像来观察心理咨询受训者的心理咨询技能。相反，作为观察情境的一部分，参与式观察需要观察者既观察，也与个体互动。参与式观察通常用于质性研究，以使研究人员能够提供关于研究对象的更详细、更准确的信息。

记录观察内容的方法

由于观察的目的是识别和记录行为，因此有许多方法可用于记录观察结果。记录方法的选择取决于咨询师使用的是正式观察还是非正式观察。在正式观察中，需要使用结构化方法记录数据，如事件记录法、持续时间记录法、时间取样法和评定量表。对于非正式观察，咨询师可以使用轶事记录或来访者行为原始记录。虽然有价格合理的软件可以记录所有类型的观察，但在使用软件前了解观察法的基本原则非常重要。为了说明这些原则，我们会讨论使用纸笔进行观察的程序。

事件记录法　事件记录法，也称为频率记录法，是一种最简单的观察数据收集方法。它要求观察者观察、计数和记录行为发生的次数。事件记录法最适用于记录低发生率的行为，即有明确的开始和结束且不经常发生的行为（如学生离开座位）（Shapiro，1987）。观察者会用到一张列有待观察和计数行为的计数表——当观察者看到感兴趣的行为时，只要在计数表上打钩即可（见表 4-6）。观察完毕后，观察者对记录进行汇总。

表 4-6　用于记录行为频率的计数表示例

日期 _2月1日至2月5日_

姓名：_____
观察员：_____
行为描述：_在自然课中离开座位_

星期	计数	总数
星期一	////////	8次
星期二	//////////	10次
星期三	///////	7次
星期四	////////////	12次
星期五	///////////////	15次
平均值 = 10.4		

持续时间记录法　当行为发生的时长比发生的频率更重要时，就会用到持续时间记录法。在使用该记录法时，观察者会追踪行为从开始到结束的时长。这种方法最适用于记录有明确开始和结束时间的持续行为，不建议对发生率很高的行为使用该方法。哭闹、发脾气和吮吸拇指等行为就可以使用持续时间记录法（见表 4-7）（Shapiro，1987）。为精确测量和记录行为，记录持续时间通常需要用到手表或计时器。

表 4-7　行为持续时间记录示例

			日期　10月5日至10月8日
姓名：			
观察员：			
行为描述：　哭			
日期	开始时间	结束时间	持续时间
10/5	上午9:15	上午9:26	11分钟
10/5	上午9:45	上午9:57	12分钟
10/6	上午9:05	上午9:11	6分钟
10/7	上午9:03	上午9:09	6分钟
10/8	上午9:15	上午9:20	5分钟

　　时间取样法　在事件记录法和持续时间记录法中，所有行为的发生都是在观察期间得到记录的。然而，有些行为发生得太过频繁，以至于无法获取准确的计数，或者因没有明确的开始或结束时间而妨碍了有效的事件记录。在这种情况下，时间取样法是一种更合适的数据收集方法。时间取样法有时称为间隔记录法、间隔取样法或间隔时间取样法，它将观察周期划分为特定的时间间隔，然后在每个时间间隔内将行为简单地编码为存在或不存在。间隔时长取决于行为的频率、允许观察的时间，以及观察者追踪和记录行为的技能（Nock & Kurtz，2005）。例如，儿童行为评估系统（Behavior Assessment System for Children，BASC-3；Reynolds & Kamphaus，2001）是一个已出版的评估儿童行为的综合系统。它使用时间取样方法观察学生，在 15 分钟内每隔 30 秒进行一次在 3 秒内的行为（如对教师的反应、同伴互动、做作业）编码。这样就可以计算特定行为发生的间隔百分比，以提供关于适应性和不适应性行为频率的信息。儿童行为评估系统中的学生观察量表如图 4-1 所示。

　　评定量表　在观察中，评定量表用于描述和评估个体的特定行为。评定量表通常为预先打印出来的表格，观察者在上面对每种行为进行评定，以表明其质量或发生频率。评定量表是收集各种行为信息的有效手段，从一般功能到社交技能、攻击性行为、焦虑和多动症等特定行为皆能使用。评定量表可以在不同的环境中重复使用，并且可以依靠不同的来源（如来访者、教师、家长、咨询师）完成。

　　评定量表通常列出被评定行为的重要维度，并为转换其意义而以某种方式量化这些维度（Rutherford, Quinn, & Mathur, 2007）。观察中一些常用的评定量表形式包括李克特量表、图尺度量表和语义差异量表。李克特量表（以开发该量表的心理学家命名）由一系列书面表述组成，表达了受测者同意或不同意的程度（强烈不同意、不同意、中立、同意或强烈同意）。图尺度量表与李克特量表类似，不同之处在于它为受测者提供了一个"五分"或"七分"的连续图尺，范围从"从不"到"总是"，或从"强烈不同意"到"强烈同意"。这些表述通常放在图尺的各点上。语义差异量表由一系列七分量尺间隔的反义词组成，受测者需选出一点代表他们的反应。这些评定量表如表 4-8 所示。

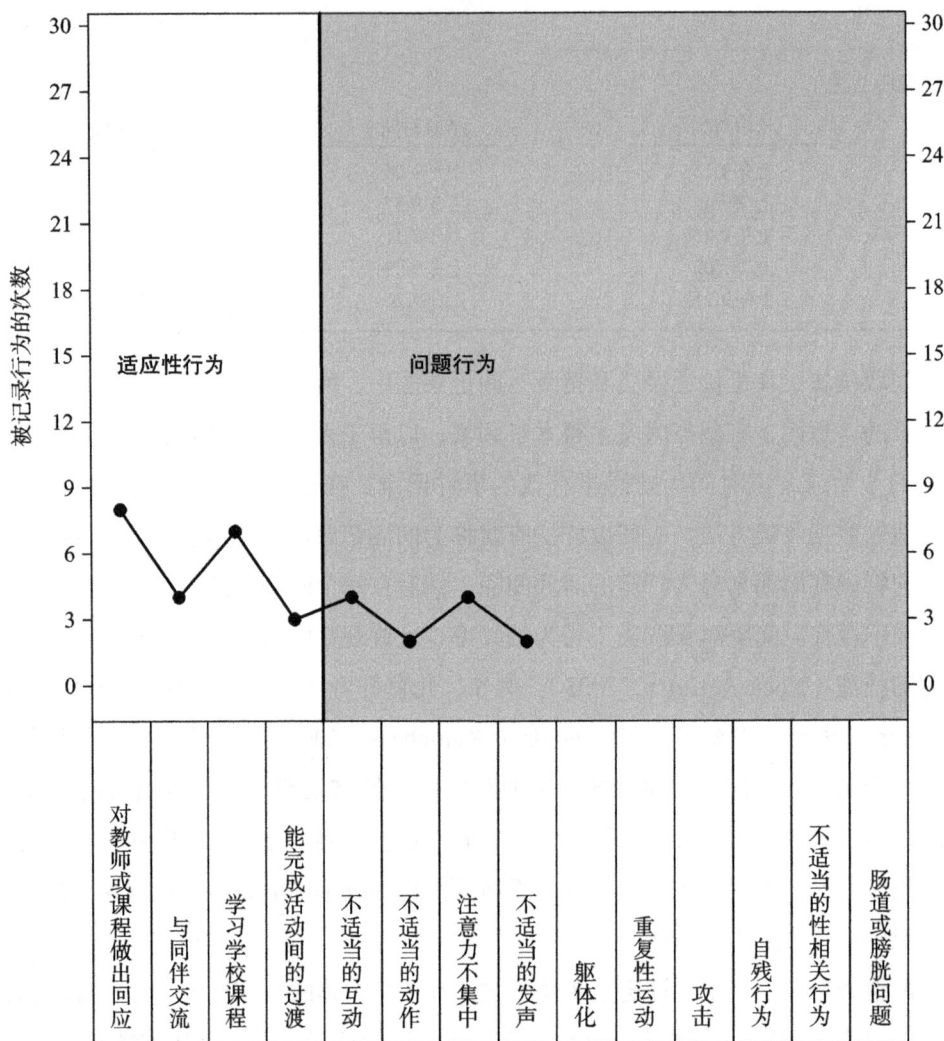

图 4-1 儿童行为评估系统项目示例——学生观察量表（2015）

Source: Behavior Assessment System for Children, Second Edition (BASC-2)[①]. Copyright © 2004 by NCS Pearson, Inc. Reproduced with permission.

在使用评定量表时的一个重要议题是完成量表的信息提供者（信息源）的身份。通常情况下，信息提供者是教师、家长或其他了解被评估者的人，或者是实际提供信息的人。一些信息提供者在评估某些行为时处在更有利的位置，例如，家长更有可能了解孩子的睡眠模式、兄弟姐妹之间的互动、饮食行为等（Rutherford et al.，2007）。一

---

① 现已更新至 Behavior Assessment System for Children，Third Edition（BASC-3）。

表 4-8　评定量表示例

李克特量表	我对自己持有积极的态度。

	强烈不同意	不同意	中立	同意	强烈同意
	☐	☐	☐	☐	☐

图尺度量表　　　　孩子的攻击行为发生在被要求执行困难任务之后。

1	2	3	4	5
从不	偶尔	有时	经常	总是

语义差异量表　　　在线条上画一个 "X" 代表你当前的情绪。

焦虑的	1　2　3　4　5　6　7	平静的
抑郁的	1　2　3　4　5　6　7	高兴的

些已出版的评定量表可能只针对一名信息提供者（如仅限家长或儿童）而设计，而有些则包含为多名信息提供者设计的单独量表。例如，阿肯巴克心理行为问题评价体系（Achenbach System of Empirically Based Assessment，ASEBA）包括一系列评定量表，通过使用适用于家长、教师、儿童的独立量表来评估儿童的行为问题和社会能力（见表4-9），表中以针对 6 ~ 18 岁学生的教师报告表（Teacher's Report Form for Ages 6-18，TRF；Achenbach & Rescorla，2001）为例。使用评定量表的最佳方法是在不同的情境和环境中选择不同的信息提供者（Rutherford et al.，2007）。这么做可以提供对个体在不同情境和环境下行为的更完整观察视角。

表 4-9　针对 6 ~ 18 岁学生的教师报告表示例

VIII. 与同年龄的大部分学生相比：	1.非常低	2.较低	3.有些低	4.中等	5.有些高	6.较高	7.非常高
1.他/她努力的程度	☐	☐	☐	☐	☐	☐	☐
2.他/她的行为的适当性	☐	☐	☐	☐	☐	☐	☐
3.他/她所学内容的多少	☐	☐	☐	☐	☐	☐	☐
4.他/她开心的程度	☐	☐	☐	☐	☐	☐	☐

Source: Reprinted with permission from *Manual for the ASEBA School-Age Forms and Profiles,* by T. M. Achenbach & L. A. Rescorla, 2001, Burlington, VT: University of Vermont, Research Center for Children, Youth, & Families.

对评定量表最重要的批评涉及评定者（信息提供者）偏差，这种偏差可能会影响工具的效度。表 4-10 列出了常见的评定误差。

表 4-10　评定量表常见的评定误差

宽容或慷慨	总是给予较高的评定分数
严苛	总是给予较低的评定分数
居中趋势	总是给予中间值或平均值（平均数）的评定分数
反应默许	倾向认同项目的内容
反应异常	倾向选择反常的、不合适的或不寻常的答案
社会期望	测验回答被解释为对受测者最有利的观点
光环效应	评分往往受对受测者良好印象的影响，将对某些特质的高评分推广到其他特质上
负光环效应	因对受测者有不良印象而影响评分
逻辑误差	评定者在认为有逻辑关联的特质上给出相似的评价
比较性误差	对当前被评估者的评分受前一名被评估者的影响
接近误差	对刊印在一起的项目进行评定时分数往往是相近的
近期表现误差	评定受到被评估者最近表现的影响，而非由他们通常的表现水平得出

轶事记录　轶事记录是在个体行为发生后所做的记录，是一种简短的描述。轶事记录可以是对个体在特定时间段内所说与所做的连续记录，也可以是对重大事件的单一记录（如重大事件报告）。作为非正式观察的一种方法，轶事记录可以由写在索引卡或日志上的标注组成，这些标注在观察后会得到更充分的阐述和总结。作为一种非正式的观察方法，轶事记录可以是写在正式记录表格上的非常详细的记录。记录通常包括被观察者的姓名，观察员姓名，观察日期、时间和设置，轶事（即对观察结果的描述），以及对观察结果的反思 / 解释。以下是对记录行为轶事的程序方面的建议。

- 关注单一特定事件。
- 简短且完整。
- 通过示例客观地描述具体行为。
- 使用短语而不是句子。
- 按照发生顺序列出行为。
- 在可能和重要的时候直接记录原话。
- 既记录正面的陈述，也记录负面的陈述。
- 观察后立即写下轶事。

自我监测

自我监测，也称为自我评估，是研究和实践中最常用的评估方法之一（Hersen，2006）。自我监测可以定义为对自己行为的系统观察和记录（Cohen & Swerdlik，2018）。它可以成功地用于监测和记录问题行为（如社交焦虑、恐惧症、社交技能问题和习惯等）的频率和前因后果。例如，有愤怒管理问题的个体可能会使用自我监测来记录愤怒发作的日期、时间和地点，以及发作前的事件、想法和感觉。

自我监测既可用于评估，也可用于干预。仅仅了解自己的行为模式就可以影响行为发生的频率。然而，自我监测的作用在很大程度上取决于个体记录其行为的依从性。自我监测要求个体：（1）意识到他们正在发生的行为；（2）拥有及时和有效记录行为发生的方法。个体可以使用频率标记、检查清单或其他方法记录行为。为了帮助及时记录行为，个体可以使用各种设备，如高尔夫手腕计数器和数字计时器 / 警示器。

自我监测还可以运用自传、日记、日志、信件、故事和诗歌等。这些方法有助于深入了解个体的行为、态度和人格维度。

间接来源

通常，信息的主要来源是被评估者本人，但并不总是如此。有时，信息的来源可能是最了解个体的人。任何提供信息的第三方都被视为间接来源（表 4-11 列出了潜在的间接来源）。配偶 / 伴侣、家庭成员及与被评估者关系密切的他人都是有用的个人来源。信息也可以从与被评估者有关的专业来源获得，如心理健康专业人员、教师和医生。间接信息通常通过与第三方进行访谈获取，可以是面对面访谈，也可以是电话访谈（Heilbrun，Warren & Picarello，2003）。尽管家人和朋友经常想发表看法，但信息应主要集中在行为描述上（即信息提供者亲自观察或见证的内容）。由间接来源完成的评定量表通常是获得来访者行为描述的有效手段。另一个有价值的间接来源是记录（Craig，2009），可包括学校成绩 / 出勤率、心理或教育评估史、心理健康治疗计划或摘要、

表 4-11 间接来源

个人来源	配偶 / 伴侣 家庭成员 室友 雇主 / 同事 邻居
专业来源	心理健康专业人员 教师 / 其他学校员工 医疗专业人员 社会服务工作者 法定监护人 缓刑 / 假释官
记录	学校记录 心理健康记录 社会服务机构记录 / 报告 法庭记录 医疗记录 服役记录 犯罪历史记录

法庭文件，以及医疗机构的信函等。一般来说，来自间接来源的信息，特别是来自更中立的专业来源的信息，可以被认为比直接从被评估者那里获得的信息更客观和更可靠（Austin，2002）。

咨询师使用来自间接来源的信息（间接信息）的程度取决于评估的目的、来访者陈述的复杂性，以及干预目标。当来访者缺乏对自身问题的洞察力时，如有药物滥用问题或认知障碍，使用间接信息便尤为重要（American Psychiatric Association，2016）。例如，在精神病危机中心，间接信息对于了解来访者的急性心理健康问题十分关键。在评估孩子时，咨询师可定期从父母那里了解孩子在家中的行为，或可以联系孩子的教师，了解孩子在学校的表现。

间接信息被认为是所有司法鉴定的必要组成部分，是针对特定法律议题的鉴定，如儿童监护权鉴定（Cavagnaro，Shuster，& Colwell，2013；Ertelt & Matson，2013）。第三方信息可以减少被评估者自我报告的潜在偏差。例如，可以预料，家长在儿童监护权评估中可能会有意或无意地歪曲、夸大或最小化他们在访谈中提供的信息，以便评估者积极地看待他们。在这种情况下，来自专业来源的间接信息可以帮助评估者审查从父母那里获得的数据的可信度（Patel & Choate，2014）。

从间接来源获取信息的一个重要问题是被评估者信息的保密性。专业人员必须先获得来访者（或其父母）签名的同意书，才能要求获取信息或联系第三方。

总结

在本章中，我们对三种评估类型做了概述。我们将继续在本书的其余部分整合有关访谈、测验和观察的内容。需要注意的是，要想获得胜任力，咨询师和其他助人专业人员需要接受相应督导监督下的培训。除了阐述评估类型外，我们还向你介绍了为获得被评估者完整和准确的描述所需的数据类型和信息来源。

可以在各种正式或非正式的工具和策略中进行选择。尽管来访者通常是信息的主要来源，但咨询师也能从来访者的亲戚、朋友、教师、健康专业人员和其他相关人员处获得间接信息。信息也可能来自文件，如医疗记录、学校记录和早期评估的书面报告。无论使用何种类型的评估，咨询师都需要整合来自多种数据收集方法和多种来源的信息，形成对被评估者的印象并提出建议。

问题讨论

1. 正式评估和非正式评估之间的区别是什么？

2. 在评估方法中（访谈、测验、观察），你认为哪一种方法可提供关于来访者的最有价值的信息？

3. 相比于使用单一评估工具和策略，使用多种工具和策略对评估过程有何好处？

4. 如果你参与评估过程，你会选择哪些评估信息的来源？你做此决定的根据是？

建议活动

1. 就评估这一主题写一篇短文。讨论你对评估的总体想法，以及你认为的评估在助人专业中的作用。

2. 采访学校咨询师、心理健康咨询师或婚姻家庭治疗师。询问他们常使用哪些评估工具和策略。

3. 三人一组开发半结构化访谈。对表4-3中列出的一般领域进行头脑风暴，对每个领域提出尽可能多的问题。

4. 利用上一活动中开发的半结构化访谈进行访谈角色扮演，一名学生做咨询师，一名做来访者，一名做观察者。咨询师用半结构化访谈开发的问题向来访者提出问题。访谈结束后，三人讨论以下问题：咨询师对提问的感觉如何？来访者回答了多少问题？有些问题比其他问题更难问/回答吗？在整个访谈过程中，观察者注意到了咨询师和来访者的哪些行为？

5. 在小组中，开发一个评估心理咨询技能的行为评定量表。为做到这一点，你必须首先确定要评估的具体心理咨询技能，然后确定用于衡量这些技能的评定量表类型（李克特量表、图尺度量表和语义差异量表）。

6. 在网上搜索行为观察图表。选择三个不同的图表进行对比。在小组中讨论这三个图表及可以利用它们设计的观察类型。接着确定小组希望观察的一项行为，并讨论哪种形式可能是观察此行为的最佳方法。为了进行此观察，需要做哪些调整？

5 | 第五章

统计学概念

学习目标

学习本章之后，你将能够做到以下几点。

- 描述统计学在评估中的应用。
- 描述测量尺度，包括名目尺度、顺序尺度、等距尺度和等比尺度。
- 解释如何构建频数分布、直方图和频数折线图。
- 描述集中量数，包括平均数（平均值）、中位数和众数。
- 描述差异量数，包括全距、方差和标准差。
- 列出并解释正态分布的特性。
- 描述关系量数。

根据我们的经验，当准备成为咨询师和其他助人专业人员的学生听到"统计学"（statistics）一词时往往会感到畏惧。虽然数字对于许多人来说是可怕的，但是它在整个咨询过程中扮演着至关重要的角色。咨询师必须具备运用统计学知识的胜任力，以理解应用于实践的研究、评估来访者的变化、衡量成果、示范问责制，以及实施评估。为了能够胜任评估工作，咨询师需要具备与统计学概念相关的知识，以评价评估工具的适当性，并理解、解释和交流评估结果。

统计学有助于咨询师通过与更广泛人群的比较来理解和评估数据。它也有助于咨询师评价这些测验的心理测量属性（如信度、效度和标准化），这对于测验的评价和选择很重要。统计学也许令人畏惧，但我们的目标是提供一个框架，以帮助大家理解统计学如何应用于评估。通过理解本章介绍的一些基本要素，咨询师能够在评估过程中进一步提升胜任力。在本章中，我们将介绍基本的统计学概念，咨询师要想具备胜任力以进行测验的选择、计分和对评估结果的解释，了解这些概念是必要的。

评估的统计学概念

教育和心理领域的测量是基于核心的统计学原则的，这些原则能使我们总结、描述和解释评估数据，以及利用数据做出决策。例如，我们可能想知道一组测验分数的平均数，某个特定分数出现的频率如何，或者一组受测者分数的分布情况如何。由于咨询师经常参与评估过程，并根据评估结果做出决定，因此他们应该熟悉一些基本的统计学概念。统计学是指用数字表示信息。每当我们为了组织、总结或分析信息而对数据进行量化或使用数字表达时，我们就是在使用统计学方法。统计学方法有两大类：描述统计（descriptive statistics）和推论统计（inferential statistics）。描述统计在解释评估分数时起着重要的作用。它被用来以清晰易懂的方式描述和总结大量数据。在评估中，最易于使用的描述统计是频数（frequency），如一个特定测验分数的出现次数。其他用于评估的描述统计包括集中量数（如平均数、中位数和众数）、差异量数（如方差和标准差），以及关系量数（如相关性）。当我们想要对一大群人（总体）做出推断时，就会用到推论统计。推论统计是通过检查从总体中随机选择的子群体——样本（samples）的特征来实现的。描述统计用来描述数据的基本特征，推论统计则用来得出超越现有数据的结论。

在讨论统计时，最常用到的一个基本概念就是变量。变量简单来说就是任何可以取多个值的事物。变量可以是可见的（如发色），也可以是不可见的（如人格、智力和能力倾向）。变量可以用数值（如一个家庭中的子女数量或一个国家的人均收入）或不同类别（如性别和婚姻状况）来定义（Urbina，2014）。在正式术语中，变量可以分为定量变量、定性变量、连续变量、离散变量、可观察变量和潜变量等（见表 5-1）。在评估中，我们感兴趣的是与教育或心理结构相关的测量变量，如成就、智力、兴趣和人格特质。

表 5-1　变量的种类

定量变量：具有数值（如年龄、收入，用数值表示的测验分数）

定性变量：本质上非数值（如性别、关系状态、政党归属）

连续变量：可以取任意值并被无限细分的定量变量；对于（不可数的）多少（how much）的测量（如高度、重量、完成任务所花的时间和焦虑程度）

离散变量：由不能细分的基本计量单位组成的定量变量；对（可数的）多少（how many）的测量（如一个家庭中的人数）

可观察变量：可被观察和直接测量的变量

潜变量：不可被直接观察或测量的变量，但可通过观察和测量其他变量推断出来的变量（也称为隐藏变量、模型参数、假设变量或假设构念）

测量尺度

任何关于统计学的讨论都必须始于对测量（measurement）的理解。测量是指根据一组逻辑规则分配数字或符号来表示对象、特征或行为（即变量）的过程。例如，为了完成顾客满意度调查，顾客必须使用一套特定的规则来确定能表明他们满意度水平的数字，例如，他们可以用 10 分制来评价服务，其中 1 表示非常不满意，10 表示非常满意。

我们使用描述统计来描述或汇总测量数据，数据汇总的方式取决于测量尺度。测量尺度是指变量被定义和分类的方式。通常而言，我们认为有四种测量尺度：名目（nominal）、顺序（ordinal）、等距（interval）和等比（ratio）。测量尺度的种类是由三个属性的存在与否决定的：（1）大小，意味着数字从小到大的固有顺序；（2）等距，意味着刻度上相邻点之间的距离相等；（3）绝对零点／真零点，零点表示没有被测量的属性（例如，没有该行为，没有正确选项）（见表 5-2）。

表 5-2　测量尺度

测量尺度	测量属性	示例
名目	无	名字，单词表
顺序	大小	排序题，李克特量表
等距	大小 等距	温度
等比	大小 等距 绝对零点	年龄，身高，体重

名目尺度

最简单的测量尺度是名目尺度，人们用它描述定性变量，这些变量可以根据一个或多个不同的特征进行分类。因为名目尺度只代表名称，因此它没有上述三个性质（大小、等距或绝对零点）中的任何一个。名目尺度被认为是离散的，可以放在一个（且只有一个）相互排斥和选项详尽的范畴内。例如，下面的测量尺度都属于名目尺度。

情感状态：

_____单身

_____已婚

_____寡居

_____离异

_____分居

最高学历：

_____高中

_____专科、商科或技术学校

_____副学士学位

_____学士学位

_____研究生学位

顺序尺度

与名目尺度类似，顺序尺度也涉及离散变量的分类。然而，除了分类之外，顺序尺度还拥有大小这一属性。这意味着变量按照从最大到最小，从最好到最差的顺序排列。例如，在一个将内向－外向视为连续体的量表结果中，一个极端内向的个体可能会被划分到最低的等级，而一个极端外向的个体可能会被划分到最高的等级。此外，学生还可以根据身高（从高到低排列）、考试成绩（从最好到最差排列）或平均成绩（从最高到最低排列）等属性进行排名。例如，以下排序。

请使用以下关键字对你在以下行为中的能力进行评分：

1＝低，2＝低于平均水平，3＝平均水平，4＝高于平均水平，5＝高

1. 口头沟通能力	1	2	3	4	5
2. 书面沟通能力	1	2	3	4	5
3. 听力	1	2	3	4	5

由于间隔距离可能不等，顺序尺度可能会出现问题。例如，一个人可能在某些领域非常优秀，并且在各领域的优秀程度不相上下，而在其余的领域能力非常弱。那么在比较他在不同群体的排名时就会出现问题。每组排名第一的个体可能在被排名变量上有很大的差异。此外，用于排名的数字并不能反映任何关于被排名变量的定量信息。

等距尺度

等距尺度是比顺序尺度更高水平的测量尺度。等距尺度不仅由有序的类别组成，而且这些类别在整个尺度范围内形成一系列相等的区间。因此，等距尺度包含了大小和等距两个属性。等距尺度的一个重要特征是没有绝对零点，也就是说，所有变量都能够被测量。例如，华氏温度表就是等距尺度，因为每个温度之间都是等距的，并且没有绝对零点。这意味着，虽然我们可以加减度数（100℃比90℃高10℃），但我们不能乘以数值或创造比率（100℃不等于比50℃温暖两倍）。

等比尺度

除了具备名目尺度、顺序尺度和等距尺度的所有特性之外，等比尺度还拥有一个绝对零点。这意味着等比尺度包含了所有属性：大小、等距和绝对零点。因此，该量表允许所有类型的、有意义的数学计算。年龄、身高、体重和满分为一百分的测验分数都是等比尺度的例子。

描述分数

正如本章前文所述，描述统计以清楚易懂的方式描述数据的基本特征。在本节中，我们将讨论用于描述和组织测验分数的基本描述统计，以使它们更易于理解和掌握。让我们从一张测验分数图开始。

　　假设我们对 30 名分配到教养所的年轻罪犯进行了三种测验，分别是内外控信念量表（Nowicki-Strickland Locus of Control Scale，LOC）、第四版斯洛森智力测验（Slosson Intelligence Test-4th Edition，SIT-4）和杰仕那斯问卷（Jesness Inventory）。表 5-3 列出了上述测验的得分情况。

表 5-3　内外控信念量表（LOC）、第四版斯洛森智力测验（SIT-4）和杰仕那斯问卷 * 的得分情况

个体	LOC	SIT-4	AC	IS	CA	SO	CO	EN	RA	CM	IN	SC	CS	RE	FR	UN
1	1	110	12	27	24	17	23	18	22	20	13	12	28	37	18	*26*
2	3	120	18	27	28	23	27	16	20	24	15	18	29	33	19	34
3	5	99	15	30	20	21	28	23	19	21	12	16	31	34	18	27
4	3	95	12	22	23	16	22	18	19	*21*	19	15	26	33	19	33
5	8	93	12	28	18	17	25	22	19	12	15	15	30	36	18	*26*
6	3	112	15	24	24	20	20	17	22	22	20	12	24	35	19	29
7	9	108	13	26	16	15	23	15	19	17	19	16	18	34	15	31
8	8	82	9	21	19	16	22	16	14	*16*	18	11	22	30	11	24
9	2	115	11	30	21	17	23	18	19	24	20	18	25	41	21	*26*
10	14	70	19	20	19	22	21	14	21	14	14	15	30	40	17	30
11	9	99	20	28	22	25	27	13	25	21	13	16	23	37	21	35
12	5	83	8	24	23	15	18	22	18	*18*	10	9	24	34	15	17
13	5	88	17	29	19	22	26	20	23	18	16	18	24	29	16	*31*
14	15	75	12	21	15	15	20	15	17	18	17	11	19	34	18	26
15	6	102	15	25	21	21	29	16	19	16	14	14	28	32	16	32
16	7	76	13	28	16	17	19	13	14	*19*	17	16	22	32	16	27
17	3	85	16	28	15	21	25	17	16	19	17	17	32	41	19	*30*
18	2	112	14	29	21	19	24	20	18	21	20	18	25	40	20	32
19	13	79	13	17	20	14	27	15	12	18	15	12	25	18	16	25
20	2	117	16	24	22	22	23	17	15	15	15	25	32	16	*28*
21	4	113	15	27	16	20	23	18	22	17	15	15	29	33	22	27
22	9	91	9	27	17	11	18	14	21	16	15	12	26	32	14	18
23	6	107	9	20	18	15	29	16	18	13	18	15	22	28	14	29
24	5	105	18	28	25	23	24	16	20	20	17	15	25	35	19	*26*
25	4	109	15	27	22	22	22	19	15	20	17	15	26	39	15	*23*
26	4	107	18	25	25	22	30	17	17	18	18	19	29	38	18	33
27	7	83	17	27	23	22	21	16	23	21	18	15	27	33	17	28
28	4	111	16	16	16	20	25	8	16	13	11	18	21	34	20	32
29	4	109	9	20	13	13	20	18	14	14	16	12	23	28	13	*19*

（续表）

个体	LOC	SIT-4	AC	IS	CA	SO	CO	EN	RA	CM	IN	SC	CS	RE	FR	UN
30	8	101	17	27	19	21	26	13	21	10	16	16	28	33	20	27

* 杰仕那斯问卷包括愤怒控制（AC）、洞察力（IS）、冷静（CA）、社会性（SO）、遵守规则（CO）、热情（EN）、融洽（RA）、沟通（CM）、独立（IN）、社会关怀（SC）、体谅（CS）、责任（RE）、友好（FR）和稳重（UN）。

首先，让我们来看看内外控信念量表的得分，它的表头为 LOC，测量的是罗特（Rotter，1966）定义的儿童控制源（内部或外部）。具有强烈内部控制源的个体倾向于将事件的结果归因于自己，而具有强烈外部控制源的个体则倾向于将事件的结果归因于外部环境。在内外控信念量表中，低分表示内控，高分表示外控。由于分数列在表格上，我们较难直观地了解这群青年的特征。为了更好地将数据可视化，我们可以将分数从高到低进行排列。

15	9, 9, 9	6, 6	3, 3, 3, 3
14	8, 8, 8	5, 5, 5, 5	2, 2, 2
13	7, 7	4, 4, 4, 4, 4	1

我们可以一目了然地确定最高分和最低分，也可以找到近似的中间分数。然而，当大量的测验分数导致更大的全距（最高分和最低分之间的跨度）时，组织、记录分数并看到整体情况就会比较困难。为了组织和描述大量分数，研究者和测验开发者会使用以下几种不同类型的描述统计：频数分布，集中量数，差异量数，关系量数。

频数分布

一个分布（distribution）就是一组分数。这些分数可以代表任何类型的变量和任何测量尺度。组织和用可视化方法表示分数的一种最常见程序是使用频数分布。频数分布可将无组织的一组分数以有序的方法呈现——通常以表格或图表的形式，来显示每个分数的得分人数有多少。分数通常从最高值到最低值垂直排列，且涵盖每个测验分数，频数也会被记录在内（见表 5-4）。频数分布有助于让测验使用者：（1）一目了然地看到整体得分；（2）看到得分是普遍较高还是较低；（3）看到得分是集中在一个区域还是较为分散。频数分布在将个人测验分数放入整组分数中进行比较时也很有用。

表 5-4　内外控信念量表的频数分布表示例

得分	计数	频数
15	/	1
14	/	1

（续表）

得分	计数	频数
13	/	1
12		0
11		0
10		0
9	///	3
8	///	3
7	//	2
6	//	2
5	////	4
4	/////	5
3	////	4
2	///	3
1	/	1

有时候，由于测验的题目较多，受测者的表现差异性较大，分数的全距就更大。在这种情况下，使用一组或一系列的分数比使用单一分数更容易完成频数分布。这样分组就形成了分组区间。例如，观察表 5-5 中的第四版斯洛森智力测验（SIT-4）分数，我们注意到分数范围是 70 ~ 120。因为有 51 个不同的数值，所以在一个频数分布表上列出每个分数是非常麻烦的。相反，我们可以把这些分数分组，形成更容易处理的规模如 10 组（分组数量是任意的）。为了构建一个表格，我们需要确定 10 个组中每个分组区间的大小，即每个区间中包含的分值。为了确定区间的大小，我们可以使用以下公式。

$$分组区间的大小 = \frac{最高分 - 最低分}{期望的分组区间数量}$$

表 5-5　第四版斯洛森智力测验的分组频数分布示例

分组区间	计数	频数
120 ~ 124	/	1
115 ~ 119	//	2
110 ~ 114	/////	5
105 ~ 109	newline//////	6
100 ~ 104	//	2
95 ~ 99	///	3
90 ~ 94	//	2
85 ~ 89	//	2
80 ~ 84	///	3

（续表）

分组区间	计数	频数
75 ~ 79	///	3
70 ~ 74	/	1

综上所述，确定第四版斯洛森智力测验（SIT-4）的分组区间的步骤如下。

步骤 1　选择区间数量：10

步骤 2　找到最高分数：120

步骤 3　找到最低分数：70

步骤 4　计算全距（最高分减去最低分）：120 – 70 = 50

步骤 5　将全距除以选择的区间数，得到每个区间包括的得分点：50 ÷ 10 = 5

正如我们在表 5-5 中所看到的，频数分布表列出了从最高值到最低值排列的每个分组区间，接着是对每个区间的得分的频数进行统计。

频数分布图　测验分数的频数分布也可以用图表进行表述。图表是由线、点、条柱或其他符号组成的示意图或趋势图，它提供了测验分数分布的图形化表示方法。最常见的图表有直方图、频数折线图和频数曲线图。

直方图是一种使用垂直线和条柱来描述测验分数分布的图。图 5-1 展示了第四版斯洛森智力测验分数的直方图，采用了表 5-5 中的分组区间。图中的横轴（X 轴）表示分组区间。纵轴（Y 轴）表示在每个分组区间中出现的分数的频数。X 轴和 Y 轴的交点代表各自的零点。

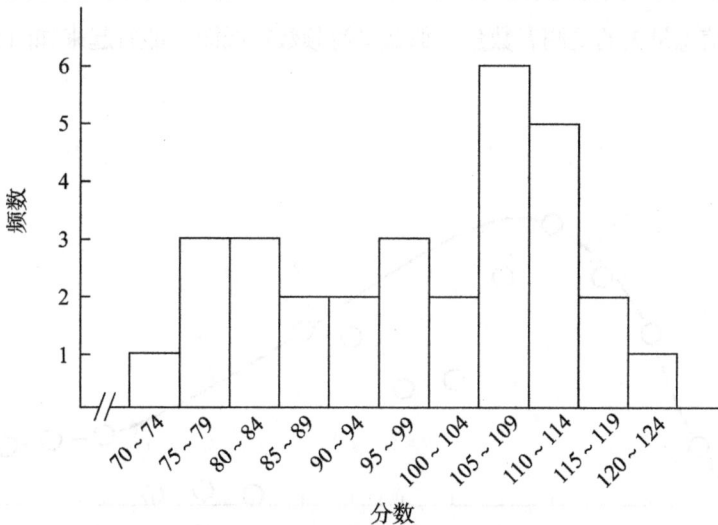

图 5-1　第四版斯洛森智力测验分数的直方图示例

　　频数折线图是直方图的变体，是由连接每个分组区间中点的线段代替条柱。在第四版斯洛森智力测验分数的频数分布中，组距为 5，因此，区间 70 ~ 74 的中点是 72，区间 75 ~ 79 的中点是 77，区间 80 ~ 84 的中点是 82，以此类推。如果区间由奇数个得分点组成，则中点为整数，如果由偶数个得分点组成，则中点保留一位小数，如 1.5。图 5-2 给出了第四版斯洛森智力测验分数的频数折线图。

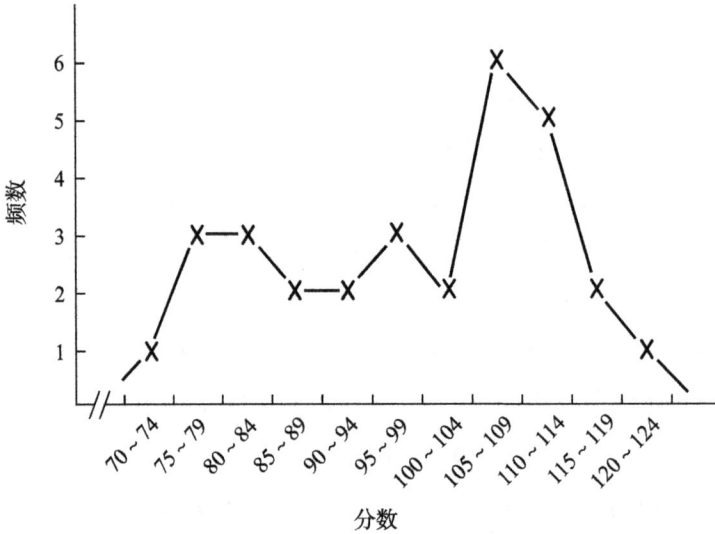

图 5-2　第四版斯洛森智力测验分数的频数折线图示例

　　如果有更多的个体和更多的区间，频数折线图的曲线会显得更平滑。平滑频数折线图（或频数曲线图）能够更好地表达分数分布的形状和频数。如果我们不断缩小分组区间，并增加内外控信念量表的受测者数量，那么平滑频数折线图可能看起来如图 5-3 所示。

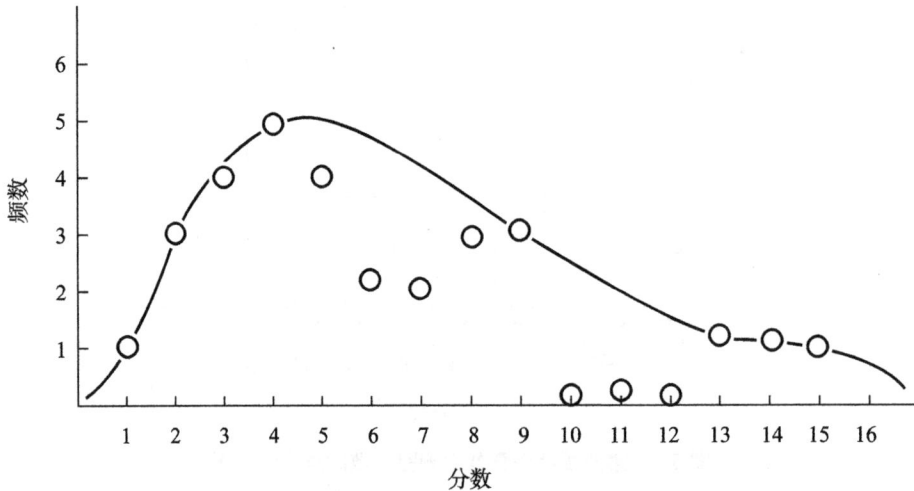

图 5-3　内外控信念量表分数的平滑频数折线图示例

当我们绘制平滑频数折线图时，我们将看到分布有时是对称的（钟形或正态曲线），有时是不对称的（偏态的）（见图 5-4）。在对称分布中，曲线的每一边都是另一边的镜像。这表明，大多数得分都位于平均数附近，其余的得分则对称地偏离平均数。不对称的频数曲线称为偏态曲线。在日常生活中，偏态指的是其中一边不成比例或扭曲的事物。在频数分布中，偏态表示分布缺乏对称性。一个不对称的"尾部"向右延伸的分布被称为正偏态分布，这意味着大多数分数都处于量表的较低端。一个不对称的"尾部"向左延伸的分布则被称为负偏态分布。例如，如果在一次期中考试中大多数学生得分较低，那么结果将是一个正偏态的曲线，表示大多数分数集中在分布的左端。如果大多数学生在考试中表现良好，分布就会呈负偏态。偏态曲线与正态曲线不同，正态曲线将在本章后面讨论。

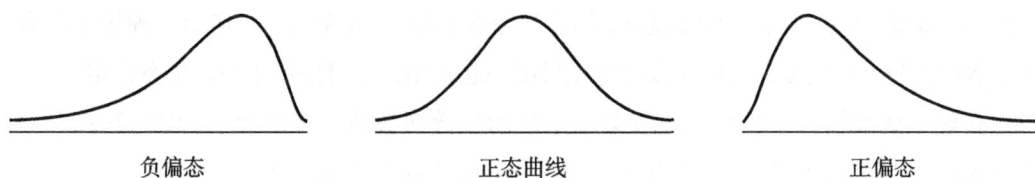

图 5-4 偏态曲线和正态曲线

峰度是反映一个分布相对于正态分布的平缓程度的统计量。分布可以是常态峰、高狭峰或低阔峰（见图 5-5）。峰度等于 0 表示其为常态峰分布，高度与正态分布相似。峰度为正表示比正态曲线更尖的高狭峰分布，意味着分数聚集在分布的中间位置。峰度为负表示比正态曲线平坦的低阔峰分布，意味着测验成绩从最低分到最高分的分布相当均匀。

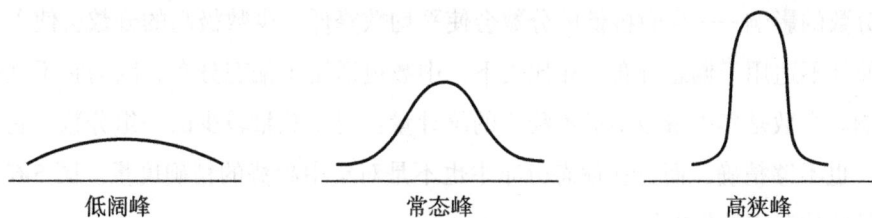

图 5-5 峰度

集中量数

在总结一组测验成绩时，我们通常想知道该组的典型或平均表现如何。集中量数（measures of central tendency）提供了基于典型或平均测验成绩对分布进行描述的方法。三个常见的集中量数是平均数、中位数和众数。

平均数 平均数是最常用的集中量数，是一个分布中分数的算术平均数。它与等距尺度或等比尺度一起使用，也用于任何需要额外统计分析的时候。为了计算平均数，我们将测验分数求和，并将总和除以参加测验的人数。平均数的计算公式如下。

$$\overline{X} = \frac{\Sigma X}{N}$$

其中，$\overline{X}$ 表示平均数；Σ 表示 sigma，即求和；X 表示一个测验分数；N 表示参加测验的人数即受测者数量。

如果我们把参与了内外控信念量表的 30 个人的分数相加，就能得到 178 这一总分。为了计算平均数，我们将 178 除以 30。平均数是 5.93（保留两位小数）。

中位数 中位数是指中间的分数，或将一个分布分成两半的分数，50% 的分数会低于中位数，50% 的分数会高于中位数。当一个分布由奇数个分数组成时，中位数就是位于中间的分数。例如，如果分数是 4、6 和 8，那么中位数就是 6。对于偶数个分数，如 4、6、8 和 10，就要把两个中间分数的总和除以 2，此例中的中位数是 7。作为一种集中量数，中位数可以与顺序尺度、等距尺度或等比尺度一起使用，也可以用于极度偏态分布。

众数 众数是一组分数中出现频率最高的分数或数值。回顾表 5-3 中的测验分数，内外控信念量表分数中的众数为 4。对于杰仕那斯问卷中的愤怒控制量表，请试着自己确定众数：是 9、12 还是 15？有时也存在双峰或多峰分布，换句话说，分布中有两个或更多的分数出现得最频繁。例如，杰仕那斯问卷中的友好维度的分数分布是多峰的——得分 16、18 和 19 的个体数量一样多。众数通常用于在名目水平上测量的变量，它也可以为顺序变量、等距变量和等比变量提供快速、简便的测量。

不同集中量数的比较 对于对称分布，平均数、中位数和众数是相等的。对于其他类型的分布，不存在一个最好的集中量数。尽管平均数是最常用的集中量数，但它会受到极端分数的影响——少数极低的分数会使平均数降低，少数极高的分数会使平均数提高——使其不适用于偏态分布。相比之下，中数更适用于偏态分布，因为它不受极端分数的影响。众数是集中量数中最不稳定的统计量：对于数量较少的一组分数，它可能不够稳定，也不够精确，而且在偏态分布中也不是对集中趋势的精确度量。图 5-6 显示了不同种类的分布中的集中量数。

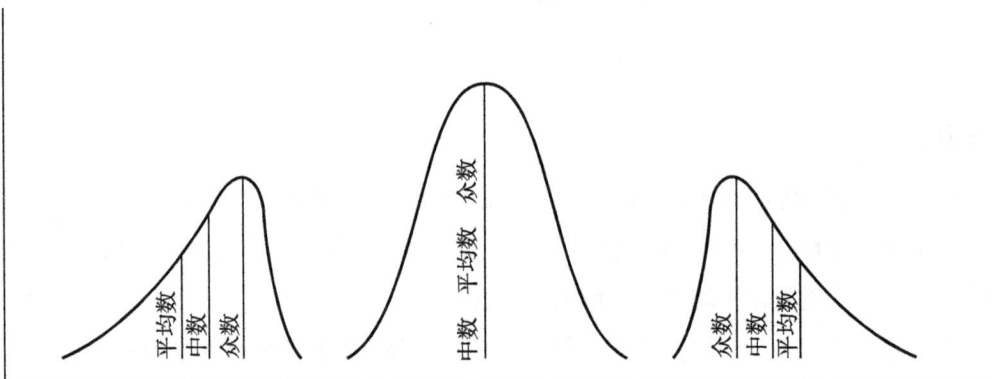

图 5-6 偏态曲线和正态曲线的集中量数

差异量数

集中趋势试图描述一个基于典型或平均成绩的分布，而变异性指的是得分的离散程度和彼此不同的程度。测验分数的分布可以具有相同的平均数，但分数可以在平均数附近广泛或集中地分散。差异量数是描述离散性的统计方法，即描述分数与平均数的典型距离。一般来说，在描述分布时，我们既考虑分布的集中趋势，也考虑变异性。图 5-7显示了这两个重要特征。三种常用的差异量数是全距、方差和标准差。其中，标准差包含的信息量最大，应用最广泛。

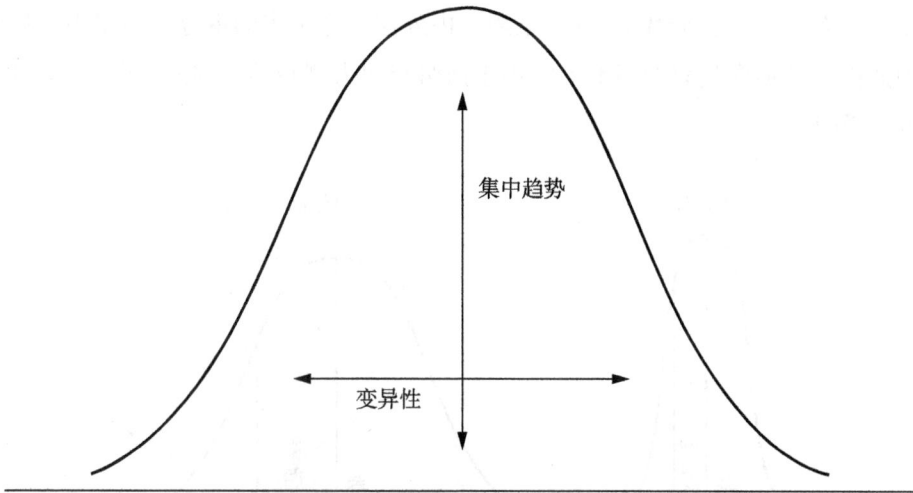

图 5-7　图形表示的集中趋势和变异性

全距　通过计算全距，我们可以快速测量分数的分布广度。全距通过用最高分减去最低分得出。在公式中，r 代表全距，h 代表该组数据的最高分，l 代表最低分。

$$r = h - l$$

例如，在内外控信念量表得分的分布（表 5-3）中，最高得分为 15，最低得分为 1，因此全距为 14，即 15–1=14。在斯洛森智力测验得分的分布中，最高分是 120，最低分是 70，全距是 50，即 120–70=50。

计算全距的方法很简单，然而，分布中的极端分数会使全距成为一个误导性的统计量。例如，一个测验可能产生以下分数：1, 2, 2, 3, 3, 3, 4, 4, 5, 5, 6, 6, 40，虽然大部分分数集中在一起，但全距却是 39。

方差　方差是一组分数的平均变异性。它计算的是各分数与平均数之差的平方和的平均数。方差计算采用以下公式。

$$S^2 = \frac{\sum (X-\bar{X})^2}{N-1}$$

91

其中，S^2 表示方差，X 表示一个测验分数，$\overline{X}$ 表示所有测验分数的平均数，Σ 表示求和，N 表示受测者数量。

人们很少将方差作为独立的统计量。相反，它是计算其他统计量（如方差分析）的一个步骤，或者经过进一步计算，转换成标准差。

标准差 标准差是最常用的差异量数。实际上，它是测验分数与平均数之间的平均距离。它是解释个体在测验分数分布中的相对位置的重要统计量。越多的分数离平均数远且分布得越广，标准差越大。标准差越小，越多的分数集中在平均数附近。为了说明这一点，让我们回顾一下内外控信念量表和斯洛森智力测验的得分情况。由于相比于斯洛森智力测验分数的 50 分全距，内外控信念量表的得分全距很小，只有 15 分，因此内外控信念量表的标准差将小于斯洛森智力测验的标准差。图 5-8 给出了一个假设性说明。

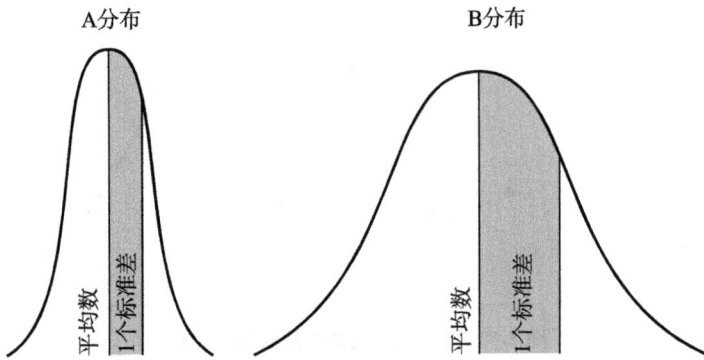

图 5-8　标准差大小与分布类型的关系

作为一个统计量，我们通过取方差的平方根来计算标准差。

$$s = \sqrt{\frac{\Sigma(X-\overline{X})^2}{N-1}}$$

让我们用这个公式来亲身体验一下如何计算标准差。

首先我们从以下学生的考试成绩开始。

学生	分数（X）
1	85
2	92
3	87
4	74
5	62

利用这 5 个学生的分数，按照下列步骤来看一看如何计算标准差。

步骤1 计算平均数（$\overline{X}$）。

$$\overline{X}=\frac{\Sigma X}{N}=\frac{(85+92+87+74+62)}{5}=\frac{400}{5}=80$$

步骤2 从每个考试成绩中减去平均数。

学生	$(X-\overline{X})$
1	85−80=5
2	92−80=12
3	87−80=7
4	74−80 = −6
5	62−80 = −18

步骤3 对个体差异进行平方。

学生	$(X-\overline{X})$	$(X-\overline{X})^2$
1	5	25
2	12	144
3	7	49
4	−6	36
5	−18	324

步骤4 对个体差异的平方求和。

学生	$(X-\overline{X})^2$
1	25
2	144
3	49
4	36
5	324

$$Sum=\Sigma(X-X)^2=578$$

步骤5 将平方和除以考试成绩数减1。

$$\frac{\Sigma(X-\overline{X})^2}{N-1}=\frac{578}{4}=144.5$$

步骤6 计算144.5的平方根。

$$\sqrt{144.5}=12.02（保留两位小数）$$

因此，标准差为12.02，表示测试分数与平均数的平均差异是12.02。那么，这意味着什么呢？由于我们知道考试成绩的平均数是80，因此标准差告诉我们，大多数在−1或+1标准差范围内的考试成绩分布在67.98（80−12.02）和92.02（80+12.02）之间。

正态曲线

因为我们已经讨论了描述分布的各种方法，包括集中量数和差异量数，所以我们需要引入正态曲线的概念。正态曲线也称为正态分布或钟形曲线，它是理想分布或理论分布的直观代表，由无限个分数组成（见图 5-9）。正态曲线是基于概率论的曲线，它假设许多随机事件如果重复足够多的次数，就会产生近似于正态曲线的分布。正态曲线包括以下属性。

- 它是钟形的。
- 它是双侧对称的，这意味着它的两边是完全相同的。
- 平均数、中位数和众数彼此相等。
- 它的尾部是渐近的，这意味着接近但永不触及基线。
- 它是单峰的，这意味着它有一个最大频数点或最高点。
- 分数几乎全部处于 –3 到 +3 个标准差之间，其中，
  - 大约有 68% 的分数在 –1 到 +1 个标准差之间。
  - 大约有 95% 的分数在 –2 到 +2 个标准差之间。
  - 大约有 99.5% 的分数在 –3 到 +3 个标准差之间。

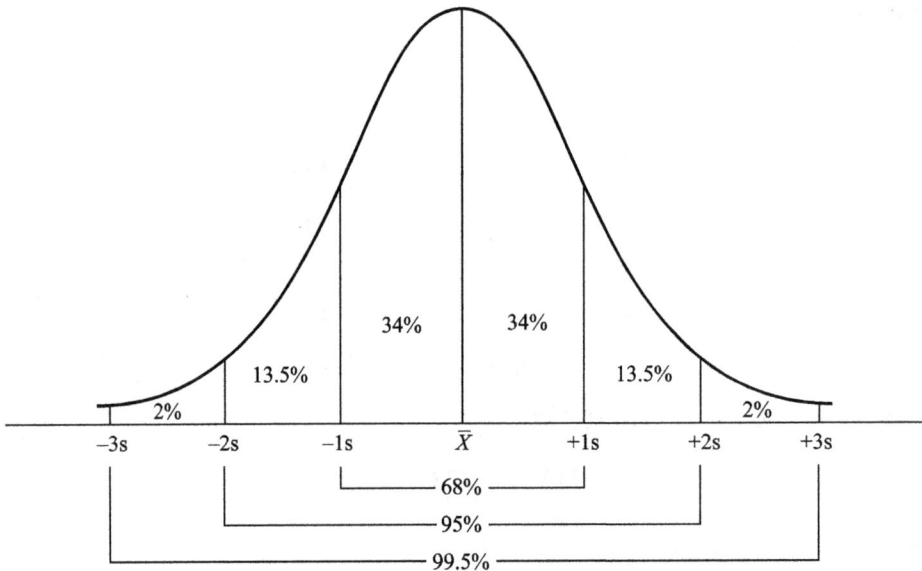

图 5-9　正态曲线

正态曲线很重要，因为社会科学领域研究中的许多测验（如成就、智力和能力领域中的测验）得出的分数都与正态曲线非常一致。在这些例子中，大多数人的测验分数都位于曲线的中间，较少人的测验分数位于两端。然而，在人格障碍、行为障碍、学习

障碍或情绪障碍的测量上，我们不能假设它服从正态分布，这些测量通常会产生偏态分布。例如，一个针对抑郁症的测量工具是偏态分布的，因为只有大约 6.9% 的美国成年人在一年内经历过抑郁症（National Institute of Mental Health，2014）。这意味着美国人口中绝大多数抑郁量表的得分都很低，从而产生了正偏态分布。

关系量数

集中量数和差异量数并不是唯一可以用来了解测验分数的描述统计。关系量数可以显示两个变量或分数之间的相关程度（或相关性）。例如，身高和体重是相关的。个子高的人往往比个子矮的人重。但是，身高和体重之间的关系并不绝对，一些个子矮的人比个子高的人重，反之亦然。相关性可以告诉我们一对变量的相关性有多强。

相关性是助人行业测验的一个重要方面。例如，我们可能想要比较智力测验的分数和成就测验的分数，检验两个不同的结果之间是否存在任何关系。如果这种关系的强度很低，我们会尝试解释这种关系，并试图理解影响差异的因素。想象一下，如果智力测验分数高于平均水平，而成就测验分数低于平均水平，这可能是一个学生表现不如预期的迹象。然而，在得出这个结论之前，我们需要大量的额外信息。另一个可能的原因也许是缺乏指导。如果没有彻底的调查，那么我们不会知道造成这种差异的原因。

对于相关性的应用，再举一个你可能比较熟悉的例子，那就是入学考试成绩和成功读完研究生院课程的可能性之间的关系。在没有校正全距限制的情况下，美国研究生入学考试（GRE）成绩和研究生 1 年级成绩之间的相关性是 0.30。这意味着它们之间的基本相关性是很低的。然而，对这一相关性的解释要复杂得多。接下来，我们将对相关系数及其与评估的关系进行更深入的讨论。

相关系数 为了测量相关性，我们使用一种被称为相关系数的统计量。相关系数有两个基本特征：方向和强度。就方向而言，相关系数可以是正数也可以是负数。正相关表明两个变量朝同一方向移动，也就是说，当一个变量的得分增加时，另一个变量的得分也增加。相比之下，负相关意味着两个变量朝相反的方向移动，当一个变量的得分增加时，另一个变量的得分减少。

就强度而言，相关系数描述了两个变量之间关系的强弱。相关系数介于 –1.00 和 1.00 之间。因此，相关系数为 1.00 代表完全正相关，意味着一个变量的较高值直接与第二个变量的较高值相关。相反，相关系数为 –1.00 代表完全负相关，表示一个变量的较高值直接与第二个变量的较低值相关。相关系数越接近两个极端之一，两个变量之间的相关程度就越强。相关系数为 0 表示完全不相关。大多数相关性都介于完全相关和完全不相关之间。重要的是，相关性并不等同于因果关系。我们不能通过对相关性的估计确定一个变量导致了另一个变量，我们只能简单地识别出两个变量之间是存在关联的。

我们可以用不同的统计分析方法来计算相关性，这取决于被研究的变量类型。本书中，我们将讨论皮尔逊积矩相关、斯皮尔曼等级相关和 phi 系数。

皮尔逊积矩相关　我们以小写字母 r 代表皮尔逊积矩相关系数（Pearson product moment correlation），它能够测量两个连续变量之间的线性关系，例如，儿童的体重和智力之间的关系。连续变量可以在一系列值上取任意数值。儿童的体重和智力这个例子能很好地说明相关并不等于因果关系。虽然两者之间可能存在联系，但没有证据表明体重是智力高低的原因，反之亦然。那么，为什么这种关系会存在呢？有许多原因可以探索，最有可能的是存在另一个与体重和智力均相关且影响二者关系的变量。让我们想象父母的智力就是那个变量，从而解释就可能是高智商的父母会生出高智商的孩子。而且这些父母有更丰富的营养知识，所以他们的孩子有健康的体重。相反，智力较低的父母可能对营养知识了解较少，所以孩子可能超重。虽然这些解释可能是正确的，但它们只是推测，我们需要进一步调查以确定这些解释是否正确。

为了进一步说明皮尔逊积矩相关系数（r），假设我们想比较一组学生在阅读能力测试（测试 A）和写作能力测试（测试 B）中的表现。首先，让我们看看以下学生在测试 A 和测试 B 上的分数。

学生	测试 A	测试 B
1	1	3
2	2	2
3	3	4
4	4	6
5	5	5

计算皮尔逊积矩相关系数的公式如下。

$$r = \frac{N(\Sigma XY)-(\Sigma X)(\Sigma Y)}{\sqrt{[N(\Sigma X^2)-(\Sigma X)^2][N(\Sigma Y^2)-(\Sigma Y)^2]}}$$

其中，

X 表示个体在变量 X 上的分数（在此例子中，X 被分配给测试 A），

Y 表示个体在变量 Y 上的分数（在此例子中，Y 被分配给测试 B），

Σ 表示求和，

N 表示配对分数的个数。

为了计算皮尔逊积矩相关系数（r），我们采取以下步骤（表 5-6 提供了步骤 1 至步骤 3 的数据）。

步骤 1　求 X（测试 A）和 Y（测试 B）的和。

步骤 2 对每个 X 和 Y 的分数求平方，然后求和。

步骤 3 将每个个体的 X 和 Y 分数相乘，然后求和。

表 5-6 计算皮尔逊积矩相关系数的数据

学生	X	Y	X^2	Y^2	XY
1	1	3	1	9	3
2	2	2	4	4	4
3	3	4	9	16	12
4	4	6	16	36	24
5	5	5	25	25	25
总和	15	20	55	90	68

步骤 4 把这些数字代入公式并完成计算。因为我们有 5 组分数，所以 $N=5$。

$$r = \frac{5(68)-(15)(20)}{\sqrt{[5(55)-(15)^2][5(90)-(20)^2]}}$$

$$= \frac{340-300}{\sqrt{[275-225][450-400]}} = \frac{40}{50} = 0.80$$

相关系数 0.80 表明两个测试之间存在正相关。这意味着参加这些测试的学生的阅读水平和写作水平之间存在相关性。既然我们知道了这种相关性，那么如果我们有其中一项能力的数据，就可以大致了解学生在另一方面的能力。例如，如果一名学生只参加了阅读测试并且得了高分，我们可以预计他在写作测试中也会表现得很好。

斯皮尔曼等级相关 斯皮尔曼等级相关（Spearman's Rho）是皮尔逊积矩相关的变形，用于发现两个顺序（等级）变量之间的关系。斯皮尔曼等级相关系数以希腊字母 ρ 表示，它是对相关性的非参数性测量，即它不需要变量之间或等距尺度变量之间的线性关系。斯皮尔曼等级相关系数 ρ 经常用于对李克特量表（从"从不"到"总是"或从"强烈反对"到"强烈同意"的一种评分量表）结果的相关测量。例如，想象一下，你给一对夫妇提供了一个李克特形式的婚姻满意度问卷，要求双方都完成该问卷。你可能会想了解这两份问卷之间的关系。换句话说，你想探究他们对婚姻满意度的一致性程度。因为该问卷是以李克特形式进行测量的，所以斯皮尔曼等级相关系数是适合的工具。幸运的是，许多评估工具的计分程序会为你计算一致性水平。

phi 系数 phi 系数（ϕ）用于评估两个名目变量之间的相关性。要记住，名目变量是由类别命名的，没有数值，如政党派别。例如，假设一个研究人员对性别和心理咨询小组项目完成度之间的关系感兴趣。在此例中，性别是一个名目尺度的变量，它包括两类：男性和女性。如果小组完成度也用名目尺度来测量，使用"是"或"否"分类，则 phi 系数将是适合评估这两个变量之间的关系的统计量。

散点图 计算相关系数应结合两个变量的散点图。散点图是由两个轴——X轴（横轴）和Y轴（纵轴）组成的图示，每个轴对应一个变量。图5-10给出了前文例子所对应的散点图，图上的每个数据点都代表测试A（X轴）和测试B（Y轴）的分数。大多数散点图由大量的数据点组成，有越多的点朝着一条直线聚集，两个变量之间的关系就越强，或者说越趋于线性关系。图5-11提供了几个散点图，它们以图形方式展示了各种相关系数。可以看到，相关系数+1.00表示了一种完全正相关关系，所有的数据点都落在一条向上倾斜的直线上。相关系数-1.00表示一种相反的（或完全负相关）关系，所有的数据点都落在一条向相反方向倾斜的直线上。当不完全相关，如相关系数为+0.80（或-0.80）时，数据点虽然是聚拢的，但没有直接落在一条直线上。相关性为0表示二者不相关，数据点在散点图上没有方向。

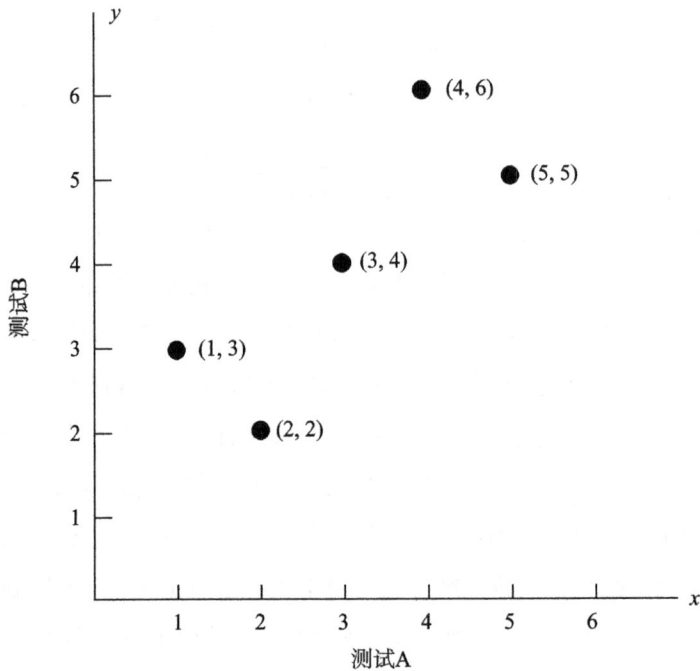

图5-10　散点图

回归 相关性用于评估变量之间关系的大小和方向。回归是一种与相关性有关的统计方法，主要用于预测。回归是对变量之间关系的分析，目的是了解如何可以通过一个变量预测另一个变量。在助人专业人员中，我们通常使用回归来确定测验分数的变化是否与表现的变化有关。例如，在美国研究生入学考试（GRE）中得分较高的人在研究生院的表现会更好吗？某些性格测验能预测工作表现吗？高中时测量的智商能否预测未来的成功？回归分析是心理咨询研究中常用的统计分析方法，因此，了解其基本原理以便将其应用于实践是非常重要的。

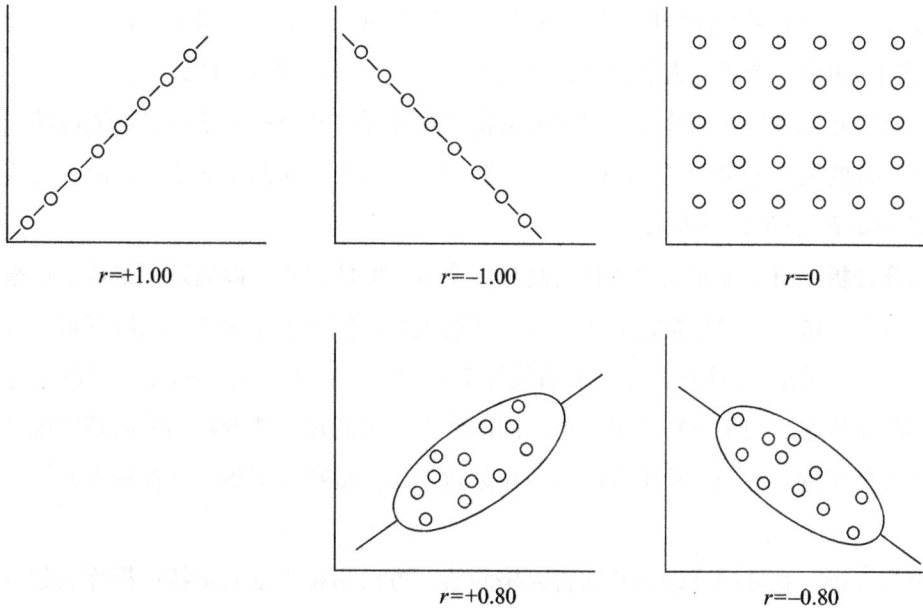

图 5-11 散点图以图形方式展示各种相关系数

简单线性回归是一种回归分析方法，用于根据一个变量（自变量或预测变量）的值预测另一个变量（因变量或结果变量）的值。它涉及在散点图上绘制一条穿过一组点的直线，并尽量减少该直线与散点间的偏差（见图 5-12）。它也被称为回归线或最佳拟合线，它能够以最恰当的方式表达两个变量之间的联系，并且说明它们之间的线性关系。点与直线的偏差称为误差。一旦确定了方程，你就可以根据自变量（在 X 轴上）的值预测因变量（在 Y 轴上）的值。回归方程与直线的代数方程一样，即 $Y=a+bX$，其中 a 是 Y 轴上的截距，b 是直线的斜率。

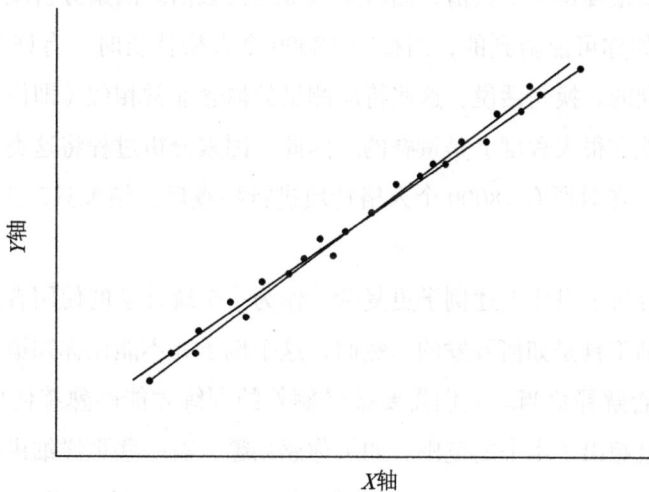

图 5-12 回归线

多元回归与简单线性回归相同，只是它试图通过两个或两个以上的自变量预测因变量。例如，假设一个研究人员想要通过三个变量来预测心理咨询的结果，这三个变量是年龄、性别和 MMPI-2 的分数。研究人员将使用多元回归分析来找出最可能成功预测心理咨询结果的三个变量的线性组合。多元回归的计算公式相当于简单线性回归公式的扩展，即 $Y=a+b_1X_1+b_2X_2+\cdots b_nX_n$

因素分析　研究多元回归的目的是分析变量之间的关系，以通过一组自变量来预测单个因变量。虽然因素分析也分析变量之间的关系，但并不是为了预测因变量。因素分析的主要目的是通过减少必要变量的数量来简化对数据的描述。因此，它被认为是一种数据缩减技术，用于分析大量变量之间的关系，以通过这些变量的共同基础维度（因素）来解释变量。这一过程生成的维度在数量上比变量数少得多，并被视为原始变量的代表。

因素分析一直被用来编制和完善人格测验，方法为将大量人格特征提炼成数量较少的人格维度，然后对其进行测量和评估。例如，卡特尔和他的同事开发了 16 种人格因素问卷（16PF），它由 16 个主要的人格因素组成，这些因素来源于 18000 个人格特质名称，在其提炼过程中就使用了因素分析。从 18000 个人格特质中产生 16 个不同的人格因素，这一因素分析统计过程相当复杂，但因为许多评估工具是使用该技术开发的，所以我们有必要对它有一个基本的了解。

为了说明因素分析的概念，请试想一下在（美国）杂货店和其他公共场所可以见到的硬币分拣机。你可以将一整罐硬币投到机器里，随后得到兑换出的纸币。这台机器可以称量硬币的重量，计算每一枚重量相同的硬币的重复次数。例如，这台机器判断 25 美分硬币的重量与 10 美分硬币的重量是不同的。一旦机器称量了硬币的重量，它就会根据每个硬币的重量提供一个数值，然后生成最终的数值。因素分析就用到了与这非常相似的过程。正如你可能猜到的，当检查 18000 个人格特质时，有许多特质在统计学上是"重量"相同的。换句话说，这些特质测量的概念非常相似（即使不是相同的话）。像友好和合群可能在很大程度上是重叠的。因此，因素分析过程将这类特质划分入具有相同权重的类别。在对所有 18000 个人格特质进行检查后，结果只产生了 16 个不同的人格因素。

当然，因素分析本身比上述例子更复杂。作为一个统计学的使用者，上面的例子可以帮助你理解评估工具是如何开发的。然而，这个例子并不能让你知道是否正确使用了统计方法或者是否解释恰当。人们需要接受额外的训练才能够熟练使用像因素分析这样的统计技术，这超出了本书的范围。如果你感兴趣，有一些更详细讲解因素分析的书籍可供你参考（Aron, Aron, & Coups, 2012; Cudeck & MacCallum, 2007; Lomax,

2012）。

总结

要想胜任评估工作，咨询师需要理解那些与理解、解释和联系不同评估结果有关的统计学概念。统计学为测验开发者和测验使用者提供了一种总结、描述和解释评估数据的方法。统计学可以帮助咨询师评价测验的心理测量属性（如信度、效度和标准化），这对于评价和选择测验至关重要。任何对统计学的讨论都始于对四种测量尺度的理解：名目尺度、顺序尺度、等距尺度和等比尺度。测量尺度的类型和被测样本的大小影响统计量的计算。在评估领域，描述统计被广泛用于描述和总结一组数据。描述统计有若干类型，如频数分布、集中量数、差异量数和关系量数。推论统计则用于对被研究总体做出推论。

问题讨论

1. 四种测量尺度是什么？它们各自的优缺点是什么？请对每种测量尺度进行举例。

2. 比较不同的集中量数，它们有哪些异同点？

3. 为什么变异性是测验中的一个重要构念？测验中使用哪些差异量数？

4. 为什么关系量数对测验使用者来说很重要？

5. 推论统计在测量中的用途是什么？讨论多变量统计方法的应用，如因素分析。

建议活动

1. 研究一个测验手册，识别其用到了哪些不同种类的统计量。对于识别出的统计量，制作一套标有其定义和说明的注释卡片。

2. 计算表 5-3 中的愤怒控制（AC）量表和冷静（CA）量表的平均数、众数和中位数。

3. 计算表 5-3 中的愤怒控制（AC）量表和冷静（CA）量表的标准差和全距。

4. 计算愤怒控制（AC）和冷静（CA）之间的皮尔逊积矩相关系数。

5. 对表 5-3 中报告的社会性（SO）或遵守规则（CO）量表构建频数分布，然后制作分数的直方图和频数折线图。

理解评估分数

学习目标

在学习本章之后, 你将能够做到以下几点。

- 描述原始分数并说明它的局限性。
- 定义标准参照测验和常模参照测验, 并解释两者之间的区别。
- 定义常模团体, 并描述其在解释常模参照分数时的重要性。
- 描述和解释百分等级。
- 描述标准分数的类型及其与正态曲线的关系。
- 描述年级当量分数和年龄当量分数, 并解释它们的局限性。
- 解释对评估分数进行定性描述的目的。

由于评估是咨询过程中不可分割的一部分, 因此咨询师必须能够对测验、评定量表、结构化访谈和其他评估工具的结果做出解释, 并以能被来访者理解的方式传递信息。例如, 一位来访者在抑郁症问卷上得分为 88。咨询师必须理解这个分数与常模团体的关系, 如此才能解释该分数与抑郁症的关系。或者, 咨询师可能需要向来访者解释职业兴趣量表的得分, 以及来访者如何利用这些得分做出职业决策。再如, 学校咨询师可能会向学生或家长说明并解释成就测验的分数。我们可以用不同的形式表示分数。有时, 不同类型的分数的含义会让来访者感到困惑, 因为他们很少接触测量中使用的术语。因此, 对咨询师而言, 了解不同的计分方法及以来访者能够理解的方式交流测验结果是至关重要的。

评估分数

因为分数反映的是个体使用评估工具的表现, 所以对分数及其含义有一个清晰的理解是极其重要的。读到这一章, 你可能会说: "啊, 数字!" 但是作者要求你认识到理解数字和它们所代表的分数在评估实践中有多么强大的作用。例如, 想象一下你在大学期中考试得了 60 分。你可能有一种本能的反应, 60 分听起来不是一个好成绩。但是你的依据是什么？这个分数的意义是什么，我们应该如何解释它？就数字本身而言，其毫无意义，也无法被解释——我们无法确定它是完美的分数、失败的分数，还是介于两者之间。它被视为一个原始分数，只代表以某种特定方式编码的（如正确/不正确、真/假等）正确答题数量。原始分数本身并不能表达任何意义，只有通过与一些标准来比较时，它才有意义。因此，理解分数的部分过程就是把原始分数转换成某种有意义的形式。这些转换分数对于帮助我们解释测验分数至关重要。在大多数情况下，分数可以分为两个通用类别：标准参照分数和常模参照分数。这种分类为我们提供了一个解释给定分数意义的参考框架。在使用标准参照分数时，个人的分数是根据特定的表现水平（某个标准）来衡量的。根据常模参照分数，一个人的测验分数与其他参加同样测验的人（一个常模团体）的分数进行比较。我们将从对标准参照分数的解释开始进一步讨论这些概念。

标准参照分数

有许多测验衡量个体掌握特定技能或达到教学目标的程度，在这些情况下，测验结果使用标准参照分数进行解释。标准参照分数的解释强调使用一些标准（或校标，criterion）或表现程度（如教学目标或能力）来解释受测者的测验结果。例如，学校教师编写的大多数测验和考试都是标准参照测验。测验的目的仅仅是确定学生是否已经掌握了课堂内容，因此，课堂知识成为评价学生考试成绩的标准。因为重点在于受测者的成就水平或掌握程度，所以标准参照分数是以绝对的术语来解释的，如百分数、转换分数和绩效分类。通常，百分数被用来反映正确答案的数量（如学生正确答对了考试中80%的题目）。转换分数通常是从原始分数转换而来的三位数分数。转换分数的含义取决于测验的不同种类，然而，较低的分数通常表明有能力做更容易的工作，较高的分数表明有能力做更困难的工作。绩效分类，也称为成就水平或熟练程度，通过绩效质量对分数进行排序或分类，以描述个人的绩效，如"不及格""基本""熟练""高级"或"1级""2级"等。绩效分类实际上是特定分数的特定范围，如转换分数的范围。例如，美国佛罗里达州的成就测试，衡量的是学生在阅读、数学、科学和写作方面的表现，有5个明确定义的熟练程度，代表着转移分数的范围从100到500不等。在阅读测试中，1级对应100到258分，2级对应259到283分，3级对应284到331分，4级对应332到393分，5级对应394到500分。

通常情况下，标准参照分数涉及分数线（及格分数）的使用，它代表证明考生掌握知识必须正确回答的题目的最低数量。使用分数线的一个例子是根据《不让一个儿童落后法案》对学生进行的成就测验。在这种情况下，美国联邦政府要求学生在全州范围的考试中达到最低"熟练水平"（如阅读正确率达到 75%），以证明他们已经掌握了某些基本技能。标准参照测验也常用于专业许可证或认证测验，在这些测验中，个体的成绩需达到分数线才有资格从事这项工作或获得适当的许可证 / 认证。在这些情况下，分数线可由安戈夫方法（Angoff，1971）确定，这一方法需要一个专家小组根据在被测内容方面能力最低的候选人正确回答问题的概率或可能性来判断每道测验题目。测验分数线将由专家输入的概率分析得出。

标准参照分数的一个重要考虑因素涉及内容领域或范围（content domain）（即校标）。因为分数被认为反映了一个人对特定内容领域或范围的知识的掌握程度，所以这个内容领域或范围必须被明确定义。在教育方面，美国的州和学区为学生设定了要达到的标准或能力，例如，掌握关键或基本技能。标准参照测验通常用于评估学生在课堂上对基本技能的掌握程度，校标反映了通过各种学习活动呈现的教育内容。例如，一个定义良好的 2 年级数学的内容领域或范围[①]是"学生应该理解 0 到 1000 之间的整数的相对大小"。

常模参照分数

使用常模参照解释时，我们不看受测者对特定内容领域的掌握程度，而是将个人的测验分数与一组人的测验分数进行比较（表 6-1 总结了常模参照分数与标准参照分数之间的差异）。当我们希望在被测量的特定内容领域中对大量个体进行比较时，我们可以使用常模参照分数。例如，你可能看到过这样的报道，一名高中生在学业测验中的分数高于全国 95% 参加同样测验的高中生样本。因此，在常模参照测验中，个人表现是由受测者在群体中的相对排名决定的。用于与每个个体进行比较的团体分数被称为常模，它为解释测验分数提供了基础。标准参照分数只有少数几种（如百分数、转换分数和绩效分类），相对而言，常模参照分数的类型远远多于标准参照分数的类型。大量不同类型的常模参照分数将在本章后面介绍。

表 6-1 常模参照分数和标准参照分数之间的差异

	说明	重要考量因素
常模参照	与其他个体（常模团体）相比，受测者的表现如何	必须明确定义常模团体
标准参照	受测者对某一特定的内容领域掌握情况如何	必须明确定义内容领域，即校标

在常模参照分数的解释中，最重要的问题可能涉及个人分数与跟受测者相比较的那个团体的分数间的相关性。

---

① 为了便于表述，下文中使用内容领域指代内容领域或范围。——编者注

与个人相比较的团体被称为常模团体，它提供了可以用来比较某一特定个体表现的标准，从这种比较中得出的解释的性质受到常模团体的组成的影响。因此，常模团体的组成是至关重要的。

常模团体

常模团体，又称规范团体、规范样本、常模样本或标准化样本，是一个由大量个体组成的团体，这些个体参加测验，且测验基于他们得以标准化。受测者的表现正是通过与常模团体的表现进行比较来解释的，为了使解释有意义，常模团体必须具有相关性。例如，在智力测量方面，必须将 10 岁儿童的测验结果与其他 10 岁儿童的测验结果进行比较，而不是与 6 岁或 13 岁儿童的测验结果进行比较。为确定某一特定测验的常模团体是否具有相关性，咨询师需评估常模团体是否具有代表性、时效性，以及是否具有足够的样本量。

代表性是指常模团体的特征与受测者的特征相符合的程度。常模团体通常包括代表受测者年龄和人口学特征的个体。例如，如果一个测验是用来评估美国 6 到 8 年级学生的数学能力的，那么该测验的常模团体应该能代表美国所有相关地区的 6 年级、7 年级和 8 年级学生。为了确保一个常模团体是有代表性的，许多测验开发者使用分层抽样法从总人口中选择不同的组别。分层抽样法涉及根据某些重要变量选择常模团体——在美国，许多心理和教育测验使用的是根据美国人口普查局人口统计数据分层的全国性常模，其中包括性别、年龄、受教育程度、种族、社会经济背景、居住地区和社区规模等变量。例如，第二版考夫曼简明智力测验（Kaufman Brief Intelligence Test，KBIT-2）的标准化就是运用了分层常模样本，这一样本由 2120 名年龄在 4 ~ 25 岁之间的个体组成，近似代表了以 2001 年美国人口普查局的调查为基础的美国人口（Kaufman & Kaufman，2004）。该样本匹配了诸如教育水平、父母受教育程度、种族、民族和地域等人口学变量。进一步来说，2001 年的美国人口普查局的报告中显示美国的 11 岁儿童中有 15% 是西班牙裔，因此，在 KBIT-2 常模团体中，也有 15% 的 11 岁儿童是西班牙裔。

决定常模团体相关性的另一个问题涉及样本的时效性。在过去的几十年里，美国人口的人口学构成发生了巨大的变化，如少数民族人口的增加。这些新的人口统计数据可能会影响以旧的、过时的常模样本解释的测验分数。例如，现在超过 17% 的美国人口是西班牙裔（美国人口普查局，2014）。因此，KBIT-2 的常模样本已经过时了。这并不意味着该测验不再有效。但它确实意味着我们应该谨慎解释结果，并且我们需要进一步的研究来确保在测验西班牙裔个体时，分数是准确反映事实的。

随着时间的推移而波动的其他常模团体变量包括语言、态度和价值观，甚至智力也已经被发现是随着时间的推移而变化的，过去一个世纪智力测验分数的稳步增长就是证明（详情请参阅第十章的弗林效应）。总体而言，使用最新的常模团体进行测验通常是最好的做法，因为这些测验结果最能代表受测者的表现。虽然目前还没有具体的原则来确定一个常模团体是否过时，但是我们可以合理地预期测验将至少每 10 年修订一次，且随之而来的是新的常模（Thorndike，2011）。

常模团体的大小会因测验类型的不同和常模团体所代表的人群的不同而有很大差异。例如，为全美 K-12 学生开发的覆盖性的成就测验有数以千计的常模团体。例如，基本成就技能问卷（Basic Achievement Skills Inventory，BASI；Bardos，2004）是根据 2400 多名学生的常模样本开发的标准化问卷（表格 A），广泛成就测验第五版（WRAT-5；Wilkinson & Robertson，2017）有基于年级和年龄样本的 2000 多人的常模团体，而斯坦福成就测验第十版（Stanford Achievement Test，Stanford 10；Pearson Inc.，2004）拥有一个全国范围内的 275000 名学生的常模样本。那些更聚焦特定问题的测量工具需要从特定人群（如某些职业群体人士、精神障碍患者、学习障碍患者等）取样，通常需要的常模样本量更小。例如，贝克抑郁量表第二版（BDI-II）的常模样本由 500 名被诊断出患有各种精神障碍的患者组成，创伤后应激障碍诊断量表（Posttraumatic Stress Diagnostic Scale，PDS；Foa，1995）的常模样本包括 248 名正在接受创伤后应激障碍治疗的个体。常模团体的规模之所以重要，有以下两个原因：第一，常模样本量越大，就越能代表总体；第二，常模样本量越大，统计分析的稳定性和准确性就越高。

因为在我们使用常模参照测验时，常模团体的相关性是必不可少的，因此测验发布者有责任在测验手册中提供关于常模团体的详细信息。咨询师也有义务评估常模团体，判断它是否适合与来访者的分数进行比较。表 6-2 列出了评估常模团体需回答的问题。

表 6-2　评估常模团体需回答的问题

• 该常模团体是否包括受测者应与之比较的人
• 如何确定和选择个体以组成常模团体
• 如何确定常模团体的规模
• 样本是什么时候（哪一年）采集的
• 常模团体在以下方面的构成是什么
• 年龄
• 性别
• 民族
• 种族
• 语言
• 教育
• 社会经济地位
• 地域
• 其他相关变量（如心理健康状况、残疾情况、医疗问题等）

常模参照分数的类型

百分等级　百分等级（percentile ranks）是在常模参照测验中表示受测者相对位置的最常见的分数形式。百分等级表示分数分布中低于特定测验分数的百分比。例如，如果一个受测者的百分等级是 80，那么该个体的表现等于或高于其他 80% 受测者。百分等级的范围包括第 1 百分等级（最低）到第 99 百分等级（最高），第 50 百分等级通常代表平均排名或平均表现。计算任何原始分数的百分等级的公式如下。

$$PR = \frac{B}{N} \times 100$$

其中，PR 表示百分等级，B 表示分数比所测对象分数更低的受测者数量，N 表示受测者总数。

为了计算百分等级，我们假设一位数学教师在一次考试中得到了 10 个学生的原始分数，分数值从 10 分到 20 分不等（见表 6-3）。从表格中，你可以看到丹泽尔在测试中的原始分数是 17 分。要计算百分等级，只需找出低于 17 分的学生的总数。在这个例子中，有 7 个得分比 17 分更低。用这个数字除以该考试中学生的总数，然后计算公式的其余部分。

$$PR = \frac{7}{10} \times 100$$
$$= 70$$

丹泽尔的分数在第 70 百分等级上，这意味着他的分数等于或高于 70% 参加数学考试的学生的分数。

表 6-3　原始分数按降序排列

学生编码	姓名	原始分数（成绩）
1	米歇尔	20
2	卡洛斯	18
3	丹泽尔	17
4	哈雷	16
5	但丁	16
6	科林	15
7	玛利亚	15
8	格兰特	14
9	莫妮卡	13
10	乔	10

百分等级不应与百分数相混淆。尽管这两个术语相似，但它们是不同的概念，表达

了不同的含义。表 6-4 给出了这两个术语之间的差异。

表 6-4　百分等级和百分数

百分等级（percentile ranks）
• 与其他参加测验的人相比，反映个体测验表现在 0 到 99 之间的连续性排名或位置的分数
• 百分等级符号：PR
• 举例：莎瑞在这项测验中的分数位于第 80 百分等级，这意味着莎瑞的得分等于或高于其他 80% 的受测者的得分
百分数（percentages）
• 一种原始分数形式，反映了从测试中可能正确回答总数中获得的正确回答的数量
• 百分数符号：%
• 举例：莎瑞在这项测验中得了 70%，这意味着莎瑞正确回答了 70% 的测试项目

　　四分位数（quartiles）是另一个与百分等级有关的术语。四分位数类似于百分等级，不同的是，四分位数把数据分成 4 个等份而不是 100 个等份。第 1 四分位数（也称为下四分位数）与第 25 百分位数（第 25 百分位数即第 25 百分等级对应数据的值）相同，第 2 四分位数（或中四分位数）与第 50 百分位数相同，第 3 四分位数（或上四分位数）与第 75 百分位数相同。第 1 四分位数和第 3 四分位数之间的距离称为四分位距，它包含分布中所有值的 50%。

　　许多标准化测验报告的是一个百分数区间（percentile band），而不是单独的百分等级。百分数区间是百分数的一个范围，受测者的"真实"百分等级就处于这个范围内。通常情况下，这个区间可以扩展到已得百分等级向上和向下一个标准误差的范围。例如，如果一个受测者的百分等级是 35，且该测量的标准误差是 5，那么百分数区间的范围就是从第 30 到第 40 百分位。

　　尽管百分等级是对个人测验分数进行相对排名的最常用方法，但百分位数并不是等距尺度。这意味着百分等级在整个分布中的距离并不相等——它们集中分布在中间（大多数分数所处的位置），并在尾端（分数较少的部分）分散分布（见图 6-1）。这意味着在分布中间部分附近的百分位数的细小差异可能不如在两端的差异重要。此外，因为不是等距尺度，它们不能准确地反映分数之间的差异，例如，第 20 百分位数和第 30 百分位数之间的差异与第 50 百分位数和第 60 百分位数之间的差异是不一样的。此外，由于大多数有意义的数学计算需要在等距量表上进行，因此不能对百分位数进行加减或平均。

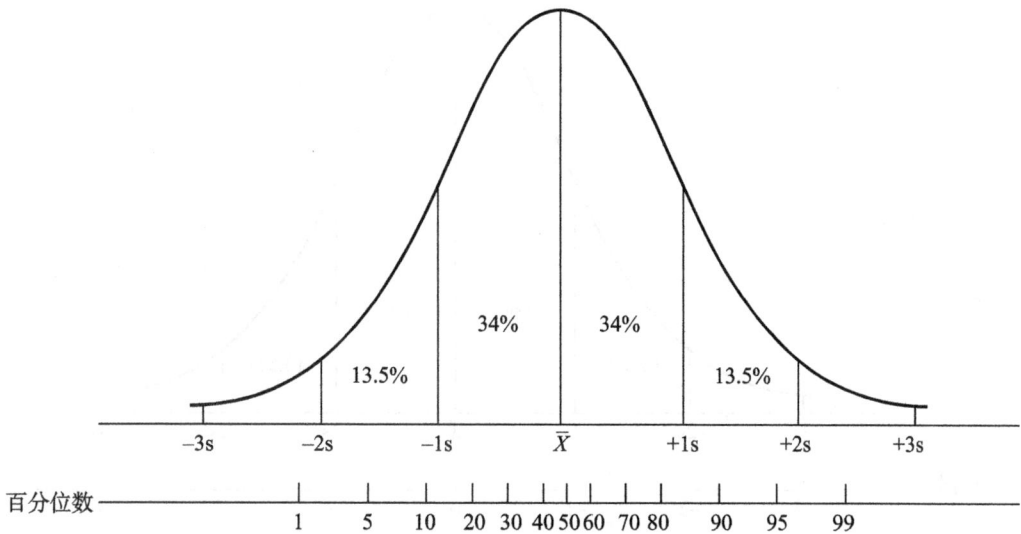

图 6-1 百分位数和正态曲线

标准分数

标准分数（standard scores）是一种在正态分布假设下呈现个体测验分数相对位置的方法。标准分数是原始分数的线性转换。这意味着使用某些数学公式将原始分数转换为特定的标准分数，如此，标准分数与原始分数有着直接的关系。标准分数有几种类型：z 分数，T 分数，离差智商，标准九分，标准十分，以及其他标准分数。每种类型的标准分数都有一组设定好的平均值和标准差。通过使用标准差单位，标准分数反映了一个人的测验分数高于或低于分数分布的平均值的程度。因此，测验的标准差成了它自身的准绳。这些分数之所以被称为"标准分数"，是因为无论分布的大小如何，用什么量表测量，其标准分数总是相同的，有一个固定的平均值和固定的标准差（图 6-2 显示了各种标准分数及其与正态曲线的关系）。记住，标准分数假设分数是正态分布的，然而，在评估中测量的许多变量并不是正态分布的。例如，某些心理症状（如抑郁症和焦虑症）的测量可能会大大偏离正态分布。在这种情况下，测验开发者可能会选择使用正态化标准分数。正态化标准分数并不是从原始分数的线性转换中推导出来的，而是通过下面的非线性推导方法计算出来的：（1）找出每个原始分数的百分等级；（2）使用转换表将百分位数转换为 z 分数；（3）将 z 分数转换为所需的任何其他标准分数。在大多数情况下，正态化标准分数被解释为类似于其他通过线性转换得到的标准分数（如 z 分数，T 分数，离差智商），正态化标准分数和其他标准分数一样有相同的平均值和标准差。然而，测验使用者要识别这些正态化标准分数，注意它们来自非正态分布这一事实。

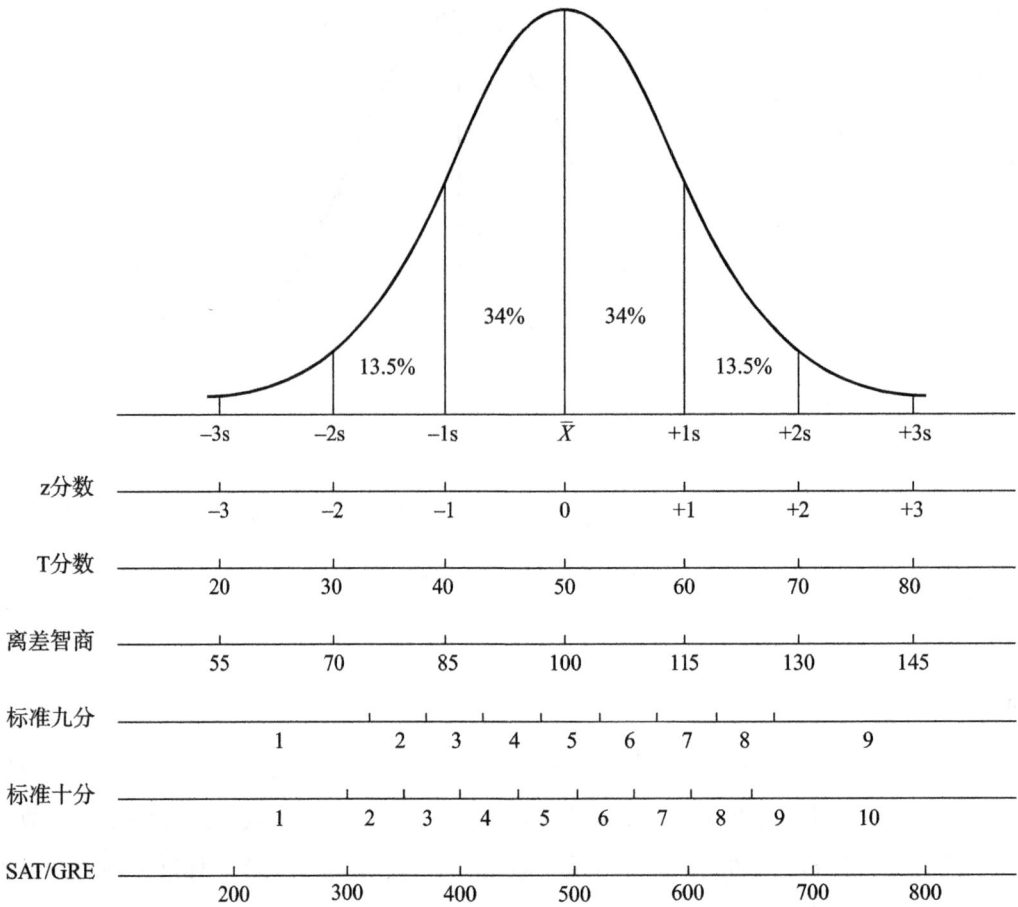

图 6-2 正态曲线和标准分数

z 分数　z 分数是标准分数的最简单形式。一个 z 分数代表一个分数高于或低于样本平均数多少个标准差。z 分数分布的平均值为 0，标准差为 1。z 分数的范围大约在 −3 到 +3 之间，因此，低于平均值的得分将得到负的 z 分数，而高于平均值的得分将得到正的 z 分数。z 分数用以下公式计算。

$$z = \frac{X - \overline{X}}{s}$$

其中，z 表示 z 分数，X 表示任何受测者的原始分数，$\overline{X}$ 表示原始分数的平均值，s 表示原始分数的标准差。

用于计算 z 分数的信息通常很容易获得。例如，如果我们知道一个测验的原始分数的平均值是 80，标准差是 10，并且我们知道一个人在测验中得了 100 分，那么我们就有了计算 z 分数的数据。

$$z = \frac{100-80}{10}$$

$$= \frac{20}{10}$$

$$= +2$$

z 分数可以立刻告诉我们一个人的分数相对于分布中其他分数的大小。在这个例子中，z 分数 +2 告诉我们这个人在考试中的得分比平均值高 2 个标准差。表 6-5 提供了更多将原始分数转换为 z 分数的例子。z 分数分布的形状与原本的原始分数分布完全相同，其平均值总为 0，标准差总为 1。由于 z 分数可以由小数和负数组成，因此处理它们可能很麻烦。解决这个问题的一种方法是将标准 z 分数转换为 T 分数。

表 6-5　原始分数转换为 z 分数

测试	原始分数	平均数	标准偏差	Z 分数
阅读	100	80	10	+2
数学	50	50	15	0
科学	45	55	5	−2
历史	98	82	16	+1

T 分数　T 分数是另一种常用的标准化分数，它比 z 分数更容易理解。T 分数的固定平均值为 50，固定标准差为 10。使用预先确定的平均值和标准差就不再需要用到小数和负值，因此，T 分数永远是正整数。公式如下。

$$T = 10z + 50$$

我们将固定平均值 50 变成一个常数，加到每个分数上，将固定标准差 10 变成一个常数，乘以每个 z 分数。换句话说，如果我们知道 z 分数，就可以计算 T 分数。例如，如果一个测验的原始分数转换成 z 分数后变为 +2，那么对应 T 分数的计算如下。

$$T = 10（2）+50$$

$$= 20 + 50$$

$$= 70$$

虽然 z 分数 +2 对一些人来说更容易理解，但是大多数人更习惯使用 T 分数。T 分数在评估中非常受欢迎，并且经常用来报告人格测验的结果（评估工具和结果分数的例子见表 6-6）。MMPI-2 就是一个使用一致性 T 分数的例子。MMPI-2 量表的平均值为 50。高于平均值 1.5 个标准差及以上（即 50 加 15，或者说 65 及以上）的分数被认为具有临床意义。当一个人的 T 分数为 65 时，这意味着其分数等于或高于总体中 91% 的人的分数。当这样考虑时，65 分明显不同于常模团体中其他人的分数。当 T 分数为 70 时，虽然只比 65 分高 5 分，但这意味着这个分数实际上等于或高于总体中 98% 的人的分数。虽然 5 分的差异在初步检查时可能看起来很小，但它实际上以显著的方式将个体与常模团体中的其他人区分开来。

将原始分数转换为任何类型的标准分数

在本章中，我们给出了将原始分数转换为 z 分数的公式。通过这种计算，你可以将原始分数转换为任何类型的标准分数。我们已经展示了如何将 z 分数转换为 T 分数，但人们还可能希望转换成其他一些具有不同平均值和标准差的标准分数系统。

以下是将原始分数转换为任何类型的标准分数的两个步骤。

步骤 1　将原始分数转换为 z 分数。

$$z = \frac{X - \overline{X}}{s}$$

其中，

z 表示 z 分数，

X 表示任何受测者的原始分数，

$\overline{X}$ 表示原始分数的平均值，

s 表示原始分数的标准差。

步骤 2　将 z 分数转换为任意标准分数。

$$X' = s'(z) + \overline{X}'$$

其中，

X′ 表示新标准分数，

s′ 表示新标准分数的标准差，

z 表示 z 分数，

$\overline{X}'$ 表示新标准分数的平均值。

例如，假设你想将一个原始分数（X=95）转换为 CEEB 分数（其平均值为 500，标准差为 100，进一步介绍见本章后文）。假设你计算了原始分数的平均值和标准差，发现原始分数的平均值是 80，标准差是 10。按照上述步骤，计算过程如下。

步骤 1　$z = \dfrac{X - \overline{X}}{s}$

$= \dfrac{95 - 80}{10}$

$= \dfrac{15}{10}$

$= +1.5$

步骤 2　$X' = s'(z) + \overline{X}'$

$= 100(1.5) + 500$

$= 650$

表 6-6 心理咨询常用的评估工具示例

类别	工具	分数类型
初步评估	90 项症状清单修订版（SCL-90-R）	T 分数
	简易症状问卷（BSI）	T 分数
	贝克自杀意念量表（SSI）	总分数
	贝克抑郁量表第二版（BDI-II）	总分数
	物质滥用细微筛查量表第二版（SASSI-2）	T 分数
	饮酒问题筛查问卷（CAGE）	总分数
能力	韦氏学龄前儿童智力量表第四版（WPPSI-IV）	智商分数，百分等级
	韦氏儿童智力量表第五版（WISC-V）	智商分数，百分等级
	韦氏成人智力量表第四版（WAIS-IV）	智商分数
	考夫曼儿童成套评估测验（K-ABC-II NU）	智商分数，百分等级
	斯坦福 – 比内智力量表第五版（SB-5）	智商分数，百分等级
成就 / 能力倾向	特拉诺瓦成就测验（Terra Nova）	（美国）国家百分等级
	广泛成就测验第五版（WRAT-5）	智商分数，百分等级，标准九分
	考夫曼教育成就测验第三版（K-TEA-III）	智商分数，百分等级，标准九分
职业生涯	斯特朗兴趣量表（SII）	转化标准分
	霍兰德职业兴趣量表（SDS）	三字母霍兰德代码
	坎贝尔兴趣和技能量表（CISS）	T 分数和三字母霍兰德代码
	库德生涯测评系统（Kuder System）	多种分数
	鉴别能力倾向测验第五版（DAT-5）	百分等级，标准九分，转换分数
	互动式指导信息系统（SIGI-PLUS）生涯指导	三字母霍兰德代码
人格	明尼苏达多相人格测验第二版（MMPI-2）	一致性 T 分数
	明尼苏达多相人格测验青少年版（MMPI-A）	一致性 T 分数
	米隆临床多轴问卷第四版（MCMI-IV）	基本比率分数（仅 MCMI 使用）
	大五人格问卷修订版（NEO-PI-R）	T 分数
	加利福尼亚心理调查表（CPI）	T 分数
	迈尔斯 – 布里格斯人格类型测验（MBTI）	四字母代码
	卡特尔 16 种人格因素问卷（16PF）	标准十分
	状态 – 特质焦虑问卷（STAI）	总分数
婚姻和家庭	婚姻满意度问卷修订版（MSI-R）	T 分数
	家庭环境量表（FES）	标准分数

离差智商（deviation IQ） IQ（或智商）最初被概念化为心理年龄与实际年龄的比率。然而，人们发现以这种方式计算智商有各种问题。例如，人们认为心理年龄直接与实际年龄相关，会随时间变化，换句话说，心理年龄随着实际年龄的增加而增加。然

而，我们已经知道，一个人在 16 岁后心理年龄的增长实际上就非常缓慢了，并最终开始下降。因此，今天的大多数智力测验不再使用心理年龄 / 实际年龄的公式来计算智力，而使用离差智商分数。离差智商分数的平均值为 100，标准差通常为 15。然而，标准差可能会根据测验的不同而不同，例如，认知能力测验（Cognitive Abilities Test，CogAT）使用的标准差为 16。一般来说，大多数主要的智力测验都使用 15 作为固定的标准差。

CEEB 分数（SAT/GRE）　CEEB 分数是由美国高校入学委员会——现称美国教育考试服务中心（ETS）开发的标准分数，用于你可能参加过的考试，其中包括 SAT 和 GRE 考试。CEEB 分数范围为 200 到 800 分，平均值为 500，标准差为 100。

标准九分　标准九分（stanines，STAndard-NINE 的缩写）是一种标准分数，它可以将原始分数转换为 1 到 9 之间的值，从而将各种信息转换为一位数。标准九分的平均值为 5，标准差为 2，它与百分等级之间有一个恒定的关系，因为它在正态曲线上代表了一个特定的百分等级范围。也就是说，一个给定的百分等级总是在同一个标准九分的位置上。正因为标准九分只把测验成绩划分为 9 个大单位，所以标准九分所提供的关于受测者成绩的细节比其他衍生的标准化分数所提供的少。一般来说，1 ~ 3 分的标准九分代表低于平均水平，4 ~ 6 分的标准九分代表平均水平，7 ~ 9 分的标准九分代表高于平均水平。表 6-7 为标准九分 – 百分等级转换表。标准九分被广泛用于教育领域。

表 6-7　标准九分 – 百分等级转换表

标准九分	百分等级
1	1 ~ 4
2	5 ~ 11
3	12 ~ 23
4	24 ~ 40
5	41 ~ 59
6	60 ~ 76
7	77 ~ 88
8	89 ~ 95
9	96 ~ 99

标准十分　标准十分（sten scores，Standard-TEN 的缩写）是与标准九分类似的正态化标准分数，标准十分的范围是从 1 到 10，平均值为 5.5，标准差为 2。与标准九分相似，标准十分得分 5 ~ 6 分被认为是平均表现，得分 1 ~ 3 分属于低分，得分 8 ~ 10 分属于高分。表 6-8 为标准十分 – 百分等级转换表。

表 6-8 标准十分 – 百分等级转换表

标准十分	百分等级
1	1 ~ 2
2	3 ~ 7
3	8 ~ 16
4	17 ~ 31
5	32 ~ 50
6	51 ~ 69
7	70 ~ 84
8	85 ~ 93
9	94 ~ 98
10	99 ~ 100

正态曲线当量（NCE） 正态曲线当量是一个正态化标准分数，范围从 1 到 99，平均值为 50，标准差为 21.06。正态曲线当量主要用于教育领域，50 分代表了测验常模化当年的全国各年级平均水平。NCE 分数可用于计算团体统计量，比较参加同一测验的不同水平学生的表现，比较学生在不同科目上的表现，以及评估随着时间的推移所取得的进步。为了解释 NCE 分数，我们有必要将它与其他标准分数（如百分等级或标准九分）联系起来。NCE 可以被认为大致相当于标准九分向后移一位小数点，例如，NCE 的 73 分可以被解释为 7.3 分的标准九分。为了评估一个学生随时间所取得的进步，NCE 分数应该被解释为：零进步表示一个学生在一年的教学后取得了一年的学术进步；正进步表示该学生取得了一年以上的进步；负进步表示不到一年的进步。NCE 分数的主要优势在于，它是由美国联邦（美国教育部）研究项目中使用的各种测验的出版商通过可比较程序得出的。

年级当量与年龄当量

除了百分等级和标准分数外，其他常模参照分数也用于解释测验成绩。我们将讨论两个尺度，它们隐含地比较了受测者的原始分数与各发展水平上的人们的平均原始分数：年级当量和年龄当量。尽管我们介绍了这两种测验分数形式，但它们都有许多局限性，容易被误解。由于这些局限性，我们不建议将其用作主要分数。当你解释测验分数时，如果被要求使用年级当量或年龄当量，永远不要仅参考这两者的解释，而要将百分等级和标准分数也纳入考虑。

年级当量 年级当量（grade equivalents）是常模参照的发展分数，代表了不同年级水平的儿童的平均分数。年级当量最常用于成就测验。它被分为 10 个单元，对应 9 月到 6 月这一学年。因此，5.0 代表 5 年级的 9 月，5.9 则代表 5 年级的 6 月。年级当量分数表示一个学生在考试中的成绩，即哪个年级的"一般"学生水平与考生的成绩相匹配。例如，4.9 的年级当量分数表明该学生与 4 年级 6 月份学生的平均表现相似。年级当量分数高于自己年级水平的学生，其表现高于同年级学生的平均水平；同样，年级当量分数低于自己年级水平的学生，其表现也低于同年级学生的平均水平。因为年级当量分数基于某年级的平均值，所以大约一半学生的得分会低于年级水平，一半学生的得分会高于年级水平。

尽管年级当量看起来很容易理解，但教师、家长和专业人员在解释这些分数时必须谨慎。比如说，5 年级的学生凯蒂在 5 年级的数学测试中得了 7.4 分年级当量。凯蒂的父母可能会认为这意味着她已经准备好上 7 年级的数学课了。但事实上，这个分数仅仅意味着凯蒂比同年级的大多数学生更了解 5 年级的数学。具体来说，这意味着如果 7 年级学生参加了 5 年级的数学测试，那么一个典型的 7 年级学生在第 5 个月考试的时候也会得到同样的分数。因此，年级当量分数并不能表明凯蒂在 7 年级时的数学成绩如何，因为她只参与了 5 年级的数学测试。年级当量分数不具有相等的度量单位，因此，它们不像标准分数那样适用于比较同一个测验的不同分数或比较不同测验的分数。

咨询师应该对年级当量分数做以下考量。

- 年级当量分数不是对学生适合年级的估计。
- 一名学生的年级当量分数不能与另一名学生的年级当量分数相比较。
- 年级当量分数不能与其他测验的分数相比较。
- 同一测验的不同子测验的年级当量分数不能进行比较。例如，同一成就测验的阅读和数学子测验的年级当量分数都为 4.0 并不表示学生在这两个方面有相同的熟练程度。

年龄当量　年龄当量（age equivalents）分数按照与受测者测验表现相匹配的年龄所在的"平均"个体表现描述该受测者的测验表现。例如，年龄当量 9.3 分（或 9–3）表明一个人的表现与 9 岁 3 个月大的儿童的平均表现相似。虽然年龄当量可以通过比较一个受测者与不同年龄受测者的典型表现来进行描述，但它与年级当量具有同样的局限性。此外，只有当被测行为与年龄有直接的线性关系时年龄当量才有意义，而大多数行为的发展速率每年都不同。因此，个体并不总是表现出匀速发展，某些时期发展较快，其他时期发展平缓或不发展。

定性评估

到目前为止，我们已经介绍了有关标准分数的内容，重点主要放在定量测验分数上。然而，咨询师经常收集并不适用于定量评估的数据。定性评估方法涉及数据的解释性指标和描述。虽然在这一章，我们关注的是评估分数，但留意评估过程中产生的其他类型数据也很重要。在评估过程中，我们可以收集许多类型的定性评估数据。根据洛萨多和塞维利亚森（Losardo & Syverson，2011）的研究，定性评估至少有 9 个类别，包括自然主义（naturalistic）、生态学（ecological）、聚焦性（focused）、表现性（performance）、总体性（portfolio）、动态性（dynamic）、真实性（authentic）、功能性行为评估（functional behavior assessment）和知情的临床意见（informed clinical opinion.）。

为了评估学生在咨询师教育项目中的表现，同时检验定量数据和定性数据是重要的。从定量的角度来看，我们能从测验分数和等级很好地了解学生是否取得了学习成果。然而，对包括关键项目、简历、实践经验表和其他材料在内的学生档案进行检查能帮助我们更深入地了解学生的表现。虽然定性数据本身有一些局限性，但与定量数据结合就能发挥非常大的作用。

虽然定量评估和定性评估是两个分开的过程，但是测验开发者除了给出测验分数的数字之外，往往还提供定性描述。定性描述通过提供基于特定分数范围的易于理解的类别描述，帮助专业人员以口头或书面形式交流测验结果（Reynolds，Livingston，& Willson，2009）。定性描述广泛用于智力和成就测验。例如，韦氏智力量表是一系列用于评估儿童和成人认知能力和智力的标准化测验，它提供了以下描述性类别。

智商	分类
130 及以上	极超常
120 ~ 129	超常
110 ~ 119	高于平常
90 ~ 109	平常
80 ~ 89	低于平常
70 ~ 79	边界
69 及以下	智力缺陷

许多典型表现测验（如人格问卷）也采用了类似的方法。许多这类工具使用如"非临床（或正常）""接近临床范围"和"临床范围"这样的描述。一般来说，临床范围内的分数远远高于平均分数，由此表明受测者存在严重的心理症状。其他分类系统将定性描述分为"严重""中等"和"轻度"等类别。贝克抑郁量表第二版就是其中一例。

分数	抑郁程度
29 ~ 63	重度
20 ~ 28	中度
14 ~ 19	轻度
0 ~ 13	无或极轻度

表格及剖析图

通常，一个测量工具会根据几种不同的分数类型提供结果。表格通常用于辅助分数解释。例如，表 6-9 显示了基本成就技能问卷（BASI）的总结报告，该报告提供了标准分数（平均值 100，标准差 15）、百分等级（PR）、成长量表值（growth scale values）、年级当量（GE）和年龄当量（AE）。结果可能还包括置信区间，用于表明可能包括受测者真实分数的标准分数范围（见第七章）。

表 6-9　基本成就技能问卷（BASI）的样本分数。

总测验或子测验	SS	置信区间	PR	GE	AE
总阅读	88	83 ~ 94	21		
词汇	87	80 ~ 96	19	<3.0	8–0
阅读理解	92	85 ~ 100	30	<3.0	8–9
总书面语言	91	85 ~ 97	27		
拼写	99	99 ~ 107	47	4.6	9–8
语言结构	87	79 ~ 97	19	3.6	<8–0
总数学	126	116 ~ 132	96		
数学计算	126	116 ~ 132	96	9.1	14–6
数学应用	126	111 ~ 130	94	12.8	17–11
SS= 标准分数（平均值 =100，标准差 =15），PR= 百分等级，GE= 年级当量，AE= 年龄当量					

剖析图也通过提供分数的可视化表现形式来帮助解释结果。剖析图可以包括定量数据的图表或定性数据的词云（word cloud）。解释图表和剖析图的指南包括以下几条。

- 不应过度解释细小的差异。
- 正态曲线可以作为解释标准分数的参考框架。
- 解释应使用测量的标准误差。
- 剖析图的形态很重要（分数都很高还是都很低）。

是用标准参照法还是用常模参照法，或两者兼而有之

在这一章中，我们介绍了解释测验分数的两种主要方法：标准参照法和常模参照法。但是，一个测验是否可以同时使用两种方法来解释呢？一个快速的回答是"是的"，但有一些原因可以说明在解释测验时，为什么通常最好要么使用标准参照解释，要么使用常模参照解释，而不是两者都用。为了理解这些原因，我们必须首先知道测验可以大致分为最佳表现测验和典型表现测验。最佳表现测验通常衡量一个人的最佳表现。该类

测验题目答案有对错之分，受测者被要求尽可能达到最高的分数。最佳表现测验的例子包括能力倾向测验、智力测验和成就测验。典型表现测验用来测量一个人平时或正常的表现也即测量受测者真实的样子，而不是测量其能力。这类测验的题目没有正确或错误的答案，例子包括人格测验、态度测验和兴趣测验。这两种类型的测验都可以使用常模参照解释，但是，由于标准参照分数具体反映了受测者在某一特定内容领域的成就或知识积累的情况，因此标准参照解释只在最佳表现测验中具有意义（Reynolds et al., 2009）。让我们以贝克抑郁量表第二版（BDI-II）（一种测量个体抑郁程度的人格测验）为例。该测验包括区分不同程度抑郁的分数线，如果一个人的分数超过 29，这就意味着他有严重抑郁。对这个测验分数进行标准参照解释则意味着一个人已经具备了相关知识和技能来变得抑郁。正如你所看到的，用这种方式解释分数是不合逻辑的。标准参照解释更适用于教育成就测验或其他旨在测量一个人技能或能力水平的测验。

案例研究 玛莉索尔

玛莉索尔，11 岁，是一名 5 年级学生。以下是她在基本成就技能问卷（BASI）上的分数。BASI 是一套测量儿童和成人阅读、语言和数学技能的成就测验。它提供 3 个总测验和 6 个子测验的分数。总测验包括总阅读、总书面语言和总数学。子测试包括词汇、阅读理解、拼写、语言结构、数学计算和数学应用。

总测验或子测验	SS	置信区间	PR	GE	AE
总阅读	88	83 ~ 94	21		
词汇	87	80 ~ 96	19	<3.0	8–0
阅读理解	92	85 ~ 100	30	<3.0	8–9
总书面语言	91	85 ~ 97	27		
拼写	99	91 ~ 107	47	4.6	9–8
语言结构	87	79 ~ 97	19	3.6	<8–0
总数学	126	116 ~ 132	96		
数学计算	126	116 ~ 132	96	9.1	14–6
数学应用	123	111 ~ 130	94	12.8	17–11

SS= 标准分数（平均值 =100，标准差 =15），PR= 百分等级，GE= 年级当量，AE= 年龄当量

1. 解释总阅读、总书面语言和总数学的标准化分数。
2. 解释总阅读、总书面语言和总数学的百分等级。
3. 解释总阅读、总书面语言和总数学的标准九分。
4. 解释词汇与数学计算子测验的年级当量分数。

5. 解释阅读理解和数学应用子测验的年龄当量分数。

6. 解释总阅读、总书面语言和总数学的置信区间的含义

对于为什么在标准参照解释或常模参照解释中只择其一，另一个原因涉及被测量构念的综合性或广度。一些如智力或人格这样的构念所评估的变量范围很广，因此最适合用常模参照解释（Reynolds et al.，2009）。相比之下，标准参照解释通常应用于更狭义的构念，如用于评估对单一学科（如数学或拼写）掌握程度的教育测验。虽然我们通常用标准参照分数来解释成就构念，但当成就测验涵盖更广泛的知识和技能领域时，往往更适合用常模参照分数来解释。

表 6-10 列出了各种类型分数的比较。

表 6-10 不同类型分数的比较

分数类型	优势	劣势
原始分数	给出测验得分的精确数字。容易计算	不能解释或比较
百分等级	给出受测者分数在全国或地方常模中的排名。易于被大多数受测者理解	• 不是等距尺度，使用顺序量表 • 不能相加或平均 • 易与百分数相混淆
标准分数	• 给出一个受测者在团体中的相对表现。由正态曲线的性质得出 • 使用等距尺度 • 可以计算平均值和相关性 • 如果参照团体是相等的，可以进行测验之间的对比	• 如果数据偏态明显，则不适合使用 • 难以向受测者解释
标准九分	• 只有一位数 • 可以计算平均值 • 简单和实用	• 可能无法提供足够的评分单位来区分分数 • 对大小的差异不敏感 • 对于分隔两个相邻标准九分的点，标准九分对这个点两侧的细微差异过于敏感，具有误导性
年级当量和年龄当量	• 如果测量领域与年级或年龄有系统性关联，此分数是良好的 • 将个体的表现与该年级或年龄的平均水平进行比较	• 使用非等距尺度 • 分数解释过于字面化 • 在分数不表明有能力在更高的年级水平上表现或理解的情况下，可能会产生误导 • 6 年级或 12 岁以后几乎没有实际意义

总结

本章介绍了有关理解测验分数的内容。为了让咨询师理解和解释评估结果，需使用一些参考框架来转换原始分数，以赋予测验结果意义。一般来说，分数可以分为两大

类：标准参照分数和常模参照分数。解释测验分数涉及将分数与一个表现水平（标准参照）关联起来，或者将分数与常模团体（常模参照）的分数进行比较。标准分数通过描述一个人的分数与平均值相差多少个标准差来提供解释分数的基础。标准分数有许多类型，包括 z 分数、T 分数、离差智商、标准九分、标准十分等。

问题讨论

1. 解释标准参照分数和常模参照分数的区别是什么。

2. 在常模参照测验中使用的标准分数有哪些类型？讨论你会在什么时候使用何种分数，分析每种类型分数的优势和局限性。

3. 如果你正在为大学生开发一个新的成就测验，你会如何选择你的常模团体？如果你正在开发一个新的测量人格类型的问卷，你会如何选择合适的常模团体？

建议活动

1. 写一份意见书，主题如下：测验计分的偏差，年级当量的使用，标准参照解释与常模参照解释的对比，适当常模的选择。

2. 解释原始分数、标准分数和正态化标准分数之间的差异。

3. 从表 6-3 的测验分数分布中任意选择 5 个，将它们的原始分数转换为百分位数。

4. 杰弗里是一名大四学生，在化学工程期中考试中得了 52 分的原始分数。假设平均值为 40，标准差为 12，将杰弗里的原始分数转换为 T 分数。

5. 一位家长把她上 4 年级的孩子的斯坦福成就测验结果拿给了你。

科目	量表得分	百分位数	NCE	标准九分	年级当量
阅读	639	59	54.8	5	5.4
数学	633	57	57.5	5	5.5
语言	610	39	44.1	4	3.5
拼写	647	73	62.9	6	6.4
科学	643	69	60.4	6	6.3
社会科学	607	40	44.7	4	3.5
听力	608	35	41.9	4	3.4
思维技能	623	56	53.2	5	5.1

* NCE 是指正态曲线当量

该家长不了解分数类型和测验结果，希望你帮助她解释结果。你会告诉她什么？

7 | 第七章

信度 / 精确度

学习目标

学习本章之后，你将能够做到以下几点。

- 定义信度并解释其在评估中的重要性。
- 定义并解释测量误差的概念。
- 描述并举例说明测量误差的主要来源。
- 辨识评估信度的主要方法，并描述它们与各种测量误差来源的关系。
- 描述选择信度系数时应考虑的因素。
- 描述评估信度系数大小时应考虑的因素。
- 定义测量的标准误差，并解释其与信度的关系。
- 解释置信区间是如何计算的，以及它在心理和教育评估中的意义。
- 描述提高测量工具分数的信度的各种方法。

信度 / 精确度（reliability/precision）是与测验分数的一致性、可靠性和再现性相关的心理测量属性（AERA，APA，& NCME，2014）。例如，你连续五次在同一个秤上称体重，每次测出的重量一样吗？如果每次的重量相同，则称结果可靠且精确，因为测量结果一致。但是，如果所称重量是波动的并在每次称重后产生不同的结果，这些分数就被认为是不可靠的，这意味着你测得的体重受到与你实际体重无关的误差源，即测量误差（measurement error）的影响。正如你可能猜到的，一致性和精确度是评估中非常重要的方面。作为咨询师，我们希望确保一个用于辅助诊断过程的评估工具能够在对同一个人连续进行五次测验后产生相同的结果。因此，了解信度的概念及其在评估中的应用非常重要。

为了理解信度 / 精确度，我们将回顾一些公式，这可能激活大家头脑中可能存在的数学恐惧症。虽然这些内容可能需要额外的时间进行回顾，但这些公式对于理解信度的复杂性非常重要。当你选择评估工具或查看与评估相关的期刊文章时，往往会看到其中报告的信度。你的工作将涉及解释报告中的信度，并确定你将使用的评估工具的可接受信度的程度。如果你对评估工具进行研究或开发评估工具，那么信度计算就变得更加重要。

有大量统计方法可用来评估测量误差对测验分数的信度的影响。测验分数的信度可以跨时间（重测，test retest）、跨同一工具的不同形式（复本，alternate forms）或跨单个工具内的项目（内部一致性，internal consistency）进行评估。所有工具都有一定程度的不一致性，这意味着存在测量误差，可能会降低测验分数的信度。

信度

信度／精确度是评估结果最重要的特征之一。由于许多关于个人的重要决策全部或部分基于测验分数，我们需要确保测验分数是可靠的。在测量方面，信度／精确度指的是测验分数在不同测验项目及不同测验形式（或重复测验）中的可靠性、一致性和稳定程度。例如，如果我们在两个不同的场合对一个人进行测验，这两个分数会有多一致？假设一名咨询师在周一早上对一名来访者进行了广泛成就测验第五版（WRAT-5），发现分数显示了平均成就。如果咨询师在周一下午给同一名来访者测验 WRAT-5，来访者第二次的得分会和第一次一样吗？如果来访者感觉下午比早上更疲劳怎么办？这会影响他们的分数吗？如果来访者记得第一次测验中的一些测验问题，这会影响他们第二次测验的表现吗？如果咨询师使用了两种不同的测验形式，也就是说，进行了 A 测验和 B 测验，而不是进行了两次测验，会怎么样？来访者在一个测验中的表现会比另一个好吗？如果咨询师请另一位咨询师帮忙给 WRAT-5 打分呢？无论哪个咨询师给测量工具打分，来访者都会得到相同的分数吗？

从这些例子中可以看出，许多因素会影响信度／精确度，即测验是否会产生一致的分数。为了正确解释测验结果，我们需要有证据表明，如果在同一个人身上重复测验，测验的分数将是稳定和一致的。换句话说，我们需要知道测验分数可靠的程度。

当提及与评估相关的信度／精确度时，请考虑以下因素。

- 信度／精确度涉及的是用评估工具获得的结果，而不是工具本身（Miller, Linn, & Gronlund，2012）。
- 对信度／精确度的估计总是指特定类型的信度／精确度。测验分数的信度／精确度的基础可能是特定的时间间隔、评估工具上的项目或不同的评分者等。评估工具开发者根据测验结果的使用提供对特定类型信度／精确度的估计。
- 评估工具的分数很少完全一致或没有误差。事实上，所有评估工具都有一定程度的误差和波动（Urbina，2014）。因此，心理咨询师必须评估证据，以确定评估工具的结果是否具有足够的信度／精确度。

测量误差

评估中的一个关键议题是任何评估工具具有的测量误差。我们知道，同一个人在不同的场合接受测验，即使使用同一种测验，得分也会有所不同。这种差异等同于测量误差。在测验中，测量误差可以被定义为分数的任何波动，这些波动是由与测量过程相关而与被测内容无关的因素引起的（Urbina，2014）。这些波动可能是由受测者特有的因素造成的，也可能是由测验过程中的缺陷造成的，或者仅仅是由随机因素造成的。例如，受测者可能在一次测验中比在另一次测验中猜得更准确，对一种测验形式的内容比对另一种更了解，或者在一段时间内没有在另一段时间内那么疲劳或焦虑。此外，测验中的项目可能不能充分代表被测量的内容领域，或者因给测验评分的人不同而导致受测者获得的分数不同。这些都是造成测量误差，也就是使个体的分数在每次测量时发生变化的原因。测验分数的测量误差越大，信度/精确度越低。

测量误差也可以理解为个体被观测到的（或获得的）分数与其真实的分数之间的差异。真分数（true score）被认为是一个人的能力、技能或知识的100%准确的反映，即如果没有误差将获得的分数（Boyd，Lankford，Loeb，& Wyckoff，2013）。观测分数（observed score）是受测者在测验中获得的实际分数。如果一个人可以接受重复测验——没有延滞效应（carryover effects）或练习效应（practice effects），那么其所获分数的平均值将接近真分数。观测分数由两部分组成：真分数和测量误差。这可以用一个非常简单的等式来表示。

观测分数 = 真分数 + 测量误差

这个公式表明，测量误差可能会提高或降低观测分数。如前所述，误差代表随机影响测量过程的任何其他因素，因此，误差越小，观测到的分数越可靠。

真分数的概念完全是理论性的，我们只能对真分数做出假设。然而，我们可以估计真分数的范围，或者至少是真分数可能落入的界限。我们通过计算测量的标准误差（standard error of measurement，SEM）来做到这一点，这是一种简单的衡量标准，可以衡量一个人的观测分数与真分数之间的差异。测量的标准误差将在本章后文讨论。

测量误差的来源

如前所述，所有评估工具测得的分数都包含某种程度的误差，且测量误差有各种来源。在确定误差来源时，我们试图回答这个问题：是什么导致了个体的真分数和其实际观测分数之间的差异？最常见的测量误差形式是时间抽样误差和内容抽样误差。本节将介绍这些形式和其他常见的测量误差来源。

时间抽样误差 时间抽样误差与同一个人在重复测验中获得的测验分数的波动有

关。由于存在时间抽样误差，人们假设任何被测量的构念都可能随着时间的推移而波动。换句话说，一个人今天在智力测验中的表现很可能与下次在同一测验中的表现有一定程度的不同。了解智力测验分数之间的差异有多大很重要。我们可能会认为，分数只会因时间抽样误差而相差几分（正或负）。如果一个人第一周得分为 100（第 50 百分等级），第二周得分为 115（第 84 百分等级），我们会非常怀疑这种得分差异，因为智力不是一种会在短期内发生巨大变化的构念（construct）[①]。

不同构念对时间抽样误差的敏感性不同，例如，大多数与人格特质（如内向 / 外向）和能力（如言语理解或空间推理）相关的构念通常不太容易随着时间的推移而波动（Urbina，2014）。相比之下，一些与情绪状态（如抑郁、焦虑）和成就相关的构念更容易受到短期状况的影响，并且会随着时间的推移而发生很大变化。通常，我们假设时间抽样误差会影响到重复测验给出的分数，然而，在测量相对稳定的特征的测验中，人们应该期待时间抽样误差很小（Urbina，2014）。

与时间抽样误差相关的几个具体问题与实施多个测验之间的时间间隔长度有关。如果时间间隔太短，比如一两天，那么延滞效应的风险就会增加，也就是说第一次测验会影响第二次测验的分数（Kaplan & Saccuzzo，2018）。例如，受测者可能会记住他们在第一次测验中的答案，从而提高他们在第二次测验中的分数。与此类似的是练习效应。因为一些技能会随着练习而提高，所以当第二次使用同一个测量工具时，受测者的分数可能会增加，因为他们已经通过第一次测验提高了技能。如果两次测验之间的时间太长，那么我们可能会面临与学习、成熟（随着时间的推移受测者自身发生的变化）或其他干预经历（治疗）相混淆的测验结果。

内容抽样误差 评估工具通常不能包括与被测量的特定内容领域、维度或构念相关的所有可能的项目或问题。例如，拼写测验不可能包括字典中的每个单词。同样，人格问卷不可能包括构成人格的成千上万个特质，然而，这些工具都可以对能充分代表被测内容领域的项目做出选择。因此，测验项目可以被认为是从与特定内容领域相关的无限多的可能项目中获取的随机样本。

一个不包含能充分代表内容领域项目的评估工具会增加面临内容抽样误差的风险。内容抽样误差是一个术语，也称为域抽样误差或项目抽样误差，用于表示由于所选的测验项目没有充分覆盖测验应该评估的内容领域而导致的误差。不能很好地代表特定构念对应的知识领域或广度的测验项目会增加内容抽样误差并降低信度 / 精确度。内容抽样误差被认为是测验分数的最大误差来源。对内容抽样误差的估计涉及评估一个工具的项目或组成部分（如量表、子测验）能够在多大程度上测量相同构念或内容领域。这是通

---

① 可参见第八章中关于构念概念的介绍。——译者注

过分析测验项目和组成部分之间的相互关系来实现的。本章稍后将讨论估计内容抽样误差的方法。

评分者间误差　评估工具需要评分者（观察者、计分者和评委）对他人的行为进行记录和评分。当测验分数严重依赖于对测验进行评分的个人主观判断时，就有必要将不同评分者之间的差异视为潜在的误差来源。例如，假设两个评分者正在记录一个 3 年级学生在课堂上离开座位的次数。如果没有对离座的定义，则很难准确观察到行为。例如，一名评分者可能会将离开座位归类为不与座位接触，并记录学生与其座位没有完全接触时的每一次事件；另一个评分者可能会把离开座位归类为学生的臀部与凳子完全脱离接触的任何时刻。定义的不同可能会导致对离开座位这一行为的不同看法。这种不一致会导致学生的真分数和评分者记录的观测分数之间的差异。即使测验手册中规定的评分指导是明确的，并且评分者认真遵从这些指导，通常不同的评分者仍不会总是为给定的测验表现分配相同的分数或等级（Urbina，2014）。为了评估评分者间误差，我们需要估计评分者的信度 / 精确度，这通常被称为评分者间信度或记分者间信度。这将在本章后文讨论。

误差的其他来源　时间抽样误差和内容抽样误差是各类评估工具的测量误差的主要来源，而评分者间误差与涉及行为观察的工具误差有关。除此之外，其他来源也可能导致测验分数的随机误差。

- **测验项目的质量**　测验项目的质量是指测验编制的好坏。如果项目清晰且有重点，则将提供关于被测量构念的可靠信息。如果项目模糊不清，则容易出现多种理解或解释，这可能会让受测者感到困惑，导致测验成绩不可靠。

- **测验长度**　通常，随着测验项目数量的增加，测验能越来越准确地代表所测量的内容领域。因此，项目数量越多，信度 / 精确度就越高。

- **受测者变量**　某些受测者变量会通过影响个人的测验分数来影响信度 / 精确度。动机、疲劳、疾病、身体不适和情绪都可能是误差的来源。

- **施测**　在施测过程中出现的测量误差来源可能会干扰个人的测验结果，例如，施测者没有遵循指定的施测说明，或室温、照明和噪声干扰，以及测验进行过程中出现意外事件。

评估信度 / 精确度的方法

在描述了测量误差的各种来源后，我们将介绍几种适用于这些误差来源的评估信度 / 精确度的方法。虽然在选择评估工具时，你可以查阅大多数评估工具的心理测量属性

（包括信度 / 精确度），但了解信度 / 精确度的计算方式仍非常重要，这样你就可以评估报告的信度系数。在许多情况下，测验开发者和研究人员使用不止一种方法来评估信度 / 精确度。测验的形式和性质将决定适用的信度 / 精确度评估方法。

如前文所述，信度 / 精确度反映了多次测验中分数的一致性、可靠性和再现性，这些测验可以在不同的时间进行，包括使用不同形式的同一测验，或者两者的某种组合。最常用于评估信度 / 精确度的方法包括将两组测验分数取相关以获得一个信度系数，该系数与任何相关系数相同，只是它特别代表了测验分数的信度 / 精确度。从概念上讲，信度 / 精确度可以解释为由真分数的变异性解释的观测分数的变异性比例，因此，信度 / 精确度系数是真分数的方差与观测分数的方差之比。

$$r = \frac{s_T^2}{s_X^2}$$

式中，r 表示信度系数，s_T^2 表示真分数的方差，s_X^2 表示观测分数的方差。

在这个公式中，我们使用了真分数和观测分数的方差，因为我们正在查看一组受测者的分数的变异性，因此，信度系数总是与一组测验分数相关，而不是与单个测验分数相关。信度系数越接近 1.00，观测分数越接近真分数，信度 / 精确度就越好。换句话说，信度系数越高，测验分数的变化越是由受测者在被测量的任何特征或特质上的实际差异引起的。信度系数越接近 0，测验分数越代表随机误差，而不是实际的受测者表现。

信度系数也可以被认为是一个百分比。如果我们从 1.00 中减去信度系数，我们就得到由随机机会或误差引起的被观测变异的百分比。

误差 $= 1 - r$

例如，假设大学生必须参加入学测验才有资格参加某个特定的学术项目，并且测验的信度系数为 0.35。这意味着学生之间 35% 的变异或差异是由他们之间的真实差异来解释的，65% 的差异必须归因于随机因素或误差，因为 1-0.35=0.65。你接受基于这个测验分数的录取决定的可能性有多大？如果这种性质的测验是录取的唯一标准，那么你会想要高度确定引起申请人分数差异的是不同的能力而不是误差。

信度 / 精确度通常使用四种方法之一进行评估：重测法、复本法、内部一致性方法和评分者间信度方法。这些方法中的每一种都提供了反映特定误差来源的信度系数。没有一种评估信度 / 精确度的方法是完美的。对每种方法我们都将讨论其优点和缺点。表 7-1 描述了评估信度的主要方法。

表 7-1　评估信度的方法

方法	步骤	系数	误差来源
重测	相同的测验进行两次，测验之间有时间间隔	稳定性	时间抽样误差
复本			
同时施测	同时进行等价的测验	等价性	内容抽样误差
延迟施测	进行等价测验，每个测验之间有一定的时间间隔	稳定性和等价性	时间抽样和内容抽样误差
内部一致性			
分半	一个测验被分为两部分，并且两部分同时进行测验	等价性和内部一致性	内容抽样误差
库理公式与阿尔法系数	一次进行一个测验（项目与其他项目比较或与整个测验比较）	内部一致性	内容抽样误差
评分者间	进行一个测验，由两位评分者独立对测验评分	评分者间一致性	评分者间误差

重测法

重测法是评估测验分数的信度 / 精确度最古老的方法，也可以说是最常用的方法。信度 / 精确度与测验分数的一致性有关，重测法直接评估受测者从一次测验到下一次测验的成绩的一致性（Murphy & Davidshofer，2005）。对重测信度的评估相对容易：只需分两次使用相同的工具，然后计算第一组分数与第二组分数的相关性。这种相关性被称为稳定性系数，因为它反映了测验分数随时间变化的稳定性。

因为对重测信度进行评估的误差与时间抽样相关，所以必须规定两次测验之间的时间间隔，否则分数的稳定性会被影响。虽然没有固定的时间间隔可以推荐给所有测验，但我们知道，如果时间间隔很短，延滞效应和练习效应等因素就可能影响第二次测验的分数。另一方面，如果间隔很长，则学习、成熟或干预经历可能会影响第二次测验的分数（Resch et al.，2013）。

当测量稳定且几乎不随时间变化的特质、能力时，重测法最有用。例如，人们不会预计成人智力测验分数在两次独立的测验之间会发生变化，因为智力通常在成年后保持稳定（假设没有异常情况的影响，如脑损伤）。因此，我们期望智力测验分数的重测信度很高。具体而言，第一次施测的结果和第二次施测的结果之间有很强的相关性。测量瞬时变量和不断变化的变量的工具不适合进行重测评估。例如，情绪状态（如一个人在某个确切时刻的情绪水平）可能每天、每小时，甚至每个时刻都在变化（Furr & Bacharach，2013）。在这种情况下，特定情绪状态问卷的分数在任何明显的时间间隔内都不会稳定，因此该问卷分数的重测信度会很低。这可能会被错误地解释为问卷的分数不可靠，而实际上，信度系数反映了个人在两次测验之间的情绪变化。

因此，当查阅测验手册中的重测信度时，要重点考虑两件事情：（1）实施测验的时间间隔长度；（2）被测量构念的类型。测验手册中报告的重测信度示例包括以下内容。

- 在多维自尊问卷（Multidimensional Self-Esteem Inventory，MSEI）中，在 1 个月的时间间隔内，整体自尊量表的重测系数为 0.87。
- 3 个月后对 208 名大学生进行大五人格问卷第三版（NEO 3）5 个领域的重测，结果神经质、外倾性、开放性、宜人性和尽责性的重测系数分别为 0.92、0.89、0.87、0.86 和 0.90。
- 100 名女性的职业偏好问卷（Vocational Preference Inventory，VPI）中的现实量表的重测系数为：2 周 0.79，2 个月 0.57，1 年 0.86，4 年 0.58。

复本法

复本信度，也称为并行信度，可以帮助我们确定同一测验的两种等价形式是否真的等价。虽然这两种形式使用不同的项目，但是，这些项目来自同一个内容领域。换句话说，它们是不同但相似的项目，用于衡量相同的内容、知识或技能。除了涵盖相同的信息，复本还共享相同数量的项目，使用相同类型的格式，具有几乎相同的难度，并且包括相同的施测、计分和解释测验的方式。实际上，它们是镜像工具。

测量复本信度有两种程序：同时施测和延迟施测（Reynolds，Livingston，& Willson，2008）。同时施测需要同时进行两个复本的测验，即在同一天对同一组人进行测验，这个程序消除了影响重测信度的记忆和练习问题。延迟施测涉及分两次对两个复本进行测量。同时施测的复本信度对与内容抽样相关的误差来源很敏感。由此产生的相关性被称为等价性系数，它告诉我们这两个复本对同一构念的测量有多接近。延迟施测的复本信度既反映了内容抽样误差，也反映了时间抽样误差；它既提供了稳定性系数（因为个体的行为是在两个不同的时间测量的），也提供了等价性系数。以下是测验手册中报告的复本信度的示例。

- 在皮博迪图片词汇测验第五版（PPVT-5）中，报告呈现了复本 A 和复本 B 之间 5 个年龄组的标准分数之间的相关性。复本的信度非常高，介于 0.87 和 0.93 之间。
- 对于广泛成就测验第五版（WRAT-5）两个复本的复本信度，每个复本的文字阅读、拼写、数学计算、句子理解（完成）和阅读综合子测验的原始分数之间的相关性分别为 0.94、0.93、0.91、0.93 和 0.96。

复本法在估计信度 / 精确度时有一个局限，即拥有复本的标准化测验或教师自编测验相对较少（Reynolds，Livingston，& Willson，2008）。一些综合性成就测验和能力倾向测验可能有两个或两个以上复本，但大多数测验没有复本。开发等价测验复本的过程非常耗时，需要相当多的计划和努力，因为复本必须在内容、难度和其他因素方面是真正平行的，因此，大多数测验开发者并不追求这个选项。

内部一致性信度

内部一致性信度，顾名思义，是指一个工具内各项目之间的相互关联性。这是另一种评估信度 / 精确度的方法，反映了与内容抽样相关的误差，也就是说，它评估测验中的项目测量相同能力或特质的程度。这种方法基于测验中项目之间的关系来确定信度 / 精确度，换句话说，内部一致性信度告诉我们每个项目与测验中其他项目的独立关联程度，以及它们与整体测验分数的关联程度。高内部一致性信度意味着测验项目是同质的，这增加了项目评估单一构念的信心。内部一致性信度的概念可能会令人困惑。为了说明这个概念，请考虑一个使用李克特量表的抑郁症测验。工具上的问题都与抑郁症状和抑郁程度有关。因为这些项目都与抑郁症有关，所以你可以预期这些项目都相互关联或一致。如果所有项目都有很强的相关性，那么测验就有很高的内部一致性信度。

对内部一致性信度的评估只需要一个测验和一次施测来收集初始心理测量属性，而其他评估信度 / 精确度的方法需要两次或更多次测验或同一测验的两个复本。计算内部一致性信度系数的典型方法包括分半法（split-half method）、库理公式（kuder-richardson formulas）和阿尔法系数（coefficient alpha）。与大多数评估工具一样，测验发布者通常会在其技术手册中提供对内部一致性信度的评估。

分半信度　在估计分半信度时，一个测验被分成两个可比较的部分，并且两个部分都在一次测验中给出；然后，对一半测验的结果与另一半测验的结果进行相关性计算，从而产生一个等价性系数，以表明两个部分之间的相似性。同样，当测验开发者和研究人员试图评估工具的心理测量属性时，通常会进行这一过程。测验的技术手册中经常会报告对分半信度的评估。

例如，当阿耶尼（Ayeni，2012）开发社交焦虑量表（Social Anxiety Scale）时，她对 464 名参与者进行了测验，然后根据收集的数据评估了该工具的心理测量属性。基于她的研究，她评估总的分半信度为 0.87，表明测验的两半部分之间的关系处于可接受的程度。在这种情况下，分半信度意味着什么？这一结果表明了测验的一致性。它告诉我们，测验的一半与另一半是一致的，并且这些项目一致地测量了社交焦虑这一构念。

将测验分成两半部分的方法有多种：将测验项目的前半部分与后半部分分开，将测验项目随机分配成一半或另一半，或将奇数项目分配到一半，将偶数项目分配到另一半。对信度／精确度的计算基于测验的全长。因为我们比较的是两半部分之间的关系，而不是完整长度的测验，所以我们使用了一个调整后的公式来计算系数。这个公式通常被称为斯皮尔曼－布朗校正公式（Spearman-Brown prophecy formula），它提供了对系数的评估，即如果每一半都是整个测验的长度，则该系数将是多少。当你看到信度系数报告为斯皮尔曼－布朗系数时，你会自动知道信度／精确度是使用分半法进行评估的。

用分半法评估信度／精确度的一个优点是，它只需要进行一次测验（Beckstead，2013）。然而，因为只涉及一次测验，所以这种方法只反映了由于内容抽样而导致的误差，它对时间抽样误差不敏感。

库理公式　库理公式，也被称为 KR 20 和 KR 21，是除分半法外评估内部一致性信度的另一种常用方法。像其他评估一样，这些结果会在讨论评估工具的心理测量属性的专业文献中报告。KR 20 和 KR 21 是对拥有二分项目（dichotomous items）的测验的特殊计算。换句话说，KR 20 和 KR 21 用于仅需回答正确或错误的项目，0 表示不正确的答案，1 表示正确的答案。这个公式是由库德和理查森在 1937 年开发的，他们运用单一复本和单一施测来计算测验的信度／精确度，而不是随意将测验分成两半（Kuder & Richardson，1937）。使用这一公式相当于对测验的不同分割方式所产生的所有项目组合进行分半信度分析。

阿尔法系数　估计信度／精确度的内部一致性的另一种方法被称为阿尔法系数，也称为克伦巴赫 α 系数（Cronbach，1951）。人们在测验项目不是二分项目时使用这种方法，也就是说，项目没有"对"或"错"的答案。这方面的一个例子是评定量表，即要求受测者表明他们是强烈不同意、不同意、中立、同意还是强烈同意的测验项目。

克伦巴赫 α 系数的公式等价于并产生与 KR 20 相同的结果，但用途不限于二分项目。因此，克伦巴赫 α 系数越来越多地被用来代替 KR 20 而作为评估信度的方法（Suter，2012）。虽然在选择信度／精确度计算方式时必须考虑不同的议题，但克伦巴赫 α 系数已经成为主要的衡量标准。当你开始评估在心理咨询实践中所使用的工具时，彻底理解克伦巴赫 α 系数是非常重要的。

评分者间信度

如前文所述，需要直接观察行为的测验依赖评分者（观察者、计分员和评委）对行为进行记录和评分。观察结果的潜在误差来自对测验进行评分的个体之间缺乏一致性（缺乏信度／精确度）。评分者间信度是指两个或更多的评分者达成一致的程度。假设两位评分者使用 4 分制（1 分表示最无效，4 分表示最有效）对某人的沟通技巧进行评分。

评分者间信度评估了评分者采纳评分标准的一致性。例如，如果一名评分者对个人的回答评分为"1"，而另一名评分者对同一回答评分为"4"，这意味着两名评分者在评分上不一致，并且评分者间信度较低。

有各种方法来评估评分者间信度，评估评分者之间一致性水平的基本方法是对两个或更多评分者独立获得的分数计算相关。非常高的正相关（约为 0.90 或更高）表明，由评分者之间的差异造成的误差比例为 10% 或更低，即 $1 - 0.90 = 0.10$（Urbina，2014）。重点是要记住，评分者间信度不反映内容抽样误差或时间抽样误差，相反，它反映的是评分者间一致性，并且仅对由于评分者之间缺乏一致性而导致的差异敏感。

选择一个信度系数

正如我们在本章中讨论的，测量误差的来源可以决定我们需要评估的信度 / 精确度的类型。例如，如果一个测验需多次进行，人们会选择重测或复本信度，因为两者都对时间抽样误差敏感。同样，如果测验涉及使用两名或更多的评分者，人们将选择评分者间信度。在选择评估信度 / 精确度的方法时，也应考虑误差来源以外的其他条件。例如，内部一致性方法的一个困难是它假设测验项目代表单一的特质、构念、领域或科目（同质项目）。内部一致性方法评估测验中不同项目对相同内容领域的测量程度，因此，如果测验项目是异质的，并且被设计用来测量几个构念，则所评估出的信度 / 精确度将会变低。例如，由于测量抑郁情绪的测验评估的是单个内容领域，因此包含的是同质测验项目。在这种情况下，KR 20 或阿尔法系数将是合适的选择，因为两者都通过将测验项目相互关联来评估内部一致性信度。但是，如果一个工具测量了两个独立的构念，如抑郁情绪和焦虑，则测验项目的异质性会导致 KR 20 和阿尔法系数低估其内部一致性信度。换句话说，这两种信度 / 精确度评估方法都假设测验项目缺乏一致性是由内容抽样误差引起的，而不是测验项目实际上测量了不同的构念。为了计算具有异质内容的测验的内部一致性信度，可以使用分半信度：把测验分成两个相等的部分，每个部分都包括抑郁情绪项目和焦虑项目，并对这两个部分计算相关。此外，测验中的同质项目可以被放入不同的分组中，以便计算每个相似项目组的内部一致性信度。例如，测验中测量抑郁情绪和焦虑的项目可以细分为两组——一组测量抑郁情绪，一组测量焦虑——并且可以计算每组的 KR 20 或阿尔法系数。

评估信度系数

在选择用于个体评估的测验时，严格检查测验的信度 / 精确度信息的重要性再怎么强调都不为过。所以，问题就变成了"信度系数需要多大"。一般来说，我们希望信度系数（在 +0.00 和 +1.00 之间）尽可能大。我们知道，信度系数为 1.00 意味着观测分数等于真分数，这意味着没有误差。因此，信度系数越接近 1.00，分数就越可靠。例如，信度系数为 0.95 表明 95% 的测验分数的变化是由实际差异解释的，只有 5%（1–0.95）的变化归因于误差——测验分数将被认为非常可靠。这比 0.20 的信度系数好得多，后者意味着 80% 的分数变化是由误差造成的。

不幸的是，信度系数没有一个最小的阈值被认为适合所有测验。什么是可接受的信度系数取决于几个因素，例如，被测量的构念、测验分数的使用方式，以及用于评估信度的方法（Reynolds，Livingston，&Willson，2008）。因为本书是关于评估方法的，所以我们将建议什么样的信度 / 精确度水平是足够的。但是，读者必须记住，对于构成足够信度系数的值，没有绝对的标准。我们通常认为，对于大多数评估工具来说，0.70 或更高的信度系数是可以接受的，低于 0.70 的信度 / 精确度系数是勉强可靠的，而低于 0.60 则是不可靠的（Sattler & Hoge，2006；Strauss，Sherman，& Spreen，2006）。如果一项测验被用于做出对个人有重大影响的重要决策（高利害关系测验），信度系数应至少为 0.90（Reynolds，Livingston，& Willson，2008；Wasserman & Bracken，2013）。对于评分者间信度，系数也不应低于 0.90（Smith，Vannest，& Davis，2011）。表 7-2 提供了一些评估信度系数大小的一般准则。

表 7-2　评估信度系数大小的一般准则

非常高	>0.90
高	0.80 ~ 0.89
可接受	0.70 ~ 0.79
中等 / 可接受	0.60 ~ 0.69
低 / 不可接受	<0.59

测量的标准误差

到目前为止，我们已经介绍了各种评估信度 / 精确度的方法，这些方法是对测量误差引起的变异量的估计。回想一下，信度系数并不代表某个个体的得分——它们总是与一组得分相关。那么，我们如何评估单个个体观测分数的信度 / 精确度呢？尽管对同一个受测者进行多次相同的测验是不切实际的，但是评估单个受测者测验分数的变异量是可能的。我们使用的是测量的标准误差。

测量的标准误差（SEM）是一种简单的测量方法，用于测量个体重复进行相同测验时，所得测验分数由于误差造成的波动情况（McManus，2012）。它是对与个体的真分数相关联的观测分数的准确性的估计，前提是该个体被测验了无数次。换句话说，标准误差就像是关于一个人真实得分（真分数）的观察得分（观测分数）的标准差。虽然我们永远不知道一个人的真分数是多少，但我们假设大量观察到的分数会聚集在这个人的真分数周围。我们把这组观察到的分数称为误差分布，并假设误差分布是正态的，即误差的平均值为零，标准差等于 SEM。此外，我们认为误差分布的平均值是真实得分（真分数）。如果测验分数非常可靠，则观测分数将接近真分数（误差分布的平均值）；如果测验分数不可靠，那么观测分数就会偏离真分数。

理解 SEM 和标准差之间的区别很重要。标准差是对一组受测者在一次测验中获得的分数分布的度量，与标准差不同，SEM 是对一个人在多次测验中获得的分数分布的度量。SEM 是关于测验的信度 / 精确度和标准差的函数，使用以下公式计算。

$$SEM = s\sqrt{1-r}$$

式中，SEM 表示测量的标准误差，s 表示标准差，r 表示测验的信度系数。

假设我们想计算韦氏儿童智力量表第五版（WISC-V）的言语理解指数（VCI）的 SEM。VCI 的信度系数为 0.94，平均值为 100，标准差为 15（WISC-V 上所有指数得分的平均值和标准差都是这个相同的数值）。SEM 计算如下。

$$
\begin{aligned}
SEM &= 15\sqrt{1-0.94} \\
&= 15\sqrt{0.06} \\
&= 15(0.245) \\
&= 3.67
\end{aligned}
$$

现在，让我们计算 WISC-V 的加工速度指数（PSI）的 SEM，其信度系数为 0.88，标准差为 15。

$$
\begin{aligned}
SEM &= 15\sqrt{1-0.88} \\
&= 15\sqrt{0.12} \\
&= 15(0.346) \\
&= 5.19
\end{aligned}
$$

请注意，在这些示例中，两个测验具有相同的标准差 s = 15；因此，SEM 成为信度系数的唯一函数。因为 PSI 的信度系数 r = 0.88 低于 VCI 的信度系数 r = 0.94，所以 PSI 的 SEM 高于 VCI 的 SEM。

因为 SEM 依赖于一个测验的标准差和信度系数，并且由于不同的测验具有不同的标准差，所以 SEM 本身不能用作信度 / 精确度的指标（Urbina，2014）。你必须在使用环境中评估 SEM。例如，具有更大评分范围和更大标准差的测验，如 SAT 的标准差等于 100，将比具有小标准差的测验，如 WISC-V 的标准差等于 3，具有大得多的 SEM（Urbina，2014）。虽然标准差和 SEM 不同，但信度系数仍然可以相似。虽然我们不单独使用 SEM 来解释信度 / 精确度，但我们使用 SEM 来创建特定观测分数的置信区间，用以指导分数解释。

置信区间

一旦我们为给定的测验分数计算了 SEM，我们就可以围绕个体的观测分数建立一个置信区间，这样我们就可以（在一定的置信水平下）估计他们的真分数。虽然我们永远不会知道一个人的真分数是多少，但围绕这个人的观测分数形成区间，可以让我们估计真分数落在某个区间内的概率。因此，置信区间告诉我们一个人的真分数的上限和下限。在评估中，我们对 68%（距平均值 1 个标准差以内）、95%（距平均值 2 个标准差以内）和 99.5%（距平均值 3 个标准差以内）概率水平的置信区间感兴趣。与 68%、95% 和 99.5% 概率水平相关的 z 分数分别为 1.00、1.96 和 2.58。我们根据希望对受测者"真分数"的估计有多大信心来选择适当的水平或概率。我们计算的 68%、95% 和 99.5% 水平的置信区间（CI）范围如下。

$$CI\ 68\% = X \pm 1.00\ SEM$$

$$CI\ 95\% = X \pm 1.96\ SEM$$

$$CI\ 99.5\% = X \pm 2.58\ SEM$$

为了说明这一点，让我们假设利蒂西娅在 WISC-V 的言语理解指数（VCI）上获得了 110 分。我们之前在 VCI 上计算的 SEM 为 3.67。利用这些信息，我们将首先计算置信区间的范围。

$$CI\ 68\% = X \pm 1.00 \times 3.67 = 3.67（最接近的整数是 \pm 4）$$

$$CI\ 95\% = X \pm 1.96 \times 3.67 = 7.19（最接近的整数是 \pm 7）$$

$$CI\ 99.5\% = X \pm 2.58 \times 3.67 = 9.47（最接近的整数是 \pm 9）$$

使用这些得分范围，我们可以计算利蒂西娅的 VCI 得分的置信区间。

$$CI\ 68\% = 110 \pm 4 = 106 \sim 114$$

$$CI\ 95\% = 110 \pm 7 = 103 \sim 117$$

$$CI\ 99.5\% = 110 \pm 9 = 101 \sim 119$$

这些置信区间反映了个人真实测验分数（真分数）在不同概率水平上的范围。因此，根据之前提供的信息，我们可以得出结论，在 99.5% 的置信区间内，我们有 99.5% 的信心认为利蒂西娅的真分数在 101 到 119 之间。

提高信度／精确度

虽然测量误差存在于所有测验中，但测验开发者可以采取措施减少误差，从而提高测验分数的信度／精确度。可能最明显的方法是简单地增加测验项目的数量（Reynolds, Livingston, & Willson, 2008）。这一方法基于以下假设，即大量的测验项目可以更准确地代表被测量的内容领域，从而减少内容抽样误差。补充信息 7-1 说明了如何通过添加项目数量来提高信度系数为 0.30 的 10 条目测验的信度 / 精确度。提高信度 / 精确度的其他方法包括编写可理解的、明确的测验项目；使用选择性反应题型（如多项选择）而不是建构性反应题型（如短文）；确保项目（题目）不会太难或太容易；有明确的施测和计分程序，并且需要个体在能够施测、计分或解释测验之前进行培训。

补充信息 7-1　通过增加测验长度（项目数量）来提升信度

测验长度对信度 / 精确度有多大影响？如果我们已经知道现有测验的信度 / 精确度，我们可以使用斯皮尔曼 – 布朗公式来预测如果我们增加项目数量，新的信度 / 精确度会是多少。

$$r_{new} = \frac{n \times r_{xx}}{1 + (n-1)r_{xx}}$$

式中，

r_{new} 表示对提升（或降低）测验长度后新的信度 / 精确度的估计，

r_{xx} 表示对原始测验的信度 / 精确度的估计，

n 表示测验长度增加或减少的倍数（新测验长度除以旧测验长度）。

例如，我们假设一个 10 条目测验的信度 r_{xx} 是 0.30。我们决定将此测验增加至 50 道题目。要获得新长度的测验的信度系数，我们首先计算 n。

$$n = \frac{新测验长度}{旧测验长度} = \frac{50}{10} = 5$$

随后，我们将这个值代入斯皮尔曼 – 布朗公式。

$$
\begin{aligned}
r_{new} &= \frac{5 \times 0.30}{1 + (5-1)0.30} \\
&= \frac{1.50}{1 + (4)0.30} \\
&= \frac{1.50}{1 + 1.20} \\
&= \frac{1.50}{2.20} \\
&= 0.68 \,(保留两位小数)
\end{aligned}
$$

通过将题目从 10 道增加到 50 道，整体测验的信度 / 精确度从 0.30 提升到了 0.68。为了进一步说明此变化，下面的列表给出了一个初始信度 / 精确度为 0.30 的 10 条目测验。你可以看到，随着题目数量的增加，信度 / 精确度也会增加。

题目数量	信度 / 精确度
10	0.30
20	0.46
50	0.68
100	0.81
200	0.90
500	0.96

总结

我们提供了关于测验分数的信度 / 精确度的信息，即在每次施测中，测验分数的一致性、可靠性和稳定程度。信度 / 精确度的一个重要概念是测量误差。在测验中，我们试图确定测量误差对个体的真分数的影响有多大。测量误差是由与被测量构念无关的因素造成的，如时间抽样误差、内容抽样误差、评分者间误差、受测者特征、测验程序中的缺陷，甚至随机因素。

我们通过计算信度系数来评估测验分数的信度 / 精确度。我们使用的信度系数的类型取决于几个因素，如测验内容、测验程序、测验条件和评分者。虽然信度系数不存在最低水平，但我们知道信度系数越高，测验分数越可靠。计算测量的标准误差有助于解释信度 / 精确度，方法是使用统计数据创建置信区间，该区间告诉我们一个人的真实得分（真分数）将落入哪个上限和下限之间。

问题讨论

1. 定义信度 / 精确度，并描述其在评估中的重要性。

2. 辨识并描述测量误差的各种来源及其相关的信度 / 精确度评估方法。每种方法的优缺点是什么？

3. 在以下情况下，哪种评估信度 / 精确度的方法提供了最有用的信息？为什么？

（1）为预测职业项目的成功选择能力倾向测验。

（2）确定测验中的项目是否同质。

（3）确定从不同评分者那里获得的分数的一致性程度。

4. 如果一位教师正在为一个心理测验班开发期中测验，那么什么类型的测量误差是最需关注的？为什么？

5. 以下因素会以何种方式影响信度 / 精确度？

（1）有异质的测验项目。

（2）增加测验项目的数量。

（3）在两次测验同一份数学试卷时，测验之间的时间间隔非常短。

活动建议

1. 查阅几个标准化测验，并识别测验手册中给出的信度／精确度类型。

2. 就以下主题之一写一篇论文或准备一份课堂报告：影响测验分数信度／精确度的因素，提高信度／精确度，提高教师自编测验的信度／精确度。

3. 阅读对你参加的一些测验的批判性评论，看看评论者如何评价测验分数的信度／精确度。

4. 萨拉在第五版韦氏儿童智力量表（WISC-V）的工作记忆指数（WMI）中获得了98分。我们知道WMI得分的信度系数是0.92，平均值是100，标准差是15。计算测量的标准误差，然后在±1 SEM和±2 SEM下为萨拉建立置信区间。

效度

学习本章之后，你将能够做到以下几点。

- 定义效度并解释其在评估中的重要性。
- 定义构念这一术语，并举例说明如何在心理和教育评估中检查构念。
- 描述影响效度的主要因素。
- 解释效度与信度 / 精确度之间的关系。
- 描述效度证据的主要来源，并举例说明评估每种来源的程序。
- 解释如何评估校标。
- 解释如何说明效度系数。
- 解释在效度验证过程中考虑测验结果的重要性。

在日常用语中，当我们提到某件事有效时，是指这件事是合理的、有意义的或准确的。同样，当应用于测量时，效度（validity）是指根据评估结果做出的主张和决定是否合理、有意义，以及是否达到了预期目的。传统上，效度的定义仅仅是指测验或问卷（即评估工具）测量了它应该测量的东西。如今，效度的概念是指支持评估工具用于特定目的的证据。人们可以使用五种信息来源来论证工具的效度：测验内容、内部结构、与其他变量的关系、测验结果，以及反应过程（AERA，APA，& NCME，2014）。近年来，随着问责制运动开始影响教育和心理评估，关于创建效度论证的新视角变得尤其重要。因为，评估结果经常用于做出影响个体一生的决定，这进一步强调了对评估结果所作解释的恰当性进行评价（效度）的重要性。

效度的本质

根据《教育与心理测验标准》（AERA et al.，2014），效度的定义为"证据和理论在何种程度上支持测验为拟定用途做出的分数解释"。换句话说，如果测验分数被用来做出影响个人的决定，那么根据这些分数做出这些决定的有效性如何？

戈林（Gorin，2007）更简洁地将效度定义为"测验分数为目标问题提供答案的程度"。例如，如果我们的目标问题是"来访者的焦虑水平是多少"，我们会期望测验中的问题被设计为测量焦虑水平，测验的结果将是代表焦虑水平的指标。信度是指测验被重复多次后得到的结果是否相似，效度则是指测量我们打算测量的内容。虽然出于此目的对测验进行评价看起来很容易，但其过程非常复杂。例如，评估焦虑水平的测验可能会设置有关来访者睡眠模式的问题，"他们入睡困难吗""他们醒得早，却无法重新入睡吗"，虽然这些问题可能与焦虑有关，但也可能与抑郁症和其他症状有关。因此，我们必须有一个标准的过程来确定测验项目和测验结果分数在多大程度上能衡量我们正在检查的构念。在心理咨询中，效度是至关重要的，例如，评估抑郁的工具不能被用来评估压力或创伤。

评估目标问题的能力只是效度的一个方面。效度还指评估结果被使用的充分性和适当性。一个评估工具如果会导致女性、不同文化背景的个体受到不公平待遇，则它既不充分也不适当（Miller，Linn，& Gronlund，2012），因种族、民族、社会经济地位或残疾状况而歧视特定群体的工具也不适当。在这两种情况下，缺乏公平性将表明评估结果的使用缺乏效度。

当使用效度这一与测验相关的术语时，请考虑下列事项。

- 效度针对使用和解释测验结果的适当性，而不针对测验本身。虽然为了方便起见，我们经常提到"测验的效度"，但这实际上是不正确的，因为没有任何测验在所有情况下都是有效的。关于效度的陈述应始终指向特定的解释和使用。或者，正如凯恩（Kane，2013）所说："对测验分数的解释或使用进行验证，就是对基于分数做出的主张的合理性进行评估。一种基于论据的验证方法建议，基于测验分数的主张应概括为一个论据，该论据明确给出了从测验反应（test response）到基于分数的解释和使用所需的推论和支持性假设。"换句话说，因为测验的目的是根据测验结果对个体做出一些推断，所以我们想知道推断和假设背后的论点是否有效。

- 效度是一个程度问题，而不是"全"或"无"的问题（Oren，Kennet Cohen，Turvall，& Allalouf，2014）。尽管效度在制定 2014 年美国《教育与心理测验标准》之前被划分为不同的部分，但现在它们被认为是一个统一的概念。效度论证必须包含所有累积的证据，以支持针对特定目的做出的测验分数解释（Oren et al.，2014）。作为使用评估的咨询师，你必须能够评价测验开发者或研究者对效度提出的论点，并确定其是否合理。

- 效度是一个统一的概念。这意味着效度是一个单一的、整合的概念，以构念效度为中心，并得到效度证据来源的支持。从历史上看，效度分为三种不同的类型：内容效度、校标效度和构念效度，即三方效度观。这种命名在美国第一版《教育与心理测验标准》（AERA et al.，1966）中被引入，并一直延续到第二版和第三版（AERA et al.，1985，1999）。《教育与心理测验标准》的最新版本（AERA et al.，2014）未提及不同类型的效度，相反，它通过引用五种效度证据来源来强调统一概念。尽管目前存在这种统一的效度观点，但三方效度观在测验中仍然根深蒂固，对三方效度观的引用在今天的许多测验手册和测验评论中都有体现。此外，一些教育研究者正在质疑统一概念（以构念效度为中心），并重新强调内容效度的重要性（Sireci & Faulkner Bond，2014）。因此，许多教科书在描述效度证据的类型和来源时继续使用传统术语。

- 效度特定于某些群体或目的——没有任何测验对所有群体或所有目的都有效。例如，效度证据可能支持一个阅读测验的结果对受测者当前阅读理解水平进行的解释，但几乎没有证据能预测未来水平。同样，某数学测验可能有强有力的证据证明它可以利用测验结果来解释五年级学生的算术技能，但对于解释三年级学生的算术技能几乎没有支持证据。因此，当评价或描述效度证据时，重要的是要考虑人们打算如何解释和使用测验分数，以及测验的对象群体是否恰当（AERA et al.，2014）。

重温构念

由于我们在本章中频繁使用构念（construct）这一术语，因此在讨论效度证据之前，我们将重新讨论此术语的含义。构念，也称为潜变量（latent variables），是科学发展的概念、想法或假设，用于描述或解释行为（Cohen & Swerdlik，2018）。因此，构念无法被直接测量或观察。相反，构念是由一组可以被直接测量或观察的相关变量或维度所定义或推断出来的。例如，虽然我们无法测量或观察攻击性这一构念，但它可以从构成攻击性的可测量变量之间的相互关系中推断出来，如身体暴力、言语攻击、低社交技能等。

构念可以是非常复杂的（如人格），也可以是单一的（如抑郁情绪）。在心理学中，人格、情绪、能力倾向、适应能力、注意力和自尊等特质或行为都可以用构念这一术语来描述。在教育领域中，构念的例子包括智力、成就、情绪紊乱和学习障碍。就业或职业相关构念的例子包括工作绩效（表现）、动机、文书能力、兴趣或工作价值观。这些示例仅代表了几种可能的构念。就效度而言，构念是一个重要的概念，因为如果我们有证据表明基于测验目的对评估结果做出的解释是有效的，那么我们就认为评估结果准确地反映了被测量的构念。

威胁效度的因素

许多因素会使测验结果对预期用途无效。两个主要威胁效度的因素包括构念表征不足（construct underrepresentation）和构念无关变异（construct-irrelevant variance）（AERA et al., 2014）。这两个术语分别指一项测验对构念的测量比预期测量的少（构念表征不足）或多（构念无关变异）（Reynolds, Livingston, & Willson, 2008）。构念表征不足意味着测量范围过窄，未能包括已确定构念的重要维度或方面。我们用一个衡量写作技能的测验来举例说明。如果测验只包含拼写问题，而忽略了写作的其他方面，如语法和标点符号，那么这将是对写作技能的不准确表达。

相反，构念无关变异意味着测量范围太宽，包含太多变量，其中许多变量与构念无关。例如，某一特定主题领域的测验要求受测者具备过高的阅读理解能力（如数学测验中的大量复杂说明），则测验分数可能会非常低，这反映出受测者的阅读困难（Messick, 1995；Reynolds et al., 2008）。或者，如果测验项目包含允许受测者正确回答的线索，那么测验分数可能会非常高。拿一项阅读理解测验举例，其中包括一些受测者熟知的文章，受测者的表现可能是熟悉文章的结果，而不是阅读理解能力强的结果。因此，构念无关变异被视为对准确解释测验分数的污染。

除了构念表征不足和构念无关变异外，其他因素也会影响测验结果解释的效度。其中包括以下内容（Miller et al., 2012）。

- 测验的内部因素：不明确、不适当或构念不良的测验项目；测验项目太少；项目安排不当；可识别的答案模式。
- 施测和计分程序因素：未遵守校标指示和时间限制，给予受测者不公平的帮助，计分错误。
- 受测者特征因素：受测者有情绪障碍、考试焦虑、动机缺乏等问题。
- 不适当的受测群体因素：对与有效群体不同的个体施测。

效度和信度 / 精确度

在第七章中，我们讨论了测量的信度 / 精确度的概念，理解信度 / 精确度和效度之间的关系是非常重要的。信度 / 精确度是指测验分数的稳定性或一致性。信度 / 精确度是效度的必要但不充分条件。一个产生完全不一致结果的测量工具不可能提供有效的分数解释。无论测验结果多么可靠，都不能保证其效度。换言之，测验结果可能非常可靠，但可能测量了错误的内容，或者可能以不适当的方式被使用。例如，我们可能会设计一个"智力"测验，却测量单脚跳跃的能力（Miller，2012）。这项测验的分数在各个项目和时间跨度上可能完全一致。然而，这种完美的信度 / 精确度并不能证实我们对智力的测量是有效的（假设单脚跳跃的能力不是智力的准确测量）。因此，信度 / 精确度较低的测验通常表明效度较低，而信度高的测验并不能确保效度高。

效度证据的来源

《教育与心理测验标准》断言，效度是"开发和评价测验的最基本考量因素"。效度集中在测验目的与基于个体测验分数做出的解释或决定之间的关系上。因此，测验的效度验证过程涉及收集和评价多个效度证据的来源，这些证据可支持依据测验分数做出的解释和推断。评价效度证据的来源可能涉及仔细检查测验内容，将测验分数与某些外部校标关联，或将测验分数与其他测验或测量的分数关联（Cohen & Swerdlik，2018）。

传统上，效度证据分为三类：内容效度证据、校标效度证据和构念效度证据。然而，最新版本的《教育与心理测验标准》放弃了传统的命名法，确定了五种效度证据来源，其依据包括：（1）测验内容；（2）内部结构；（3）与其他变量的关系；（4）测验结果；（5）反应过程。这些效度证据来源的共同点是，它们强调证明测验分数与其他变量之间的关系的证据（Urbina，2014）。尽管引入了五种效度证据的来源，但旧的分类仍然被相关领域工作者广泛使用。此外，积累效度证据的四种传统方法包括了《教育与心理测验标准》中引用的前四种证据来源（主要在构念效度的概念下）（Miller et al.，2012）。虽然咨询师可能需要辨识过时的效度概念，但我们认为将讨论集中在基于当前校标的效度证据上是重要的，即集中讨论：（1）测验内容；（2）内部结构；（3）与其他变量的关系；（4）测验结果；（5）反应过程。我们希望提醒读者不要将效度证据的来源误认为是效度的单独类别，它们应始终被视为效度统一概念的一部分。所有效度证据的来源都与被测量的构念有关。

测验的效度验证过程是持续的和严格的，类似于为复杂的科学理论积累证据。在对效度证据进行汇总后，人们要判断对测验结果做出的解释或推断是否有效。测验结果对受测者越重要或影响越大，证据就越需要有说服力。一般来说，效度证据的种类越多越好。测验开发者有责任在测验手册中报告效度验证数据，而测验使用者有责任仔细阅读效度信息并评价测验对其特定目的的适用性。

测验内容循证

测验内容循证指的是证明测验内容与计划测量的构念之间相关的证据（基于测验内容的证据）。换句话说，测量工具的内容（包括项目、任务和 / 或问题，以及施测和计分程序）必须明确代表测量工具被设计用来评估的内容领域。例如，一名大学生可能会关心期末测验的内容效度。该学生希望得到保证，试题代表了课堂教学和学习材料涵盖的内容。

验证内容效度的过程始于测量工具的编制之初，并遵循合理的方法，以确保内容符合测验规范。该过程的第一步是清楚地描述要测量的构念或内容领域。对构念的定义确定了主题和测量工具中要包含的项目。

一旦确定了构念或内容领域后，第二步便是开发细目表。细目表（或称测验蓝图）是一个二维图表，通过列出测验将涵盖的内容领域和分配给每个内容领域的任务或项目的数量（比例）来指导测量工具开发。内容领域反映了代表感兴趣的构念的基本知识、行为或技能。测验开发者通过各种来源确定相关的内容领域，如研究文献、专业校标，甚至是测量相同构念的其他测验。测量成就或学术能力的工具的内容领域通常来自教育或认证校标、学校课程、课程大纲、教科书和其他相关材料。例如，在编制关键数学诊断测验（KeyMath-3，衡量美国 K-12 学生基本数学技能的标准或校标参照成就测验）时，测验开发者创建了一个细目表，其中包含反映了基本数学内容、（美国）国家数学课程和（美国）国家数学校标的内容领域。对于人格和临床调查量表，内容领域可能来自与人格特质或各种心理健康问题相关的理论和经验知识。例如，第二版贝克抑郁量表（BDI-II）的内容设计与《精神障碍诊断与统计手册》（第五版）中的抑郁症诊断校标一致。在就业评估中，内容领域会反映与特定工作相关的要素、活动、任务和职责，例如，表 8-1 显示了用于预测销售业绩的工具细目表。测验手册应始终提供关于测验内容领域来源的明确说明。

表 8-1　细目表示例

细目表：预测销售业绩	
内容领域	项目 / 任务数
动机与主动性	5
坚持	5
竞争力	4
沟通技巧	4
外向性	3
计划和组织技能	3
合作性	3
自信	3

在开发了包含已确定内容领域的细目表之后，测验开发者开始编写实际的测验项目。因此，验证内容效度的过程的下一步涉及招募若干外部顾问，即主题专家（subject matter experts，SME），他们将审查测验项目以确定它们是否确实代表了内容领域。SME 可以由该领域的内容专家和非专业人员组成。例如，为了评价抑郁症评估工具的内容效度，应该有两组专家参与：（1）在该领域发表过文章或与抑郁症患者工作过的人；（2）抑郁症患者（Rubio，2005）。有许多方法可用于报告 SME 提供的数据。尽管测验开发者可以将报告中的 SME 评级作为证据，但通过各种统计数据来表示 SME 之间的一

致程度更为有用（如艾肯效度指标，Aiken's validity index）。此外，SME 还可以对测验与外部机构（如美国教育部）的内容校标之间的一致性进行分析。SME 的一致性分析还可以使用多种方法进行，如韦伯方法（Webb method）和实现方法（achieve method），并可以矩阵格式表示。

内部结构循证

验证效度的证据应根据测验的内部结构，即维度、测量不变性（measurement invariance）和信度 / 精确度来收集。在检查维度时，要注意一些工具被设计用于测量一个一般构念，而其他工具则被设计用于测量一个构念的多个维度。例如，皮尔斯 - 哈里斯儿童自我概念量表（Piers-Harris Children's Self-Concept Scale）（Piers-Harris 3；Piers & Herzberg，2018）有六个子量表，用于测量整体自我概念这一构念。对于评估多个维度的工具，评估构念效度的一部分是检查测验的内部结构，以确保测验组成部分（如子量表）测量的是某一基础构念。这一过程可用到的一个技术是因素分析。因素分析是一种统计程序，分析测验组成部分之间的关系，以确定测验是不是一维的，即所有组成部分都测量同一个构念。进行因素分析有两种基本方法。如果我们对量表中已经存在的维度有强烈的理论期望，我们将使用验证性因素分析（confirmatory factor analysis，CFA）。如果我们不确定量表的基础维度，我们将使用探索性因素分析（exploratory factor analysis，EFA）。

作为结构方程模型的一种形式，CFA 是证明一个测量工具内部结构效度的首选方法（Rios & Wells，2014）。之所以作为首选方法，是因为测验开发者必须在开始研究之前确定因素模型。换句话说，测验开发者不是仅在测验数据中寻找新出现的因素。在开始研究之前设置的因素模型是基于理论的，并且通常具备实证依据。除了理论基础外，CFA 的分析程序也比其他因素分析程序更稳健。

如果测验开发者想要在编制测验的过程中识别与特定维度相关的特征，那么就会经常用到探索性因素分析（Kline，2000）。例如，假设测验开发者设计了一个测验来识别与外向性这一单一维度相关的特征。他们编写了他们认为能够评估这些特征的测验项目，并在从大量样本中获得分数后将这些项目进行因素分析。根据结果，开发者选择只保留测验中与外向性这一维度相关的项目。

除了维度之外，对与测量不变性相关的证据进行评价也很重要。在开发测验时，研究者必须确保测验的各个方面都考虑到公平性。根据 2014 年的《教育与心理测验标准》，测验开发者应收集效度证据，证明测验结果适用于受测群体和每个相关子群体。有一种因素分析形式叫多群体验证性因素分析（multiple group confirmatory factor analysis，

MGCFA），可用于为不同人群提供关于测量不变性或公平性的证据（Rios & Wells，2014）。MGCFA 的计算过程超出了本章的范围。然而，在咨询师选择工具时，可以从 MGCFA 提供的信息看到测验开发者是否注意到了系统偏差问题。

与测验内部结构相关的效度的最后一个组成部分是信度 / 精确度。虽然我们在第七章中详细讨论了信度 / 精确度，但需要注意的是，内部一致性数据可以作为测验内部结构质量的重要证据（Rios & Wells，2014）。

与其他变量关系循证

与其他变量关系循证包括检查测验结果与外部变量之间的关系，其中外部变量被认为是对构念的直接测量。外部变量关注测验结果在预测特定表现方面的效度。为此，人们会根据校标对测验结果进行检查，其中校标是人们设计测验时想要预测或关联的直接和独立的测量校标。例如，测验使用者可能需要证明某个特定的能力倾向测验可以预测工作绩效。这个能力倾向测验就是预测变量，工作绩效就是与测验结果进行比较的校标。如果测验结果能够准确预测工作绩效，那么就有证据表明测验与其他变量有关。在 2014 年的《教育与心理测验标准》中，与该范畴相对应的现代概念化是与其他变量关系循证（AERA et al.，2014）。

与其他变量关系循证有两种形式。其中同时性证据（同时效度证据）以预测变量与某些校标相关的同步（同时）程度为基础。例如，测量抑郁情绪的测验应该与当前的抑郁诊断有很强的关系。预测性证据（预测效度证据）以一个测验分数对某个表现的未来水平的估计程度为基础。例如，用来预测高中生在大学表现的 SAT 成绩应该预测学生在大学能否成功。效度通常关注测验是否有效，与其他变量关系循证能表明一项测验测量的是什么（Shultz，Whitney，& Jickar，2014）。因此，测验分数可以有效预测某个校标，但不能预测另一个校标。例如，智力测验可能是学业成绩的良好预测因子，但可能是道德水平的较差预测因子。因此，人们选择的校标必须适合测验的预期目的。

当测验结果与定义良好的校标之间存在高度相关性时，就提供了与其他变量关系的证据。我们之所以对将测验分数与特定校标进行比较感兴趣，是因为我们假设该校标更好地反映或更准确地代表了我们正在测量的构念。校标由校标指标表示，校标指标旨在评估特定校标的指标（Urbina，2014）。例如，工作绩效校标可能对应诸如主管评级、生产率记录、员工自我报告等校标指标。因此，人们可以设计一个能力倾向测验（预测变量）来预测由主管评级（校标指标）衡量的工作绩效（校标）。在验证测验分数的效度时，可以使用的校标指标几乎是无限的，包括学业成绩和认证、职业能力倾向和行为特征。此外，在大多数效度验证研究中，都可用不止一个校标指标表示单个校标（Urbina，

2014）。

由于有许多可能的校标指标可用，测验手册应始终为效度验证过程中选择的校标指标提供理由。一般而言，校标指标应该是相关、可靠且无污染的。为了确定一个校标指标是否与测验的预期目的相关，我们必须确定它是不是相关行为或结果的有效代表。例如，平均成绩（GPA）被认为是衡量大学成功与否的关联指标，因此，它通常被选为验证入学测验（如 SAT）效度的校标指标。

因为一个工具的有效性是根据其与某一校标的关系来判断的，因此校标指标本身需要被准确地测量，它必须是可靠的。让我们假设有一项测验与工作绩效相关，它由工作效率量表和主管评级决定。如果一名员工的工作效率在第一周为"高"，在下一周为"低"，或者如果该员工从一位主管那里得到了高绩效评级，而从另一位主管那里得到了低绩效评级，那么该测验将无法预测工作绩效，因为用于评估工作绩效的校标指标（工作效率量表和主管评级）不可靠。

校标指标应无污染，这意味着度量不应受到与校标不相关或不重要的任何外部因素的影响。当校标指标包含与我们试图测量的构念无关的方面时，校标污染就存在了。例如，如果一个儿童词汇测验受儿童的表达性语言障碍的影响，那么我们会考虑这个校标（词汇）是被污染的。或者，如果对患有慢性疼痛的个体实施评估抑郁症的测验，慢性疼痛症状——可能包括类似于抑郁症的症状，如睡眠障碍、精力下降、运动迟缓，以及食欲和体重的变化——可能会污染校标（抑郁症）。如果校标指标被一些不相关的外部变量所污染，那么测验分数可能会因外部变量而增加或减少。

效度系数 人们用效度系数来评价与其他变量关系的证据，它表示测验结果与校标指标之间的关系，范围在 $-1.0 \sim 1.0$ 之间。效度系数为 0 表示测验分数和校标之间没有关系，效度系数为 1.00 表示完全的正相关关系，因此，效度系数越高，效度证据越有效。效度系数到底应该多大才能被视为测验与其他变量相关的有力证据？与任何相关系数一样，没有硬性的解释规则。效度系数的大小取决于几个因素，如校标的性质和复杂程度、效度系数是否具有统计学意义、效度验证样本的组成和大小，以及所有这些因素之间的相互作用（Anastasi，1988；Urbina，2014）。一般来说，效度系数往往较低（比信度系数低），因为我们是在将我们的测验与不同／其他测验或校标进行比较（即使它们测量或代表相同的构念）。相比之下，信度系数提供了对测验本身的项目或组成部分之间关系的度量，因此我们期望信度系数更大。一般来说，效度系数很少大于 0.50，并且小于 0.30 的效度系数也并不罕见。测量教科书（Anastasi，1988；Anastasi & Urbina，1997；Cronbach，1990）传统上将 0.20 作为最小效度系数值的指南。科恩（Cohen，1992）建立了效度系数的效应量标准：小于 0.20 是"弱"；0.21 ~ 0.40 是"中等"；大于 0.50 是"强"。美国劳工部（2000）也提供了解释效度系数的指南：低于 0.11 是"不

表 8-2 解释效度系数的通用指南

非常高	>0.50
高	0.40 ~ 0.49
中等 / 可接受	0.21 ~ 0.39
低 / 不可接受	<0.21

太可能有用"；0.11 ~ 0.20 是"视情况而定"；0.21 ~ 0.35 是"可能有用"；0.35 以上是"非常有益的"。关于效度系数含义的众多观点可能让人不知所措，因此，我们综合了这些观点，制定了一套解释效度系数的通用指南（见表 8-2）。

预测误差　从根本上来讲，得到与其他变量关系的证据是为了表明测验分数准确地预测了人们感兴趣的校标表现。但在进行预测时，我们可能会犯两种类型的预测错误：假阳性错误或假阴性错误。为了解释预测错误，我们假设一家公司要求求职者在申请过程中完成能力倾向测验。由于公司认为能力倾向测验（预测变量）的分数将预测工作绩效（校标），公司将只雇佣测验分数等于或大于特定临界分数的人。在这种情况下，可能会发生两种类型的错误：假阳性错误，即错误地预测会出现阳性结果，而事实并非如此；或假阴性错误，即错误地预测会出现负面结果，事实也并非如此。图 8-1 给出了两种错误类型的示例。从图中可以明显看到四个象限。一个被预测会在工作中取得成功并随后确实取得成功的人将属于真阳性象限。被预测成功但实际上失败的人将被评为假阳性。被预测会失败且确实失败的人会被认为是真阴性。被预测会失败但实际成功的人是假阴性。如果需要，人们可以分析预测错误并调整预测变量。在我们的例子中，如果出现了太多的假阳性错误，雇佣了太多实际工作表示欠佳的个体，那么可以提高该能力倾向测验的临界分数。这意味着几乎所有被雇佣者的表现都将高于平均水平，并且假阳性错误数量将减少。

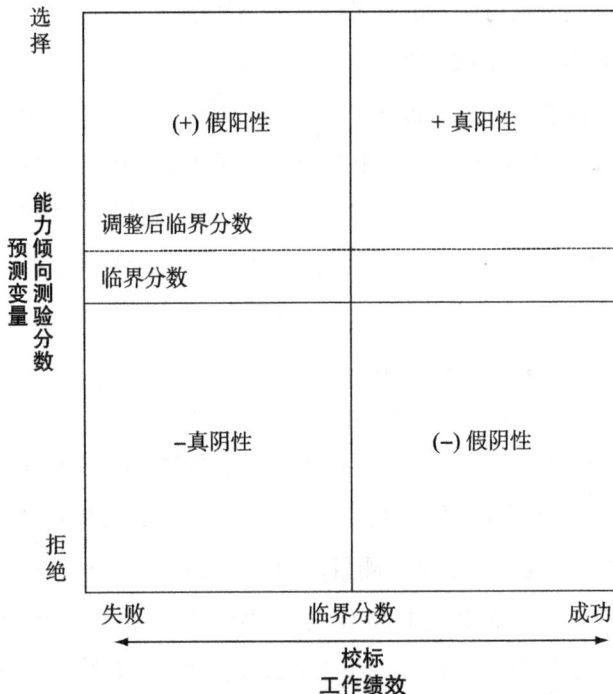

图 8-1 预测误差

人们可以从几个来源收集测验分数与其他变量关系的证据。重要的是要记住，在不同类型的效度中积累的证据为效度论证提供了依据。为了进一步展示收集与其他变量关系的证据的过程，我们对以下来源进行了讨论。

- 同质性（homogeneity）证据。
- 聚合证据和判别证据（convergent and discriminant evidence）。
- 群体分化研究（group differentiation studies）。
- 年龄分化研究（age differentiation studies）。
- 实验干预结果。

同质性证据 测验同质性指的是测验的题目和组成部分（子量表、子测验）在多大程度上测量的是同一个概念（Cohen & Swerdlik，2018）。参考 1999 年的《教育与心理测验标准》，测验同质性是一种为测验内部结构提供证据的方法。测验开发者提供同质性证据的一种方法是给出较高的内部一致性系数。正如你在第七章关于信度/精确度的内容中所学的，内部一致性信度的估计（如 α 系数）通过检查测验题目之间的相互关系来评价测验题目测量相同构念的程度。高内部一致性信度意味着测验题目是同质的，这会增加题目评估单个构念的信心。

除了题目之间的相互关系外，还可以通过将每个测验题目的分数与总的测验分数相关联来获得同质性证据（项目与总体的相关性）。例如，如果你想获得学生动机测验的同质性证据，你可以对一组学生进行测验，然后将每个题目的分数与测验总分关联起来。如果所有题目都与测验总分高度相关，则有证据表明这些题目衡量了学生动机这一构念。同样的程序也可用于测验中的子量表或子测验。同一测验中的子量表或子测验之间的高度相关性可以证明这些组成部分测量了期望测量的构念。

聚合证据和判别证据 测验开发者经常使用聚合证据和判别证据来证明某一特定工具测量了其意图测量的构念。通过将测验结果与评估同一构念的其他工具的结果相关联，可以获得聚合证据。不像与其他变量相关的证据需要与被认为更能代表预测构念的校标指标进行比较，聚合证据是将测验分数与其他等价代表同一构念的工具的分数相比较。两个测验之间的高度正相关有助于证明整体构念效度。测验开发者通常通过将他们的测验分数与能够进行比较的成熟测验的分数即金校标（a gold standard）进行相关分析，从而获得聚合证据。例如，有研究者指出，第五版斯坦福–比内智力量表（SB-5）的整体综合得分通常高于其他智力指标的得分（Minton & Pratt，2006）。加勒特和吉尔摩（Garred & Gilmore，2009）调查了第五版斯坦福–比内量表和第三版韦氏学龄前儿童智力量表（WPPSI-III）之间的关系。在用 SB-5 和 WPPSI-III 测验了 32 名 4 岁儿童的样本后，研究者经计算得出两者之间的相关性为 0.79。虽然这是一个具有统计学意义的结果，但这种关系显然存在一些误差。这在实践中意味着什么？决定使用一种测验而不是另一种测验可能会产生不同的结果。在他们的研究中，加勒特和吉尔摩发现一些学生的IQ分数相差多达16分。如果你考虑一下IQ分数对学校设置的影响，那么16分的差异大得难以置信，而且很有问题。这个例子不仅引发了人们对与其他变量相关的思考，它对讨论测验结果也有意义。

另一种建立聚合证据的常见程序是在修订测验时进行的（Urbina，2014）。在这种情况下，测验开发者报告的新测验和以前版本之间的高度相关性将作为两者均测量相同构念的证据。例如，BDI-II测验手册引述，BDI-I（Beck，Ward，& Mendelson，1961）和BDI-II（Beck，Steer，& Brown，1996）之间的相关性为0.94，这是两个版本都能测量抑郁症构念的证据。聚合效度的证据也可以从不同量表的子量表或子测验得分之间的相关性来获得。例如，BDI-II与90项症状清单修订版（Symptom Checklist-90-Revised，SCL-90-R）的抑郁子量表的相关系数为0.89（Beck et al.，1996），与米隆临床多轴问卷（Millon Clinical Multiaxial Inventory）的重性抑郁子量表的相关系数为0.71（Millon，Davis，Grossman，& Millon，2009）。

另一种用于证明效度的类似方法涉及判别证据。与聚合证据相反，判别证据的基础是某测验与其他测量不同构念的测验之间一致的低相关性。例如，我们假设SAT分数与评估社交技能的测验分数无关，或者，评估躯体攻击性的测验分数与评估退缩的测验分数有较低相关性。

群体分化研究　提供构念效度证据的另一种方法是证明一个工具的分数能够正确且显著地区分已知或被认为在某一特定特质上存在差异的两组人。群体分化或对照组研究用于分析某个工具是否以理论预测的方式区分不同群体。如果发现两组测验分数像预测的那样存在显著差异，则测验就具有了构念效度的证据。例如，考夫曼儿童成套评估测验第二版（KABC-II；Kaufman & Kaufman，2014）是一项针对3 ~ 18岁儿童和青少年加工和认知能力的个体测量方法。作为其效度验证过程的一部分，它分析了几个不同群体的测验分数，这些群体代表了诸如学习障碍、精神障碍、注意缺陷/多动障碍（ADHD），以及天才状态等诊断或特殊教育类别。各组的平均得分以预期方式与基于校标化样本（即常模组）的非临床组（未被分类至诊断或特殊教育类别）有显著差异。例如，ADHD儿童的得分如预期一样低于正常儿童组。此外，分析表明，ADHD儿童和校标化样本中的儿童在KABC-II量表上的得分存在显著差异（Kaufman & Kaufman，2014），ADHD组的得分显著低于非临床组。

年龄分化研究　与群体分化研究相关的是年龄分化研究，这也被称为发展研究。年龄分化研究侧重于通过显示测验分数随年龄增长而增加或下降的程度来证明效度。让我们以智力为例。根据智力理论家霍恩和卡特尔（Horn & Cattell，1966，1967）的说法，智力包括两大类：流体智力和晶体智力。流体智力是解决问题和适应新情境的能力。晶体智力是通过教育和个人经验获得的知识和能力。根据霍恩和卡特尔的说法，流体智力在童年和青春期都在增长，最早从青春期晚期到成年期开始下降。相比之下，晶体智力在中年持续增长，在老年保持不变。考夫曼青少年和成人智力测验（Kaufman Adolescent and Adult Intelligence Test，KAIT；Kaufman & Kaufman，2004）是一项由测量流体智力和晶体智力的单独量表组成的一般智力测验，其中作者对 11 ~ 85 岁的几组个体进行了年龄分化研究。他们发现，晶体智力得分在 25 岁之前一直上升，在 54 岁之前趋于平稳。54 岁之后，得分稳步下降，但没有显著下降。在 75 ~ 85 岁之间，晶体智力得分与青少年期前和青少年时期的得分相似。考夫曼（Kaufman & Kaufman，2004）还发现，流体智力得分会一直增加到 20 岁左右，随后流体智力得分略有下降，直到 54 岁以后，得分才大幅下降。在 75 ~ 85 岁之间，流体智力得分远低于 11 岁时的平均值。KAIT 的年龄分化研究结果在某种程度上符合霍恩和卡特尔预测的与年龄相关的智力变化模式。

实验干预结果 用于测量实验干预效果的测验为构念效度证据提供了另一个来源。例如，假设一位研究者致力于研究教授孩子口头复述信息是否有助于他们完成短时记忆任务。在干预后，该研究者比较了儿童在短时记忆测验中的前测和后测分数，以确定干预是否有效地改善了短时记忆表现。如果接受干预的儿童的分数显著增加，而未接受干预的匹配组的分数没有变化，则分数的变化可被视为测验效度的证据，以及证明干预效果的证据。

测验结果循证

测验结果循证是最新版本的《教育与心理测验标准》中确定的一种效度证据，涉及检查使用测验结果的预期和非预期影响。人们在实施测验时通常期望从测验分数的解释中获益。影响性证据涉及评价测验使用的实际和潜在后果，以及解释的社会影响（Messick，1989）。测验的社会后果可能是积极的（如教育政策的改善），也可能是消极的（如测验分数偏差或测验使用不公）。重要的是找到证明测验的积极影响大于消极影响的证据。例如，学术入学测验的影响性测验效度可能涉及调查测验是否不公平地选择或拒绝了不同人口群体的成员以使其获得理想或不理想的教育机会。

莱恩（Lane，2014）讨论了美国州级表现评估框架下的测验影响。近几十年来，美国学校的学生表现备受关注。为了应对新出现的表现问题，各州实施了强制性测验计划。当强制项目实施时，应该有证据表明这些项目适用于预期结果（Lane，2014）。为了给强制项目构建一个合适的效度论证，人们应审查预期和非预期影响的证据。例如，在某些情况下，人们可能会为了与测量校标保持高度一致及提高学校成绩而缩小课程范围。通过缩小课程范围，校标的其他方面可能会被忽略，学生也可能无法接触到很重要的材料。再如，假设一个学区在州测验中表现不佳，由于该记录，州资助受到影响，而学区可能在该州管控之下。在这种情况下，主管和校长可能会对教师或学生的作业安排进行调整，以提高学区的表现。该学区的校长可能会为苦苦挣扎的教师提供与测验内容密切相关的材料。而这些努力与学生的福祉无关，并且会造成问题。

反应过程循证

"反应过程"一词是指受测者在完成测验时所采取的行动、思维过程和情绪特征。反应过程循证有时被视为内容效度的一部分，为受测者在测验过程中确实使用了预期的认知和心理过程提供了效度支持。反应过程的差异可能揭示与被测量构念无关的变异来源。例如，如果一项测验旨在衡量个体解决数学问题的能力，那么个体的心理过程应该反映的是问题解决，而不是记住一个他已经知道的答案。了解测验内容如何影响受测者的反应过程对于创建能评估预期内容领域的测验及避免对受测者表现产生不必要的认知或情感要求非常重要。检查反应过程的方法包括出声思维法（受测者在完成一个测验项目或任务时大声地说出自己的思考过程）、测验后访谈（受测者在测验后解释反应的原因）、大脑活动测量和眼动研究。

认知过程还包括从受测者或其他未经技术培训的观察者视角出发所看到的测验所测量的表面内容，这在调查效度证据时也应予以考虑（Urbina，2014）。换句话说，一个测验是否看起来在测量它声称测量的东西？对于受测者、施测者，以及其他未经技术培训的观察者来说，这个测验看起来合理吗？阿纳斯塔西和乌尔维纳（Anastasi & Urbina，1997）描述了一项为儿童设计并扩展至成人使用的测验最初是如何因缺乏表面合理性而遭到抵制的。对成人受测者来说，测验显得愚蠢、幼稚，因此在他们完成测验时会影响他们的认知过程。最终，成年人与测验程序配合不良，从而影响测验结果。

总结

在本章中，我们介绍了效度的概念。效度是指根据测验结果做出的推断和决定是否正确或恰当。威胁效度的因素包括构念表征不足（测验未能包括已确定构念的重要维度或方面）和构念无关变异（测验内容太广，包含变量太多，其中许多变量与构念无关），此外还有测验的内部因素、施测和计分程序因素、受测者特征因素和不恰当的受测群体因素。

验证测验效度的过程涉及评价各种效度证据的来源。证据可能集中在测验内容上（内容证据）、在测验的内部结构上、在测验结果与外部变量之间的关系上（与其他变量的关系）、在测验结果上，以及在反应过程中。评价构念效度证据的方法包括评价内部结构证据（同质性证据）、聚合证据和判别证据、群体分化研究、年龄分化研究、实验干预结果。有诸多方法可用于提供效度的总体证据，并支持测验在不同场景下的应用。测验使用者有责任仔细阅读测验手册中的效度信息，并评估测验对特定目的的适用性。

问题讨论

1. 效度的统一概念是什么意思？

2. 哪类效度证据有助于验证以下各项测验？解释原因。

（1）阅读测验

（2）抑郁症状检查清单

（3）工作表现（绩效）测验

3. 对于下面介绍的每个校标，确定至少两个在效度验证研究中可能有用的校标指标。

（1）获得心理咨询硕士学位

（2）医学生未来作为医生"对病人的态度"

（3）胜任零售业岗位

4. 如果你想编制一个新的工具来评估心理咨询师学员的心理咨询技能，请描述你将采取哪些步骤来提供内容效度的证据。

建议活动

1. 我们提供了五个描述不同人格特质的单词和短语（构念），分别是同情、真诚、自私、耐心、不宽容。选择其中一个构念，并解决下面的问题。

（1）对构念进行清晰的定义。

（2）集思广益，找出几个反映你的构念的特征或行为的内容领域。

（3）根据内容领域构建细目表。

2. 研究以下两项测验，并回答之后的问题。

测验 A：40 题

描述：自尊测量

量表：总分、一般自尊、社会自尊、个人自尊

信度：重测信度 r 为 0.81；总分、一般自尊、社会自尊、个人自尊量表的 α 系数分别为 0.75、0.78、0.57 及 0.72。

效度：内容效度——制定了自尊的构念定义，制定了细目表，编写了涵盖所有

内容领域的题目，请专家对项目进行了评价。聚合效度——与库珀史密斯自尊量表（Coopersmith Self-Esteem Inventory）的相关系数 r 为 0.41。判别效度——与贝克抑郁量表的相关系数 r 为 0.05。因素分析显示三个子量表（一般自尊、社会自尊、个人自尊）是自尊的维度。同质性效度——子量表之间的相关性表明，一般自尊量表与社会自尊量表的相关系数 r 为 0.67，与个人自尊量表的相关系数 r 为 0.79，与总量表的相关系数 r 为 0.89。

测验 B：117 题

量表：总体自尊、能力、可爱性、悦人性、自控力、个人能力、道德自我认可、身体外观、身体功能、身份整合和防御性自我强化

信度：各子量表的重测信度范围为 0.65 到 0.71，各子量表的 α 系数范围为 0.71 至 0.77。

效度：内容效度——基于自尊的三层次模型。聚合效度——与自我概念和动机量表的相关系数 r 为 0.25，与艾森克人格问卷的相关系数 r 为 0.45。判别效度——与汉密尔顿抑郁评定量表的相关系数 r 为 0.19。

（1）鉴于以上技术信息，你会选择哪种工具？

（2）在做出决定之前，你还想了解哪些信息？

选择、施测、计分和解释评估结果

学习本章之后，你将能够做到以下几点。

- 识别并描述选择评估工具和策略所涉及的步骤。
- 列出并描述提供评估工具信息的各种资源。
- 描述评价评估工具或策略的过程。
- 描述使用评估工具施测的各种程序。
- 描述对评估工具进行计分的方法，并讨论它们的优缺点。
- 描述咨询师在解释评估结果方面的责任。

在前几章中，我们描述了评估数据的方法和来源，并讨论了关于统计和测量概念的重要信息。当你进入下一个评估培训领域时，记住前面的章节内容是很重要的。请记住，到目前为止我们讲的所有内容都与评估实践有关，你应该努力将这些信息整合到心理咨询评估的综合框架中。为了阐明本章的主要概念，我们将重申前几章的一些信息。我们相信重复会加深你对困难概念的理解。在我们讲解特定类型的评估（如智力、成就、能力倾向、职业和人格）之前，我们需要说明对评估工具进行选择、施测、计分，以及对评估结果进行解释的过程。

选择评估工具和策略

选择最合适的评估工具或策略是一个关键的步骤。具体评估工具或策略的选择将取决于几个因素，如所需信息的类型、来访者的需求、资源限制、评估可用的时间框架、评估工具的质量，以及咨询师的资格。因此，评估方法的选择涉及对评估工具和策略进行仔细考量和评价。以下步骤可能有助于你选择评估工具和策略。

- 辨识所需信息的类型。
- 辨识可用信息。

- 确定获取信息的方法。
- 搜索评估资源。
- 考虑文化和多样性因素。
- 评价并选择一个评估工具或策略。

辨识所需信息的类型

选择评估方法的第一步是确定所需信息的类型。任何评估工具或策略只有在能为评估提供所需信息时才有用。咨询师根据评估的目的决定收集什么信息。正如我们在第一章中所述，评估有几个一般目的：筛查、识别和诊断、制订干预计划，以及对干预进展和结果进行评估。例如，假设一位职业咨询师正试图为一位处理职业生涯中期危机的来访者确定一项干预计划，该咨询师可能需要获取来访者的工作经历、当前和未来的工作愿望、教育背景、能力、价值观和兴趣等信息。同样，如果一位心理健康咨询师正在评估一个人是否患有抑郁症，该咨询师会想知道此人是否有特定的抑郁症症状，其在工作中表现如何，或者其以前是否接受过抑郁症治疗。

辨识可用信息

选择评估方法的第二步是辨识和检查现有的评估信息。在临床环境中，临床医生的初始访谈问卷、来访者的个人史数据和初步诊断结果通常是可用信息。学校环境可以提供包括家庭信息、教育背景、成绩、评估和测验结果、轶事记录、出勤和健康信息等在内的累积档案。这些现有信息通常能提供关于来访者的有用信息，从而在当前的评估过程中被使用。令人遗憾的是，有时可能会出现过度测验，也就是说，来访者可能会被要求重复最近的测验或进行类似的测验。例如，一个学区对 9 年级和 10 年级的全体学生进行了奥蒂斯－列侬学校能力测验（Otis-Lennon School Ability Test，OLSAT）、差异能力倾向测验（Differential Aptitude Test，DAT）、学校和大学能力测验（School and College Ability Tests，SCAT），以及加州心理成熟度测验（California Test of Mental Maturity，CTMM）。这些测验反复评估相同的因素，多次测验的结果没有提供足够的额外信息。虽然就个人而言，了解多种对学术天赋或能力的衡量标准很有价值，然而，当来访者被要求在短时间内重复同样的测验时，他们可能会失去动力，甚至变得敌对。在特定环境中，开发一份针对特定来访者的检查清单可能有所帮助。表 9-1 给出了一个学校环境下咨询师可获得的检查清单示例。

表 9-1　学校环境可提供的来访者信息检查清单示例

	是否需要	
学生一般信息	是	否
生日	———	———
家庭信息	———	———
出勤率	———	———
永久成绩单	———	———
其他学校的成绩单	———	———
出勤记录	———	———
州立成就测验结果	———	———
其他成就测验结果	———	———
高考成绩	———	———
健康数据和记录	———	———
处分记录	———	———
功能性行为评估	———	———
行为干预计划	———	———
个性化教育项目	———	———
课堂记录		
考试和作业的成绩	———	———
阅读的进展	———	———
阅读水平	———	———
能力掌握	———	———
作业样例	———	———
日常观察	———	———
家长会记录	———	———
学校咨询师记录		
兴趣数据	———	———
行为问题	———	———
职业和教育目标	———	———
参与学校活动	———	———
合作工作经验数据	———	———
父母或监护人记录		
非学校活动或成就	———	———
健康记录	———	———
成绩单	———	———
论文或作业	———	———

确定获取信息的方法

在确定了所需信息的类型和检查了所有现有数据后，咨询师需要确定获取信息的方法。回顾一下，咨询师有正式和非正式的评估工具和策略可供选择。在具有相应胜任力的情况下，咨询师可以进行访谈、测验和观察。例如，如果评估的目标是评估一位有学习障碍的学生的潜力，咨询师可能会使用一系列的策略和测验，包括功能性行为评估、评定量表和一组个体能力测验。如果对来访者进行职业探索评估，咨询师可能会对其进行兴趣调查。如果一个人正在接受评估，以确定是否有资格参加抑郁症心理咨询小组，咨询师可以使用非结构化访谈来评估他／她的抑郁症状。我们建议综合使用正式和非正式的访谈、测验和观察，以获得对来访者的深入评估。正式和非正式评估方法的正确组合将因评估目标的不同而不同。咨询师还应考虑最适合来访者和环境的评估方法（如纸笔测验、计算机评估）（Whiston，2017）。此外，咨询师需要选择他们有资格施测和解释的评估方法。

搜索评估资源

因为有数以千计的正式和非正式的工具（或策略）可被用来评估能力、性格特征、态度等，所以咨询师需要知道如何定位和获取有关评估工具的信息。没有一个单一的来源可以将所有可能的正式和非正式评估工具分类。信息来源因细节而异：一些提供全面的信息，而另一些仅提供对测验的描述。表 9-2 列出了信息来源的种类及其优势和劣势。我们将回顾一些最常见的信息来源，包括参考资料来源、出版商的网站或目录、样本集、测验手册、研究文献、网络资源、专业组织和未出版的工具目录。

表 9-2　评估工具信息来源

种类	优势	劣势
参考资料来源（《心理测量年鉴》《已出版测验》《测验评论》）	• 包含专家对测验的评论 • 包含该测验使用的参考文献，如那些对评估测验信度和效度的研究	• 可能会提供过时的信息，因为一些出版物不经常再版 • 可能因为评审者没有遵循通用的格式而给出参差不齐或有偏见的评论 • 没有彻底讨论测验的目的和可能的用途
出版商的网站或目录	• 能获得有关测验成本和计分服务的最新信息 • 能获得有关新测验和服务的信息	• 有时呈现了有偏差的测验图片 • 有时未包含必要的技术或实操信息，如测验所需时间、适用年龄或年级、如何获得完整测验包，以及为实现使用恰当性做快速筛选的基础信息（对子量表或子测验的描述等）
样本集	• 可以查看测验和测验格式 • 阅读和评估技术信息 • 判断测验的信度、效度和可解释性	• 不总是包括所有相关的信息，如技术手册、解释手册或计分按键
测验手册	• 提供有关测验性质的详细资料 • 描述测验开发过程 • 提供技术信息 • 描述常模团体 • 提供施测和解释指南	• 可能呈现过时和有偏见的材料 • 可能是高度技术性的或过于简化的 • 可能需要测量的理论背景
研究文献	• 包含信度和效度研究 • 包含对某些工具的评论 • 包含对评估议题的研究	• 评论可能质量不一，没有共同的格式，或只评论了少数测验 • 由于出版物积压，有些测验可能需要 2～3 年才能出版

（续表）

种类	优势	劣势
网络资源	• 提供可通过计算机检索的信息 • 从各种来源识别已开发的主要测验和工具 • 可以系统地更新和定期发表	• 可能识别出还不适合使用的资源 • 可能使用不熟悉的测验 • 文章发表和摘要收录之间存在时间滞后性
专业组织	• 及时了解最新的测验、文本、参考书，以及与测验开发、施测和解释相关的议题 • 有时提供最新参考文献，其中包含使用或评估给定测验或测验程序的文章和研究报告	• 可能提供有偏差的信息 • 可能需要支付订阅费用 • 不做索引来源，所以信息可能很难检索
未出版的工具目录	• 提供从商业途径无法获取的工具的信息	• 可能包括过期或不完整的信息来源 • 可能没有提供许多与技术和操作问题相关的信息，如成本和时间

参考资料来源　关于商业测验最好的信息来源可能是《心理测量年鉴》（*Mental Measurements Yearbook*，MMY）系列。《心理测量年鉴》（Carlson, Geisinger, & Johnson, 2017）由奥斯卡·K. 布洛斯（Oscar K. Buros）于 1938 年创立，现在已经更新至第 20 版了，它提供评估信息以保证知情的测验选择。该年鉴由美国内布拉斯加大学林肯分校（University of Nebraska-Lincoln）布洛斯心理测量研究所出版，书中提供了 2800 多项测验的描述性信息，包括出版商、价格、适合测验的人群和心理测量信息（如信度、效度、常模数据）等。《心理测量年鉴》的一个显著特点是包含测验专家的评论及评审员的参考文献列表。

《已出版测验》（*Tests in Print*，TIP；Anderson, Schlueter, Carlson, & Geisinger, 2016）是布洛斯心理测量研究所的另一份出版物。在第 9 版中，它全面列出了所有商业上可用的、用英文编写的测验。它包含与 MMY 相同的测验基本信息，但不包含评论或心理测量信息。TIP 可引导读者到 MMY 获取关于测验的更详细信息。TIP 以硬拷贝形式存放于学术图书馆，并通过 EBSCO 数据库以电子形式存储。

其他被广泛使用的参考资源包括《测验评论》（*Tests Critiques*）和《测验》（*Tests*）。《测验》提供了一份综合列表，上面有所有用英语编写的可用测验。它提供了测验描述，但不包含评论或心理测量信息，这些信息可以在《测验评论》中找到。《测验评论》是与《测验》配套使用的，包含对每个测验的三部分描述：引言、实际应用 / 使用，以及技术方面。它还提供了心理测量信息和对每个测验的评论。

出版商的网站或目录　所有主要测验出版商（测验发布者）的网站都包含他们产品的在线目录。这些在线目录是关于最新版本测验的描述性信息的来源。这些信息可能包含材料和计分的成本、计分服务的类型，以及出版商提供的辅助材料。需要提醒的是，出版商的网站是旨在销售产品的营销工具，它们不能提供全面评价测验所需的所有信息。咨询师也可以从出版社订购一套测验样本集，其中包括测验手册、测验小册子、答题纸和计分按键。

测验手册 测验手册可从测验发布者处获得，它能提供关于测验的施测信息和技术信息。事实上，因为人们想要的关于特定心理或教育测验的大部分信息都可以在测验手册中找到，所以测验手册是测验选择过程中的主要参考资源。测验手册应是完整的、准确的、最新的且清晰的。测验手册应该提供关于测验规范的信息（如测验的目的、待测量概念的定义、对测验对象群体的总体描述、关于解释的信息）和准备并发布测验文档的一般标准：手册和用户指南（AERA，APA，& NCME，2014）。表 9-3 显示了这些标准的清单摘要。

表 9-3　用于评价测验手册的清单

	是	否
1.测验发布时可以查阅的测验手册	————	————
2.测验手册完整、准确、撰写清晰	————	————
3.讨论了测验的理论基础和使用	————	————
4.关注了可能的误用	————	————
5.描述了常模团体	————	————
6.提供了信度证据	————	————
7.提供了效度证据	————	————
8.规定了使用者资质	————	————
9.呈现了测验相关研究的参考文献	————	————
10.测验新版本发布时，测验手册同步更新、修改	————	————
11.解释了测验的施测条件和形式	————	————
12.为受测者解释测验提供了帮助	————	————
13.测验解释简单易懂	————	————
14.提供了电脑生成解释的准确性证据	————	————
15.提供自动的测验解释服务	————	————
16.如果有分数线，提供相关的理论并概念化	————	————
17.提供了关于多样性群体适用性的技术信息，如年龄、年级、语言、文化背景、性别	————	————
18.详细介绍了推荐的语言改良方法	————	————

研究文献 关于测验信息的一个优质来源是已发表的研究。学术期刊作为可用来源特别关注教育、心理学和其他领域的评估和测验（见表 9-4）。此外，关于测验综述或特定测验使用研究的特定期刊文章也可以向专业人员提供被广泛使用的评估工具的相关信息。

表 9-4　与评估相关的学术期刊

《应用教育测量》（*Applied Measurement in Education*）

《应用心理测量》（*Applied Psychological Measurement*）

《评估》（*Assessment*）

《高等教育评估与评价》（*Assessment and Evaluation in Higher Education*）

《教育中的评估》（*Assessment in Education*）

《教育与心理测量》（*Educational and Psychological Measurement*）

《教育测量》（*Educational Assessment*）

《教育测量：问题和实践》（*Educational Measurement: Issues and Practices*）

《职业评估期刊》（*Journal of Career Assessment*）

《教育测量期刊》（*Journal of Educational Measurement*）

《人格评估期刊》（*Journal of Personality Assessment*）

《心理教育评估期刊》（*Journal of Psychoeducational Assessment*）

《心理咨询与发展中的测量与评价》（*Measurement and Evaluation in Counseling and Development*）

《心理评估》（*Psychological Assessment*）

网络资源　因特网提供了许多搜索测验信息的方法。测验定位器（test locator）允许用户从各种来源搜索有关评估工具的信息。测验定位器可以通过几个赞助网站获得，包括布洛斯学院、美国教育考试服务中心（ETS）和 ERIC 评估与评价信息中心。此外，如前所述，你可以通过网上付费方式从《心理测量年鉴》获得测验评论。

关于评估工具的信息也可以通过在线搜索心理学文摘数据库（PsycINFO）找到，这是一个摘要数据库，索引了从 19 世纪到现在所有已发表的心理学研究。《心理学摘要》（*Psychological Abstracts*）是 PsycINFO 的印刷版本，而 PsycLIT 是 PsycINFO 的只读光盘版本。

专业组织　许多专业组织提供评估方面的信息。它们中的大多数有网站或期刊、时事通讯，或其他关于一般评估议题或特定背景下的评估（如学校评估和就业测验）的出版物。表 9-5 列出了一些专业协会的名称。

表 9-5　有关评估的行业协会

美国心理咨询协会（ACA）	ERIC 评估与评价信息中心
美国教育研究协会（AERA）	国际人事管理协会评估中心（IPMAAC）
美国心理学会（APA）	美国国家科学院测验和评估委员会（BOTA）
美国言语语言听力协会（ASHA）	美国国家学校心理学家协会（NASP）
心理咨询评估与研究协会（AARC）	美国国家测验指导者协会（NATD）
测验发布者协会	美国国家公平公开测验中心
评估、测量和统计学部	美国国家评估、标准和学生测验研究中心（CRESST）
美国教育考试服务中心（ETS）	美国国家教育测量委员会（NCME）

未出版的工具目录　评估工具不限于已公布的测验。社会科学研究文献中存在大量未发表或非商业用途的量表、清单、投射技术和其他评估工具。《未出版的实验测量方法目录》（*Directory of Unpublished Experimental Measures*, Goldman, Egelson, &

Mitchell，2008）是最受欢迎的未出版工具的印刷目录之一。此目录提供对最新开发的、商业上不可用的测验的访问途径。这些评估工具已被其他研究者用于教育学和心理学的各种主题。该目录根据测验的功能和内容对测验进行分组，并提供测验目的、格式、心理测量信息和相关研究的信息。

考虑文化和多样性因素

在检查现有评估资源时，必须考虑文化或多样性因素。并非所有的评估工具都覆盖所有的文化，因此，在选择合适的评估工具时，使评估工具的选择符合来访者、咨询师和环境的需要是一个关键步骤。然而，在评估中确定"文化"一词的含义可能具有挑战性（Montenegro & Jankowski，2017）。当我们考虑文化响应性评估时，这些评估工具会留意所有目标人群，并有意在其心理测量属性的发展中具有包容性。

例如，许多评估工具已经具备标准化和英语规范化，然后被翻译成其他语言。仅仅翻译成其他语言并不等于评估工具有了文化敏感性。为了得到适当的使用，新翻译的评估工具还必须在新的语言群体中进行标准化、规范化和验证。如果不遵循这一过程，翻译后的评估工具可能会造成对新群体的偏见或不利，从而导致与诊断和治疗规划有关的问题。当我们审视当前的评估选择时，我们发现对少数民族的评估缺乏规范化（Okazaki & Sue，2016）。因此，评估专家在依赖传统上以大多数西方人口为标准的工具进行评估时应该谨慎（Kirova & Hennig，2013）。关于文化考量因素的进一步讨论见本书第三章。

评价并选择一个评估工具或策略

在选择使用哪种评估工具或策略时，咨询师必须根据几个因素（如目的、测验分数、信度、效度）评价评估工具。对于大多数已出版的正式评估工具，测验手册是评价信息的主要来源。然而，在对所选择的评估工具进行详细评价之前，你可以阅读针对已发表测验的评论。本节将提出几个问题，以指导专业人员评价并选择正式的评估工具或策略。阅读时，你应该回忆前几章的信息，并尝试将这些信息应用到这部分内容。通过研究这些问题并使用你已经学过的内容，你将提高成功评价评估工具的能力。

该评估工具的目的是什么？目标人群是谁？ 在调查一个评估工具时，第一个要问的问题是该评估工具的目的是否符合咨询师的需要。如果一项评估工具没有衡量感兴趣的行为或构念，那么就没有必要进一步评价该评估工具。另一个考虑因素是一项评估工具在何种程度上适合被评估的个体。手册应清楚地说明该评估工具的推荐用途，并描述其目标人群。

常模团体由哪些人组成？ 这个问题解决的是一个评估工具在开发过程中用到的个体

样本（常模团体）是否能代表潜在受测群体。常模团体必须能反映它所来自的群体。这对于常模参照工具来说尤其重要，因为这类工具就是将受测者的表现与常模团体的表现进行比较并做出解释。咨询师应该从代表性、样本收集年份（时效性）和常模团体规模（常模团体的大小）来评估某常模团体是否合适。

评估工具的结果可靠吗？ 信度（可靠性）是指分数一致、可靠和稳定的程度。任何由与被测量对象无关的因素导致的分数波动都被称为测量误差。有几种方法可以估计适用于各种测量误差来源的信度，包括重测、复本、内部一致性和评分者间信度（见第七章）。

评估工具的结果是否有效度证据？ 效度是指根据评估结果做出的主张和决定是否合理或恰当。效度证据可以通过系统地检查评估工具的内容、考虑评估工具的分数如何与其他类似的评估工具相关或考虑分数和与被测量构念相关的其他变量之间的关系来获得。效度信息的来源包括测验手册或已发表的研究等（见第八章）。

评估工具（测验）手册是否提供了关于施测程序的清晰和详细的说明？ 手册中应全面描述所有施测规范，包括说明和时间限制。根据评估工具类型的不同，手册可能呈现其他施测问题，包括参考材料和计算器的使用、照明、设备、座位、监控、房间要求、测验顺序和时间等。

评估工具手册是否提供了用于计分、解释和报告结果的足够信息？ 对于能够辅助评估工具进行计分的材料和资源，评估工具手册应提供相关的可用信息，如计分软件、邮寄计分服务或计分按键和模板。评估工具手册还应提供对结果进行解释和报告的方法。许多评估工具的开发者根据测验结果提供计算机生成的概要文件和叙述性报告。咨询师需要确定解释是否清晰易懂，叙述性报告是否提供了准确且全面的信息。

评估工具是否有偏差？ 如果测验结果的差异可归因于人口统计学变量（如性别、种族、民族、文化、年龄、语言、地域等）而不是被测量的构念，则该工具被认为是有偏差的。评估工具的开发者应对受测者的人口统计学特征表现出敏感性，并记录应采取的恰当步骤以尽量减少偏差。

使用评估工具需要什么水平的胜任力？ 在过去的几十年里，人们越来越关注对测验误用的可能性，于是专业组织开始宣传关于测验使用者能力和资格的信息。为了使用特定的评估工具，咨询师需要接受教育、培训和督导。一般来说，合格的测验使用者应具备以下方面的知识和技能：（1）心理测量原理和统计学；（2）评估工具的选择、施测、计分、解释、沟通和确保测验结果的程序（AAC，2003）。购买评估工具一般只限于满足某些最低教育和培训资格要求的人。大多数出版商根据美国心理学会（APA）1950年首次开发的三级系统来对测验使用者的资格进行分类。虽然APA在1974年放弃了该分类系统，但许多出版商继续使用该系统或类似系统。该分类系统包含以下水平。

- **A 级**：这些评估工具不要求测验使用者接受施测和解释方面的高级培训。购买 A 级评估工具的个人必须拥有心理学、公众服务、教育学或相关学科的学士学位，与评估有关的培训或认证，或者有使用评估工具的实际经验。A 级评估工具的例子包括一些态度和职业探索测验。

- **B 级**：使用 B 级评估工具的从业人员通常具有心理学、心理咨询、教育学或相关学科的硕士学位，已完成评估方面的专业培训或课程，或者有记录培训和评估经验的执照或认证。此外，如美国言语语言听力协会（ASHA）或美国职业治疗协会（AOTA）这类专业组织的成员可能会有资格购买 B 级评估工具。B 级评估工具的例子包括一般智力测验和兴趣测验。

- **C 级**：C 级评估工具要求测验使用者具有 B 级资格证书及心理学或相关学科的博士学位（相关学科要提供评估工具施测和解释方面的适当培训）或执照/认证，或者直接接受心理学或相关领域的合格专业人员的指导。C 级评估工具的例子包括智力测验、人格测验和投射测量，如韦氏儿童智力量表第五版（WISC-V）、明尼苏达多相人格测验第二版（MMPI-II）和罗夏墨迹测验。

该评估工具应考虑哪些实操问题？ 当评价一个特定的评估工具时，咨询师应该考虑实操问题，包括施测所需的时间、施测的难易程度、计分的难易程度、解释的难易程度、格式、可读性、评估工具的成本。

- **施测所需的时间**：进行测验所需的时间是一个考虑因素。在学校环境下，测验是否可以在正常的上课时间进行，或者施测者是否需要更多的时间？在门诊心理健康咨询中心，来访者能在传统的 50 分钟个体心理咨询时间内完成一项评估吗？一个施测者一天可以合理地安排多少个一对一测验？我们知道，测验时间越长，结果越可靠。但问题是，如果测验时间显著延长，那么对于一个特定的目的，信度需要达到多少。

- **施测的难易程度**：本章后文将详细讨论测验的施测，但这里应该注意的是，施测有不同的程序。有些测验需要大量培训来进行施测和计分，有些则不。有些测验比较难以进行，因为包含许多一对一计时的子测验和对受测者的复杂指导。测验使用者应该通读测验手册并评估测验的实施难度。

- **计分的难易程度**：如何计分是一个很重要的问题，因为计分可能比施测花费更多的时间。测验可以手动计分、电脑计分或发送给出版商计分。在大多数情况下，手动计分更耗时，如果评估工具提供计分模板或答案按键，计分过程会更快。有些评估工具还需要施测者有大量的培训经历和经验。

- **解释的难易程度**：除非测验结果是可解释的，否则测验结果是没有用的，测验开发者和审查者都需要提供解释。许多评估工具根据测验结果提供基于计算机的解释。评估工具也可能在测验手册中提供详细的章节专门侧重于解释。较好的测验会有示例或说明性案例研究。测验使用者还应该检查测量工具是否提供计算机生成的叙述报告、简介或摘要，或者其他指导受测者理解测验结果的材料。

- **格式**：就像评价其他印刷材料一样，测验使用者应该考虑诸如打印尺寸、格式的吸引力和插图的清晰度等因素。有些测验的设计很吸引人，使用了各种颜色和打印尺寸。然而，有些印刷品因字体太小或纸张颜色太深而难以阅读。一些测验可能使用双栏排版来减少必要的眼球运动，另一些测验则在整个页面上印刷题目。测验使用者在评估这些特征时应该考虑到受测者。一个吸引人的格式可以使测验更有效。

- **可读性**：测验的可读性是一个重要的因素。一般来说，除非测验的目的是测验受测者的阅读水平或语言能力，否则测验应尽可能简单易读，以便测量所需的构念而不是测量阅读理解因素。即使是在磁带上呈现的测验也应该使用容易理解的词汇。

- **评估工具的成本**：在考虑一种评估工具时，成本是一个重要的因素，因为大多数学校和机构的预算有限。购买商用评估工具可能会相当昂贵，可能需要购买测验手册、测验册、答题纸、计分模板、计算机软件或辅助材料。现在一些测验出版商会出租测验，特别是成套成就测验，而非要求用户购买。此外，一些测验手册是可重复使用的，施测者在下一次测验时只购买答题纸即可。计算机软件可能会增加评估工具的初始使用费用，但如果评估工具经常被使用，则可能在每次施测中降低成本。还有计分服务，大多数主要测验和成套测验都可以发送结果进行计分和解释——当然需要一些额外的费用。

使用评估工具评价表　要想使评价和选择评估工具的过程变得更容易，一种方法是使用评估工具评价表（见表 9-6）。该表提供了一种便捷的方法来记录评估工具的重要方面，并使重要事实更不易被忽视。当使用评估工具评价表时，咨询师需从测验手册和参考来源获得信息，最好是提供评论的参考来源（如《心理测量年鉴》）。使用评估工具评价表的一个重要方面是确定评估工具的优缺点。这有助于最终的信息整合和选择决策。

表 9-6 评估工具评价表

评估工具评价表

评估工具名 _____   作者 _____

出版商_____   出版日期 _____

施测者资质 _____

评估工具的简要描述
- 通用类型（团体成就测验、多种能力倾向成套测验、兴趣量表、人格量表等）
- 人群（年龄、性格、文化背景等）
- 评估工具的目的
- 提供的计分
- 项目类型

技术评价
- 信度证据（重测信度、分半信度、复本信度、内部一致性信度、评分者间信度、测量的标准误差）
- 效度证据（内容效度、校标效度、构念效度）
- 常模团体（构成、大小、是否适用于潜在测验使用者）

操作特征
- 施测程序、时间
- 计分和解释程序
- 测验成本的适当性

过往评论
- 《心理测量年鉴》
- 其他来源

评估工具评价
- 优点总结
- 缺点总结
- 最终推荐

评价

贝克抑郁量表第二版

你是一名心理健康咨询师，目前在一家为成人服务的门诊心理咨询诊所工作。你正在考虑是否在工作中采用第二版贝克抑郁量表（BDI-II）。你的许多来访者似乎都在被抑郁症困扰，你认为使用一种专门评估抑郁症症状的工具可以帮助你做出准确的诊断。你现在每周在诊所工作 40 个小时，每周会见大约 20 个来访者，每位来访者进行 1 个小时的个体心理咨询。你将剩下的时间用于制订治疗计划、书写病程记录、参加员工会议和督导。

关于 BDI-II 的信息详见第十五章。接下来我们还会向你提供心理测量学信息。在阅读了关于 BDI-II 的信息之后，回答下面的问题。

常模团体

专业人员采用两组样本对 BDI-II 的心理测量属性进行了评估。

1. 由 500 名在美国东海岸四家门诊（其中两家位于城市，两家位于郊区）寻求门诊治疗的患者组成的临床样本。该样本包含 317 名女性（63%）、183 名男性（37%），年龄在 13 ~ 86 岁，平均年龄为 37.2 岁。样本包括四个族群：白人（91%）、非裔美国人（4%）、亚裔美国人（4%）和西班牙裔美国人（1%）。

2.由 120 名加拿大大学生组成的非临床样本作为对照"正常"组。其中有 67 名女性（56%）、53 名男性（44%），据描述成员"主要为白人"，平均年龄为 19.58 岁。

信度

内部一致性信度：对内部一致性的分析得出临床样本的克伦巴赫 α 系数为 0.92，非临床样本的克伦巴赫 α 系数为 0.93。

重测信度：对由 26 名来自同一个诊所的门诊患者组成的亚样本进行了间隔一周的重测信度评估（$r = 0.93$）。

效度

内容效度：BDI-II 项目内容的设计与《精神障碍诊断与统计手册》（第五版）一致。

聚合效度：BDI-II 计分与其他量表的相关性如下：贝克绝望量表（$r = 0.68$），修订版汉密尔顿抑郁症精神病学评定量表（Revised Hamilton Psychiatric Rating Scale for Depression）（$r = 0.71$），SCL-90-R 抑郁亚量表（$r = 0.89$）。

判别效度：BDI-II 和修订版汉密尔顿焦虑评定量表的相关性为 0.47。BDI-II 和贝克焦虑量表的相关性为 0.60。

问题

1.描述和评价常模团体。你认为它有代表性吗？你认为它适合当前状况吗？你认为它的规模足够大吗？这些样本是否与你打算使用测验的目标人群相关？请回答并做出解释。

2.描述和评价用于评估信度的每一种方法。信度证据是否支持使用该工具？请回答并做出解释。

3.描述和评价每种类型的效度证据。效度证据是否支持使用该工具？请回答并做出解释。

4.描述该工具的操作方面，着重于施测所需的时间、施测的便捷性和计分的便捷性。

5.总结工具的优点和缺点。

6.基于你对 BDI-II 的检查，你会使用这个工具吗？解释你的答案。

施测

许多咨询师负责评估工具的实施，如标准化测验、非正式问卷、行为观察清单等。施测是一个重要的任务，因为评估结果可能会因施测上的疏忽而无效（Whiston，2017）。可供来访者使用的评估工具有很多，每一种都有不同的优点和缺点（见表9-7）。

表 9-7　施测的形式

形式	描述	优点	缺点
自我施测	受测者自行阅读指导并进行测验，不需要施测者在场	施测者不需要在场	受测者的动机和态度未知，他们对任务可能感到困惑或不解
个体施测	一个施测者在同一时段仅对一个受测者施测	施测者可以得知受测者的动机、态度、思考过程和认知水平，施测者可以获得更多信息	昂贵，且一天只能测量很少数量的个体；施测者需要特殊的训练和经验来进行个体施测
团体施测	同时对多个受测者施测	最经济高效的施测方式	受测者的动机和态度未知
计算机施测	测验指导及测验本身用计算机呈现	受测者通常可以立即获得反馈，施测者不一定要在现场，允许灵活的时间安排，计算机可以对大量个体进行计分、分析和解释，通常需要更少的时间完成测验	一些个体由于某些缺陷或对计算机的态度而表现不佳；当有太多个体需要施测时此方法可能不太可行
视频施测	测验指导和/或测验题目用视频呈现	结合了听觉和视觉刺激，可呈现模拟的或真实的情境，可评估更广泛的行为	对某些残疾个体可能不适用
语音施测	测验使用音频呈现	施测者可以四处走动查看是否出现问题，测验时间可控制，录音的质量和声音的类型可以统一控制，这种方法很适用于有阅读障碍的人	不适合有听觉、倾听理解或注意力缺陷的个体
标准手语施测	使用手语给出测验指令和测验题	对于多数听力损伤者而言，手语是他们的第一语言	施测者需要熟练使用手语，具备丰富的与听力损伤者工作的经验；部分听力损伤者可能使用不一样的手语系统
非言语施测	施测者避免使用口语或书面指令，而用普遍的肢体语言、手势来解释测验任务	适合有特定缺陷的个体，如语言障碍个体	测验者需要接受相关训练，并且熟悉与各种特殊人群工作

无论使用哪种形式或格式，咨询师都有责任遵循特定的施测程序。施测程序包括在施测前（可能涉及临近施测）、施测中和施测后发生的活动。咨询师可以从表9-8这样的

施测活动检查清单中获益。

表 9-8　施测活动检查清单

施测前

_____　检查测验手册和材料
_____　阅读和练习施测指导
_____　安排房间和设施
_____　向来访者介绍测验的目的
_____　发信息提醒来访者测验时间
_____　必要时获得知情同意书
_____　辨别需要的特殊材料和工具
_____　获得测验材料
_____　对测验手册指导标重点
_____　决定多项测验的施测顺序
_____　决定收集测验材料的程序
_____　为来访者可能提出的问题准备答案

临近施测

_____　组织测验材料
_____　安排并检查座椅位置
_____　检查灯光和通风
_____　安排洁净、充足的工作空间
_____　组织材料、安排分发

施测中

_____　根据指导分发评估工具和材料
_____　按照指导施测
_____　检查测验时限
_____　记录任何关键事件
_____　关注、记录任何违规行为

施测后

_____　按照指导回收材料
_____　按照指导存储材料

施测前

在施测前，咨询师的首要责任是了解关于评估工具的一切信息。咨询师应查阅测验手册、表格、答题纸和其他材料。他们应该熟悉评估工具的内容、题目的类型和施测说明。熟悉评估工具的最好方法之一是遵循程序并实际参与测验。

对于许多评估工具来说，有些任务必须在施测前完成。例如，如果进行团体测验，就有必要确保测验材料数量足够。其他施测前程序可能包括安排进行测验的日期，安排房间或设施，确保答题纸、铅笔等材料的数量准确等。

咨询师（施测者）还必须在施测前从受测者那里获得书面或口头的知情同意（ACA，2014；APA，2010）。受测者必须被告知此评估的本质和目的，以及保密限度和测验结果安全性将如何被保证（Urbina，2014）。如果受测者是未成年人，在评估过程开始前必须得到其父母的同意。此外，美国国家咨询师注册顾问委员会（NBCC，2016）规定，在实施评估工具或技术之前，咨询师必须向受测者提供具体信息，以便将结果与其他相关因素进行恰当的关联。咨询师需要向受测者解释为什么要使用测量工具，谁将获得测验结果，以及为什么参与评估过程对受测者是有利的，这将有助于确保合作（Graham，2011）。咨询师可以提供关于以下主题的情况介绍。

- 评估工具的目的。
- 选择评估工具的标准。
- 评估工具的适用条件。
- 测量的技能或领域。
- 施测程序和注意事项（如团体或个体施测、投入时长、成本）。
- 评估工具的题目类型和概述。
- 计分的类型、方法和向受测者报告测验结果的程序。

许多标准化测验提供样题和测验概述。施测者应该确保所有参加测验的人在测验前都进行过样题练习或应试技巧练习。这一要求特别适用于能力倾向测验、成就测验和能力测验。

当给大量受测者施测时，咨询师通常需要其他人（如教师、行政人员或其他咨询师）的帮助。这些助手必须接受过施测方面的训练，包括对评估工具有总体认识，最好是进行过一些施测和受测练习。实践经验有助于咨询师识别可能出现的问题，例如，如何应对提前完成任务的受测者。所有的咨询师都需要知道回答测验问题的指导方针，以及在施测时遵循标准化程序的重要性。

施测中

到了使用评估工具的时候，咨询师（施测者）可能会进行最后一次检查，看看是否一切正常。对于团体测验，施测者需要检查材料、照明、通风、座位安排、受测者工作空间是否整洁、铅笔是否削好、是否有"请勿打扰"标志等。个体测验应在安静、舒适的地方进行。操作标准化工具最重要的任务之一是逐字传递测验手册中的指令，并遵循规定的顺序和时间。任何偏差都可能改变评估工具中任务的性质，并可能破坏与常模团体结果的比较。实施评估工具的方法有很多，每一种方法都有优缺点。无论使用哪种形式或格式，施测者都有责任遵循特定的施测程序。

施测者还需要与受测者建立融洽的关系。对一些人来说，评估过程可能是一种全新的、可怕的经历，他们可能会感到恐惧、沮丧、敌意或焦虑。在个体施测中，施测者可以评估这些情感和动机因素，并积极地支持受测者。在团体施测中，施测者虽然很难关照每一个受测者的情绪，但可以秉持温暖、友好和热情的态度。为了让测验结果有效，施测者应该鼓励受测者在每一项任务中都做到最好。施测者还应该认识到，为了做到积极和客观，他们需要做到真实并理解个人偏见。实现这一目标的一种方法是仔细倾听和观察非言语线索。公正对待所有受测者是至关重要的。

　　在整个施测过程中，施测者必须警惕特殊人群的独特问题，例如，年幼的儿童和残疾人士可能需要更短的测验时长，以及更小的团体测验规模。施测者可能必须进行单独测验，或者对视觉、听觉或感知运动障碍做出特别规定，确保施测程序顺利进行。许多评估工具被设计用于残疾人士，或给出了适应各种残疾状况的建议程序。另外，施测者还必须仔细观察施测过程中发生了什么，记录任何可能增加或减少个人表现机会的测验行为或其他关键事件。一些评估工具有观察表或评级表帮助施测者记录个体的测验行为（见表 9-9）。

表 9-9　施测观察表示例

注意力	1　2　3　4　5
	低　　　　　高
反应时间	1　2　3　4　5
	慢　　　　　快
活动水平	1　2　3　4　5
	被动　　　　主动
安全感	1　2　3　4　5
	紧绷　　　平静且集中
焦虑程度	1　2　3　4　5
	低　　　　　高
与施测者的关系	1　2　3　4　5
	差　　　　　好
强化的必要性	1　2　3　4　5
	低　　　　　好
任务定向性	1　2　3　4　5
	放弃　　　坚持完成
对失败的反应	1　2　3　4　5
	差　　　　　好
对测验的兴趣	1　2　3　4　5
	低　　　　　高

　　施测中的问题往往是测验准备不足造成的。适应或培训阶段是帮助受测者缓解反应定势问题、焦虑和紧张情绪的一个重要元素。然而，某些问题只在施测中才会出现。表 9-10 详细介绍了其中一些问题及可能的解决方案。

表 9-10　施测中可能遇到的问题及解决方案

问题	可能的解决方案
作弊	创造难以作弊的环境，如调整桌椅、作业区域的间距等
受测者询问测验手册中未说明的问题	根据相似测验的经验进行判断、回答
猜测	鼓励受测者先做会的项目，后做不会的项目；当测验不对猜测做出惩罚时，受测者可以猜测答案
缺乏努力	积极、专业地解释测验的目的和重要性，劝说受测者努力完成测验
在测验中提问	在测验前告知测验过程中不会回答问题；当在测验房间中巡视时，只对由于不清晰造成的问题安静回答
干扰	尽可能减少干扰；向受测者道歉并尽可能解释原因；允许额外的时间完成测验
拒绝回答	在个体测验中，重复问题并询问受测者是否理解了问题；测验后，如果受测者本应能够回答问题，可进行进一步询问
施测者不确定是否使用表扬和鼓励	积极强化可以帮助建立融洽的关系、减少焦虑；此方式不可过分、刻意地使用
施测者效应	识别个人偏见，保持积极、客观；仔细倾听并观察非言语线索

施测后

一旦施测工作完成，咨询师可能有更多的任务要处理。例如，在进行小组成就测验时，咨询师可能需要按照预定的顺序收集材料、核查试卷和答题纸数量，并将它们正面朝上排列。此外，所有的物品都应该以适当的方式放回测验包中，以便将来使用。咨询师也应该立即记录任何可能使分数无效的事件。

对评估工具计分

正如我们在第六章学到的，咨询师必须对评估分数及其含义有一个清晰的理解。回想一下，有几种不同类型的分数可以反映个体在评估中的表现，如百分位数、T 分数、离差智商分数、年龄 / 年级当量、标准九分等。对评估工具的计分方法可能不同。评估工具可以手动计分、计算机计分、寄给出版商计分或由来访者自行计分。

手动计分通常需要使用计分按键或模板来辅助计分过程，涉及将原始分数转换为标准分数的说明和转换图表。考虑到对评估工具进行计分所花费的时间、对合格计分者的需求和出错的倾向，手动计分既不高效也不划算。计算机计分涉及将测验结果输入或将答题纸扫描到软件程序中，然后软件程序会自动生成测验结果。与手动计分相比，计算机计分通常更容易执行，耗时更少，要求计分者接受的训练更少，产生的计分误差也更少。然而，我们建议你理解计分过程和与标准分数相关的信息，以便培养理解计算机计分评估工具的能力。

一些手动计分工具要求计分者判断回答的正确程度或将回答与提供的标准答案进行比较。例如，许多大学入学测验中的论述题都使用整体计分程序来计分。计分者有标准答案，这些答案被赋予了一定的权重，然后计分者将受测者的论述与答案进行比较。计分者要以 4 分制标准来评估答案，并做出总体评分或整体判断，而不是给答案的每个可能组成部分分配一定数量的分数。

对表现评估进行计分

与大多数传统形式的评估工具不同，表现评估（如作品集、表现任务和开放式练习）没有明确的正确或错误答案。因此，表现评估的计分通常涉及计分细则的使用，这是一套预先确定的标准，用于评估受测者的工作。计分细则通常包括以下组成部分。

1.被评估表现的一个或多个维度或属性：这些维度是对表现的清晰的口头描述，需要在个人的工作中展示，以证明其优秀的表现。例如，一篇短文可以从内容、组织、格式、语法和词汇等维度进行计分。

2.给出每个被测量维度或属性的描述词或示例：对于每个维度，通常有 3 到 5 个描述词（每个描述词对应特定的表现等级）。例如，一篇作文在"语法和词汇"维度上的描述可能包括以下内容。

① 糟糕：缺乏流利性；句型结构糟糕；有许多语法和拼写错误。

② 一般：略显流利；句型中有一些错误；经常出现语法和拼写错误。

③ 好：流利；句型使用有效；有一些语法和拼写错误。

④ 优秀：表达流利；能有效运用复杂句型；很少有语法错误。

3.每个维度的评定量表：用于评估维度的评定量表使用等级排序的类别来表示，如"不满意、勉强满意、满意和模范"或"新手、学徒、熟练和优秀"。这些类别也可以用数值来表示，熟练程度越高，分数就越高。

由于计分细则在很大程度上依赖于计分者的主观判断，因此将计分者之间的差异视为计分误差的潜在来源是很必要的。我们需要估计评分者间信度来确定计分者执行计分规则的一致性。一种提高计分细则可靠性的方法是让至少两个人对评估工具进行计分，如果有不一致之处，则由第三方审查者检查。有关计分的研讨会和多频次的一致性检查通常会提高计分的可靠性，而针对读者的更新会议可以使他们能够回顾早期测验的结果。预置测验和许多（美国）州评估测验使用类似的程序来保持计分的一致性。

计分误差

对评估工具进行计分的一个关键问题是计分误差，它可以显著影响对测验结果的解释。无论计分者是谁、测验经验是否丰富，计分误差都经常会出现。阿拉德和福斯特（Allard & Faust，2000）发现，150 次贝克抑郁量表中有 20 次（13.3%）出现某种类型的计分误差，300 次状态 – 特质焦虑问卷中有 56 次（18.7%）计分误差，150 次 MMPI 中有 22 次（14.7%）计分误差。即使是受测者自己计分也会出现计分误差：西蒙斯（Simons）、戈达德（Goddard）和巴顿（Patton）（2002）发现，受测者的计分误差大约在 20% ~ 66% 之间。典型的计分误差包括给个体的回答分配错误的分数值、错误地记录回答、错误地将原始分数转换为派生分数，以及计算错误。测验开发者有一定的责任向施测者说明如何计分。

虽然计算机计分有助于减少计分误差，但是，如果数据输入有误，仍然会出现错误。如果使用光学扫描仪输入数据，则在扫描前必须仔细检查答题纸是否有不清晰的擦除痕迹或其他类似问题。当手动计分时，如果计分者理解准确性的绝对重要性，并制定程序定期监控所需的计算和分数转换，则误差就可以减少（Urbina，2014）。

评估工具的计分标准

国际测验委员会（ITC，2000）的指导方针指出，测验使用者应该在计分、分析和报告（SAR）过程中应用质量控制程序，并且测验使用者应该坚持遵守高标准。我们应该正确、有效地对评估进行计分，以便准确、及时地报告评估结果。我们强烈建议你了解 ITC 标准。虽然我们主要关注 2014 年的《教育与心理测验标准》，但 ITC 标准被用于指导世界各地的评估过程。虽然我们无法全面回顾本书提到的所有标准，但我们对进行计分和报告的人员的责任做了如下概述。

1. 向受测者提供完整和准确的评估计分信息，例如，报告时间表、计分流程、计分方法的基本原理、技术特征、质量控制程序、报告格式，以及服务费用等。

2. 对计分前、计分中、计分后采取合理的质量控制程序，以确保计分结果的准确性。

3. 在对受测者实施一项新测验前，先进行测验或实操练习，以建立胜任力。

4. 创建测验专用标准。

5. 尽量减少与评估目的无关的因素对计分的影响。

6. 如果计划中的计分和报告服务出现任何偏差，及时通知受测者，并与受测者协商解决方案。

7. 对于基于分数做出的推论，如果发现分数有误，应尽快向受测者提供更正后的分数结果。

8. 根据美国州和联邦法律的规定，保护受测者的个人信息。

9. 仅向那些依法有权获得这些信息的人或计分服务方指定的人发布评估结果。

10. 在可行的情况下，建立一个公平合理的申诉程序并重新进行评估。

解释评估结果

一旦评估工具计分完成，咨询师通常有责任向来访者、家长、教师和其他专业人员解释结果。在解释评估（测验）结果前，咨询师必须首先确定分数反映的是标准参照解释还是常模参照解释。正如我们在第六章所讨论的，使用标准参照解释时，个人的分数是根据指定的标准或校标来衡量的。在标准参照工具中，重点不是个人的表现与他人相比如何，而是个人在特定标准下的表现如何。常模参照解释涉及将个人的测验分数与使用相同工具的其他人（常模团体）的分数进行比较。

其他解释评估工具的方法是个体间（interindividual）（规范的）和个体内（intra-individual）（自比的）模型。使用个体间方法时，我们检查不同受测者在同一构念上的差异。换句话说，我们观察参加测验的不同个体之间的分数差异。使用个体内方法时，我们比较一个受测者在同一次测验中的不同量表上的分数。我们探索的是个体内部的分数差异。当一种评估工具提供了一个受测者在不同量表和子测验中的分数概况时，就使用了个体内方法。

负责任的咨询师应该了解不同的计分方法，并用来访者能听懂的语言解释结果。咨询师应充分了解各种分数类型，如百分位数、标准分数、年龄当量和年级当量等。

在解释分数时，咨询师应该考虑常模团体与实际受测者之间的主要差异。他们还应考虑对施测程序的任何修改可能对测验结果产生的影响。咨询师应该能够解释及格分数是如何设定的，解释结果揭示了什么，并提供证据证明评估工具满足其预期目的。《教育公平测验实施准则》规定，测验使用者应避免将单一的测验分数作为对受测者做决策的唯一因素。测验分数应与个体的其他信息一起解释。

计算机评估工具通常提供计算机生成的报告或陈述。这些报告是计算机在获得某些测验分数后生成的预设解读（Butcher，2012）。这些报告可能包含可供打印的、非常详细的陈述。需要注意的是，咨询师不能将计算机生成的报告或陈述视为独立的解释。计算机无法考虑到受测者的独特性和重要的背景因素（如受测者的个人历史、生活事件或当前的压力源）。因此，计算机生成的报告或陈述被认为是广泛的、一般性的描述，在没有熟练的咨询师评估时不应被使用。如果咨询师选择使用计算机生成的报告或陈述，最终负责解释准确性的是咨询师。

解释评估工具需要具备与评估工具、分数和决策相关的知识和经验。《标准化测验使用者的责任》（RUST）确定了几个影响分数解释有效性的因素。这些因素如下。

- 心理测量因素：这类因素包括评估工具的信度、常模、标准误差和效度等，它们都能影响个体的分数和对测验（评估）结果的解释。
- 受测者因素：受测者的群体身份（如性别、年龄、民族、种族、社会经济地位、婚恋状况等）是解释测验结果的一个关键因素。测验使用者应该评估受测者的群体身份会如何影响他的测验结果。
- 情境因素：在解释测验结果时，测验使用者应该考虑测验与教学计划、学习机会、教学质量、工作和家庭环境，以及其他因素的关系。例如，如果测验不符合课程标准和课堂教学标准，那么测验结果可能不会提供有用的信息。

总结

本章介绍了与评估工具的选择、施测、计分和解释评估结果相关的信息。咨询师需要了解选择适当评估工具所涉及的步骤，包括确定所需信息的类型、确定可用信息、确定获取信息的方法、搜索评估资源，以及评价和选择评估工具或策略。

评估工具的施测方式会影响评估结果的准确性和有效性。咨询师必须具备足够的胜任力，例如，具备施测工具方面的知识和培训经历。咨询师必须知道在施测前、施测中和施测后的众多任务。

研究表明，施测者在给评估工具计分时会犯很多错误。因此，许多指导和标准关注了计分程序。只有正确、有效地对评估结果进行计分，才能准确、及时地报告评估结果。

为了准确地解释评估结果，咨询师需要充分了解各种类型的分数（如百分位数、标准分数、年龄当量和年级当量等）。在解释分数时，咨询师还应该考虑常模团体和受测者之间的重要差异。

问题讨论

1. 评估工具的信息来源是什么？就所提供的信息类型而言，每种来源的优点和缺点是什么？

2. 在选择评估工具时需要考虑哪些实际问题？

3. 为什么在进行标准化测验时应严格遵循指导？

4. 如果某些测验结果不准确或与之前的测验结果不一致，你将如何处理这种情况？

如果你是施测者，你发现自己在给受测者的测验计分时犯了一些错误，你会怎么做？你应该采取什么步骤和程序来确保测验成绩的准确性？

5. 你是否同意咨询师在解释来自不同背景的个体的测验结果时应该非常小心？为什么？

建议活动

1. 设计一个清单来评价评估工具。

2. 批判性地检查你所在领域的评估工具。使用本章中提出的评价和选择工具的指导方针来安排你的检查。

3. 讨论以下四个情景。

情景 1

你计划对一个 6 岁的孩子进行诊断性成就测验。你通常在建立融洽关系方面没有问题，但当你进入测验室时，那个孩子对你说："我不喜欢你，我不会参加你的任何测验！"并用手捂住耳朵。

情景 2

你正在对一大批学生进行美国州立成就测验，你看到有学生作弊。

情景 3

你在门诊心理咨询中心给一个来访者进行症状清单测验。在阅读说明后，你让来访者独自完成测验。当来访者完成测验并离开咨询中心后，你查看他的结果，并注意到他有大量的项目没有回答。

情景 4

你对一个团体进行测验，在向组员朗读了指导后让他们开始测验。测验开始 5 分钟后，一名受测者举手并大声提问，打扰了其他受测者。

4. 阅读案例并回答以下问题。

一家公司为辅助选择新员工进行了一项基本技能测验。测验由部门主管的助理负责。由于助理经常被电话和小状况打断，所以他对参加测验的申请人关注很少。他估计了测验需要的时长。

（1）可以采取什么措施来确保测验对所有申请人都是适当的和公平的？

（2）为了确保测验的适当性和公平性，你还会采取哪些步骤？

10 | 第十章

智力和一般能力评估

学习目标

学习本章之后，你将能够做到以下几点。

- 描述智力的各种定义。
- 解释与智力相关的主要理论，并描述它们的差异。
- 定义智力的 g 因素（一般因素）。
- 阐明特曼的研究及其与人类智力研究的关系。
- 描述智力测验中测量的各种认知能力。
- 描述个体智力测验和团体智力测验，并解释两者之间的区别。
- 描述智力的专门测验。
- 识别并描述智力的主要测验，如韦氏量表和斯坦福 – 比内智力量表。
- 解释智力测验中的特殊议题，如遗传、测验偏差、测验分数的稳定性和弗林效应。

对智力的研究可以追溯到一个多世纪以前，最近几十年来，该领域不断地出现学术争论、研究突破，以及关于智力本质的范式转变。与此同时还催生了一个年收入数亿美元的产业（Wasserman，2003）。智力评估通常包括衡量一个人理解复杂想法、有效适应环境、进行抽象思考、从经验中学习、快速学习，以及参与各种形式推理的能力。

定义智力

什么是智力？尽管智力研究有着悠久的历史，但人们对智力的定义仍然缺乏共识。普吕克和埃斯平（Plucker & Esping，2014）在他们的《智力 101》（*Intelligence 101*）一书中阐述了心理学家多年来提出的 19 种不同的定义。之所以有这么多不同的定义，是因为智力的结构非常复杂，既包括遗传性学习组成部分，也包括社会性学习组成部分。只要研究人员一直在研究智力，关于智力的概念及如何测量它就会有各种各样的定义。

研究人员对构成智力结构的维度争论不休，在过去的一百年里，已经出版了成千上万本关于智力的书籍。然而，目前人们对于智力的概念还没有清晰的定义。因此，我们不会给出固定的定义，但会从广泛的角度来讨论这个概念。专业人员甚至对智力这一术语本身存在质疑——由于与智力测验相关的负面因素，一些专业人员更喜欢使用"一般能力"这个术语，而不是"智力"（Whiston，2012）。1995年，美国心理学会（APA）的一项任务会议的报告给出了关于智力概念的描述（Neisser et al.，1996）。

个体在理解复杂思想、有效适应环境、从经验中学习、参与各种形式的推理、通过思考克服障碍等方面的能力各不相同。尽管个体在这些方面的差异可能很大，但它们从来不是固定不变的：根据不同的标准，一个人的智力表现会在不同的场合、不同的领域发生变化。有关"智力"的概念试图澄清这个复杂的现象。尽管这个概念在某些领域已经相当明确，但还没有一个统一的概念可以回答所有重要的问题，也没有一个概念可以得到普遍认可。

研究人员在如何定义智力的问题上存在分歧的部分原因涉及对智力是不是一种单一的、整体的能力的持续争论。换句话说，智力是不是一个一般的、统一的概念，支配着所有任务和能力的表现？那种被称为一般智力因素（g因素）的观点得到了一些早期心理测量学研究的支持，然而它未能经受住教育环境的检验（Mayer，2000）。虽然g作为智力的总体表征已不再流行，但它通常被认为是更广泛智力结构的一部分，代表了少部分能力（如记忆、知识储备、加工速度）（Ackerman & Beier，2012）。

能力（abilities）是个体持久的特征，有时被称为能力特质（ability traits），因为它们通常是随着时间的推移而稳定不变的。能力可以在许多领域表现出个体差异，包括认知、体育（运动技能）、视觉、听觉、机械能力，以及工作相关能力等。当涉及智力时，能力指的是认知能力，它通常构成一个人理解复杂思想、解决新问题、进行抽象思考和从事各种形式推理的能力。在这个范式中，智力通常被称为一般智力能力。因此，下一个合乎逻辑的问题是：什么样的特定认知能力构成了一般智力能力？遗憾的是，尽管一些研究人员已经提出了认知能力的通用分类法（Flanagan & Harrison，2012；Plucker & Esping，2014），但研究人员之间对于这些能力是什么及哪些能力更重要几乎没有一致意见。

20世纪80年代和90年代出现的新理论对智力采取了完全不同的观点。一些理论家完全否定了一种或几种智力能力的存在，而赞成多元（multiple）独立智力的概念。其他理论家没有从能力的角度对智力进行概念化，而是侧重于信息加工角度，信息加工包括人们执行智力任务时所需的认知过程，例如，获取信息（注意、知觉）并保持信息（记忆、回忆），以便进一步加工信息（推理、问题解决、决策和交流）。

正如你所看到的，智力的结构及其含义已经被广泛地讨论过，但仍存在许多定义。为了探索研究人员所提出的智力定义的共性，斯滕伯格和伯格（Sternberg & Berg，1986）公布了一项著名的研究，他们比较了1921年和1986年举行的两次研讨会上由智力领域专家提出的定义。作者在报告中称，定义的共同特征包括环境适应、基本心理过程和高阶思维（如推理、问题解决和决策）等属性。此外，他们发现在1986年，更多的重点放在元认知（对自己的认知过程的意识和控制）、信息加工和文化背景上。表10-1给出了20世纪的理论家和研究者对智力的一些著名定义。

尽管有无数个定义，但是智力的本质仍然是难以捉摸的。然而，"一些人比另一些人更聪明"的观点在人类社会中是被接受的，并反映在有关能力的语言描述中（Chamorro-Premuzic，2011）。例如，《罗热同义词词典》（Roget's Thesaurus）提供了以下与智力相关的同义词：敏锐、才智、脑力、才华、识别力、信息、洞察力、知识、学习、新闻、觉察、报告、感觉、聪明、理解力和智慧。在智力领域，大卫·韦克斯勒（David Wechsler）对智力的定义包括综合和整体能力，这可能是引用最广泛和最持久的定义（Wasserman & Tulsky，2012），它一直引领和影响着当今的智力测验实践（Flanagan & Harrison，2012）。

表 10-1　智力的一些定义

作者	年份	定义
斯皮尔曼	1904	智能行为是由人类思维或大脑中的一个单独的、统一的特质产生的
斯特恩	1912	一个人有意识地调整其思想以适应新要求的一般能力……对生活中新问题和新状况的一般心理适应能力
比内和西蒙	1916	……判断力，或称为理智、现实判断力、主动性、适应环境的能力
特曼	1921	进行抽象思维的能力
亨曼	1921	知识的存储能力和知识的加工能力
品特	1921	充分地适应生活中相对较新的情况的能力
桑代克	1921	从真理或事实角度做出良好反应的力量
波林	1923	智力是智力测验所测量出的事物
瑟斯通	1924	抽象化的能力，而这是一个抑制过程
韦克斯勒	1953	个人有目的地行动、理性地思考和有效地与环境打交道的综合或整体能力
皮亚杰	1963	智力就是同化……和适应
弗农	1979	是遗传潜能和环境刺激相互作用的产物
加德纳	1983	智力是解决问题或创造成果的能力，这种能力在一种或多种文化背景下受到重视
安娜斯塔西	1992	智力不是一种单一、一致的能力，而是多种功能的组合。这个术语指的是在特定文化中生存和进步所需的能力的组合
斯滕伯格	2004	你在你所处的社会文化背景下，通过利用自身优势并弥补或纠正自身弱点来实现自己想要的生活目标的技能

智力理论

正如对智力有很多定义一样，关于智力的理论也有很多。为什么理解智力理论很重要？因为作为心理咨询师的你需要做出评估，需要提供关于评估结果的解释性报告。而评估与智力模型是联系在一起的，因此理解理论家描述、定义和评估智力结构的一些主要方法是至关重要的。

第一种方法（也是受众最广的方法）以心理测量学为基础，通过利用统计程序分析心理能力测验分数之间的相互关系（如因素分析）来揭示智力的结构或维度。这种方法曾被用来发展和支持智力的一般因素（g 因素）这一概念。然而，这种观点并没有获得智力理论家的普遍支持。一些理论家在赞同 g 因素概念的同时也赞同构成智力的特殊能力的概念；一些理论家认为智力能力是一般能力和特殊能力的分层结构；一些理论家完全脱离个体智力能力，专注于认知发展、多元智力和信息加工。虽然我们无法呈现众多理论家关于智力的全部观点，但我们将概述一些比较突出的理论，首先是那些利用一般智力因素概念的理论（表 10-2 提供了智力理论的比较）。

表 10-2 智力理论的比较

	g 因素	心理测量	特殊能力	分层结构	认知发展	多元智力	信息加工
斯皮尔曼的二因素理论	✓	✓	✓				
弗农的智力层次理论	✓	✓	✓	✓			
卡罗尔的智力三层次理论	✓	✓	✓	✓			
卡特尔–霍恩–卡罗尔的认知能力三阶层理论	?	✓	✓	✓			
瑟斯通的多因素理论		✓	✓				
卡特尔–霍恩的流体智力与晶体智力理论		✓	✓	✓			
吉尔福德的三层智力结构模型		✓	✓				
皮亚杰的认知发展理论					✓		
斯滕伯格三元智力理论			✓	✓			✓
达斯–纳格利里和柯比的 PASS 认知历程理论							✓
加德纳的多元智力理论						✓	

斯皮尔曼的二因素理论

查尔斯·斯皮尔曼（Charles E. Spearman）被认为是提出了智力 g 因素概念的人。他开创了被称为因素分析的统计技术，并使用该技术提出了心理测量学的智力定义。1904年，作为硕士研究生的斯皮尔曼发表了一篇关于智力的智力二因素理论论文，强调（1）一般智力因素（g），以及（2）根据个人特定能力而变化的特殊因素（s）。他通过因素分析推导出了 g 的概念，并提供了令人信服的证据证明了所有心理测验的分数都是正相关的，这表明所有的智力行为都来源于一个"心理能量的隐喻池"（Plucker，2003）。斯皮尔曼的论文立刻引起了争议，并引发了学术界关于 g 因素的存在和智力的"划分"的辩论，这场辩论持续了数十年（Wasserman & Tulsky，2012）。

为了解释斯皮尔曼的理论，让我们假设有四个认知测验，分别测量词汇、阅读理解、计算和算术推理。根据斯皮尔曼的理论，每个测验都同时测量一般的 g 因素和特殊的 s 因素。如图 10-1 所示，他认为 g 因素与 s 因素重叠，但 g 是对个体的智力能力最重要的估计或测量。虽然斯皮尔曼的理论是在 100 多年前发展起来的，但是 g 因素与智力的多元因素之间的关系至今仍然是一个被激烈争论的话题（Flanagan & Harrison，2012）。

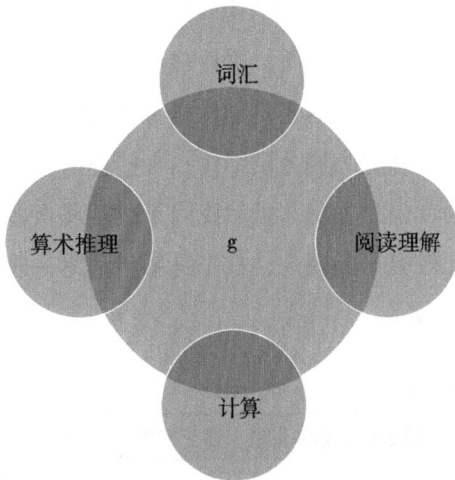

图 10-1　斯皮尔曼的 g 因素和 s 因素示意图

弗农的智力层次模型

弗农（Vernon，1950）提出了智力的层次结构模型，将能力分为四个不同的层次（见图 10-2）。第一个层次是斯皮尔曼提出的智力的一般因素（g 因素）。第二个层次包括两大能力：言语教育能力和操作－机械－空间能力。每一个能力进一步细分为第三个层次的特殊能力：言语教育能力包括言语流畅性和数学能力，操作－机械－空间能力包括机械能力、空间关系和心理运动能力。第四个层次由更加特殊和具体的因素组成。因为弗农的模型考虑了作为高阶因素的 g 因素及其他特定因素，因此被看作是一种调和斯皮尔曼的智力二因素理论（强调 g 因素）和瑟斯通（Thurstone）的多因素理论（没有 g 因素）的方法（Plucker & Esping，2014）。

卡罗尔的智力三层次模型

卡罗尔（Carroll）是一位教育心理学家，他在 50 多年的职业生涯中严格追求"该领域对关于认知能力的因素分析文献的大量结果进行彻底调查和批判的需要"（Carroll，

1993）。他采用实证方法发展出了一个三层次模型，这是对先前理论（特别是卡特尔－霍恩的流体智力与晶体智力模型）的延伸，阐明了个体在认知能力方面存在哪些差异，以及这些个体差异如何相互关联（Carroll，2012）。卡罗尔的模型由认知能力的三个阶层组成。

- 第三阶层：一般能力，类似于 g。
- 第二阶层：广泛的认知能力，包括流体智力、晶体智力、一般记忆和学习能力、广义的视觉接受能力、广义的听觉接受能力、广义的记忆提取能力、广义的认知加工速度及处理速度。
- 第一阶层：狭隘的认知能力，这是在第二阶层能力下的特殊因素。

三阶分类法表明，在最高水平上，认知能力趋同形成一般的共同因素（g）（Jensen，1998）——这里 g 的内涵不同于卡特尔－霍恩的流体智力与晶体智力模型。作为一种心理测量方法，卡罗尔的理论基础是一项因素分析研究，该研究涉及来自心理测验、学校成绩和能力评级的 480 多个认知能力变量数据集。

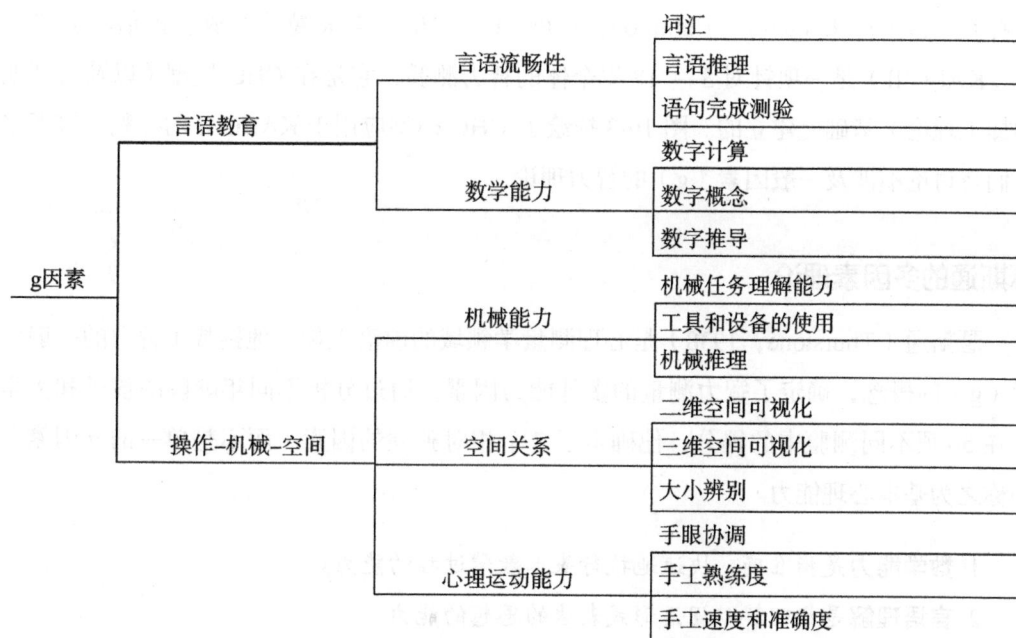

图 10-2　弗农的智力层次模型的改编版

卡特尔－霍恩－卡罗尔的三阶层模型

卡特尔－霍恩－卡罗尔（Cattell-Horn-Carroll，CHC）的三阶层模型是卡罗尔的智力三层次理论和本章后面讨论的卡特尔认知理论（卡特尔－霍恩的流体智力与晶体智力理论）的结合（Flanagan，McGrew，& Ortiz，2000；McGrew & Woodcock，2001）。CHC 模型是在 1985 年秋季由致力于研究最新版伍德考克 – 约翰逊认知能力测验修订版（Woodcock-Johnson-Revised，WJ-R）的专业人员组成的会议上形成的。与会者包括理查德·W. 伍德考克（Richard W. Woodcock）、约翰·霍恩（John Horn）、约翰·B. 卡罗尔（John B. Carroll）等人。当时，卡罗尔正在进行广泛的因素分析研究，为各种各样的认知能力提供支持，但他并不认为他的成果是智力理论。

尽管如此，卡罗尔的工作和卡特尔 – 霍恩的模型本质上都是从同一点开始的——斯皮尔曼 1904 年的 g 因素理论——并以与关于广泛认知能力连续谱非常一致的结论而结束（Kaufman & Kaufman，2004a）。因此，主要的测验开发者（伍德考克）、卡特尔 – 霍恩的流体智力与晶体智力模型的主要支持者（霍恩）和认知能力因素分析的杰出学者（卡罗尔）通过工作整合出了卡特尔 – 霍恩 – 卡罗尔（CHC）模型。

CHC 模型被描述为一个多层等级模型，其中包括在顶点（第三阶层）的一般智力（g），9 个广泛认知能力（G）（第二阶层），以及至少 69 种狭义认知能力（第一阶层）。CHC 模型和卡特尔 – 霍恩的流体智力与晶体智力模型的区别在于 CHC 模型支持 g 因素的存在（Floyd，Bergeron，Hamilton，& Parra，2010）。考夫曼儿童成套评估测验第二版（KABC-II）是一项针对 3～18 岁个体的智力测验，它是在 CHC 模型（以及鲁利亚的加工理论）基础上建立的。图 10-3 描绘了 CHC 模型应用于 KABC-II 的样貌。接下来我们将讨论不涉及一般因素（g）的智力理论。

瑟斯通的多因素理论

瑟斯通（Thurstone，1938）是心理测量学领域的前沿人物，他挑战了智力的一般因素（g）的概念，确定了智力测量的多种能力因素。通过分析不同年龄段的孩子和大学生在 56 项不同测验中的得分，他确定了 7 个相对独立的因素（而不是单一的 g 因素），并称之为基本心理能力。

1. **数学能力**是指准确、快速地执行基本数学过程的能力。
2. **言语理解**是指理解以词语形式表达的思想的能力。
3. **文字流畅度**是指流利地说和写的能力。
4. **记忆**是指识别和回忆数字、字母和单词等信息的能力。
5. **推理**是指推导规律和用归纳方法解决问题的能力。
6. **空间能力**是指在三维空间中视觉化和形成关系的能力。
7. **知觉速度**是指快速感知事物的能力，例如，感知视觉细节和图片中物体的异同。

在瑟斯通的研究中，他并没有发现整体 g 因素的证据。"在当前研究分析的 56 项实验中，我们无法报告出任何一般的共同因素"（Thurstone，1938）。瑟斯通建议用认知能力而不是单一的智力指数来描述个体。后来，瑟斯通认为如果 g 被认为是可以分割为基本因素的，他就更能接受它的存在（Thurstone，1947）。

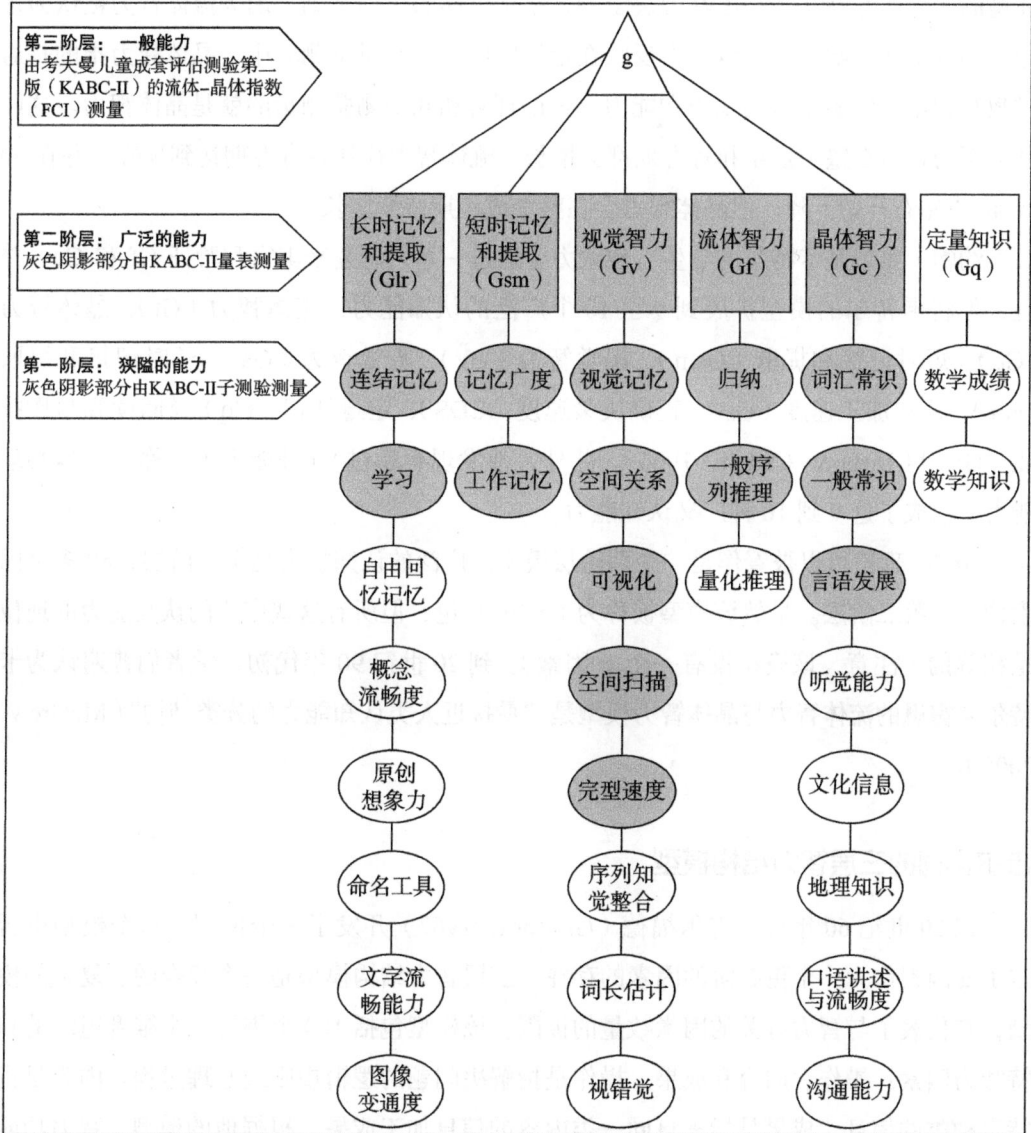

图 10-3　CHC 模型在第二版考夫曼儿童成套评估测验（KABC-II）上的应用

Source: Kaufman Assessment Battery for Children, Second Edition (KABC-II). Copyright © 2004 by NCS Pearson, Inc. Reproduced with permission. All rights reserved. "KABC" is a trademark, in the U.S. and/or other countries, of Pearson Education, Inc. or its affiliates(s).

卡特尔 – 霍恩的流体智力与晶体智力理论

和瑟斯通一样，雷蒙德·卡特尔（Raymond Cattell）不同意斯皮尔曼的 g 概念，他认为一个普遍的智力因素是不够的。相反，他认为一般智力有两个主要部分：流体智力（Gf）和晶体智力（Gc）（Cattell，1941）。卡特尔将流体智力描述为解决问题和适应新环境的能力。它被认为是由基因决定的，基于个体的生理基础。因为流体智力被认为是相对不受文化影响的，所以通常反映在记忆广度和空间思维测验中。晶体智力指的是通过教育和个人经验获得的知识和能力。言语理解和知识测验测量的就是晶体智力。这两种类型的智力在整个童年和青春期都会增长，流体智力往往在青春期达到顶峰，并在 30 或 40 岁左右开始下降，但晶体智力会在整个成年期持续增长。

约翰·霍恩是卡特尔的学生，他致力于通过一系列研究来丰富和验证 Gf 和 Gc。并且，他将卡特尔的模型扩展到 9 至 10 个广泛的认知能力：流体智力（Gf）、晶体智力（Gc）、短时记忆和提取（Gsm）、视觉智力（Gv）、听觉智力（Ga）、长时记忆和提取（Glr）、认知加工速度（Gs）、正确决策速度（CDS）、定量知识（Gq）及阅读和写作技能（Grw）（Horn & Cattell，1966）。此外，他发现有超过 80 种能力（也称为基本心理能力）构成了这 9 到 10 种广义认知能力。

Gf-Gc 理论可以被看作是一个两阶层模型。广泛的认知能力是第一阶层，80 多个因素构成了第二阶层。虽然该模型被称为 Gf-Gc 理论，但所有这些广泛的认知能力的地位是相等的（注意，该模型没有一个 g 因素）。到 20 世纪 90 年代初，学者们普遍认为卡特尔 – 霍恩的流体智力与晶体智力模型是 "最接近人类认知能力的分类结构"（McGrew，2005）。

吉尔福德的三层智力结构模型

在 20 世纪 60 年代，吉尔福德（Guilford，1967）开发了一个模型，这个模型也否定了 g 因素作为一个更高阶的因素的存在。三层智力结构模型是一个综合的、复杂的模型，它代表了与智力有关的因素数量的极限。该模型包括 180 个围绕三个维度组织的独特智力因素：操作、内容和成果。操作是指解决问题的逻辑规则或心理过程。内容是指特定种类的信息。成果是指来自同一类内容的信息加工成果。根据他的模型，智力功能涉及对内容的操作，从而产生成果。操作有 6 种类型：认知、记忆保持、记忆记录、发散思维、聚合思维和评价。每一种操作都可以应用于 5 种内容中的一种：视觉、听觉、符号、语义和行为。对这些内容的操作将产生以下 6 种成果之一：单位、类别、关系、系统、转化和含义。图 10-4 展示了该模型的维度。

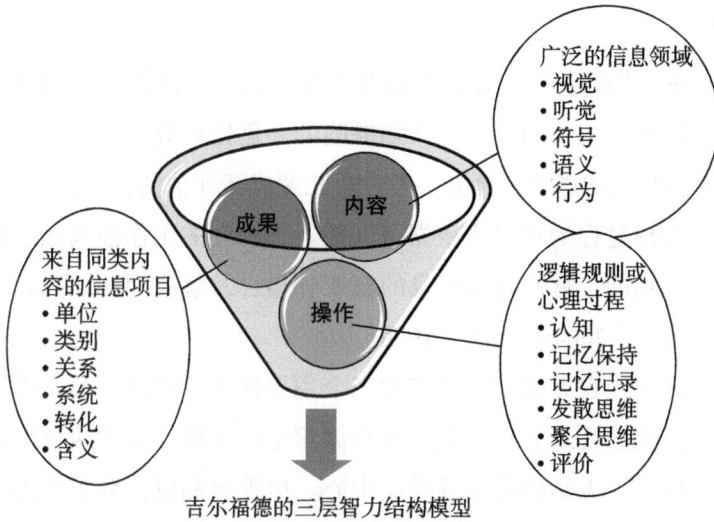

吉尔福德的三层智力结构模型

图 10-4　吉尔福德智力结构模型的维度

Source: From J. P. Guilford, Some Changes in the Structure-of-Intellect Model, 48:1, Copyright © 1988 by Sage Publications. Reprinted by Permission of SAGE Publications.

皮亚杰的认知发展理论

与智力的心理测量学 g 因素理论相反，皮亚杰（Jean Piaget，1970）提出了认知发展理论。1920 年，他参与了伯特智力测验（Burt's intelligence tests）的法国标准化工作，他注意到同龄儿童倾向于犯完全相同的错误。他开始对理解个体如何发展智力感兴趣，而不是对理解个体在智力测验表现上的差异感兴趣。他认为智力是通过生物成熟和经验的相互作用发展起来的，并经历了四个阶段：感知运动阶段、前运算阶段、具体运算阶段和形式运算阶段（见图 10-5）。儿童通过使用两种智力功能来度过这些阶段：同化（assimilation）和顺应（accommodation）。同化是个体将新的事物和想法与熟悉的事物和想法联系起来的过程。顺应是个体根据环境事件改变行为和心理结构的过程。皮亚杰的理论一直是教育者设计课程内容和教育方案的基础，并已据此出版了许多量表来评估个体的智力发展阶段。

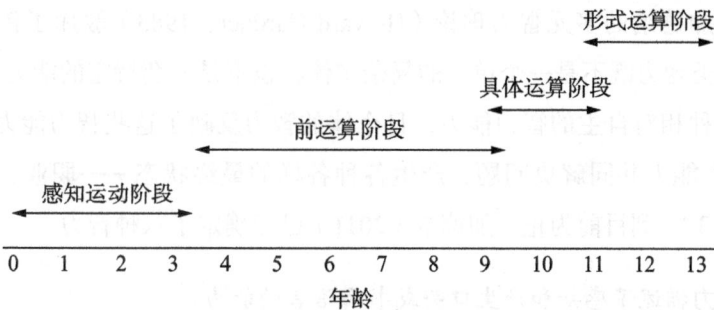

图 10-5　皮亚杰的认知发展阶段

鲁利亚的模型

鲁利亚（Luria，1966）是一位神经心理学家，以对大脑结构及与各种脑损伤（出现异常的脑组织区域）相关的行为和认知缺陷的开创性研究而闻名。鲁利亚的研究对智力测验产生了相当大的影响，例如，考夫曼儿童成套评估测验第二版（KABC-II）就是以鲁利亚基于心理过程的理论为依据研发的。鲁利亚的工作涉及描绘负责人类认知过程的大脑系统和功能，特别是与信息的获取和整合及解决问题能力相关的高级过程（Kaufman & Kaufman，2004a；Luria，1970）。

他确定了大脑中代表大脑功能系统的三个主要区块：区块一负责唤醒、注意和专注；区块二涉及使用感官来分析、编码和存储信息；区块三应用执行功能来制订计划和规划行为，它代表了大脑的输出或反应中心。尽管鲁利亚区分了大脑功能的三个区块和它们各自独立的认知过程，但他主要强调的是整合这些区块来支持所有认知活动（Kaufman & Kaufman，2004b）。

斯滕伯格的三元智力理论

斯滕伯格的三元智力理论（Sternberg，1985，1988）是基于信息加工的智力模型。他认为，智力是由三种独立但相互关联的能力组成的：分析能力（成分）、创造能力（经验）和应用能力（情境）。分析性智力指的是完成学术任务、解决问题的能力。创造性智力包括对新情况做出有效反应并找到解决问题的新方法的能力。应用性智力指的是在现实生活中出现问题时解决问题的能力（也称为常识）。斯滕伯格认为，智力行为产生于分析能力、创造能力和应用能力之间的平衡，这些能力共同发挥作用，使个体能够在特定的社会文化背景下取得成功。此外，他认为，聪明人是那些能够找出自己的长处和弱点，并找到优化自身长处和最小化自身弱点的方法，从而使自己在环境中取得成功的人。

加德纳的多元智力理论

霍华德·加德纳的多元智力理论（Howard Gardner，1983）驳斥了传统的智力观，该理论认为人类智力既不是一个单一的复杂实体，也不是一套特定的能力。相反，加德纳认为存在几种相对自主的智力能力，且个体的智力反映了这些智力能力的独特配置。他指出，"智力能力共同解决问题，产生各种各样的最终状态——职业、业余爱好等"（Gardner，1993）。到目前为止，加德纳（2011）已经确定了八种智力。

1.**语言智力**描述了感知和产生口头或书面语言的能力。

2. **逻辑/数学智力**涉及理解和利用数字、抽象和逻辑推理来解决问题的能力。

3. **空间智力**包括感知、改变、转换和创建视觉或空间图像的能力。

4. **身体/动觉智力**是指个体利用自己的全部或部分身体来表达想法和感觉，以及生产或改变事物的能力。

5. **音乐/节奏智力**涉及感知、再现或创造音乐形式的能力。

6. **人际沟通智力**描述了感知、理解和应对他人情绪、意图、动机和感受的能力。

7. **自我认识智力**（反省能力）是一种能够理解自己的感受并运用这种知识来调节自己的生活的能力。

8. **自然观察智力**涉及对环境中有生命和无生命的形式做出识别和分类的能力。

虽然加德纳的理论并没有被所有研究者或理论家接受，但他的理论框架已经成功地被应用于许多教育情境中。基于多元智力理论，许多教学人员已经在更广阔的智力观基础上为学生量身打造出教育实践方法，并寻求其他方法来评估学生的多元智力能力。

计划-注意-同时性-继时性认知加工理论

达斯（Das）、杰克·纳格利里（Jack Naglieri）和约翰·柯比（John Kirby）（1994）发展了一种现代认知能力理论（计划-注意-同时性-继时性认知加工理论，PASS），这个理论与鲁利亚（1966）的工作有关。达斯和他的同事们的理论集中在信息加工的概念上。他们认为，人类智力功能包括作为基本构件的四个认知过程。

1. **计划**是一种精神活动，涉及设定目标、解决问题、知识、意向性和自我调节，以实现预期的目标。

2. **注意**是一个涉及集中的认知活动（同时忽略其他干扰）的过程。

3. **同时性加工**涉及从整体（如空间）综合信息来解决问题的能力。

4. **继时性（顺序性）加工**涉及通过将"输入"在心理上进行排序来解决问题的能力。

PASS 理论在智力评估领域提供了一种创新的方法。该理论摒弃了传统的智力因素，采用了认知过程这一术语来取代智力。其开创者认为，智力测验应该尽可能少地依赖于类似成就的内容（如词汇或算术），相反，应该强调与表现相关的认知过程（Naglieri, 2005）。

特曼的研究

刘易斯·特曼（Lewis Terman, 1877—1956）因其对儿童智力的研究而闻名。1922

年，他开始了一项追踪研究，试图回答以下问题：高智商儿童会成为什么样的成年人？他跟踪调查了 1528 名 "有天赋的"（智商达到 135 或更高）儿童的生活，并且这些跟踪调查持续了 80 多年（直至特曼去世后 50 年）。这项研究是有史以来进行时间最长的调查。与人们的刻板印象相反，特曼发现有天赋的孩子个子更高，身体更健康，发育更好，在领导力和社会适应性方面更优秀，他们在学校也表现出色。特曼的样本中的学生在成年后具有以下特征。

- 更有可能获得硕士学位和博士学位。
- 收入远远高于人口平均水平。
- 对自己的生活和工作更满意。
- 低犯罪率。
- 婚姻更成功。
- 身体比一般成年人健康。
- 较低的心理问题发生率（如物质滥用和自杀）。

智力测验

智力测验测量广泛的认知能力，如推理能力、理解能力、判断能力、记忆能力和空间能力。它有助于我们了解受测者的认知优势和劣势，被认为是学业成绩和学业成功（Sattler，2008）及培训和工作表现成功（Muchinsky，2008）的良好预测因素。大多数智力测验涉及与言语和非言语推理及其他认知能力相关的项目。测验中用来描述能力的术语是多种多样的，可能基于特定的智力理论或因素分析证据。表 10-3 列出了在智力测验中评估的几种常见的认知能力。与其他类型的评估工具一样，对智力能力的测量可以用于许多目的。它可以用于筛选（screening），用于智力残疾、学习障碍或天赋的识别（identification），用于将个体安置（place）到特定学科或职业项目中，或者在侧重于人格或神经心理学评估的综合临床评估中用作认知补充（cognitive adjunct）（Kaufman，2000）。

表 10-3　认知能力

抽象推理	运用概念和符号解决问题的能力
知识	一般信息的积累程度
记忆	识别和回忆数字、字母和单词等信息的能力
非言语推理	利用空间能力和可视化能力解决任务的能力
数字推理	利用数字或数字概念解决问题的能力

（续表）

感知能力	感知、理解和回忆信息的能力
信息加工速度	执行基本认知操作的速度
推理能力	推导规则并归纳性地解决问题的能力
空间能力	在三维空间中进行可视化，以及操作视觉图像、地理形状或物体的能力
言语理解能力	理解单词、句子和段落的能力

智力测验通常会对整体智力进行总体测量，并包含代表不同认知能力的子测验。历史上最著名的智力指标是 IQ 即智商。这个术语的产生起源于刘易斯·特曼（1916）采用德国心理学家威廉·斯特恩（William Stern）的心商（mental quotient）的概念，并将其重新命名为智商（intelligence quotient）。斯特恩将心商（智商）定义为心理年龄（mental age，MA）与实际年龄（chronological age，CA）的比率乘以 100：IQ = MA/CA × 100。因此，如果一个孩子的 MA 为 5，他的 CA 也为 5，那么他的智商是 100（5/5 × 100），也即处于平均智力水平。虽然这个公式对于智力发展比较稳定的儿童非常有效，但对于青少年和成年人却不起作用，因为智力发展在整个生命周期中不会稳步增长，因此，如果 CA 继续增长，而 MA 保持不变，那么会产生低可信度的低智商分数。今天，"智商"这个术语和它的原始公式已经不再被使用了。取而代之的是，总的测验分数通常被转换为一个标准分数，其平均值为 100，标准差为 15 或 16（根据不同测验）。那些仍然参考 IQ 分数的测验（如韦氏量表和斯坦福 – 比内智力量表）默认的是标准分数，而不是实际商数。除了标准分数外，测验也会提供描述性分类。需要提醒的是，如果没有从多个来源收集情境信息，例如，通过与来访者进行访谈收集信息，通过行为观察收集信息，从父母、教师和治疗师那里获得附加信息，或从其他适当来源收集信息（如记录或以前的测验数据），仅仅根据智商分数产生假设或建议是无效的。

智力测验也可以根据测验对象是个体还是团体进行分类。个体智力测验是由训练有素的施测者对单一个体进行的。施测者必须接受过专门培训，以便在个人智力测验中对不同的项目类型进行施测和计分，例如，许多项目需要受测者口头答复，某些任务有时间限制，并要求施测者观察受测者的表现质量。人们视个体测验为临床工具，在需要对个体来访者进行细致的心理评估时使用，例如，识别和确定智力障碍（智力迟钝）、学习障碍或其他种类的认知障碍（Flanagan & Harrison，2012）。与个体测验不同，团体智力测验可以由受过最低限度训练的施测者同时或在有限的时间内对一群人进行。由于大多数团体测验只要求施测者阅读简单的说明并准确地计时，因此施测者只需要接受较少的训练。典型的团体测验采用多项选择题、是非题或其他选择性反应题型，以确保计分的一致性和客观性（Flanagan & Harrison，2012）。在因学术或职业目的评估智力分数，或者因研究用途评估智力分数时，团体测验有助于筛选哪些人需要进一步评估。由于团体测验能够快速、价格低廉地评估许多个体，因此主要被应用于教育、商业、政府和军事环境中的筛选和安置目的。

智力测验也可以分为言语和非言语智力测验，或者包含这两种类型的测验。言语智力测验假定受测者有一定的语言能力，他们能够理解语言并用它来推理或回应（Plucker & Esping，2014）。非言语智力测验在指导、题目或回答中减少了语言的使用，该类测验可以使用口头指导，允许受测者以非言语方式回答测验题目，或者使用拼图或其他操作方式回应。非言语智力测验适用于特殊人群，如非英语人士、耳聋或听力受损人士，或有其他类型语言或身体残疾或阅读障碍的人士。

能力、智力、成就和能力倾向

智力可以用许多术语来表示，如能力、智力能力、一般能力和认知能力。类似的，智力测验通常被称为认知能力测验、一般能力测验或简称为能力测验。虽然这一命名法通常是准确的，但是在评估背景下，智力、成就和能力倾向代表了个体整体能力的不同方面，并且有单独的测验来衡量每个方面。

- **智力测验**衡量一个人当前的智力水平。
- **成就测验**衡量一个人当前知道什么或能做什么。
- **能力倾向测验**是面向未来的，预测一个人在接受进一步的培训和教育后能做什么。

为了全面了解一个人的能力，施测人员一般会分析这三个方面的信息（成就和能力倾向评估将在本书第十一章和第十二章作进一步讨论）。表 10-4 描述了智力、成就和能力倾向测验的一般特征和区别。

表 10-4　智力、成就和能力倾向测验的一般特征和区别

	测验目的	导向	用途
智力测验	测量广泛的认知能力	现在和未来	确定是否需要更深入的评估 识别智力障碍、学习障碍或天赋 为特定学业或职业计划进行筛选 / 安置 作为综合临床评估的一部分
成就测验	测量通过教学而学到的知识和技能	现在	识别学业上的优势和劣势 为特定学业或职业计划进行筛选 / 安置 跟踪一段时间内的成就 评估教学目标和计划 识别学习障碍 作为综合临床评估的一部分

（续表）

	测验目的	导向	用途
能力倾向测验	在接受指导之前测量个体的天赋或表现能力	未来	预测未来表现 为特定学业或职业计划进行筛选／安置 为工作安置做决定 作为综合临床评估的一部分

在下文中，我们将描述一些更重要的个体、团体和专用智力测验。我们不打算对每个测验都进行全面的描述，因为这超出了本书的范围。我们建议读者查阅相关资料，以了解更多关于特定智力测验的信息。

个体智力测验

韦氏量表 尽管可用的智力测验数量众多，但韦氏量表仍然主导着这个领域，它们的受欢迎程度在智力评估的历史上是无与伦比的。1939 年，在纽约贝尔维尤医院任职的心理学家大卫·韦克斯勒第一次发表了一项个人智力测验（韦氏 – 贝尔维尤智力量表，Wechsler-Bellevue Intelligence Scale）。从那时起，他开发了三项针对不同年龄组的系列智力量表。韦氏成人智力量表第四版（WAIS-IV）用于评估年龄在 16 ~ 89 岁的个体的认知能力。韦氏儿童智力量表第五版（WISC-V）适用于 6 ~ 17 岁的个体。韦氏学龄前儿童智力量表第四版（WPPSI-IV）是为 2 ~ 6 岁的低龄儿童设计的。韦氏量表一直是世界上使用最广泛的智力测量方法。卡马拉、内森和普恩特（Gamara, Nathan, & Puente, 2000）的一项研究发现，在智力测验中，WAIS-II 和 WISC-III 是心理学家最常用的智力测验。在本节中，我们将讨论 WAIS-IV、WISC-V 和 WPPSI-IV。

三种韦氏量表中的每一种都能得出全量表智商（Full-Scale IQ，FSIQ）、指标综合得分（index composite scores）和子测验得分（subtest scores）。FSIQ 是子测验得分的组合，被认为是整体智力功能方面最具代表性的衡量指标。指标综合得分测量更狭义的认知领域，是各子测验得分的总和。子测验得分是衡量特定能力的指标。FSIQ 和指标综合得分的平均值为 100，标准差为 15。子测验得分的平均值为 10，标准差为 3。

早期版本的韦氏量表没有使用指标分数（index scores），使用的是双重智商结构。它包括两个智商分数：言语智商（VIQ）和作业智商（PIQ）。VIQ 得分给出了个人在词汇、一般知识、言语理解能力和工作记忆子测验中的表现。PIQ 得分衡量的是视觉运动能力、对细节的警觉性、非言语推理、加工速度和规划能力。最新版本的 WISC 完全取消了 VIQ 和 PIQ 分数，取而代之的是四个指标分数（参见表 10-5 对 WISC-V 指标和子测验的描述）。WPPSI-IV 现在有五个指标分数：言语理解指标（VCI）、视觉空间指标（VSI）、工作记忆指标（WMI）、流畅推理指标（FRI）和加工速度指标（PSI）

表 10-5　韦氏儿童智力量表第五版（WISC-V）中的全量表智商（FSIQ）、指标和子测验

全量表智商（FSIQ）	智力的整体测量
言语理解指标（VCI）	该指标测量通过非正式和正式教育获得的言语知识／理解。它反映了语言技能在新情境下的应用，是整体智力的最佳预测因素之一
同义词	该子测验测量言语推理和概念形成。个体须识别两个不同单词之间的相似性，并描述它们是如何相似的
词汇	测量词汇知识和词汇概念的形成。要求个体说出施测材料中图片的名称，并对施测者大声朗读出的单词给出定义
理解	测量言语推理和概念化、言语理解和言语表达。个体须根据对一般原则和社会情境的理解来回答问题
常识 *	测量个体获取、保留和提取一般事实知识的能力。该测验要求个体回答涉及广泛的常识性主题的问题
文字推理 *	测量言语理解、文字推理、言语抽象、领域知识、整合和综合不同类型信息的能力，以及产生不同概念的能力。该测验要求个体识别出由一系列线索描述的共同概念
知觉推理指标（PRI）	该指标测量个体解释并组织视觉信息和解决问题的能力
积木	该子测验测量分析和综合抽象视觉刺激的能力。个体在施测材料中查看一个模型或一幅图。在规定的时间内，个体使用9个两面红色、两面白色、两面半红半白的相同积木将模型摆出来
矩阵推理	测量流体智力、对细节的关注、专注力、推理能力。总体来说，这是对一般非言语智力的可靠评估。在这个练习中，个体检查一个有缺损的矩阵（包含某些物体的图片），个体随后从一组图片选项中选择缺失的部分
图画概念	测量抽象和范畴推理能力。个体会看到一排排不同物体的图片，然后选择那些相似的、应该归为一类的物体，例如，类似的物品可能是树或动物
填图 *	测量视觉感知，以及对物体关键细节的组织、注意和视觉识别。这项测验要求个体在指定的时间内观看一张图片，然后指出或说出缺失的重要部分
工作记忆指标（WMI）	该指标测量个体在记忆中暂时保留信息、对其进行操作并产生结果的能力。涉及注意力、专注力和心理控制
数字广度	该子测验由两部分组成。顺序背数测验要求个体按照施测者大声朗读的顺序重复数字。倒序背数测验要求个体倒序重复施测者读出的数字。该子测验测量听觉短时记忆、序列技能、注意力和专注力
字母－数字排列	测量注意力、短时记忆、专注力、计算能力和加工速度。个体被要求读一串数字和字母，然后按照数字升序和字母表顺序来回忆数字和字母
算术 *	测量心理操作、专注力、注意力、短时和长时记忆、数字推理能力和心理灵敏度。它要求个体在规定的时间内用心算解决一系列口头提出的算术问题
加工速度指标（PSI）	该指标测量个体快速、正确地扫描、排序或辨别简单视觉信息的能力，涉及注意力和手眼快速协调能力
编码	该子测验测量个体的短时记忆、学习能力、视觉知觉、视觉－运动协调能力、视觉扫描能力、认知灵活度、注意力和动机。个体需要画出与简单的几何形状或数字匹配的符号

（续表）

符号检索	测量加工速度、短时视觉记忆、视觉–运动协调能力、认知灵活度、视觉分辨力和专注力。个体面前会呈现一系列成对的符号组，每对符号组包含一个目标组和一个搜索组。个体需要扫视搜索组，并在指定的时间内指出目标符号是否与搜索组中的任何符号匹配
划消 *	测量处理速度、视觉选择性注意、警惕性和视觉忽视性。个体扫视一组随机排列图片和一组结构化排列图片，并在规定时间内标记目标图片

* 代表补充子测验。

　　解释韦氏量表的得分是非常复杂的，需要接受适当的教育和培训。由于测验手册（The Psychological Corporation，1997，2002，2012）中详细描述的解释策略超出了本书的范围，因此，我们仅讨论一些基本的解释步骤。第一步是报告和描述受测者的 FSIQ分数（受测者的整体智力水平）。施测者将受测者的 FSIQ 与普通人群的 FSIQ 进行比较（通过常模团体的表现来确定，所有的分数都由常模团体得出）。美国人口的平均智力分数为 100。表 10-6 给出了韦氏量表的 FSIQ 和指标综合得分范围的描述性分类。通过这个表格，我们看到 FSIQ 得分为 100 的人的智力在平均水平。施测者应报告受测者的FSIQ 得分，以及与表现水平所对应的百分等级和描述性分类（如平均水平、高于平均水平等）。

　　解释的另一个步骤涉及解释指标分数。施测者可以从报告每个指标分数开始，包括定性描述和百分等级。施测者还可以通过识别指标分数之间的显著统计差异分析受测者在指标分数上的优势和劣势（基于正态曲线）。例如，一个受测者可能有良好的语言能力（高 VCI），但其工作记忆是弱项（WMI 分数相对较低）。为了确定各指标分数之间的差异是否显著，施测者可以参考测验手册中按年龄组确定关键指标分数值的表格。例如，根据韦氏儿童智力量表第五版（WISC-V）测验手册，当一个 13 岁的孩子的语文理解指标（VIC）得分比工作记忆指标（WMI）得分高 15 分时，就被认为是"有统计学意义的"。施测者还可以确定受测者的指标分数和基本比率（base rate）数据之间的差异，这些数据是在一般人群中观察到的分数。有趣的是，指标分数之间在统计学上有可能存在差异，如果这种差异在群体（基本比率）中经常发生，那么两个指标分数之间的差异是没有意义的。因此，在做临床和教育规划决策时，同时考虑个体指标分数之间的显著差异和基本比率是非常重要的。

表 10-6　**全量表智商（FSIQ）和指标综合得分范围的描述性分类**

综合得分	描述性分类	百分等级范围（PR）	正态曲线中包含的百分比
130 及以上	极高	98 ~ 99	2.2
120 ~ 129	高	91 ~ 97	6.7

（续表）

综合得分	描述性分类	百分等级范围（PR）	正态曲线中包含的百分比
110 ~ 119	高于平均水平	75 ~ 90	16.1
90 ~ 109	平均水平	25 ~ 74	50.0
80 ~ 89	低于平均水平	9 ~ 24	16.1
70 ~ 79	临界水平	3 ~ 8	6.7
69 及以下	极低	1 ~ 2	2.2

解释还涉及描述和分析个人资料中的子测验分数。我们通过使用三类描述性分类将子测验分数作以下描述（子测验的平均值为10，标准差为3；Sattler & Dumont，2004）。

- 子测验量表得分在1至7分时表示相对较弱的能力（低于平均值1至3个标准差）。
- 子测验量表得分在8至12分时表示平均能力（距平均值1个标准差以内）。
- 子测验量表得分在13至19分时表示相对较高的能力（高于平均值1至3个标准差）。

子测验最高分和最低分之间的显著差异被称为子测验离散度，它可以用于详细描述个人表现的特定优势和劣势。施测者还可以使用基本比率方法分析子测验分数，以比较受测者的子测验分数与一般群体的分数。

由于解释的复杂性，熟练的施测者不仅要接受韦氏量表使用方面的培训，而且还要接受高级研究生培训，以便能够对受测者的表现进行解释。此外，我们还要记住，测验只代表评估方法中的一种，这一点很关键。对测验结果的解释总是与个体的背景信息、行为表现和其他评估结果相结合的。表 10-7[①] 给出了 WISC-V 测验结果示例。

表 10-7　韦氏儿童智力量表第五版（WISC-V）测验结果示例

指标分数和全量表智商	综合分数	百分等级	描述性分类
言语理解指数（VCI）	104	61	
知觉推理指数（PRI）	102	55	
工作记忆指数（WMI）	86	18	
加工速度指数（PSI）	91	27	
全量表智商（FSIQ）	97	42	
子测验分类	转换分数	百分等级	描述性分类
言语理解子测验			
同义词	11	63	

① 该表只作为示例呈现数据，描述性分类一栏为空。——编者注

（续表）

子测验分类	转换分数	百分等级	描述性分类
词汇	11	63	
理解	11	63	
常识	10	50	
文字推理	10	50	
知觉推理子测验			
积木	9	37	
图画概念	10	50	
矩阵推理	13	84	
填图	10	50	
工作记忆子测验			
数字广度	8	25	
字母－数字排列	7	16	
算术	10	50	
加工速度子测验			
编码	8	25	
符号检索	9	37	
划消	8	25	

在心理测量属性方面，韦氏量表基于大量样本进行了标准化，这些样本与美国人口普查局关于年龄、性别、地域、种族／民族及父母受教育水平等变量的数据相匹配。韦氏成人智力量表第四版（WAIS-IV）、韦氏儿童智力量表第五版（WISC-V）和韦氏学龄前儿童智力量表第四版（WPPSI-IV）的标准样本规模分别为 2200、2200 和 1700。最新的韦氏量表有相当多的证据支持构念效度，也就是说，该量表测量了总体智力能力，以及言语理解、知觉组织／知觉推理、工作记忆和加工速度（Wechsler，1997），并且有许多研究表明，韦氏量表与其他智力指标高度相关（WISC-V 转换分数的示例参见表 10-8）。在信度方面，全量表智商（FSIQ）分数和指标分数的内部一致性信度系数为 0.90 以上（一致性系数范围为 0.87 至 0.89 的 PSI 除外），重测信度系数范围为 0.86 至 0.96（The Psychological Corporation，1997）。

表 10-8　韦氏儿童智力量表第五版（WISC-V）测验结果示例子测验成绩汇总

量表	子测验名称	简称	原始总分数	转换分数	百分等级	年龄当量分数	标准误差
言语理解	同义词	SI	25	12	75	9–10	1.16
	词汇	VC	21	10	50	8–10	1.24
	（常识）	IN	15	10	50	8–10	1.31
	（理解）	CO	19	12	75	10–2	1.34
视觉空间	积木	BD	30	12	75	11–2	1.04
	视觉拼图	VP	16	12	75	10–10	1.08
流体推理	矩阵推理	MR	14	8	25	7–2	0.99
	图形重量	FW	17	10	50	8–10	0.73
	（图画概念）	PC	13	10	50	9–2	1.24
	（算术）	AR	14	8	25	7–10	1.04
工作记忆	数字广度	DS	18	7	16	6–10	0.95
	图画广度	PS	18	7	16	6–6	1.08
	（字母–数字排序）	LN	11	7	16	6–10	1.24
加工速度	编码	CD	26	8	25	<8–2	1.37
	符号检索	SS	19	10	50	8–6	1.34
	（划消）	CA	43	8	25	7–2	1.24

用于推导 FSIQ 的子测验用粗体显示，次级子测验用括号显示。

斯坦福 – 比内智力量表第五版　斯坦福 – 比内智力量表是最古老和使用最广泛的智力测验之一，现在已经是第五版了。斯坦福 – 比内量表起源于 1905 年的比内 – 西蒙量表，由斯坦福大学的刘易斯·特曼于 1916 年首次发表（Becker，2003）。斯坦福 – 比内量表的最新版本于 2003 年出版，适用于 2 ~ 85 岁及以上的人群。它通常需要 45 到 75 分钟来进行测验。斯坦福 – 比内智力量表第五版建立在五因素层次认知模型上，包括以下几个量表。

- **全量表智商（FSIQ）**　测量的是同时对词汇和视觉材料进行推理的能力，对重要知识进行存储和随后进行检索和应用的能力，对词汇和视觉细节的广泛记忆、空间可视化能力，以及用数字和数字概念解决新问题的能力。

- **非言语智商（NVIQ）**　测量的是以下方面的推理能力：解决用图片表示的抽象问题，记住视觉对象中的事实和图形，解决以图片形式显示的数字问题，组合视觉拼图，以及记住视觉空间中的信息。

- **言语智商**（VIQ）测量的是一般的语言推理能力——解决书面或口头文字、句子或故事中提出的问题。

全量表智商（FSIQ）、非言语智商（NVIQ）和言语智商（VIQ）的综合得分平均值为100，标准差为15，NVIQ和VIQ各包括5个子测验，平均值为10，标准差为3。这些子测验在语言和非语言领域被组织成下列5个认知因素。

1. **流体推理**（fluid reasoning）是解决口头或非口头新问题的能力。
2. **常识**（knowledge）是在家庭、学校、工作和日常生活中积累的一般信息。
3. **定量推理**（quantitative reasoning）是用数字或数值概念解决问题的能力。
4. **视觉空间加工**（visual spatial processing）是一种能够看到模式和操纵视觉图像、地理形状或三维对象的能力。
5. **工作记忆**（working memory）是将信息存储在短时记忆中，然后对信息进行排序或转换的能力。

解释斯坦福–比内智力量表涉及识别和评估非言语智商和言语智商之间，以及子测验分数之间的任何显著差异。在斯坦福–比内智力量表测验手册中提供了代表评估分数差异的广泛表格。表10-9给出了全量表智商所使用的描述性分类（Roid，2003）。

广泛的信度和效度研究是斯坦福–比内智力量表第五版标准化的一部分。测验常模基于4800个个体，并根据2001年美国人口普查局的一份关于年龄、性别、种族/民族、地域和社会经济水平的报告进行分层。内部一致性信度范围在智商分数上为0.95～0.98，在五因素指标分数上为0.90～0.92，在10个子测验上为0.84～0.89。斯坦福–比内智力量表与斯坦福–比内智力量表第四版、韦氏儿童智力量表第三版（WISC-III）、韦氏成人智力量表第三版（WAIS-III）和韦氏学龄前儿童智力量表修订版（WPPSI-R）的相关性分别为0.90、0.84、0.82和0.83。此外，研究者们还进行了重测信度和评分者间信度研究，结果显示了斯坦福–比内智力量表评分的稳定性和一致性。

表10-9　斯坦福–比内全量表智商的描述性分类

智商范围	描述性分类
176～225	极具天赋或极为突出
161～175	极具天赋或极其先进
145～160	非常有天赋或非常突出
130～144	有天赋或很突出
120～129	出众
110～119	高于平均水平

（续表）

智商范围	描述性分类
90 ~ 109	平均水平
80 ~ 89	低于平均水平
70 ~ 79	发育迟缓边缘
55 ~ 69	轻度受损或迟缓
40 ~ 54	中度受损或迟缓
25 ~ 39	严重受损或迟缓
10 ~ 24	极度受损或迟缓

考夫曼工具 智力测验领域中另一个重要的名字是考夫曼。在 20 世纪 70 年代和 80 年代初，艾伦（Alan）和纳丁·考夫曼（Nadeen Kaufman）夫妇创建了一系列智力测验——基于他们广泛的临床和研究经验，以及他们在评估领域的丰富知识，其中包括第二版考夫曼儿童成套评估测验（KABC-II；Kaufman & Kaufman，2004a）、考夫曼青少年和成人智力测验（KAIT；Kaufman & Kaufman，1993）、考夫曼简明智力测验第二版（KBIT-2；Kaufman & Kaufman，2004b）等诸多测验。考夫曼儿童成套评估测验的第一版（KABC）是第一个建立在鲁利亚加工模型和卡特尔-霍恩-卡罗尔（CHC）模型上的智力测验。接下来我们将提供更多关于第二版考夫曼儿童成套评估测验和考夫曼青少年和成人智力测验的信息。

第二版考夫曼儿童成套评估测验是用来测量 3 ~ 18 岁个体的一系列认知能力的工具。该工具基于两个现代理论模型：鲁利亚的神经心理加工理论与卡特尔-霍恩-卡罗尔（CHC）的广义和狭义能力模型。由于其双重理论基础，第二版考夫曼儿童成套评估测验（KABC-II）可以根据任何一种解释方法（鲁利亚模型或 CHC 模型）来解释，这取决于评估者选择采取哪种方法。KABC-II 为两个理论模型分别给出了对应的综合分数：心理加工指数（MPI）——从鲁利亚模型的角度衡量心理加工能力；流体晶体化指数（FCI）——从 CHC 模型衡量一般认知能力。这两种总体评分的主要区别在于，MPI（鲁利亚模型）排除了对获得性知识的度量，而 FCI（CHC 模型）包括对获得性知识的度量（Kaufman, Lichtenberger, Fletcher-Janzen, & Kaufman, 2005）。任何考生只获得这两种总分中的一种。KABC-II 还会给出 5 个广泛能力量表分数和 18 个核心与补充子测验分数，然而，评估者不会在一个儿童身上使用所有 18 个分数。子测验的选择取决于儿童的年龄范围及使用哪种理论方法进行解释。表 10-10 对 7 ～ 18 岁年龄范围的 KABC-II 和核心子测验进行了描述。该工具提供标准分数、百分等级和年龄当量分数。对于广泛能力量表，标准分数的平均值为 100，标准差为 15。量表还根据不同的标准分数范围提供了描述性分类：极高（标准分数为 131 或更高）、高于平均值（116 ～ 130）、平均值（85 ～ 115）、低于平均值（70 ～ 84）和极低（69 或更低）。KABC-II 是根据 2001 年美国人口普查报告中 3025 名儿童的人口统计数据进行标准化的。测验手册报告了内部一致性和重测信度的有力证据，以及结构效度的证据。KABC-II 的整体评分与第三版韦氏儿童智力量表（WISC-III）、第五版韦氏儿童智力量表（WISC-V）和韦氏学龄前儿童智力量表（WPPSI-III）的 FSIQ 密切相关。雷福德和科尔森（Raiford & Coalson，2014）发现，KABC-II 和第四版韦氏学龄前儿童智力量表（WPPSI-IV）之间的相关性保持着较高水平。2018 年，考夫曼儿童成套评估测验第二版标准更新版（KABC-II NU）发布，从而为该量表提供了常模更新。最新版反映了美国目前的儿童人口状况。

考夫曼青少年和成人智力测验是为 11 ～ 85 岁的个体设计的。其核心测验由 3 个智力量表（即流体智力、晶体智力和综合智力）和 6 个子测验（3 个评估流体智力的子测验、3 个评估晶体智力的子测验）组成。流体智力量表衡量的是通过推理解决新问题的能力，推理被认为是与生物学和神经学相关的功能。晶体智力量表衡量的是根据获得的知识、言语概念化、正规和非正规教育、生活经验和文化适应来解决问题和做出决定的能力。综合智力的得分提供了一个衡量整体智力功能的指标。该工具在全国（美国）2000 人样本的基础上进行了标准化。其测验手册给出了信度和效度信息，包括与第五版韦氏儿童智力量表（WISC-V）、第三版韦氏成人智力量表（WAIS-III）和第二版考夫曼儿童成套评估测验（KABC-II）的相关性研究信息，以及 0.90 以上的内部一致性信度系数。

表 10-10　第二版考夫曼儿童成套评估测验（KABC-II）和核心子测验

维度和子测验	描述
序列 / 短时记忆和提取（Gsm）	测量将输入信息按顺序排列以解决问题的能力
数字回忆测验	测量顺序处理和短时记忆；施测者说出一串数字，让儿童复述一遍
词序测验	测量顺序处理和短时记忆；施测者说出一系列单词，让儿童以同样的顺序指向这些单词对应的图片
平行 / 视觉智力（Gv）	测量儿童为解决问题对通常是空间上的输入信息同时进行整合和综合的能力

（续表）

维度和子测验	描述
移动测验	测量视觉处理能力；在一个带有障碍的棋盘式板面上，让儿童将一只玩具狗移动到一块骨头上，并试图找到"最快"的路径（例如，移动最短的距离）
三角形拼图测验（7 ~ 12）	测量视觉能力和空间关系；让儿童根据模型或图片来组织形状
积木测验（13 ~ 18）	测量对物体进行三维可视化的能力；让儿童计算图片中有多少块积木
计划 / 流体智力（Gf）	测量包括分析、计划和组织在内的高层级决策和执行过程
图形推理测验	以非言语方式衡量解决问题所需的推理技能和假设验证能力；儿童会看到一组图片，并且必须再选择一个图片以完成图形推理（大多数图片都是抽象的几何形状）
故事补缺测验	计划和推理技能的非言语测量；儿童会看到一系列不完整的图片，然后必须选择图片卡来完成故事
学习 / 长时记忆和提取（Glr）	衡量与学习、存储和有效检索信息相关的认知整合能力
亚特兰蒂斯测验	通过把图片和无意义的名字联系起来来衡量学习新信息的能力；施测者会教儿童鱼、植物和贝壳等奇特的图画的名字，然后儿童通过指认和命名每一张图片来展示学习成果
画谜学习测验	测量学习新信息的能力；施测者教儿童与每一幅画谜（图画）相关的单词或概念，然后儿童大声"朗读"由这些字谜组成的短语和句子
知识 / 晶体智力（Gc）	测量言语知识、言语理解和言语推理
谜语测验	测量言语理解、言语推理和词汇检索能力；施测者读一个谜语，儿童通过指着图片或说出一个具体或抽象的言语概念来回答谜语，过程中儿童必须指出它或说出它的名字
言语知识测验	测量词汇和常识；儿童选择与词汇对应的图片或回答常识问题

第三版伍德考克 – 约翰逊认知能力测验　第三版伍德考克 – 约翰逊认知能力测验（WJ III COG；Woodcock，McGrew，& Mather，2007）是用来评估 2 ~ 90 岁及以上个体认知能力的使用最广泛的工具之一。该测验基于卡特尔 – 霍恩 – 卡罗尔（CHC）的认知能力理论开发，它结合了卡特尔和霍恩的流体智力与晶体智力理论和卡罗尔的三层次理论。在 WJ III COG 中，分数代表四个不同等级的认知能力。

- **第一级**由 31 个认知测验组成，测量广义和狭义的认知能力。评估者很少使用全部 31 个测验，相反，他们根据评估的目的选择适当的测验。
- **第二级**包括 31 个认知测验中的几组广泛认知能力。
- **第三级**由三类广泛认知能力组成，包括言语能力（获得的知识和语言理解）、思维能力（有意识的认知加工）和认知效率（自动认知加工）。
- **第四级**由一般智力能力（GIA）分数组成。

第三版伍德考克 – 约翰逊认知能力测验（WJ III COG）提供多种分数，包括年龄当量分数和年级当量分数、原始分数/回答正确的数量、百分等级和标准分数（平均值 = 100，标准差 = 15）。它还提供了以下描述性分类：标准分数131及以上为"非常优秀"，121～130为"优秀"，111～120为"高于平均水平"，90～110为"平均水平"，80～89为"低于平均水平"，70～79为"低"，69及以下为"非常低"

第三版伍德考克－约翰逊认知能力测验（WJ III COG）是根据第三版伍德考克－约翰逊成就测验（WJ III ACH）开发的，这些测量工具共同提供了一个衡量智力能力和学术成就的综合评估。将 WJ III COG 和 WJ III ACH 结合使用，专业人员可以在个体的认知能力、口头语言能力和成就分数之间进行准确的比较（Schrank，Flanagan，Woodcock，& Mascolo，2010）。

其他个体智力测验 第二版差异能力量表（Differential Ability Scales, 2nd Edition, DAS-II）（Elliot，2007）是一个综合性单独施测工具，用于评估2～17岁个体的认知能力。该量表最初用于向评估有学习障碍和发育障碍的儿童的专业人员提供比简单的智商分数更详细的信息，因此，它的侧重点是特定的能力，而不是一般的"智力"。除了学习障碍外，第二版差异能力量表还适用于各种特殊类别的儿童，包括注意缺陷/多动障碍（ADHD）、语言障碍、英语水平有限、轻度至中度智力障碍，以及天才儿童。第二版差异能力量表由20个核心子测验组成，分为三组：早期测验组（低龄），适用于2岁6个月至3岁5个月儿童；早期测验组（高龄），适用于3岁6个月至6岁11个月儿童；学龄测验组，适用于7～17岁11个月个体。这些测验组提供了一般概念能力（general conceptual ability，GCA）分数，这是一个综合分数，侧重于推理和概念方面的能力。

斯洛森智力测验第四版（Slosson Intelligence Test-4th Edition，SIT-4）是一个包含187个题目的口头筛选工具，旨在对4～65岁个体的一般言语认知能力进行"快速评估"。它测量以下认知领域：词汇、常识、相似性和差异性、理解、数量和听觉记忆。作为一种筛选工具，它可以用来提供初步诊断或确定是否需要深入评估。

达斯－纳格利里认知评估系统（Das Naglieri Cognitive Assessment System，CAS）（Naglieri & Das，1997）建立在计划－注意－同时性－继时性认知加工理论（PASS）基础上，该理论强调与表现相关的认知过程，而不是一般的智力模型。达斯－纳格利里认知评估系统评估5～17岁个体的认知过程，提供计划、注意力、同时性和继时性子量表分数及全量表分数。该测验可用于鉴别 ADHD、学习障碍、智力障碍和天赋，以及评估儿童创伤性脑损伤。

团体智力测验

如前文所述，当必须同时或在有限的时间内对大量受测者进行评估时，进行团体智力测验则很有用。第一次世界大战的军队 α（Army Alpha）和军队 β（Army Beta）测验是第一批被用于筛选数百万新兵的主要团体智力测验。从那时起，更多的测验被开发出来，当用于筛选时，团体智力测验比个体智力测验使用更广泛。我们将描述一些著名的团体智力测验。

认知能力测验　认知能力测验（CogAT，Lohman & Hagen，2001）测量 K-12 学生的学习推理和问题解决能力。这项测验旨在帮助教育工作者做出重要的学生分配决定，如选出有天赋和才华的学生。认知能力测验可以全部或部分使用，每次30至60分钟（取决于学生的年级）。它提供了三个测验组分数及一个综合分数。

1. **言语能力测验组**测量儿童记忆和转换英语单词序列的能力、理解这些单词的能力，以及对它们做出推断和判断的能力。它包括关于言语分类、句子完成和言语类比的子测验。

2. **量化能力测验组**测量儿童对学习数学时必不可少的基本量化概念的掌握情况和对关系的理解能力。它包括量化关系、数列和方程式构建子测验。

3. **非言语能力测验组**测量通过操作和分类几何形状和图形进行推理的能力。

4. **综合分数**根据三个测验组结果得出，是对学生总体推理能力的一般描述。

测验将原始分数转换成标准九分、百分等级和"标准年龄分数"（standard age scores，SAS）。标准年龄分数的平均值为100，标准差为16，用于比较一个学生的分数和同一年龄组的其他学生的分数。标准年龄分数的范围是50~150，128~150代表"非常高"，112~127代表"高于平均水平"，89~111代表"平均水平"，73~88代表"低于平均水平"，50~72代表"非常低"。CogAT 的一个有趣的特征是，其网站包含一个交互式档案解释系统，使老师、咨询师和家长能够通过输入孩子的测验档案来解释测验成绩。这个互动系统还根据孩子们的 CogAT 档案为他们提供智力特征描述和教学建议。

奥蒂斯－列侬学校能力测验第八版　奥蒂斯－列侬学校能力测验第八版（OLSAT-8，Otis & Lennon，2003）是一种被广泛使用的团体智力测验，仅出售给经过认证的学校和学区，通常用于筛选有天赋的孩子。OLSAT-8 首次发表于1918年，它提供一个整体学校能力指数，并包含五个用来测量儿童抽象思维和推理能力的子测验。这些子测验分别是言语理解、言语推理、图画推理、图形推理和定量推理测验。测验覆盖 K-12 年级，共七个等级。

瑞文推理测验　瑞文推理测验（Raven's Progressive Matrices，RPM）（Raven，Raven，& Court，2003）是一种测量流体智力的多项选择测验。流体智力是指对复杂数据的理解能力、对新模式和新关系的感知能力，以及构造结构（主要是非言语）的能力。测验包括一系列视觉矩阵（2×2 或 3×3 网格），其中，每个矩阵都会缺少一块。

受测者需要研究网格的模式，然后从一组选项中选择缺失的部分。该程序有三种形式：标准推理测验（Standard Progressive Matrices，SPM），适用于一般人群；彩色推理测验（Coloured Progressive Matrices，CPM），适用于年幼儿童、老年人和有中度或严重学习困难的人；高级推理测验（Advanced Progressive Matrices，APM），适用于智力高于平均水平的成年人和青少年。该测验之所以被称为渐进测验，是因为每个测验都由题目的"集合"组成，并且题目和集合的难度会逐渐增加。

其他常用的团体智力测验包括加州心理成熟度测验（California Test of Mental Maturity）、库尔曼－安德森智力测验（Kuhlmann-Anderson Intelligence Tests）和海蒙－尼尔森心理能力测验（Henmon-Nelson Tests of Mental Ability）。

专门测验

到目前为止，我们已经介绍了一些著名的个体和团体智力测验。在大多数情况下，这些测验可以用于多种目的来评估不同的人群。然而，有些测验更加专门化，这意味着它们是专门为某些人群开发的，例如，针对学龄前儿童、有学习障碍或其他问题的个体、有天赋的儿童或来自不同文化或语言背景的个体。为特殊人群设计的智力能力测验包括非言语智力测验第四版（Test of Nonverbal Intelligence，TONI-4）、莱特成就量表第三版（Leiter Performance Scale-3rd Edition，Leiter-3）和通用非言语智力测验（Universal Nonverbal Intelligence Test，UNIT）。表 10-11 列出了更完整的（尽管不是全部的）相关测验。

表 10-11 专门智力测验

适用人群	测验
文化与语言多样化群体	非言语智力综合测验 文化公平智力测验 莱特成就量表第三版 纳格利里非言语能力测验第三版 非言语智力测验第三版 通用非言语智力测验
天才群体	中小学英才筛选评估第二版 智力学习能力结构测验，天赋筛选表
有学习障碍、耳聋和听力受损问题、言语问题或其他障碍的群体	非言语智力综合测验第三版 莱特成就量表第三版 纳格利里非言语能力测验第二版 非言语智力测验第三版 通用非言语智力测验第三版

（续表）

适用人群	测验
学龄前儿童群体	贝利婴儿发展量表第三版 扩展版美林 – 帕尔默量表 麦卡锡儿童能力量表 马伦早期学习量表 发育期神经心理测评（NEPSY）

非言语智力测验第四版 一个著名的专门测验是第四版非言语智力测验（TONI-4）。这是一个不使用语言的测验，共 60 道题，受测者年龄在 6 ~ 90 岁之间，测量内容包括智力、能力倾向、抽象推理和问题解决能力。该测验完全是非言语性的，不需要受测者阅读、写作、口头表达或倾听。施测者通过手势来实施测验。而受测者则通过指向、点头或使用一个象征性的手势来表示他们的答案选择。该测验非常适用于患有严重口语障碍（失语症）的人士、失聪或听力受损人士、非英语人士或英语学习者，以及因智力残疾、耳聋、发育障碍、自闭症、脑瘫、中风、头部损伤或其他神经损伤而产生认知、语言或运动障碍的个体。TONI-4 大约需要 15 ~ 20 分钟来施测和计分。该测验提供原始分数、离差智商分数、百分等级和年龄当量分数。它是可靠的心理测量工具，具有很高的效度和信度，并以在人口统计学上具有代表性的分层样本 3451 人作为常模。

莱特成就量表第三版 莱特成就量表第三版（Leiter-3）包含四个用于计算非言语智商的子测验，其中两个用于计算非言语记忆，两个用于计算加工速度，以及一个非言语神经心理筛选器。Leiter-3 的常模基于有听力问题、耳聋、认知障碍、发育迟缓、自闭症、言语和语言缺陷、已知 ESL[①] 和智力方面有天赋的儿童建立。开发者纳入了认知优势和劣势的完整概况。每个子测验和技能领域都有一个分数。Leiter-3 与韦氏儿童智力量表第五版（WISC-V）的相关系数 r 为 0.88，与斯坦福 – 比内智力量表第五版（SB-5）的相关系数 r 为 0.85。Leiter-3 已被用于测量各种有听力和语言障碍、精神障碍、处于文化弱势群体或属于非英语背景的个体。Leiter-3 测量了感知能力和概念能力的维度。在莱特成就量表第三版（Leiter-3）中，子测验的数量从 20 减少到 10（图形背景、表格完成、分类和类比、相继次序、视觉模式、注意持续、注意分配、前向记忆、逆向记忆和非言语斯特鲁普）。Leiter-3 是评估听力障碍儿童、严重表达或接受语言障碍儿童，以及严重智力障碍成年人认知能力的宝贵工具。除了针对沟通能力受损的个体之外，Leiter-3 也被认为适合那些有运动和操作困难的个体使用。

通用非言语智力测验 通用非言语智力测验（UNIT）是一种无语言测验，不要求

---

① ESL 是 English as a Second Language 的缩写，是指"英语作为第二语言"，ESL 课程是专门为母语非英语的个体开设的专业英语课程，也是外国学生申请美国大学所必修的一门语言课程。——译者注

施测者或受测者接受或输出语言。UNIT 测量许多类型的智力和认知能力。该测验由六个子测验组成，根据两层智力模型（记忆和推理）来衡量受测者的功能。记忆子测验分为空间记忆、物体记忆和符号记忆。推理子测验包括类比推理、立方体设计和迷宫。虽然其中五个子测验需要动手操作，但是它们也可以调整为用指向作答。在空间记忆子测验中，受测者必须记住并重新创建彩色卡片的位置。在物体记忆子测验中，受测者看到一个由普通物体组成的视觉组合，比如一个平底锅、一台计算机和一朵玫瑰，5 秒钟后，受测者须从更大一组图片中识别出所显示的物体。该测验的 5 ~ 7 岁儿童的内部一致性信度范围为 0.83（类比推理）到 0.89（立方体设计）。

访谈及观察

对智力的充分评估需要的不仅是测验结果，它还需要与受测者的访谈和相关的附带来源，如家长和教师（如果受测者是一个孩子）提供的信息。通过访谈，评估者可以收集关于受测者的重要背景信息，并为良好的工作关系奠定基础。

对受测者的观察可以为评估者提供与智力评估相关的信息。例如，评估者可以观察受测者的外表、情绪反应、社会交往、沟通技巧和思维过程，这些可以让评估者洞察受测者的功能。

智力评估中的议题

智力测验仍然是一个有争议的话题。对智力结构的许多定义导致了许多不同模型、理论和测验的发展。关于智力是什么及如何衡量它，人们并没有达成共识。它是一个一般（g）能力还是许多能力？此外，在描述智力结构的术语上也没有共识——它是能力、能力倾向、认知能力、智力还是潜力？

有关遗传和智力的议题已经争论了几十年。遗传对智商的影响被错误地解释为试图教育或被教育是没有意义的，或者智商在某种程度上不会改变。这是一个谬论，因为许多环境因素，包括家庭环境、养育方式、社会经济地位、营养和学校教育都会影响智力发展的进程（Toga & Thompson，2005）。对智力遗传力的最佳估计是 0.50，这表明遗传变异约占智力测验分数个体差异的 50%，其余 50% 归因于环境因素（Plomin，DeFries，Knopils，& Neiderhiser，2012）。由此可以看出，丰富的环境将有助于每个人实现他们的潜能，然而，基因、环境和大脑之间的复杂关系使得人们难以确定它们对智力的具体影响程度。

人们的许多关注焦点仍然集中在智力测验中的偏见上。许多评估工具最初是由欧洲和美国的心理学家开发的，他们没有考虑文化和种族因素如何影响他们的测验（Sattler，2008）；有时，他们对智力的看法并不为其他文化所认同（Sternberg，2003）。例如，欧裔美国人认为语言能力、解决问题的能力和思维加工速度是重要的智力能力，而其他文化或种族群体可能强调社会技能、合作性或服从性（参见 Sternberg 2003 年的综述）。直到 20 世纪下半叶，测验开发者才开始考虑文化和种族因素，并专注于构建或修改测验，以尽量减少文化偏见。例如，言语智力测验（尤其是那些涉及词汇和一般信息的测验）是高度文化负荷的，这意味着这类测验的题目属于特定文化。相比之下，非言语测验是去文化负荷的，因为它们更少地依赖于具有特定语言符号的题目。

另一个备受争议的议题涉及智力的稳定性。智力测验分数不被视为一个固定的属性。智商在发展过程中会发生变化，特别是从出生到 5 岁（研究表明，儿童早期的智力测验分数非常不稳定，不能很好地预测儿童以后的智力）。在学龄期进行的智力测验获得的分数与成年期获得的分数有着更为实质性的关系（Sattler，2008）。之后，某些测验的分数可能会随着年龄的增长而下降，而其他测验的分数则会上升。

最后一个议题是弗林效应。弗林效应指的是随着时间的推移，每一代人的智商都会增加。这是由詹姆斯·弗林（James Flynn）（1998，2009）首先发现的。他调查了过去 100 年中的 IQ 分数，发现，平均而言，在整个 20 世纪，智商分数持续提高了大约 2 个标准差。正如弗林所认为的那样，即使增长从现在开始减弱，这种变化也是巨大的。它转化为 30 个智商点，如果从字面上理解的话，这意味着 100 年前有 50% 的人口拥有与当前智力测验分数分类所定义的智力残疾相一致的智力能力。许多人认为这个命题是荒谬的，因为"没有证据表明 100 年前的人们不如现在的人们聪明"（Nettelbeck & Wilson，2005）。仅用一个因素解释智商的增长是不可行的，有人提出智商增长的原因包括以下几点（Dickens & Flynn，2001；Flynn，2000，2009）。

- 广泛的公共教育。
- 家庭规模的缩小。
- 更多的休闲时间。
- 更需要智力的工作。
- 更多地使用科技。
- 更好的产前护理。
- 营养状况的改善。
- 儿童抚养方式的改变。
- 对测验和测验过程更加熟悉。

总结

人们对测量智力的早期兴趣可以追溯到 19 世纪晚期。科学家们对智力的本质及如何测量智力有不同的看法，所有这些看法都有助于我们目前对智力概念的理解。在过去的几十年里，人们提出了许多关于智力的理论，这些理论从不同的角度阐述了：（1）g 的存在；（2）构成智力的广泛而具体的能力；（3）智力作为能力的层次；（4）多种智力；（5）信息加工。

智力测验测量了广泛的认知能力，如推理、理解、判断、记忆和空间能力。测验可以用于筛选、识别和安置目的，也可以作为深入的心理评估的认知辅助工具。尽管许多测验可为多种目的评估多种人群，但最突出的个体智力测验是韦氏量表和斯坦福 – 比内智力量表。

智力评估存在几个方面的争议。学者们仍在讨论 g 的存在，争论遗传和智力问题，关注测验偏见，并质疑智力随时间推移的稳定性。尽管存在这些议题，仍有数量繁多的智力测验在过去的一百年里发布。

问题讨论

1. 发展你自己对智力的定义。它与现有的定义相比如何？

2. 比较不同的智力理论。你最接受哪种理论，为什么？

3. 团体智力测验的优点和缺点是什么？个体测验呢？你会在什么时候使用团体测验？什么时候使用个体测验？

4. 你认为哪些环境因素会影响一个人在智力测验中的表现？为什么？

建议活动

1. 评论本章中讨论的一项智力测验。

2. 采访一位使用智力测验的心理学家或心理咨询师。了解他使用哪些测验及为什么使用。向全班报告你的结果。

3. 写一篇关于以下主题之一的文献综述或意见书：智力测验中的偏见、智力测验的历史，以及智力的遗传学研究。

4. 实施一次团体智商测验，为其计分，并写一份结果报告

5. 阅读理查德·赫恩斯坦（Richard Herrnstein）和查尔斯·默里（Charles Murray）1996 年出版的《钟形曲线：美国生活中的智力和阶级结构》（*The Bell Curve: Intelligence and Class Structure in American Life*）。

6. 回顾表 10-8 中的韦氏儿童智力量表第五版（WISC-V）分数。你如何描述受测者的整体智力水平？如何描述受测者的相对优势和相对劣势？

11 | 第十一章

成就评估

学习目标

学习本章之后，你将能够做到以下几点。

- 定义成就。
- 描述成就测验的主要特征。
- 描述标准化成就测验在学校中的主要应用。
- 描述成套成就测验、个人成就测验、诊断性测验（诊断性成就测验）、科目领域的测验的特点，并阐述它们各自的优缺点。
- 描述其他类型的成就评估（标准参照测验、最低水平技能测验、美国各州成就测验（州成就测验）、美国国家教育进展评估、课程本位评估与测量、表现评估和档案袋评估）。

成就评估涉及使用工具和程序来衡量一个人当前的知识和技能。成就的本质是回溯性的，这意味着一个人当前的知识水平是基于过往的教育经验产生的。因此，成就测验通常是为了反映教育标准和课程目标而设计的。

成就测验广泛应用于教育、商业、工业和军事方面。每年进行的成就测验数量超过了所有其他类型的心理和教育评估工具的使用数量。在美国的学校里，成就测验应用于许多方面，例如，对学生的成就进行动态监测，做出与之相关的安置/筛选决定；评估教学目标和方案；帮助诊断学习障碍等。专业的咨询师可以使用成就测验或成就测验结果实现多种目标，包括进行个性化教育规划、优化学校系统、确定在大学的环境下如何顺应发展，以及颁发证书或执照等专业资质证明。

评估成就

成就可以被定义为个体在某一特定内容领域接受了指导后拥有的知识或技能（AERA et al., 2014）。成就评估可通过多种测验和程序实现，包括成套成就测验、个人成就测验、诊断性测验、科目领域的测验、课程本位评估与测量、美国全州范围的评估程序，以及观察等。组成成就评估工具的题目要求受测者证明自己拥有一定程度的知识或技能。成就测验的结果会让受测者本人及相关人士了解受测者在学业上的优势和劣势，或者在学习上遇到的困难。此外，成就测验可以用来监测个人的成就，以及评估教育和社会项目实施的有效性。在学校里，这些测验可以为教师和管理人员提供信息，使他们能够规划或调整课程，从而为特定学生提供更好的服务。

成就测验的分数通常与其他测验（如智力测验和能力倾向测验）的分数相关。正如第十章所述，这三种测验（智力测验、成就测验和能力倾向测验）在内容上可能有重叠，但它们侧重的方面是不同的。成就测验更关注当下，也就是说，反映一个人现在知道什么或者能够做什么。成就测验也被认为是学业成绩的优秀预测因子，并且经常用来预测受测者未来在教育项目（如大学）或职业项目中的表现。

我们都知道，一个人如果不参加某种形式的成就测验，就很难顺利从高中毕业。在学校里，许多为了反映基于特定教师、课程或教学单元的学习效果而设计的教师自编测验被认为是非正式的成就测验。相比之下，标准化成就测验是专业机构开发的测验，旨在反映美国大多数学校的教学成果和教学内容。每年，世界各地的学校都会对大批学生进行标准化成就测验，以确定学生的现有水平和在学校的整体表现。一些标准化成就测验（特别是个人成就测验和诊断性测验）专门被设计用来识别学生的长处、短处或存在的学习问题。教师自编测验与标准化成就测验在测验项目的质量、测验分数的信度、施测和计分程序，以及对测验分数的解释方面均存在差异（Miller，Linn，& Gronlund，2012）。也正因为它们存在差异，教师自编测验与标准化成就测验成为互补而非对立的成就评估方法。这两种类型的测验方法都可以用来评估学生的成就（Aiken & Groth-Marnat，2006）。事实上，费尔普斯（Phelps，2012）对1910年至2010年的研究进行了分析，发现进行测验与提供反馈对整体成绩有显著影响。

在本章中，我们将继续讨论成就测验，焦点将主要集中在标准化成就测验。虽然成就测验是在不同的情境下（如学校、企业、工业领域和军队）进行的，但本章我们的讨论将主要聚焦于学校的标准化成就测验。

标准化成就测验

标准化成就测验是专业机构开发的测量工具，主要出售给公立学校或其他机构、代理商或具有合格资质的专业人员。它们涵盖了大多数美国学校广泛涉及的内容领域。在教育领域，标准化成就测验主要用于以下目的。

- 确定学生目前的成就水平。
- 对学生的成就进行动态监测。
- 分析某一学生的学业优势和劣势。
- 为安置 / 筛选决策对学生进行选择。
- 评估教学目标和方案。
- 协助诊断学习障碍。
- 评价个体是否可获得证书和执照。

标准化成就测验总体上有几个普遍的特征，如统一的施测和计分程序、完善的心理测量品质，以及拥有（美国）全国性的代表性常模团体。大多数标准化成就测验使用标准分数，但也有一些使用百分等级、年龄 / 年级当量分数、正态曲线当量分数（NCEs）和绩效分类（成就水平或熟练程度）。标准化成就测验可以是常模参照测验，也可以是标准参照测验，或两者兼而有之。使用常模参照分数解释，是将个人的测验分数与标准样本的分数进行比较，使测验使用者能够估计个体相对于其他受测者处于什么位置。若进行标准参照分数解释，则个人的测验分数是根据特定的成就水平来衡量的，这通常需要一个人必须达到某一及格分数，以证明其对该领域内容的掌握程度。

标准化成就测验在施测程序、内容覆盖范围和测验结果的使用方面有所不同。例如，有些成就测验是对团体施测，有些是对个体施测的。有些测验可能包括一系列测验，有些测验则集中于单一的科目领域。有些测验对常规性学习结果进行测量，另一些则用以提供诊断信息。理解不同类别的标准化成就测验可能具有一定挑战性，因为专业人员会使用不同的专业术语来描述测验，而且这些测验往往涉及多个类别。无论你是否参与施测，理解这些工具的施测流程和信息使用方法都是至关重要的。我们经常需要向来访者和其他服务对象提供对这些工具的解释。为了更好地理解标准化成就测验，我们将通过以下几个类别介绍有关标准化成就测验的信息。

- 成套成就测验。
- 个人成就测验。
- 诊断性测验。
- 科目领域的测验。

为了更好地阐明各类成就测验之间的区别，我们在表 11-1 中提供了四类成就测验的特征图表。值得注意的是，其中一些成就测验可以被划分到不止一个类别中。

表 11-1 标准化成就测验特征

	评估目前成就水平	单独施测	团体施测	成就跟踪
成套成就测验	√		√	√
个人成就测验	√	√		√
诊断性测验	√	√	√	
科目领域的测验	√		√	

分析优势和劣势	评估教学目标和方案	为安置 / 筛选决策做选择	协助诊断学习障碍	证书和执照
	√	√		
√		√	√	
√		√	√	
		√		√

成套成就测验

标准化成就测验中使用最多的是那些能够衡量多重成就的测验，人们称之为成套成就测验。这些综合测验为学术课程中几个广泛的学习领域提供了一个普遍的、全面的衡量标准。它们包括一系列评估主要内容领域的测验和各种各样的子测验。这些内容领域包括阅读、语言和数学，以及适当年级水平上的学习技能、社会学科和科学。由于成套成就测验是对广泛内容领域的知识进行评估，因此测验中的每个子测验包含的项目数量相对有限，这就限制了它在发现学生重要学习问题方面的价值。因此，进行成套成就测验的主要目的是确定个体在各个科目中的大致定位。例如，使用成套成就测验可以确定一个学生在语言技能和阅读技能方面具有优势，但在数学技能方面相对处于劣势。

大部分成套成就测验是团体施测的，可以同时对多个受测者进行测评，这使得它每年可以在全（美）国范围内对数千名学生进行施测。团体测验中通常包含可以实现客观计分的题目，通常使用计算机进行计分，从而可以减少或消除在个体测验中常见的计分错误。团体测验的主要优势是成本效益，主要体现在（1）价格便宜；（2）节约时间；（3）使用门槛相对较低。

表 11-2 列出了目前被广泛使用的成套成就测验。这些测验的描述可以在《心理测量年鉴》《测验出版目录》（*Tests in Print*）、《测验》和《测验评论》的不同版本中找到，也可以从测验出版商那里找到。接下来我们会将有关斯坦福成就测验第 十 版（Stanford Achievement Test, 10th

表 11-2 成套成就测验

基本成就技能量表综合版（BASI）
特拉诺瓦成就测验第三版
特拉诺瓦综合基本技能测验（CTBS）
美国爱荷华（艾奥瓦）州基本技能测验（ITBS）
大都会成就测验第八版（MAT 8）
斯坦福成就测验第十版（Stanford 10）

Edition，Stanford 10）的信息作为成套成就测验的一个例子进行介绍。

斯坦福成就测验第十版　斯坦福成就系列测验是美国学区使用的主要综合测验之一，最初的斯坦福成就测验在 80 多年前首次出版。斯坦福成就系列测验仅出售给学区，它是一个常模参照标准化成套测验，旨在衡量个体从幼儿园至 12 年级的学校成绩。其中的 13 个测验被分成 3 组：（1）适用于幼儿园和 1 年级上学期学生的斯坦福早期学业测验（Stanford Early School Achievement Test，SESAT）；（2）适用于 1 年级下学期至 9 年级的斯坦福成就测验（Stanford Achievement Test）；（3）适用于 9 年级至 12 年级学生及大学新生的斯坦福学术技能测验（Stanford Test of Academic Skills，TASK）。Standford 10 包括几个综合测验和评估主要学术内容领域的子测验。根据被测的年级（K-12）和组别（3 组中的某一组），测验所涉及的内容领域也有所不同。以下是该系列测验评估的一些内容领域。

- **总体阅读**　衡量学生的阅读能力，如单词的发音和拼写、确定单词的意义和同义词，以及阅读理解。这一部分包括词汇学习能力、词汇阅读能力和阅读理解能力等子测验。
- **总体数学**　衡量学生在以下方面的问题解决能力：数感、算术运算、规律和代数、数据和概率、几何和测量概念。总体数学包含两大子测验：数学问题解决和数学解题步骤。
- **科学**　衡量学生对生命科学、地球科学、物理科学和科学本质的理解。
- **语言**　衡量学生在写作中规范使用语言的能力，包括大小写、标点符号、词汇用法、句型结构、语言组织、写作和编辑。
- **拼写**　衡量学生识别单词及正确拼写的能力。
- **社会科学**　衡量学生在历史、地理、政治科学和经济学方面的能力。
- **听力**　衡量学生对口语的识别能力和从听写材料中获取信息的能力。

Standford 10 既可以全系列施测也可以精简施测。它提供了多种题型，包括多项选择题、简答题和综述题。综述题除了要求有 5 ~ 6 个句子的书面答案之外，还可能要求学生绘制图表、举例说明或进行作品展示。Standford 10 的一个有趣的特点是测验题目的排列。与大多数成就测验中典型的"从简单到难"的安排不同，Standford 10 把简单的题目和困难的题目混合在一起。这样做的基本原理是，在传统的安排中，学生往往会因为一直无法做出较难的题目而感到沮丧，而"容易 – 困难 – 容易"的排列模式可以鼓励学生完成测验。

Standford 10 提供了 5 种形式的导出分数，包括转换分数、正态曲线当量分数、百分等级、标准九分、年级当量分数（表 11-3 提供了一个 Standford 10 的评估报告示例）。

表 11-3　Standford 10 评估报告示例

Standford 10　　　　　　　　　　　　　　　　　　　　　　　詹妮弗·迪拉德

个人学习成绩　　　　　　　　　　　　　　　　　　01 年级　初级 1 级　D 套试卷

教师：波特　　　　　　　　　　　　　年龄：7 岁 2 个月

学校：纽镇小学 –00010001　　　　　　学号：8

学区：纽镇　　　　　　　　　　　　　测验日期：3 月 4 日

测试项目	实际得分	修正分数	转换分数	正态曲线当量分数（NCEs）	百分等级（PR）	年级当量	能力比较（AAC）范围	(美国)国家年级百分等级范围图展示
总体阅读	130	82	589	64.9	76	2.6	中	
词汇学习能力	30	17	610	65.6	77	3.1	高	
词汇阅读能力	30	20	592	69.3	82	3.0	高	
句子阅读能力	30	18	566	48.4	47	1.7	中	
阅读理解能力	40	27	588	64.2	75	2.6	中	
总体数学	72	31	523	45.2	41	1.6	中	
数学问题解决	42	22	546	51.6	53	1.9	中	
数学解题步骤	30	9	491	39	30	1.5	中	
语言	40	22	579	59.8	68	2.5	中	
拼写	36	30	622	84.6	95	4.8	高	
环境	40	26	607	68.5	81	2.8	高	
于测验	0	165	0	60.3	69	2.6	中	
总测验	0	191	0	61.2	70	2.6	中	

（图展示刻度：1　10　30　50　70　90　99）

215

标准九分中 1、2、3 被认为低于平均值，4、5、6 是平均值，7、8、9 高于平均值。由于奥蒂斯-列侬学校能力测验第八版（OLSAT-8）的施测通常与 Standford 10 同时进行，Standford 10 便总结并规范了一个能力比较（AAC）范围，该范围描述了一个学生在 Standford 10 中的分数与其他学生在 OLSAT-8 中的其他类似能力的分数之间的关系。与其他学生相比，如果一个学生的 AAC 分数在前 23% 则被认为是高水平的，处于中间的 54% 的分数被认为是中等水平的，处于后 23% 的分数被认为是低水平的。取得中等水平的分数表示学生的能力（智力）和成就与大部分学生大致相同——这个学生处于他这个阶段正常的能力水平。取得高水平的分数表示该学生的成绩高于该阶段预期水平。取得低水平的分数表示该学生的成绩没有预期的那么高。

Standford 10 的心理测量属性一直较好，内部一致性信度系数在 0.85 至 0.90 之间，复本信度系数在 0.80 以上。内容效度的证据基于一个拥有明确定义的测验蓝图，以及涉及对多个国家和州的教育标准广泛审查的测验开发过程。例如，数学子测验就是在认真考虑（美国）国家数学教师委员会编写的《学校数学原则和标准》（*Principles and Standards for School Mathematics*，2000）一书的基础上开发的，该书强调将解决问题作为学校数学教学的重点。即便考试内容具有很强的内容效度，试卷使用者也被提醒要不断审核考试内容，以确定考试内容是否符合学校的具体课程和目标。Standford 10 和 Standford 9 中的子测验得分与总分之间的大量相关性为该测验的聚合效度提供了证据。构念效度通过 Standford 10 和 OLSAT 之间的强相关性得到了证实。2018 年，Standford 10 发布了更适合当前美国人口使用的最新常模。

案例研究　马库斯

马库斯，9 岁 8 个月，4 年级学生，在学校有一些学习上的困难。他参加了斯坦福成就测验第十版。根据马库斯在总结报告中的分数，回答以下问题。

Stanford 10 学生总结报告								国家年级百分等级范围展示						
子测验和总分	实际得分	修正分数	转换分数	百分等级-标准九分	正态曲线当量分数	年级当量	能力比较范围	1	10	30	50	70	90	99
总体阅读	114	82	639	59-5	54.8	5.4	中				■■			
总体数学	80	29	629	22-3	33.7	3.3	低	■■■■■■						
语言	48	28	610	39-4	44.1	3.5	中			■				
拼写	40	30	647	73-6	62.9	6.4	高					■		
科学	40	12	619	18-3	30.7	2.8	低	■■■■						
社会科学	40	22	607	40-5	44.7	3.5	中				■			
听力	40	22	608	35-4	41.9	3.4	中			■■				
完整测验	402	270	NA	56-5	53.4	5.0	中				■■			

1. 解释每个子测验和总分的百分等级。

2. 解释每个子测验和总分的标准九分。

3. 通过子测验和总分，结合他的标准九分，分析马库斯的相对优势和弱势。

4. 百分等级范围展示提供了测量误差的图形显示。波段越宽，子测验的误差越大。

　　（1）哪个子测验分数的误差最大？

　　（2）哪个子测验分数的误差最小？

5. 马库斯在拼写方面的分数是 6.4。基于这个分数，马库斯的父母认为他已经准备好接受 6 年级的拼写指导了。你同意吗？请说明观点并阐述原因。

个人成就测验

　　因为大多数成就测验都是团体施测的，所以单独施测的测验被视为单独一类的测验，被称为个人成就测验。与成套成就测验相似，个人成就测验也涵盖几个广泛的学科领域，如阅读、数学，但它并不对其中某一门学科进行深度评估。涵盖广泛的内容领域有助于识别个体相对薄弱的科目领域。一旦识别出了薄弱领域，人们便可以使用诊断性测验（下一节讨论）来确定具体的技能缺陷或学习问题。个人成就测验通常适用于较大的年龄跨度（通常从学前班到高中），并且涵盖了广泛的技能水平。个人成就测验可以通过结合智力测验来诊断学习障碍。因此，一些个人成就测验与智力测验会同时进行标准化，例如，第三版韦氏个人成就测验（WIAT-III）和第四版韦氏儿童智力量表（WISC-IV）是在同一个全国样本上进行标准化的，以便将智力和成就测验分数进行比较。由于这些测验是单独进行的，因此个体测验包含了比团体测验（主要包含多项选择题）更丰富的题目形式，例如，个人成就测验可能包含需要口头回答的题目或需要受测者撰写相当长的论文的题目。单独施测的优势在于施测者能够与受测者面对面建立融洽的关系，可以更密切地观察受测者，这也能使施测者更深入地了解学习问题的来源（Reynolds，Livingston，& Willson，2009）。

　　广泛成就测验第五版　人们目前普遍使用的个人成就测验是第五版广泛成就测验（Wide Range Achievement Test, 5th Edition，WRAT-5）。它测量的是 5 ~ 85 岁个体的基本学业技能，施测过程大约需要 15 ~ 45 分钟（视年龄而定），并且通常作为筛选测验使用，以确定是否需要进行更全面的成就测验。与大多数个人成就测验一样，WRAT-5 的结果并不为学习障碍或认知障碍提供正式鉴定。WRAT-5 包括 4 个子测验和 1 个综合测验。

　　1. **文字阅读**　通过字母识别和单词识别来衡量个体对字母和单词的解读能力。

2. **句子理解**　通过评估完成完形填空的技能，衡量个体理解词汇含义、获取句子中包含的思想和信息的能力。

3. **拼写**　通过对字母和单词的听写，衡量个体将声音编码成书面文字的能力。

4. **数学计算**　通过计数、识别数字、解决简单的口头问题和计算书面数学问题，衡量个体进行基本数学计算的能力。

5. **阅读综合**　根据文字阅读和句子理解子测验计算出的综合原始分数。

案例研究　玛利亚

玛利亚是一名10年级学生，由于她在课堂上不可理喻的表现和糟糕的同学关系，她被转介给了学校咨询师。

学校工作人员认为玛利亚无法在学校环境中很好地展示自己的能力。虽然她表现出问题行为，但还不至于严重到停学。玛利亚有很好的词汇量和幽默感，但是她不知道如何回应或纠正他人的取笑，并且，她似乎很喜欢讲述那些她如何报复冒犯她的人的故事。在教室里，玛利亚经常开小差，问一些不恰当的问题，毫无征兆地在教室内走动，并试图让自己成为他人关注的焦点。在课堂之外，她独来独往，她的举止和着装使她与众不同。她似乎心事重重，看起来很害怕让她的父母知道她在学校中的表现。

为了获取更多关于玛利亚的信息，学校咨询师查看了她目前的成绩和她在广泛成就测验第五版（WRAT-5）中的分数。

就读年级：10年级	成绩			
英语 二级	C			
几何学	C			
生物学	D			
世界历史	C			
体育	B			
西班牙语 一级	C			
广泛成就测验第五版（WRAT-5）				
子测验	标准分数	置信区间（95%）	百分等级	标准九分
文字阅读	127	116 ~ 138	95	8
句子理解	125	115 ~ 135	94	8
拼写	139	127 ~ 151	99	9
数学计算	124	111 ~ 137	93	8

1. 描述和解释玛利亚的每一个子测验的标准分数、百分等级和标准九分。
2. 文字阅读子测验分数的置信区间说明了什么？
3. 总体来说，玛利亚在 WRAT-5 的成绩表明她具有哪方面的学术能力？
4. 玛利亚的 WRAT-5 分数和她的成绩表现一致吗？请试着解释一下原因。
5. 关于玛利亚，你还有什么想要知道的？

WRAT-5 有两个复本，这样既可以在前测与后测中交替使用，也可以结合起来使用以进行更全面的评估。它提供标准分数、百分等级、标准九分、正态曲线当量分数和年级当量分数。该测验在全国范围内抽取常模样本，样本按照年龄、性别、种族、地域和父母受教育程度进行分层，测验则根据分层抽样得出的超过 3000 名具有代表性的全国样本实现标准化。这种评估通常被用于支持学校中针对未成年人的个性化教育计划（individual educational plans，IEP），以便向教师和其他为儿童提供服务的人提供年级当量分数。

第四版伍德考克–约翰逊成就测验　第四版伍德考克–约翰逊成就测验（Woodcock-Johnson IV Tests of Achievement，WJ IV ACH；McGrew，LaForte，& Schrank，2014）旨在衡量 2～95 岁及以上个体的成就。WJ IV ACH 是作为第四版伍德考克–约翰逊认知能力测验（Woodcock-Johnson IV Tests of Cognitive Abilities，WJ IV COG）的辅助工具而开发的，它们共同为测量智力和学术成就提供了一个全面的评估。WJ IV ACH 共有 20 个不同的测验。标准测验部分由 11 个测验组成，拓展测验部分包含另外 9 个测验。标准测验部分包含 4 个领域的内容。

阅读测验

- **字词识别**　识别字母及发音，并读出列表中的单词。
- **阅读流畅性**　快速阅读和理解简单句子。
- **完形填空**　阅读一篇短文，并说出其中的关键缺失单词（例如，这个男孩子从自行车上＿＿＿＿＿＿＿＿了下来）。

口语测验

- **故事复述**　在听完一段故事后口头复述故事。
- **意思理解**　根据口头指令指出图片中的不同部分。

书写测验

- **单词拼写**　拼写听到的单词。

- **书写流畅性**　根据给出的 3 个单词和 1 张图片快速构思并写出简单的句子。
- **主题写作**　根据指令写句子。

数学测验
- **计算**　包含从简单加法到复杂方程的数学计算内容。
- **速算**　测验 3 分钟内简单计算的速度。
- **应用**　用纸笔解决口头数学"单词问题"。

WJ IV ACH 提供了多种分数，包括年级和年龄当量分数、精确的原始分数 / 修正分数、百分等级和标准分数（平均值 =100，标准差 =15）。它还为标准分数范围提供了描述性分类：标准分数在 151 及以上为"特别优秀"，131 ~ 150 为"非常优秀"，121 ~ 130 为"优秀"，111 ~ 120 为"中上等"，90 ~ 110 为"中等"，80 ~ 89 为"中下等"，70 ~ 79 为"低"，50 ~ 69 为"非常低"，49 及以下为"特别低"。WJ IV ACH 经常用于在教育环境中有特殊鉴别需要的儿童，包括那些患有注意缺陷 / 多动障碍、自闭症谱系障碍和学习障碍的儿童（Abu-Hamour, Al Hmouz, Mattar, & Muhaidat, 2012）。

其他个人成就测验　基础成就个体筛选测验（Basic Achievement Skills Individual Screener, BASIS）是为 1 年级到 9 年级的学生设计的。它包括 3 个子测验——阅读、拼写和数学，以及一个自选写作练习。该测验既使用常模参照，也使用标准参照，它提供了年级开始和年级结束的常模，以及年龄和成年人常模。该测验一般需要 1 个小时来完成，旨在帮助施测者为卓越人群和特殊人群制订个性化教育计划。

皮博迪个人成就测验 – 修订版 / 最新常模版（Peabody Individual Achievement Test–Revised/Normative Update, PIAT-R/NU）适用于 5 岁至成年人群。PIAT-R/NU 的施测大约需要 60 分钟，它对 6 个内容领域的成就进行评估：常识、阅读识别、阅读理解、数学、拼写和书面表达。该测验提供年级和年龄当量分数、百分等级、正态曲线当量分数和标准九分，该测验有助于辨识个人的优势与劣势。

第三版韦氏个人成就测验（WIAT-III）是结合第五版韦氏儿童智力量表（WISC-V）开发的。WIAT-III 有 4 组测验和相应子测验，包括：（1）3 个新的阅读子测验（词语阅读、阅读理解和错词纠改子测验）；（2）数学子测验（数值运算和数学推理子测验）；（3）书面语言子测验（拼写和书面表达子测验）；（4）口语子测验（听力理解和口语表达子测验）。该测验适用于 4 ~ 85 岁个体。它提供标准分数、百分等级、标准九分、正态曲线当量分数，以及年级和年龄当量分数。WIAT-III 常常与第五版韦氏儿童智力量表结合使用，以便为个体在学校的表现形成一个预测分数。

诊断性测验

使用诊断性测验的主要目的是辨识一个人的学术优势或劣势，然后根据个人需要设计教育计划或干预措施。与成套成就测验和个人成就测验相比，诊断性测验通常聚焦在某一个技能或知识领域，同时使用更多数量和种类的测验项目，也需要更长的时间完成测验。大多数诊断性测验都是阅读测验，但数学和语言测验也被广泛使用。

诊断性测验也被用于识别和诊断学习障碍。2004 年《残疾人教育促进法案》将学习障碍定义为"在与个体理解或运用语言（书面或口头语言）有关的基本心理过程的一个或多个方面存在的障碍，它可能表现为个体在听、思考、说、阅读、写作、拼写或数学计算方面的能力缺乏"。在教学过程中，对表现出学习困难迹象的学生进行学习障碍的诊断需要通过一系列不断提高强度的个性化教学或行为干预手段来监测其进展。此外，评估工具（如诊断性测验）也是评估过程的重要组成部分。《残疾人教育促进法案》规定成就测验必须能够衡量 8 个方面的成就（口头语言、基本语言、总体阅读、阅读理解和流利度、书面表达、数学、速算和总成就）。

表 11-4 列出了众多诊断性测验中的几种。值得注意的是，一些个人成就测验，例如，第四版盖茨-麦基尼阅读测验（GMRT）、皮博迪个人成就测验修订版和第三版伍德考克-约翰逊成就测验也可用于诊断性目的。我们将会提供关于下列两个著名的诊断性测验的详细信息：关键数学诊断测验（KeyMath-3 Diagnostic Assessment，KeyMath-3 DA）和第四版皮博迪图片词汇测验（Peabody Picture Vocabulary Test，4th Edition）。

表 11-4 诊断性测验

数学	关键数学诊断测验（KeyMath-3 Diagnostic Assessment，KeyMath-3 DA）
	第三版数学能力测验（Test of Mathematical Abilities, 3rd Edition, TOMA-3）
语言	第四版语言基础临床评价（Clinical Evaluation of Language Fundamentals, 4th Edition, CELF–4）
	OWLS 系列
	第四版皮博迪图片词汇测验（Peabody Picture Vocabulary Test, 4th Edition, PPVT-4）
	第四版书面语言测验（Test of Written Language-4, TOWL-4）
	第五版书面拼写测验（Test of Written Spelling-5, TWS-5）
	写作过程测验（Writing Process Test, WPT）
阅读	第二版诊断性阅读评估（Diagnostic Assessments of Reading, 2nd Edition, DAR）
	第二版早期阅读诊断性评估（Early Reading Diagnostic Assessment, 2nd Edition, ERDA）
	第四版盖茨-麦基尼阅读测验（Gates-MacGinitie Reading Tests, 4th Edition, GMRT）
	团体阅读测验评估和诊断性评价（Group Reading Assessment and Diagnostic Evaluation, GRADE）
	第二版格雷诊断性阅读测验（Gray Diagnostic Reading Test, 2nd Edition, GDRT-2）
	修订版斯隆口语阅读测验（Slosson Oral Reading Test-Revised, SORT-R3）
	第三版早期阅读能力测验（Test of Early Reading Ability, 3rd Edition, TERA3）
	第三版伍德考克阅读掌握测验（Woodcock Reading Mastery Tests, 3rd Edition, WRMT-III）

关键数学诊断测验　关键数学诊断测验是一个被广泛使用的综合性数学概念和数学技能测验。该测验面向 4 岁 6 个月至 21 岁的人群，使用不限时的单独施测方式。测验包含的内容反映了（美国）国家数学教师委员会制定的《学校数学原则和标准》中描述的标准。这个测验包含 3 个测量领域，每个测量领域又由几个子测验组成。

1. **基本概念**：计数、代数、几何、测量、数据分析和概率。
2. **运算**：心算和估算、加减法和乘除法。
3. **应用**：问题解决基础及应用问题的解决。

关键数学诊断测验的综合得分包括转换分数、标准分数、置信区间、百分等级、年级与年龄当量及描述性分类（见表 11-5）。该测验以 3630 名年龄在 4 岁 6 个月至 21 岁 11 个月的个体为样本建立常模，反映了美国人口普查局报告的人口特征（即性别、种族/民族、父母的受教育程度和地域）。

表 11-5　关键数学诊断测验样本得分表

关键数学诊断测验成绩汇总 汤米测验示例								
ID#:　　　年龄：7–8　　　年级：3　　　测验日期：2007 年 09 月 04 日								
使用对象：年级								
学科 / 领域	原始分数	转换分数	标准分数	置信区间	百分等级	年级当量	年龄当量	描述性分类
计数（NUM）	11	6		5.0 ~ 7.0		1.6	7–1	低于平均水平
代数（ALG）	8	7		5.6 ~ 8.4		2.2	7–4	低于平均水平
几何（GEO）	11	7		5.5 ~ 8.5		1.5	6–11	低于平均水平
测量（MEA）	1	2		1.0 ~ 3.2	<=K.0		4–8	远低于平均水
数据分析和概率（DAP）	9	7		5.7 ~ 8.3		1.8	7–1	低于平均水平
基本概念	合计 =40		74	67.0 ~ 81.0	4	1.4	6–6	低于平均水平
心算和估算（MCE）	12	9		7.8 ~ 10.2		2.9	8–4	平均水平
加减法（A 和 S）	15	9		7.3 ~ 10.7		3.0	8–4	平均水平
乘除法（M 和 D）	4	10		9.0 ~ 11.0		3.2	8–8	平均水平
运算	合计 =31		96	88.0 ~ 104.0	39	3.0	8–4	平均水平
问题解决基础（FPS）	7	7		5.9 ~ 8.1		1.8	7–4	低于平均水平

（续表）

学科／领域	原始分数	转换分数	标准分数	置信区间	百分等级	年级当量	年龄当量	描述性分类
应用问题的解决（APS）	6	5		3.7 ~ 6.3		1.2	6-4	低于平均水平
应用	合计 =13		77	70.0 ~ 84.0	6	1.6	6-8	低于平均水平
总分	合计 =84		80	75.0 ~ 85.0	9	1.9	7-3	低于平均水平

Source: KeyMath-3 Diagnostic Assessment. Copyright © 2007 by NCS Pearson, Inc. Reproduced with permission. All rights reserved. "KeyMath" is a trademark, in the U.S. and/or other countries, of Pearson Education, Inc. or its affiliate(s).

第四版皮博迪图片词汇测验 此外，著名的诊断性测验还有第四版皮博迪图片词汇测验（PPVT-4；Dunn & Dunn，2007）。许多年来，PPVT-4 都被广泛用于测量儿童和成人的口头词汇知识。它于 1959 年首次出版，最新版本出版于 2007 年。PPVT-4 是一种针对 2 岁 6 个月至 90 岁及以上人群的单独施测的常模参照测验。该测验不仅可以测查个人正常的词汇发展水平，还可以对来自不同语言背景和有语言或交流障碍的个体进行筛查。该测验也为自闭症、脑瘫患者或其他身体残疾的患者提供测验服务。PPVT-4 有 228 道题，内容涵盖了从学龄前到成人的不同水平的接受性词汇，测验词汇的范围包含了 20 个领域（如动作、蔬菜和工具）和词类（如名词、动词和形容词）。PPTV-4 有 A 和 B 两个平行复本。

该测验的 228 道题包含在 4 幅全彩图片组成的一页纸上。施测者会用一种非威胁性的方法来评估词汇知识：当给受测者看这 4 张图片时，施测者说："仔细听我说的话，然后请你把手指放在我说的图片上，让我们试一下。"之后，施测者会在提示下说出测验的刺激词："把你的手指放在星星上。"受测者则指出哪张图片最能代表施测者所说的单词。整个测验过程大约需要 10 到 15 分钟，计分是快速和客观的，并且通常在施测过程中就可以完成计分。

PPVT-4 提供了标准分数（平均值为 100，标准差为 15）、置信区间、发展量表值（GSVs）、百分等级、正态曲线当量（NCEs）、标准九分，以及年龄当量分数（见表 11-6）。另外，测验还为分数提供了描述性分类，分别是极低、较低、中下、中上、较高和极高。

表 11-6　第四版皮博迪图片词汇测验计分样表（PPVT-4）

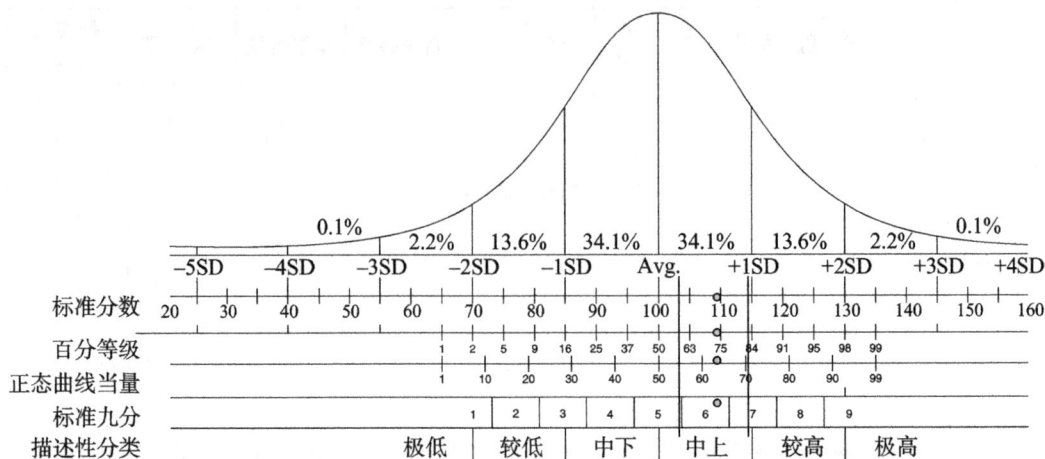

原始分数	标准分数	90% 置信区间	GSVs	百分等级	NCEs	标准九分	年龄当量分数	描述性分类
159	109	102 ~ 115	181	73	63	6	10.7	中上

科目领域的测验

科目领域的测验通常是指用来衡量特定学术或职业学科领域知识的标准化成就测验。相比于成套成就测验，该测验通常有更多的测验项目，为测量个人在特定科目的能力提供了一个更好的样本表现和更可靠的分数（Miller et al., 2012）。与其他类型的成就测验一样，科目领域的测验也衡量一个人在某一特定领域的知识和技能，然而，该测验的结果也可以被用来预测一个人将来的表现（能力倾向）。

科目领域的测验是（美国）国家主要考试项目的一部分，是高等院校用于确定高级职位、学分或作为入学要求的主要国家测验项目的一部分。例如，一些大学要求学生参加 SAT 提供的科目领域的考试，以此作为参加许多有竞争力的课程的前提。SAT 提供英语、历史、数学、科学和语言等领域的科目测验。美国大学理事会的大学水平考试计划（college level examination program，CLEP）也在 34 个领域提供特定科目测验，包括作文、文学、外语、历史、科学、数学和商业。学生可以参加 CLEP 特定科目测验的考试，并通过考试取得科目及格分数，获得大学学分。

科目领域的测验也可以作为认证要求的一部分。例如，教师通常需要在特定科目测验中取得合格分数才能获得任教该学科的资格——不同特定科目测验对应与之相关的学科认证。

成人成就测验

虽然大多数成套成就测验是为儿童设计的，但也有一些是为成年人设计的。成人成就测验通常用于成人基础教育项目和扫盲情境。也许最著名的成人成就测验是普通教育发展测验（General Educational Development Tests，GED）。GED 有时被称为普通同等学力或普通教育文凭，但这些名称没有得到开发该测验的美国教育委员会的承认。该测验项目在全球范围内都可以使用，全球有超过 3400 个官方 GED 测验中心。2010年，全球有近 76 万成年人参加了 GED 测验，其中 47.4 万人通过了考试。GED 由 5 门考试项组成：数学、语言艺术、阅读、写作和社会科学。通过 GED 的受测者会获得具有美国或加拿大高中水平的学术技能认证。其他成人成就测验包括第二版成人基本学习考试（Adult Basic Learning Examination，2nd edition，ABLE-2）、成年学生综合评估系统（Comprehensive Adult Student Assessment System，CASAS）、成人学业能力测验（Scholastic Abilities Test for Adults，SATA）和成人基本教育测验（Test of Adult Basic Education，TABE）。

其他成就评估工具

标准参照测验和最低水平技能测验

标准参照测验又被称为领域参照测验，通过围绕特定目标或技能进行测验设计，从而检验受测者是否满足一定的学术标准。与常模参照测验不同，标准参照测验更关注个体对特定目标或技能的掌握。常模参照测验通常只用一两个项目来衡量受测者关于给定科目的能力，而标准参照测验则会在测验中使用多个项目来对受测者对特定科目的掌握能力进行评估。标准参照测验按绝对标准（通常使用正确答案在总分中的比例）进行计分。学生可能被要求在标准参照测验中达到一定的分数以作为掌握的证据，如 70%。在那些设有特定目标的体系中，受测者在通过正在学习的单元测验之前不允许进入下一个单元的学习。标准参照测验还可用于以下方面的测验。

- 课程评价。
- 辨识目前需要进行调整和拓展的内容。
- 为咨询师提供用来帮助学生进行教育和职业规划的信息。
- 帮助学生进行课程选择。
- 记录学生对目标学科的掌握程度。
- 系统性地提供学生在一段时间内跨级别和跨领域实现目标的证据。

- 帮助咨询师了解学生在不同时间段的进步程度。

大学基础学科测验（College Basic Academic Subjects Examination，College BASE）就是标准参照测验的一个例子，它被用来评估大学生掌握与完成通识教育中相关课程与技能的程度。该测验包含 4 个学科：英语、数学、科学和社会研究。截至 2001 年，美国大约有 150 个机构使用了该测验，包括从学士学位学院到研究型大学的社区学院和四年制大学。一些大学使用 College BASE 作为特定项目的准入测验。例如，美国密苏里州要求所有的机构将 College BASE 作为进入教育工作者准备计划的筛选工具。

标准参照测验的另一个例子是基本技能标准测验，该测验旨在测量 6 至 11 年级学生的阅读和算术能力。阅读子测验通过以下内容来评估受测者的基本词义理解能力，包括字母识别、字母发音、混合、排序、常见拼写模式和多音节单词的解码及对常见词的识别。算术子测验评估以下领域的技能：计数、数字概念和数字识别、加法、减法、乘法、除法、测量概念、分数、小数、百分比、几何概念、预代数、四舍五入和估算。

标准参照测验通常被称为最低水平技能测验，特别是在教育领域，学生必须在考试中至少达到及格线才能进入下一年级、毕业或进入理想的教育项目。例如，在美国得克萨斯州学术准备评估（State of Texas Assessments of Academic Readiness，STAAR）中取得满意的成绩是获得得克萨斯州高中文凭的必要条件。尽管 STAAR 测验是最低水平技能测验，但它仍然是一项高利害关系测验。在 STAAR 项目中一门测验的失败就可能使受测者无法毕业。由于受学校资金影响以及已被证实的种族成绩分数差异，像 STAAR 这样的测验是有争议的。例如，2016—2017 年得克萨斯州全州 STAAR 测验学业成绩报告的结果显示，在将白人和亚裔学生与黑人和西班牙裔学生进行比较时，数据存在很大差异（Texas Education Agency，2018）。当审查所有科目的学业成绩表现时，种族之间的差异是明显的。2016—2017 年 STAAR 测验结果显示，只有 11% 的非裔美国学生和 15% 的西班牙裔学生的成绩达到了熟练水平，而 29% 的白人学生和 52% 的亚裔学生的成绩达到或超过了熟练水平。

由于像 STAAR 这样的问题的存在，美国各州一直在取消现行的评估工具并实施新的评估方法。由于美国联邦政府对学校的财政支出与《不让一个儿童落后法案》（NCLB）挂钩，因此许多州都将成就评估的权利授权给州立法机构，并且每个州都有自己的成就测验流程。由于各州的测验方法不同，所以问题也不同。我们将在下一节详细描述州成就测验。

美国各州成就测验

美国各州成就测验（State Achievement Tests）是美国各州开发的标准化测验，用于衡量州范围内小学、初中和高中的多个年级的学业成绩。该测验是标准参照测验，用于确定学生是否达到从一个年级晋升到另一个年级的最低标准，以及是否达到高中毕业的最低标准。作为 2001 年《不让一个儿童落后法案》（NCLB）考核的一部分，各州需要开发成就测验以获得联邦政府对学校的资助（见第十六章"教育中的评估议题"部分）。由于各州的教育标准是自己设定的，因此 NCLB 并不要求学校使用特定的国家成就测验，相反，学校要制定与本州的教育课程紧密匹配的标准化测验。例如，佛罗里达州开发了佛罗里达州综合评估测验（Florida Comprehensive Assessment Test，FCAT-2.0），以评估"阳光之州标准"中规定的标准和课程。FCAT-2.0 针对的是 3 年级至 11 年级的学生，包含了阅读、数学、写作和科学方面的标准参照测验，以此衡量学生在达到国家课程标准方面所付出的努力和取得的进步。3 年级的学生必须通过 FCAT-2.0 的阅读测验才能升到 4 年级，9 年级的学生必须通过 FCAT-2.0 的阅读、数学和写作测验才能晋升。高中生必须通过阅读和数学测验才能从高中毕业。虽然你可能不会亲自实施这些测验，但知道其分数意味着什么可以帮助你更好地服务学生。

虽然各州开发的成就测验具有测验内容与各州教育标准和课程相一致的优点，但缺点是学生的成绩无法与全国其他州的学生的成绩相比。为了解决这个问题，一些州和学区除了使用州成就测验外，还会使用商业出版的常模参照成套成就测验作为补充。例如，阿拉巴马州（亚拉巴马州）除了使用阿拉巴马州阅读和数学测验外，还使用了第十版斯坦福成就测验作为补充。由于 NCLB 不要求私立学校、教区学校和家庭学校使用州开发的成就测验，因此商业出版的测验通常被广泛应用于这些机构。

美国国家教育进展评估

美国国家教育进展评估（National Assessment of Educational Progress，NAEP）也称美国国家成绩报告单，是美国学生成绩的唯一衡量标准，可以比较各州学生的表现。自1969 年以来，NAEP 定期对学生进行成就测验，内容包括阅读、数学、科学、写作、美国历史、公民学、地理和艺术。测验针对 4 年级、8 年级和 12 年级的代表性学生样本进行主要评估，或针对 9 岁、13 岁和 17 岁的学生样本进行长期趋势评估。考试结果会被国家和地方媒体广泛报道，并经常被用来支持涉及公共教育的立法行动。

NAEP 项目的目标是比较各州学生的成绩，并跟踪 4 年级、8 年级和 12 年级学生的成绩变化。NAEP 不提供个别学生或学校的分数，因为其最初目的是报告国家的整体成就，检查人口亚群体的表现，并实时监测教育进展的趋势。从 1990 年开始，NAEP 开始向参加测验的州提供反馈数据。2001 年，在 NCLB 通过之后，接受联邦赠款计划资助（对高贫困学校提供的财政援助）的州被要求每两年参加一次 4 年级和 8 年级的 NAEP

阅读和数学测验。

课程本位评估与课程本位测量

课程本位评估（Curriculum-Based Assessment，CBA）是一种学生评估替代方法，强调重复测量、教学与评估相结合，以及与当地课程资料的结合。该评估旨在通过直接观察和记录学生在课堂上的表现来评估接受正规教育的学生。例如，CBA 会要求一个孩子阅读课文 1 分钟，在阅读的过程中，施测人员就可以获得关于孩子阅读能力的相关信息，并与其他班级、学校或地区的学生的能力进行比较。CBA 是教育工作者使用的一个重要工具，它可用于（1）评估学生的学习环境，（2）评估各种任务教学活动的有效性，（3）评估学生的成绩，以及（4）确定学生的教学需求（Ysseldyke & Algozzine，2006）。

课程本位测量是一种基于课程的测量，通常与特殊教育相关。它也强调通过重复测量学生的成绩来监测学生的表现。它通过每周或每月对学生进行特定学科领域的简短测量来对长期教学目标的进展情况进行评估。

表现评估

表现评估（performance assessment），也称为真实性评估（authentic assessment）或替代性评估（alternative assessment），是通过要求学生运用所学的知识和技能去完成现实世界中一项有意义的任务来检验学生学习成效的评估方式。这些任务要么完全呈现现实世界中所面临的问题，要么与之类似。选出的任务是为了让学生证明自己达到了既定教育目标。

穆勒（Mueller，2017）在几个方面将表现评估与传统评估区分开来，其中最明显的是测验题目类型的不同。传统评估通常包括多项选择题、判断题、匹配题和其他类似的题目，而表现评估可以包括论文、项目计划、作品集、表现任务和开放式练习。穆勒还指出，传统评估通常是课程驱动的：首先确定课程（提供预先确定的知识和技能），然后进行评估，以确定学生是否获得了该课程预期的知识和技能。相比之下，表现评估则是评估驱动课程。也就是说，教师首先确定可以展示学生掌握程度的任务，然后制定相应的课程，使学生能够很好地完成这些任务，这其中包括获得必要的知识和技能。

教师经常将传统评估和表现评估结合起来使用以满足不同的需求（Mueller，2017）。例如，传统评估可用来测评学生是否获得了特定的知识和技能，而表现评估可用来衡量学生在现实状况中应用知识或技能的能力。在其他情况下，传统评估和表现评估都被用来收集更全面的表现情况，并且都有助于在教育和心理咨询环境下提供更好的帮助。例如，STEM 领域（科学、技术、工程和数学教育）的成就很难被准确衡量，为了对完整情况有所了解，我们就需要对概念的宏观理解和微观理解分别进行测量（Kim，VanTassel-Baska，Bracken，Feng，& Stambaugh，2014）。为了能够运用综合模式实现这一目标，传统的标准化测验和表现评估可能都很有用。

档案袋评估

档案袋评估（portfolio assessment）是一种在教育环境中广泛使用的表现评估，通过回顾一个或多个课程领域的作品集来检查和衡量学生的学习和进步状况（McDonald，2012）。作品集的风格和格式没有过多限制，在某些情况下，作品集可以被看作记录学生在教育计划中的活动与进展的一种剪贴簿或相册。在其他情况下，作品集记录了学生进行学术活动的全貌。在拉玛尔大学，所有参与咨询的毕业生都将完成作品集以作为他们毕业实习的一部分。学生的作品集应该包含与主要学习成果相关的每门课程的关键作品。学生还可以将实习记录、简历或其他材料添加其中。这些作品集将由至少三名教授组成的团队进行审查和评分，并作为学生学位课程的毕业项目。

从上述例子中可以看出，作品集的内容可以包括各种各样的项目，例如，手写或其他工作样本、图画、照片、视频或音频文件、计算机磁盘，以及其他测验或评估结果的复印件。作品集中的作品不是随意选择的，相反，它们是通过一个贯穿个人规划、反思、收集和评估的动态过程来选择的（McDonald，2012）。作品集中的作品可以来自学生、家长、教育工作者和其他相关的社区成员。此外，学生的自我反思也是作品集的一个常见组成部分。

影响学生成就的因素

咨询师必须对那些围绕在学生生活中的多种社会和经济因素有所了解，同时分析这些因素是如何对学生的成就评估产生影响的。影响学业成就的因素可以分为校内因素和校外因素（Barton，2009）。

校内因素主要包括以下这些。

- **课程的难度**　学生在多大程度上参加具有挑战性的、高水平的学业课程将影响成就测验的分数。
- **教师的知识和技能水平**　当教师接受过与所授科目相关的适当培训和教育时，学生在成就测验中表现得更好。
- **教师的经验和出勤情况**　研究表明，学生从有经验的教师那里学到的东西比从新手教师那里学到的更多。

- **班级规模** 较小的班级规模（20 人或以下）与学生学业成就得分较高存在正相关，特别是对于小学生及来自低收入或多元背景的学生。
- **技术支持** 拥有技术辅助教学能够提高学业成就。
- **校园安全** 当学生在学校感到安全时，他们的学业表现会更好。

校外因素主要包括以下这些。

- **过低的出生体重** 出生体重对发育有影响，过低的出生体重还可能导致学习障碍。
- **铅中毒** 研究表明，铅中毒与学习障碍、发育迟缓等问题有关。
- **饥饿和营养不良** 饮食均衡的健康学生往往比那些营养不良的学生在学业上表现得更好。
- **幼儿阅读** 父母在家读书给孩子听，孩子往往能达到更高的成就水平。
- **看电视的时间** 每天看 6 个小时以上的电视可能会导致孩子学习成绩较差。
- **父母参与度** 父母参与学习与孩子取得较高的学业成就有关。
- **家庭学习活动** 有计划地在家里做与学习相关的活动对学业成就有积极的影响。
- **良好的社交技能** 父母在培养孩子积极社交能力方面给予持续关注。
- **学生流动率** 频繁地更换学校和学习环境对学业成就有负面影响。

重要的是要记住，成就测验只是用来收集成就信息的一种工具。由于学业成就受到许多因素的影响，教师应该结合通过各种评估工具和策略获得的信息再做关于学生的决策。

- **成绩数据** 来自成套成就测验、个人成就测验、诊断性测验和州成就测验的数据，教师对学生课堂表现的观察笔记，学生的课堂作业、作品集，非正式课堂测验，以及课堂评级（成绩单）。
- **能力数据** 来自智力评估或能力倾向评估的结果。
- **其他相关数据** 出勤率、奖惩记录、留级情况和家庭作业完成情况。
- **综合数据** 学生的文化背景、语言背景、性别、校外经历、健康和营养、自我概念和社会经济水平等其他因素。

案例研究　丹尼尔

丹尼尔今年 9 岁，是高地小学的 3 年级学生。由于老师对他的学业和行为问题表示担忧，他被转介给了学校咨询师。

背景信息

丹尼尔的父母离婚了，他现在和祖父母住在一起。丹尼尔的父亲高中毕业后成为暖气和空调工程师；丹尼尔的母亲在高中辍学后获得了高中同等学力，现在是一名服务员。丹尼尔从 4 岁起就和祖父母住在一起。去年，由于被指控疏于照料，社会服务部对他们进行了关于丹尼尔生活状况的调查。调查显示，他的祖父母对他在学校的表现缺乏兴趣。并且在过去的几年里，他们搬了 3 次家，丹尼尔也因此换了 3 次学校。

丹尼尔目前没有参加任何组织和俱乐部，也没有亲密的朋友。他经常在课堂或操场上引起争端，还常出言不逊。

丹尼尔在学术方面没有达到基本教育标准，大部分时间他都不能完成作业，并在 3 年级的时候留级了。

丹尼尔对手工制作很感兴趣，这在艺术课上表现得很明显。他在手工制作方面有着特殊的技能。他喜欢阅读，但据说他每天看几个小时的电视。

丹尼尔的老师评论了他的家庭环境，认为正是频繁的搬家使丹尼尔失去了同伴。老师还评论了丹尼尔在课堂上与同学的冲突表现，他似乎没有任何朋友。他们认为他的行为是为了获得关注。

学校的咨询师决定重新审查丹尼尔的学习成绩。她回顾了丹尼尔从 1 年级到现在的成绩单和测验记录。

丹尼尔的小学成绩单

成绩评分解读

4—高级：在多维评估中都达到标准

3—精通：达到标准

2—基本：朝着标准迈进

1—未达到标准

1 年级	2 年级	3 年级	3 年级（本学年）
阅读 3	阅读 2	阅读 1	阅读 2
写作 2	写作 1	写作 1	写作 2
数学 2	数学 2	数学 1	数学 1
社会研究 2	社会研究 1	社会研究 1	社会研究 2
科学 1	科学 2	科学 1	科学 1
体育 2	体育 2	体育 1	体育 2
艺术 3	艺术 2	艺术 2	艺术 3

测验记录

韦氏儿童智力量表（WISC-V）（3 年级—本学年）			
指标分数	标准分数	百分等级	描述性分类
言语理解（verbal comprehension，VCI）	106	66	
视觉空间索引（visual spatial index，VSI）	111	77	
流体推理能力（fluid reasoning，FRI）	94	34	
工作记忆指数（working memory index，WMI）	82	12	
加工速度指数（processing speed index，PSI）	95	37	
全量表智商（full scale IQ）	97	42	

第三版韦氏个人成就测验（WIAT-III）（3 年级—本学年）			
各组分数	标准分数	百分等级	描述性分类
阅读	87	37	
数学	111	77	
书面表达	91	27	
口语	87	19	

1. 解释丹尼尔在 WISC-V 中的每个分数（标准分数和百分等级）。确定每个指标的描述性分类。你如何评价他的整体智力水平？你将如何描述丹尼尔可能具有的相对智力优势和劣势？

2. 解释丹尼尔在 WIAT-III 中各组的分数（标准分数和百分等级）。确定每组得分的描述性分类。你如何评价他的整体成就水平？你将如何描述丹尼尔可能具有的相对优势和可能的劣势？

3. 比较丹尼尔在 WISC-V 中的得分和在 WIAT-III 中的得分，判断这些分数是否具有相关性并说明原因。

4. 丹尼尔的测验结果与年级是否有相关性？请说明原因。

5. 哪些因素可以用来解释他的测验成绩与学业表现（即成绩）之间的差异？

6. 你从这些数据中获得了丹尼尔的哪些额外信息？

7. 你会对丹尼尔提出哪些建议？

案例研究　詹姆斯

对詹姆斯案例的研究可以很好地说明解释成就数据所需要的过程。詹姆斯是一个 5 年级的学生，他在学校遇到了一些学习上的困难。他今年 10.3 岁，体重 36kg，身高 149cm。下图展示了他在第十版斯坦福成就测验（Stanford 10）中的分数。图表中绘制的衍生分数是百分等级范围展示，它代表了詹姆斯与全国常模相比处于怎样的表现水平，百分等级的中位数处于第 50 位，代表典型或平均表现水平。一些测验使用不同的评分体系来区分优劣表现，在这个案例中，Stanford 10 使用低于平均水平、平均水平、高于平均水平三个标准作为分数的描述性分类。咨询师不仅要熟悉这些分数意味着什么，还要熟悉每个子测验所测量的内容，以及总分由哪些分数组成。总体阅读分数由词汇阅读和阅读理解子测验的分数组成，有助于识别在阅读理解和整体学业成绩方面可能存在缺陷的学生。总体数学分数包含数学问题解决和数学解题步骤子测验的成绩。听力成绩是基于词汇和听力理解两个子测验获得的，这些成绩提供了有关学习者理解和记忆口语信息能力的数据。

（美国）国家年级百分等级范围展示

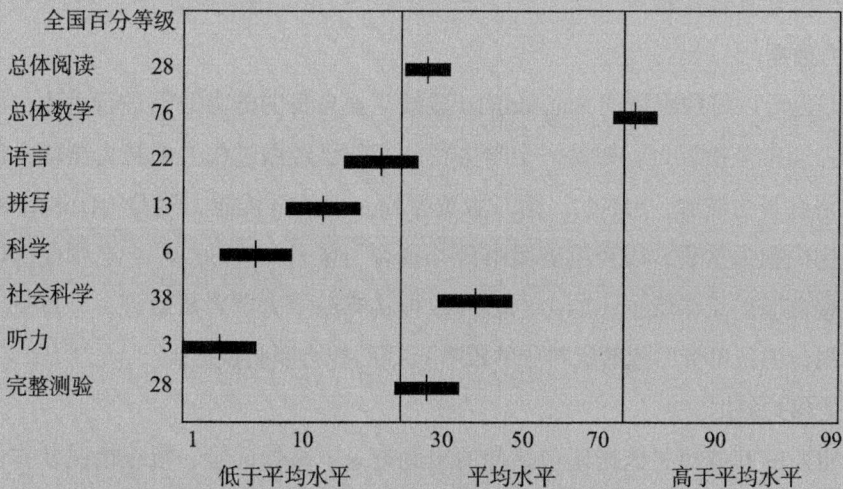

詹姆斯在第十版斯坦福成就测验中的成绩详情

通过观察这个 Stanford 10 成绩图表的分数，我们可以看到詹姆斯的总体数学成绩比其他 5 年级学生的平均成绩高，很显然，他最擅长的学科是数学。而与同龄人相比，他在听力测验中的得分则是低于平均水平的，并且在总体阅读、语言、拼写和科学方面也低于平均水平，此外，他的社会科学成绩处于中等水平。

其他成就数据

在进行该测验数据的分析时，我们首先要考虑的一个问题是，詹姆斯目前的测验成绩与其他成绩或数据相比有何异同，后者包括他在课堂上的表现、其他成就测验的结果和成绩单。对于他的课堂表现，詹姆斯的老师报告说，他在数学方面的表现比较普通，在遵从指令和阅读理解方面有一些问题，他有时好像听不进去指令，也经常不记得自己要去做什么。他在阅读理解方面的问题也造成了他在理解科学和社会研究材料方面的问题。

詹姆斯在 Stanford 10 中的成绩也可以与其他成就测验的结果相比较。例如，詹姆斯最近完成了一项当地最低水平技能测验（一项标准参照测验），该测验是专门根据詹姆斯课堂上所学内容的教学目标（相比之下，Stanford 10 是基于全［美］国各地学校的目标和教科书的广泛抽样）进行设计的。在最低水平技能测验的结果中，詹姆斯在以下几个方面没有及格（正确率低于 75%）：词汇、听力理解、同义词、反义词、排序、事实和观点、回忆细节、主要思想和句子完成。我们将这些信息与他在 Stanford 10 中总体阅读项目的分数（百分等级为 28）相结合，可以看出他在阅读理解方面的问题是实实在在的。然而他存在的阅读问题似乎并没有影响他在总体数学项目中的表现，他的总体数学分数的百分等级为 76。可见，测验结果在这个维度上的评价是有差异的。

能力数据

我们也可以将詹姆斯的 Stanford 10 成绩与他自身的能力数据进行对比。在学校中，能力通常是指智力。如果一个学生在此之前已经做过相关的智力测验，包括第四版斯洛森智力测验（SIT-4）、第八版奥蒂斯 – 列侬学校能力测验（OLSAT-8）、斯坦福 – 比内智力量表，以及第五版韦氏儿童智力量表（WISC-V），老师便可以直接得到这些测验的结果数据。能力测验的数据将有助于为詹姆斯制订一个量身定制的教学计划，但很可惜，他的资料中并没有可用的智力测验数据。

其他相关数据

詹姆斯的其他相关数据还包括他的出勤记录、奖惩记录、留级情况及作业完成情况。詹姆斯的学习过程很普通，无留级记录，并且从 3 年级开始就在同一所学校上学。在此之前，他有在其他州上过两所学校的经历，但并没有长期旷课的记录。

背景数据

詹姆斯是 3 个兄弟姐妹中年龄最大的一个，他有一个 8 岁的弟弟和一个 3 岁的妹妹。他和母亲、继父住在一起，继父是一家建筑公司的木匠。他的母亲在一家超市做兼职收银员。他的父亲在海军服役，詹姆斯的父母在他上幼儿园的时候就离婚了。詹姆斯的母亲很关心他的进步，并且乐于接受老师或咨询师提出的任何建议，以提高他的学习成绩。詹姆斯和他的同学相处得很好，但是当他不能理解所学课程或不能正确地根据老师的要求背诵时会很容易感到沮丧。他喜欢履行课堂职责，并且非常尊重他的老师。

后记

詹姆斯被转介到一个个性化教育计划项目进行会谈，并由学校咨询师对他进行观察和测验。根据收集到的信息，他被分配到一个特定的学习障碍资源室。

学情分析

到目前为止，我们已经回顾了团体成就测验和个人成就测验。值得注意的是，教师通常会对自己班级学生的成就测验结果感兴趣。他们可能想知道整个班级的水平或学生在某个特定学科的表现如何，以及是否有学生需要帮助，或者在一个或多个成就领域遇到了困难。为了帮助教师了解这些情况，学校工作人员通常会用汇总表的形式来呈现班级、学校，以及地区学生群体的测验结果。我们在本章中已经对成就测验结果的内容进行了回顾，再次对该内容进行回顾是为了证明多层次结果的重要性。表 11-7 提供了一个 6 年级成绩图表的示例，该图表显示了第十版斯坦福成就测验（Stanford 10）和第八版奥蒂斯－列侬学校能力测验（OLSAT-8）的学校能力指标中几个子测验的年级当量分数，该指标是总能力的衡量标准（平均值为 100，标准差为 16）。表中列出的分数用于 6 年级学生的成绩与能力的对比。如果我们假设 Stanford 10 是衡量该学区成绩的有效工具，那么具有平均能力的学生所得分数应该处于年级水平附近，低于平均能力的学生所得分数应该处在年级水平以下。同时，我们在进行结果分析时应该注意不要过度解释个人分数的微小差异。例如，学生 18 在 7 个领域的能力水平都低于年级水平，但是当考虑到测量的标准差时，该生在数学项目的 5.9 分就并非显著低于年级水平了。当使用表 11-7 的数据时，请同时思考一下实施成就测验的目的，以及教师、咨询师和其他专业人员可以使用这些信息的方式。

理解测验结果并使用它的首要任务之一就是用有效的方式整理测验结果。在评估测验分数之前，教师可以绘制分数图或计算一些集中量数。要记住，集中量数的计算是一种理解一个分数相对于一组分数的方法。例如，在 Stanford 10 中，科学子测验和拼写子测验的平均值分别是 7.00 和 6.21，全套测验的中位数是 6.15，其中拼写子测试的中位数是 6.1。理解平均值和标准差可以帮助教师根据成绩将学生分为低于平均值、处于平均值或高于平均值的不同组别。当然，教师也可以采用非正式的方法，简单地计算有多少学生达到或超过年级水平，以及有多少学生低于年级水平。在表 11-7 所示的 6 年级班级中，有 11 个人在拼写方面达到或超过年级水平，13 个人在年级水平以下，14 个人在数学方面达到或超过年级水平，10 个人在年级水平以下，17 个人在科学方面达到或超过年级水平，7 个人在年级水平以下。虽然使用此类方法分析的速度很快，但也需要考虑群体的整体水平。教师也可能对具体题目的测量结果感兴趣，这些信息可能会反映出全班都存在的某个问题。在表 11-7 所示的例子中，每个科目的测验都存在低于年级水平的学生。这对教师来说意味着什么？当然，有很多原因可以用来解释为什么学生的表现会低于年级水平，分数结果只是拼图的一部分。基于测验结果，教师必须开始检查测验、课程、教学方法、影响成绩的因素，以及其他问题。作为咨询师，你也可以为教师提供咨询，以帮助他们去发现影响成绩的那些问题。

表 11-7　某 6 年级班级测验结果

学生编号	性别	OLSAT-8	Stanford 10 子测验							
		SAI	CB	TR	TM	LG	SP	SC	SS	LI
1	女	127	8.3	8.7	6.6	8.0	10.5	9.2	6.8	8.3
2	女	116	8.3	8.7	7.3	9.0	7.0	10.0	8.3	8.3
3	女	130	8.0	8.0	8.0	10.7	7.8	7.2	9.0	8.0
4	女	132	7.8	7.8	7.6	10.5	8.8	7.8	7.9	7.8
5	女	121	7.3	9.6	6.3	8.8	7.0	6.0	8.5	7.3
6	男	122	7.0	7.0	6.8	8.5	5.4	10.0	11.4	7.0
7	女	116	6.9	7.0	6.8	10.0	8.2	5.8	7.0	6.9
8	男	118	6.8	7.0	6.3	6.7	5.6	6.9	7.4	6.8
9	女	110	6.7	7.2	5.4	6.7	6.3	8.1	7.2	6.7
10	女	114	6.6	6.9	6.6	9.3	8.0	6.0	5.6	6.6
11	男	115	6.5	6.5	5.9	7.2	6.0	9.2	8.1	6.5
12	男	104	6.2	6.2	6.3	6.0	5.7	6.4	6.3	6.2
13	男	117	6.1	6.1	7.3	6.2	4.1	9.2	6.4	6.1
14	女	115	6.0	6.7	5.9	5.7	6.6	9.0	6.0	6.0
15	男	115	5.8	6.1	5.4	7.0	4.7	5.8	6.6	5.8
16	男	109	5.8	6.6	4.8	7.1	4.7	6.7	5.9	5.8
17	男	108	5.6	5.6	6.3	5.8	4.3	6.7	5.6	5.6
18	男	103	5.6	4.9	5.9	5.6	3.0	5.8	6.8	5.6
19	女	102	5.6	5.6	6.5	5.3	3.6	4.1	6.3	5.6
20	女	93	5.5	5.9	5.4	6.6	4.7	6.6	6.3	5.5
21	女	112	5.4	6.4	4.8	5.4	5.1	5.8	5.3	5.4
22	女	112	5.3	6.1	5.4	4.6	6.9	4.2	5.3	5.3
23	男	89	5.1	4.7	6.1	4.3	3.4	4.3	5.2	5.1
24	男	96	4.9	6.1	4.5	5.5	4.3	6.4	4.9	4.9

OLSAT-8：SAI = 学校能力指数

Stanford 10：CB = 总测验，TR = 总体阅读，TM = 总体数学，LG = 语言，SP = 拼写，SC = 科学，SS = 社会科学，LI = 听力

虽然成因可能很多，但调查的第一步就是明确测验目的。例如，表 11-7 所示的例子中的一些科目得分很低，这是因为该测验是在年初进行的，此时的学生还没有学习过 6 年级的课程。一些学区会有意在年初进行这项测验，从而全面估计学生的入学水平。如果你不明白该例子中的测验目的就试图通过较多的分数进行综合打分，那么你可能会低估学生的表现。

总结

成就测验用于评估个人在特定内容领域的知识或技能。标准化成就测验可以分为四大类：成套成就测验、个人成就测验、诊断性测验，以及科目领域的测验。每种类型的成就测验都有其独特的特点且用于不同目的，例如，对学生的成就（考试成绩）进行动态监测、对学生进行安置／筛选、评估教学目标和方案、协助诊断学习障碍，以及评价个体是否可获得证书和执照。

标准化成就测验是美国教育体系中的重要组成部分。学生的考试成绩将直接影响他们的受教育机会或选择，如升级或留级、高中毕业或被一个理想的教育项目录取。

对标准化成就测验做出恰当的应用和解释将提供有关学生成绩的宝贵信息，并有助于根据考试成绩做出决定或进行分析。当然，如果测验被滥用，就可能成为不可估量的伤害来源，对学生、教师、学校，以及社区都有很大影响。与其他任何类型的考试一样，做任何决定（如学生升学）都不应仅仅根据考试成绩，还应考虑其他相关信息，以提高此类决定的整体有效性。

问题讨论

1. 描述标准化成就测验的主要类别，并解释它们的区别。

2. 与标准化成就测验相比，教师自编测验有什么优势？

3. 你将如何着手开发一个涵盖当前所有评估课程内容的标准化成就测验？样本量是多少？

4. 在什么情况下，标准参照解释或常模参照解释在成就测验中是合适的？

5. 智力测验与成就测验的区别是什么？

建议活动

1. 在主要成就测验中选取一个进行书面评价。

2. 采访在工作中使用成就测验的咨询师，进而了解他们使用什么测验，为什么使用这个测验，以及他们如何使用测验结果。

3. 进行一次个人成就测验或者诊断性测验，并撰写一份结果报告。

4. 去图书馆找一篇使用标准化成就测验进行研究的文章，然后回答以下问题。

（1）测验的名字是什么？

（2）该研究为什么选择这个测验？使用这个测验的目的是什么？

（3）这个测验可靠且有效吗？说明原因。

第十二章 | **12**

能力倾向评估

学习目标

学习本章之后，你将能够做到以下几点。

- 描述能力倾向测验的目的。
- 解释成就测验和能力倾向测验的区别。
- 描述多元能力倾向成套测验、专业能力倾向测验、入学测验和准备测验。
- 解释一些通过专业能力倾向测验进行评估的关键领域，如文书能力、机械能力和艺术能力。
- 描述入学测验并解释其目的。
- 描述准备测验的应用。

能力倾向可以定义为天生或后天习得的擅长做某事的能力。能力倾向测验衡量个体执行特定技能或任务的能力或潜力，也用于预测行为，例如，一个人是否会在特定的教育计划、职业计划或职业情境中获得成功。因此，能力倾向测验关注的不是一个人当前能做什么（成就），而是预测这个人未来能做什么。

能力倾向测验

能力倾向不应与能力混为一谈，尽管这两个术语常常互换。能力通常表示一个人"现在"的技能，而能力倾向则是指一个人的"潜在"能力。对一个人潜力最好的预测指标就是其是否在某一类型的活动中有很强的能力倾向。例如，有些人具有很强的机械能力，因此可以胜任工程师、技术员或汽车修理工的工作。或者有些人可能有很高的艺术能力，所以更适合做室内设计师或从事表演艺术。因此，了解一个人的能力倾向非常有助于为其选择适合的培训计划或职业道路提供建议。

能力倾向测验，也称为预断测验，该测验通过衡量一个人在特定任务中的表现，以预测该对象在未来不同情况下的表现。这种能力倾向可能与学校表现、工作表现或其他任务与情况相关。能力倾向测验通过衡量一个人（1）通过教学习得的知识和（2）天赋能力来判断一个人的潜力。

能力倾向测验最初是为补充智力测验而设计的。研究发现，智力测验的结果与未来的成功没有强相关性，而某些能力则被认为是影响成功的最大因素（Sparkman，Maulding，& Roberts，2012）。这促使了针对更具体或实用的能力进行评估的能力倾向测验的构建。这些测验在职业生涯咨询及对工业和军事人员的选择和安置领域得到了很好的发展。一些测验旨在一次评估多种能力倾向，而另一些则集中在单一领域。大量的能力倾向测验可以对一种或多种能力倾向进行评估，其中最常见的是针对机械、文书、音乐和艺术能力倾向的测验。正因为这些测验试图根据当前的测验结果来判断一个人在将来的表现，所以必须有研究来证明已确定的能力和未来的成功之间存在联系。

能力倾向、智力和成就测验的内容是交叉的。例如，这三种类型的测验通常都包含词汇项目、数值计算和推理项目。这些测验的主要区别之一是测验的目的不同。能力倾向测验和智力测验通常以预测为目的，而成就测验则用于测量已经学到的知识，常以描述为目的，并对成长和改变做出评估。即便如此，人们还是常对能力倾向测验和成就测验之间的区别感到困惑。

能力倾向测验的预测性使咨询师可以用它来帮助人们根据自身现有的能力和兴趣来规划他们的未来。尽管能力倾向测验更多地被职业顾问、康复顾问和学校咨询师使用，但它们同样适用于专业心理咨询的所有领域。这些测验常常应用于对初入职场者的选择和教育与职业项目的录取。本章讨论的能力倾向测验是使用常模参照的标准化测验，包括团体测验和个体测验。和成就测验一样，有些能力倾向测验是综合（成套）测验，而另一些则集中对某一特定领域进行评估。我们将通过以下几个类别介绍有关能力倾向测验的信息：多元能力倾向成套测验、专业能力倾向测验、入学测验，以及准备测验。

多元能力倾向成套测验

多元能力倾向成套测验由一系列同时评估多种能力倾向的子测验构成，在商业、工业和军事领域的使用有着悠久的历史。多元能力倾向成套测验不提供某个单一的分数，相反，它根据针对不同能力倾向的子测验产生一个子测验分数的概况。因此，它更适合比较个体在不同子测验中的得分（个体内部分析），以辨别其能力倾向的高低。多元能力倾向成套测验测量诸如数字能力、机械推理和空间推理等能力，这些测验也主要用于教育和职业咨询，它允许个人分数的内部比较，以显示个人在不同子测验中的表现。著名的多元能力倾向成套测验有军事职业能力倾向成套测验（ASVAB）、差异能力倾向测验（DAT）、一般能力倾向成套测验（GATB）、职业能力定位问卷（CAPS）。表12-1展示了对 ASVAB、DAT、GATB 和 CAPS 子测验的比较。

表 12-1　各多元能力倾向成套测验子测验的比较

军事职业能力倾向成套测验 （ASVAB）	差异能力倾向测验 （DAT）	一般能力倾向成套测验 （GATB）	职业能力定位问卷 （CAPS）
科学常识	言语推理	言语能力	机械推理
算术推理	数字能力	数字能力	空间关系
词汇知识	抽象推理	空间关系理解力	言语推理
短文理解	文书书写速度与准确性	形状知觉能力	数学能力
数学知识	机械推理	文书知觉能力	语言运用
电学知识	空间关系	动作协调能力	词汇知识
车辆与工艺知识	拼写	手指灵巧度	知觉速度与准确度
机械原理	语言运用	动手灵活度	动手速度和灵巧度
…	…	一般学习能力	…

军事职业能力倾向成套测验（Armed Services Vocational Aptitude Battery，ASVAB）该测验被 13000 多所学校使用，每年有 900000 多名学生受测，是世界上使用最广泛的多元能力倾向成套测验（Powers，2014）。该测验最初由美国国防部于 1968 年开发，是一种衡量一般学术领域和职业领域（包括大多数文职和军事工作）能力倾向的常模参照测验。美国军方使用 ASVAB 作为准入测验，并以此决定特定工作和入伍奖金的分配。ASVAB 有 3 个版本：CAT-ASVAB（计算机自适应测验）、MET-site ASVAB（移动考试测验站点）和学生 ASVAB（也称为 ASVAB 职业探索计划，ASVAB CEP）。

虽然 ASVAB 最初是为军方开发的，但 ASVAB 职业探索计划（ASVAB CEP）主要应用于普通民众（United States Military Entrance Processing Command，USMEPC，2005）。它是专门为帮助高中和高中以上的学生进行职业规划而设计的，帮助学生选择是进入劳动力市场、军队还是其他大学 / 职业课程。ASVAB CEP 提供网络和纸质材料，帮助学生探索可能的职业选择。项目材料包括：（1）军事职业能力倾向成套测验（ASVAB）。（2）兴趣问卷（FYI）。（3）其他职业规划工具。作为主要部分的 ASVAB 由8 个子测验组成，总共包含 200 个题目，需要 3 小时完成。这 8 项测验包括科学常识、算术推理、词汇知识、短文理解、数学知识、电学知识、车辆与工艺知识、机械原理。ASVAB 提供标准分数（平均值为 50，标准差为 10）和 8 个子测验的百分等级，以及 3个职业探索分数：语言能力、数学能力和科学与技术能力（见下文关于哈勒的案例研究中的 ASVAB 案例汇总结果表）。

（美国）军事入学分数（也称为空军甄别测验，Air Force Qualifying Test，AFQT）以单一的百分等级形式出现在总成绩表上，这是决定考生是否有资格参军的分数。每个军事部门都有入伍的最低 AFQT 得分要求：空军新兵必须在 AFQT 上至少获得 36 分；陆军要求最低 31 分；海军陆战队新兵必须获得至少 32 分；海军新兵必须获得至少 35 分；海岸警卫队要求至少 36 分。虽然列出了最低得分，但大多数武装部队的士兵被要求得分为 50 分或以上（Powers, 2014）。为了促进军事发展，美国陆军已经针对那些在 AFQT 得分低至 26 分的人豁免入伍（Powers, 2014）。

FYI 清单（兴趣问卷）是一个为 ASVAB 项目开发的 90 项兴趣清单。该清单的设计基于被广泛接受的霍兰德职业选择理论，它将学生的职业兴趣分为 6 种类型：现实型（R）、研究型（I）、艺术型（A）、社会型（S）、企业型（E）和常规型（C），这 6 种合称为 RIASEC。一旦受测者收到他们的 ASVAB 和 FYI 分数，他们就可以在 OCCU-Find 上查找自己的潜在职业。OCCU-Find 是一个在线资源，学生可以在这里查看职业描述，并了解自己的技能与想探索的职业技能的比较情况。OCCU-Find 包含了根据霍兰德 RIASEC 代码分类的近 500 个职业的信息。

ASVAB 的一个独特之处在于，咨询师能够将某个体在 ASVAB 测验中的成绩和职业探索分数与其他受测者群体的成绩进行比较。为了做到这一点，ASVAB 汇总成绩表提供了三个不同组别的单独百分等级分数：同一年级 / 同一性别、同一年级 / 不同性别、同一年级 / 混合性别。例如，根据关于哈勒的案例研究中的 ASVAB 案例汇总结果表，受测者在语言能力上获得了 55 分的标准分数。结果表明，该分数处在 11 年级女生的 81% 的位置，处于 11 年级男生的 80% 的位置，处于所有 11 年级学生（男生和女生）的 81% 的位置。

咨询师手册报告了关于 ASVAB 的心理测量属性的信息（USMEPC, 2005）。ASVAB CEP 具有全（美）国代表性的常模，包含了大约 4700 名 10、11、12 年级的学生和大约 6000 名大专学生。常模样本经年级、性别与黑人、西班牙裔和其他族裔三个广泛的种族 / 民族分组后分层加权（请注意，当具有某些特征如年龄、受教育程度、种族等的个体样本过多时，使用分层后权重。在 ASVAB CEP 中，根据性别和种族 / 民族对未加权标准化样本进行了过度采样）。有证据证明了 ASVAB 在预测个体在教育 / 训练计划和各种民用、军事职业的成功方面的有效性。与美国大学入学考试（ACT）、差异能力倾向测验和一般能力倾向成套测验相比，它有更强的聚合效度。ASVAB 综合得分和子测验得分的内部一致性系数和信度系数分别为 0.88 ~ 0.91 和 0.69 ~ 0.88。

案例研究　哈勒

你是一名高中学校咨询师。哈勒是一个 11 年级的学生，最近你收到了她的 ASVAB 汇总结果表。她对自己的分数感到困惑，尤其是那三组不同的百分等级。她请你帮助她了解她的测验成绩。

ASVAB结果	百分等级			11年级标准分数范围	11年级标准分数
	11年级女生	11年级男生	11年级全体学生		
职业探索分数				20　30　40　50　60　70　80	
语言能力	81	80	81		55
数学能力	23	22	23		42
科学与技术能力	44	44	44		45
ASVAB测验					
科学常识	47	40	43		47
算术推理	25	21	23		41
词汇知识	90	89	89		60
短文理解	73	76	75		54
数学知识	23	24	23		43
电学知识	52	31	41		43
车辆与工艺知识	50	16	32		40
机械原理	42	27	37		45
军事入学分数（AFQT）　39				20　30　40　50　60　70　80	

表头：**ASVAB 汇总结果表**

ASVAB 案例汇总结果表

Source: ASVAB Career Exploration Program: Counselor Manual (United States Military Entrance Processing Command [USMEPC], 2005).

1. 哈勒的职业探索百分等级基于三个常模团体：11年级女生、11年级男生和11年级全体学生，请基于这三个常模团体对哈勒的测验结果的百分等级做出解释。

2. 解释哈勒在 ASVAB 测验中的标准分数。

3. 根据你对哈勒测验结果的解释，你会如何描述她可能有的相对优势或劣势？

4. 哈勒在 ASVAB 车辆与工艺知识子测验中的标准分数是 40 分。

　　（1）根据汇总结果表，这个分数在 11 年级女生中的百分等级是多少？

　　（2）这个分数在 11 年级男生中的百分等级是多少？

　　（3）你认为为什么在 11 年级女生和 11 年级男生这两组人中的分数的百分
　　　　等级有这么大的差异？

人才和职业评估的差异能力倾向测验（Differential Aptitude Tests for Personnel and Career Assessment，DAT for PCA）　该测验是一系列旨在衡量个体在一些领域学习或取得成功的能力的测验。该测验适用于团体管理，主要用于教育、职业咨询，以及员工选择。来自不同行业和职业的组织使用 DAT for PCA 来评估求职者的优势和劣势，以此来提高他们招聘决策的准确性和效率。DAT for PCA 适用于 7 年级至 12 年级的学生和成年人，施测过程需要 2.5 小时，使用人工或计算机计分。测验结果以百分等级、标准九分和量表分来报告。差异能力倾向测验从8个子测验中得出分数，这些子测验与各种职业相关。子测验测量内容如下所示。

1. 言语推理

言语推理子测验测量一般认知能力，应用于专业、管理和其他需要高阶思维能力的职位。

2. 数字能力

数字能力子测验测量对数值关系的理解和处理数值概念的能力。这个子测验能够很好地预测受测者是否能在数学、物理、化学、工程和其他与物理科学相关领域的工作上取得成功。

3. 抽象推理

抽象推理子测验是一种非文字的测量方法，用来测量人们在抽象图形模式中感知关系的能力。当职位需要感知事物之间的关系而不是语言或数字之间的关系时，这种测量方法是有用的，例如，数学运算、计算机编程、制图和汽车修理。

4. 文书书写速度与准确性

文书书写速度和准确性子测验用于测量受测者在一个简单感知任务中的反应速度。这对于诸如归档和编码这样的文书工作很重要。

5. 机械推理

机械推理子测验用于测量对机械、工具和运动基本机械原理的理解能力。可用于对木匠、机械师、维修工和装配工等职业的选择决策。

6. 空间关系

空间关系子测验测量的是从二维模式可视化三维物体的能力。这种能力在诸如制图、服装设计、建筑、艺术、模具制作、装饰、木工和牙科等领域都很重要。

7. 拼写

拼写子测验测量的是拼写普通英语单词的能力。

8. 语言运用

语言运用子测验用于测量检测语法、标点符号和大写字母错误的能力。

言语推理和数字能力子测验的分数结合在一起，可形成学习能力的综合指标。拼写和语言运用子测验都能良好地预测区分正确和错误英语用法的能力。

总的来说，DAT for PCA 可应用于探索个人学术和职业生涯的可能性。该测验也可用于识别具有高智商潜力的对象。该测验的局限性与某些量表缺乏独立性及单独的性别常模有关。该测验可使用计算机计分和人工计分。差异能力倾向测验的概况如图 12-1 所示。DAT for PCA 提供了一份职业兴趣清单，但该清单在 2014 年 9 月已停止使用。

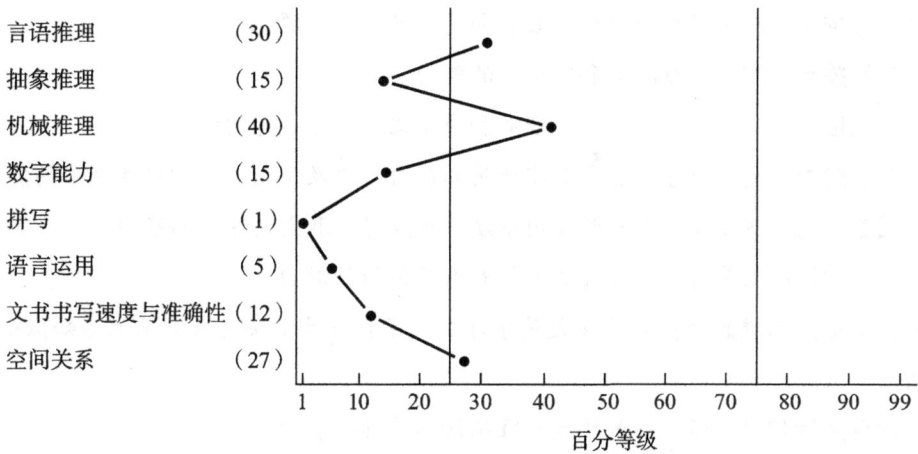

图 12-1 差异能力倾向测验资料

一般能力倾向成套测验（General Aptitude Test Battery，GATB） 一般能力倾向成套测验（GATB）是目前仍在使用的最古老的一般能力测验之一。由美国就业服务局（Dvorak，1947）开发的 GATB 最初被（美国）州就业服务办公室的就业顾问使用，用以匹配求职者与潜在雇主。此外，该测验也被用于筛选求职者以及在高中进行职业咨询。

GATB 是一种纸笔测验，适用于 9 到 12 年级的学生及成年人，施测过程需要 2.5 小时。该成套测验包括 12 个独立计时的子测验，形成 9 个能力分数。

1. **言语能力** 词汇

2. **数字能力** 算术推理

3. **空间关系理解力** 三维空间

4. **形状知觉能力** 工具匹配，形式匹配

5. **文书知觉能力** 名字比较测验

6. **动作协调能力** 标记制作

7. **手指灵巧度** 装配，拆卸

8. **动手灵活度** 放置，转动

9. **一般学习能力** 词汇，算术推理，三维空间

职业能力定位问卷（Career Ability Placement Survey，CAPS） 职业能力定位问卷（CAPS）是一种多元能力倾向成套测验，旨在测量与职业相关的能力。它是职业偏好系统（COPS）职业测量包的一部分，是一个综合评价系统，评估与职业选择有关的个人兴趣、能力和价值观（见第十三章）。CAPS 是将学生的能力与职业要求、教育或培训项目选择、课程评估、职业评估或员工评估相匹配的能力测量方法。该系列测验需 50 分钟完成，可用于初中生、高中生、大学生和成年人。CAPS 可测量 8 个能力维度。

1. **机械推理**：测量对机械原理、装置和物理定律的理解能力。
2. **空间关系**：测量三维思考和可视化的能力。
3. **言语推理**：测量用语言推理、理解和使用文字表达概念的能力。
4. **数字能力**：测量数字推理和数字使用的能力，以及使用数量材料和想法的能力。
5. **语言运用**：测量正确识别和使用语法、标点符号和大写字母的能力。
6. **词汇知识**：测量对词汇含义的理解和准确使用的能力。
7. **知觉速度与准确度**：测量在大量字母、数字和符号中快速且准确地感知微小细节的能力。
8. **动手速度和灵巧度**：测量快速和准确活动手部的能力。

该测验有自我计分、计算机计分和机器计分形式，以及报告软件程序。咨询师和来访者可以获得所有类型的支持性材料：自我解释简介和指南、职业分类图、职业偏好系统（COPS）职业简介包和职业偏好系统（COPS）职业分类小册子，此外，还有测验手册、执行磁带和指导视频。

专业能力倾向测验

与多元能力倾向成套测验不同，专业能力倾向测验通常只测量一种能力倾向。某些能力因过于专业化而难以被列入多元能力倾向成套测验中，如文书能力、运动灵敏度和艺术能力等。然而，这些能力往往对于某项工作或任务至关重要（Reynolds, Vannest, & Fletcher-Janzen, 2014）。因此，专业能力倾向测验被开发用来测量这些特定的能力。专业能力倾向测验的领域见图12-2。下面是一些常见的专业能力倾向测验类别的描述。

文书能力 指从事办公室和文书工作所需的技能。文书能力强的人能够快速处理信息，注重细节，可以成为银行出纳员、行政助理、数据处理员或收银员。与文书有关的能力包括以下 7 种。

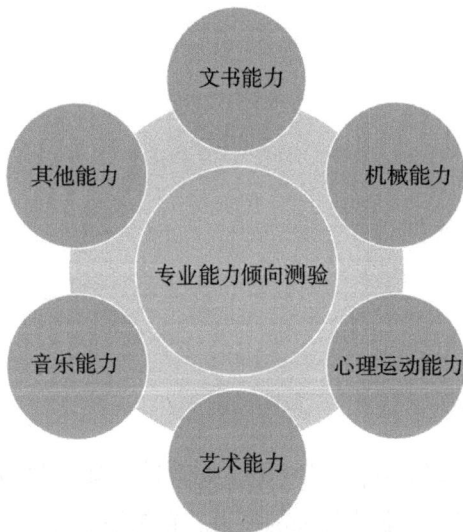

图 12-2 专业能力倾向测验的领域

- **计算**：执行一系列简单运算的能力。
- **检查**：快速、准确地检查目标对象的口头和数字信息（姓名、地址、电话号码等）的能力。

- **编码**：根据指定的模式复制字母和数字符号的能力。
- **归档**：为一组命名文件确定正确位置的能力。
- **键盘输入**：在计算机键盘上快速准确地输入的能力。
- **数字能力**：在文书和行政环境中有效使用数字的能力。
- **言语推理**：包括拼写、语法、理解、类比和跟随指令的能力。

市面上有几种工具可以用来评估文书能力，这些测验与成套智力测验和多元能力倾向成套测验的一些子测验相似。尽管这些测验几十年前就已被设计出来，但它们仍然是预测表现的有效方法（Whetzel et al., 2011）。以下是几个著名的文书能力测验的例子。

修订版一般文书测验（General Clerical Test-Revised，GCT-R） 这项测验用来评估一个人在需要文书技能的岗位上取得成功的可能性。它可以是团体或个体测验，施测过程需要 1 个小时。该测验由 3 个子测验组成：文书测验、数字测验和言语测验。文书子测验评估执行感知任务（检查和字母排序）的速度和准确性，这些任务涉及对细节的关注。数字子测验主要评估数学计算、数值错误定位和数学推理能力。言语子测验评估拼写、阅读理解、词汇和语法能力。

明尼苏达文书测验（Minnesota Clerical Test，MCT） 这项测验能够帮助雇主挑选适合注重细节的职位的人选，特别是需要注意数字和字母细节的职位（如银行出纳员、接待员、收银员和行政助理）。该测验由两部分组成：数字比较和姓名比较。它包含 200 对数字和 200 对名字，受测者必须在规定的时间内正确地选择元素相同的数字和名字。

文书能力成套测验（Clerical Abilities Battery，CAB） 这项测验是与通用汽车公司合作开发的测验，用于评估行政任务中最常用的技能。该测验包括 7 项子测验：归档、复制信息、比较信息、使用表格、校对、基本数学技能和数字推理。这些测验可以以任何组合的形式进行，以反映特定职位或任务所需的技能。

机械能力 机械能力是指理解机械物体的能力。它反映在对日常物理对象、工具、设备和家庭维修的熟悉程度和空间推理上（从二维图形想象三维物体的能力）。机械能力强的人可以更好地担任工程师、机械师、工匠、机器操作员、工具装配工和技工等。以下是机械能力测验的例子。

贝内特机械理解测试（Bennett Mechanical Comprehension Test，BMCT） 贝内特机械理解测试（BMCT；Bennett，1980）是著名的机械能力测验。这项测验一直被用于军事与民用方面，以及评估需要机械能力训练项目的人。它侧重于空间感知和工具知识，适用于评估受测者是否与需要操作和维修机械设备的工作匹配。该测验有 68 个多项选择题，主要关注物理和机械原理在实际情况中的应用。每道题目都描绘了一幅图，图中的物体反映了力、能量、密度、速度等概念。这项测验是使用最广泛的机械能力测验之一，大量的研究支持了这项测验的结果。然而，这项测验仍然存在不足。例如，测验中的一些机械概念可能忽视了性别差异。另一个问题涉及常模团体。虽然该测验在 2005 年被重新规定了常模，并纳入了基于测验最常用的行业和职业群体（如汽车机械师、工程师、安装 / 维护 / 修理工人、工业 / 技术工人、熟练技工、运输 / 设备操作员），但没有单独报告男性、女性和少数群体的单独常模数据。

机械能力倾向测验（Mechanical Aptitude Test，MAT3-C）　这项测验是对一个人在生产和维修工作方面的学习能力的快速评估。这项测验专门用来测量一个人在维修机械师、工业机械师、木工、机器操作员和工具设计师的学徒或培训项目中成功胜任的潜力。这个测验包含 36 个多项选择题，施测过程大约需要 20 分钟。

维森机械能力测验（Wiesen Test of Mechanical Aptitude，WTMA）　这项能力测验旨在选拔从事各种类型的机械设备操作、维护和修理工作的初级人员。它测量的是基本能力，而不是正规学校教授的能力或工作经验。该测验是包含 60 个题目的纸笔测验，施测过程大约需要 30 分钟。每道题目都用一幅简单的日常物品图来说明一个机械原理或事实（如基本机器、运动、重力 / 重心、基本电力 / 电子、热传递、基本物理特性）。测验题目简短，涉及常见物体（工具和设备）的功能、使用、大小、重量、形状和外观。该测验适用于 18 岁及以上的人群。

心理运动能力　心理运动能力是指精确、协调、有力地进行身体运动（如手指、手、腿和身体的运动）的能力。心理运动能力测验是最早的测量特殊能力倾向的测验之一，在 20 世纪 20 年代和 30 年代，多种心理运动能力测验被开发用来预测受测者在某些工作或行业中的表现。心理运动能力对于与操作物体相关的工作（如建筑、修理、装配、组织和写作）很重要。心理运动能力包括。

- **手臂稳定性**是指在移动手臂或固定手臂位置时使手和手臂保持稳定的能力。
- **手指灵巧度**是指能够使手指精确协调运动，以抓住、操纵或组装极小的物体的能力。
- **动手灵巧度**是指能够用单手、双手、手和手臂抓握、操纵或组装物体从而进行精确协调运动的能力。
- **肢体协调度**是指能够协调两处或两处以上的肢体从而能够站立、坐或卧的能力。
- **静力强度**是指运用肌肉力量来移动、推动、举起或拉动一个重物（或某固定物体）的能力。
- **视觉运动能力**（**眼手协调**）是指协调视觉与身体运动的能力。

心理运动能力测验可能要求受测者参与各种各样的任务，例如，协调地移动手臂和腿、拉动杠杆、使用螺丝刀等。以下是几个心理运动能力测验的例子。

贝内特手持工具灵巧性测验（Bennett Hand-Tool Dexterity Test） 该测验评估一个人是否胜任需要操作手工工具的工作，如成为飞机或汽车机械师、机械调节师、维修机械师和装配线工人。该测验要求受测者使用扳手和螺丝刀将 12 组螺母、螺栓和垫圈从一个木架上拆下来，然后重新组装（见图 12-3）。这项测验适用于工业领域的求职者、参加培训项目的学生和参加职业培训的成年人。

图 12-3　贝内特手持工具灵巧性测验

普杜钉板测验（Purdue Pegboard Test） 该测验是一种灵活性测验，旨在帮助选择需要精细和粗略动作灵巧性及协调性的工业工作的人员，如组装、包装、进行某些机器操作和其他手工工作。它可以测量手、手指和手臂的粗略运动，以及指尖的灵活性。测验的第一部分要求受测者首先用右手将针插入洞中，然后是左手，最后是双手。普杜钉板测验可以得到五个独立的分数：（1）右手；（2）左手；（3）双手；（4）右手＋左手＋双手；（5）装配。这项测验施测过程大约需要 10 分钟。

普杜钉板测验也用于评估和识别与精细和粗略动作灵活性功能障碍有关的问题。例如，普杜钉板测验已被证明是鉴别腕管综合征引起的功能障碍的有效工具（Amirjani，Ashworth，Olson，Morhart，& Chan，2011）。再如，该测验已经被用来评估对帕金森患者的治疗效果（Eggers，Fink，& Nowak，2010）。

第二版布尼氏动作熟练度测验（Bruininks-Oseretsdy Test of Motor Proficiency, 2nd Edition，BOT-2） 该测验用于测量 4 ~ 21 岁个体的运动技能。该测验评估精细运动技能、手灵巧度、协调性、平衡性、力量和敏捷性。该测验可用于做出有关教育或职业安置的决定，用于开发和评估运动训练计划，用作深入心理评估的筛查部分，以及用于评估神经发育情况。该测验包括 8 个子测验，要求受测者完成以下任务。

1. **精细动作精准性**：剪出一个圆，连接点。
2. **精细动作整合性**：临摹星星，临摹正方形。
3. **动手灵活性**：传递硬币，分拣卡片，搭积木。
4. **肢体双侧协调性**：一边用食指画圈一边交替敲击双脚，原地跳。
5. **平衡**：保持单脚站立 10 秒钟，直线行走。
6. **速度和敏捷性**：折返跑。
7. **上肢协调性**：向目标投球，接球。
8. **力量**：立定跳远，仰卧起坐。

在某些情况下，布尼氏动作熟练度测验被用来确定运动障碍的严重程度。例如，该测验是用于识别发育性协调障碍的主要工具之一，这种障碍与难以学习和执行动作有关（Cermak, Gubbay, & Larkin, 2002）。然而，该测验与其他测量运动技能的方法并没有很好的相关性（Spironello, Hay, Missiuna, Faught, & Cairney, 2010）。因此，我们提醒咨询师要在多种情况下使用多种测量方法，以更准确地识别运动问题。

微创外科手术教练 – 虚拟现实模拟器（The Minimal Invasive Surgical Trainer, Virtual Reality Simulator） 心理运动能力评估的其他用途包括医疗培训。考虑到成为一名外科医生或牙医所需的极其精细的运动技能，在为这些学科做准备的过程中，对运动技能进行初步评估有助于确定在这些职业实践中获得成功所需的额外训练。除了实际执行外科手术或其他医疗程序外，学生可能会使用虚拟现实设备进行评估。微创外科手术教练 – 虚拟现实模拟器旨在提供有效和可靠的潜在能力评估，评估分数的高低可预测手术成功与否（Bernier & Sanchez, 2016）。此外，心理运动能力评估可以作为某些学科的筛选工具，甚至是招聘工具，以寻找在这些职业可能会成功的候选人（Cope & Fenton-Lee, 2008）。心理运动能力评估是一个极有价值的工具，可为追求职业发展的人提供评估机会。

艺术能力 艺术能力通常是指绘画或欣赏伟大艺术的能力。然而，由于对伟大艺术的界定因人而异，因文化而异，所以测量艺术能力的标准很难确定（Aiken & Groth-Marnat, 2006）。目前已有一些艺术能力测验被开发出来，但大多已经过时，不再具有商业价值。一些艺术能力测验测量艺术欣赏能力（判断力和感知力），其他则评估艺术表现能力或艺术知识。最流行的艺术鉴赏能力测验之一是迈耶 – 西肖尔美术判断测验（Meier-Seashore Art Judgment Test，Meier，1940），它测量一个人辨别艺术作品好坏的能力。这项测验由两幅具有不同特征的图片组成，其中一幅图片是"真实"的（对应原始艺术品），另一幅是原作的简单变体。它要求受测者辨别出更好的（原始的）图片。与之相关的艺术能力测验是迈耶美感艺术测验（Meier Art Test of Aesthetic Perception）。该测验展示了同一作品的四个版本——每个版本在比例、统一性、形式或设计方面都有所不同，并要求受测者按优劣顺序对每个版本进行排序。格雷夫斯图案判断测验（Graves Design Judgment Test）通过向受测者展示 90 组二维或三维图案来测量他们的艺术能力，这些图案在整体性、平衡性、对称性或其他美学原则方面有所不同。它要求受测者在每一组中选择最好的。

音乐能力　大多数音乐能力测验用以评估音乐家应该具备的技能，如辨别音高、响度、拍子、音色和节奏的能力。有些测验声称可以用来衡量音乐能力，但是这些测验都缺乏信度和效度。最古老和最著名的音乐能力测验可能是西肖尔音乐才能测验（Seashore Measures of Musical Talents）。这项测验大约需要 1 个小时的施测时间，测验对象为 4 年级到 12 年级的学生和成人。该测验在磁带上呈现 6 个子测试，测量听觉辨别的维度：音调、响度、时间、音色、节奏和音调记忆。另一项旨在评估音乐天赋的测验为夸尔瓦瑟音乐天赋测验（Kwalwasser Music Talent Test），该测验适用于 4 年级至大学阶段的学生。该测验包含 50 个项目，为受测者提供了三种音调模式，这些模式会随着音高、音调、节奏或响度的变化而重复出现。另一个工具是音乐能力倾向测验（Musical Aptitude Profile，MAP），它由 7 个部分组成：（1）旋律与（2）和声（音调意象）；（3）节奏与（4）节拍（节奏意象）；（5）短句、（6）平衡，以及（7）风格（音乐感受）。该测验大约需要 3.5 个小时完成。然而，对这些测验的价值的研究一直受到限制，许多关于音乐能力倾向的测验因缺乏生态效度而受到批评。换句话说，这些测验并不能展现可以准确测量音乐能力倾向的现实体验（Karma，2007）。音乐教师更倾向于依靠他们自己的经验判断，并且在音乐创作过程中寻找在音乐方面的个性化表现。

其他能力　我们在本节讨论的能力类别（如文书、机械、心理运动、艺术和音乐能力）只代表了众多专业能力倾向中的一小部分。我们还可以通过测验来评估许多其他特定领域，如食品服务、工业技能、法律技能、医疗办公室、零售销售、转录，等等。此外，企业还可以通过定制能力倾向测试来确定有资格从事特定工作的候选人。

入学测验

大多数学术项目将能力倾向测验分数作为入学要求的一部分。入学测验（有时被称为入学考试或学术能力测验）旨在预测个体在某一特定教育项目上的表现，如果与其他相关信息（如高中平均成绩、教师推荐信等）结合使用，就是预测未来学业成功与否的一项通用指标。由此推断，在入学测验中得高分的学生在大学里很可能比那些没有得高分的学生表现得更好。

大多数入学测验评估言语、定量、写作、分析推理技能或专业知识的组合。这些测验旨在衡量受测者掌握与某一特定学科最相关的知识和技能的程度。入学测验的一个关键心理测量学维度是预测效度，它是通过将测验分数与学业成绩的衡量标准相关联来评估的。学业成绩的衡量标准包括1年级的平均成绩（grade point average，GPA）、研究生GPA、学位获得情况、资格或综合考试分数、研究生产力、研究引文计数、执照考试成绩或学生的教师评价等。虽然一般的言语量表和定量量表是学业成功的有效预测因子，但最强的预测因子仍是高中GPA（Fu，2012）。

入学测验中一个需要注意的地方是对某些群体的偏见，包括不同种族、民族和性别群体。总体而言，研究发现，不同种族或民族之间的平均成绩没有差异，但人们往往低估了女性在大学环境中的表现（Kuncel & Hezlett，2007）。傅（Fu，2012）对来自美国和其他国家的大约33000名本科生和研究生进行了研究。总体来说，傅证实了传统的入学测验是所有学生成功的良好预测因素。事实上，傅发现SAT分数与国际本科生1年级的平均成绩有很强的相关性。

下面我们将介绍一些重要的入学测验的信息，包括学术能力评估测验（SAT）、美国大学入学考试（ACT）等。

学术能力评估测验（SAT） 美国几乎每所大学都将SAT测验（以前称为学术能力倾向测验和学术成就测验）作为招生过程的一部分。SAT是由美国大学理事会发布的，每年有数百万要上大学的高中生参加SAT考试。SAT包括两个测验：推理测验和科目测验。SAT推理测验用来评估大学所需的批判性思维能力，它包括三个部分：数学、批判性阅读和写作（见表12-2）。测验需要3小时45分钟完成，包括一个25分钟的加试部分（用于开发未来的测验问题）。它包括几种不同的题型：多项选择题、填空题和作文。SAT科目测验是可选的测验，旨在测量学生在特定学科领域的知识水平，如生物、化学、文学、各种语言和历史。许多大学通过科目测验来录取学生、安排课程或给学生的课程选择提建议。一些大学明确将参加科目测验作为申请入学的必要条件，而另一些大学则允许申请人选择参加哪些测验。SAT推理测验和科目测验的成绩范围是200～800分，平均分500，标准差100。测验也提供百分等级用来比较考生的分数。

表 12-2　SAT 推理测验

科目	考试内容	题型	时间
批判性阅读	阅读理解，句子完成，段落长度的批判性阅读	多项选择	70分钟
数学	数量和操作，代数和函数，几何，统计学、概率论和数据分析	多项选择，填空	70分钟
写作	语法、用法和单词选择	多项选择，作文	60分钟
加试题	批判性阅读、数学或写作	随机	25分钟

有研究通过考察 SAT 测验分数和大学第一年 GPA 之间的关系来研究 SAT 预测大学学业成功的能力（预测效度）。一项由美国大学理事会批准的研究（Kobrin，Patterson，Shaw，Mattern，& Barbuti，2008）发现，大学第一年 GPA 与 SAT 推理测验中数学、批判性阅读和写作三个部分的得分之间的相关系数分别为 0.26、0.29 和 0.33。他们还发现大学第一年 GPA 与 SAT 和高中 GPA 综合成绩之间的相关性为 0.46，这表明大学应该同时使用高中 GPA 和 SAT 分数来对学生未来的成功做出更好的预测。傅（Fu，2012）证实了这些发现，并证明了 SAT 在预测国际学生成功方面的效用。然而，由于大学第一年 GPA 和 SAT 成绩之间的相关性存在一定程度的误差，因此在做出录取决定时考虑信息来源的组合性是很重要的。

SAT 预备测验/全美优秀奖学金资格考试（Preliminary SAT/National Merit Scholarship Qualifying Test，PSAT/NMSQT） PSAT/NMSQT 是一项标准化考试，为高中生提供 SAT 推理测验的第一手练习。同时它让学生有机会加入美国优秀学生奖学金机构（National Merit Scholarship Corporation，NMSC）的奖学金项目。PSAT/NMSQT 测验的是批判性阅读能力、数学问题解决能力和写作能力。它为学生提供关于大学学习所需技能的优缺点反馈，帮助学生准备 SAT 考试，并使学生能够参加全国优秀奖学金竞赛。

ACT 信息系统（ACT Information System） ACT 信息系统是一个收集和报告计划进入学院或大学的学生信息的综合系统。它包括四个主要组成部分：教育发展测验、课程/年级信息、学生档案和 ACT 兴趣问卷。每个组成部分的描述如下。

- 教育发展测验是一门多项选择题考试，旨在评估学生的一般教育发展水平和完成大学水平工作的能力。像 SAT 一样，教育发展 ACT 考试对 11 年级和 12 年级的学生施测。考试内容包括四个技能领域：英语、数学、阅读和科学。可选的写作测验是一个 30 分钟的论文测验，用以测量学生的写作能力。这些测验强调推理、分析、问题解决，以及整合不同来源的技能并将这些技能熟练地应用到大学生预期完成的各种任务中的能力。

- 课程/年级信息提供 30 个领域的自我报告的高中成绩，包括英语、数学、自然科学、社会研究、语言和艺术等。这些课程通常是大学的核心预备课程，也是大学入学的必修课程。

- 学生档案包含学生在注册 ACT 时所报告的信息。这些信息包括：入学/注册信息，教育计划、兴趣和需求，特殊教育需求、兴趣和目标，大学课外计划，经济援助，人口背景信息，影响大学选择的因素，高中特长，高中课外活动和课外成就。

- ACT 兴趣问卷（UNIACT）的兴趣调查表是一份包含 72 个项目的问卷，提供了与约翰·霍兰德提出的 6 种兴趣和职业类型相对应的 6 种得分。兴趣问卷的主要目的是帮助学生找出与自己兴趣相符的专业。

PLAN 项目（PLAN Program） PLAN 项目是 ACT 项目的一部分。它类似于 SAT 预备测验，被认为是"ACT"前测验，是 ACT 成功的预测指标。PLAN 项目是为 10 年级学生设计的，包括四个学业成就测验：英语、数学、阅读和科学。PLAN 项目的其他组成部分包括：（1）学生需求评估；（2）高中课程和成绩信息；（3）UNIACT 兴趣清单；（4）教育机会服务，它根据学生的 PLAN 项目成绩将学生与学院和奖学金信息联系起来。

美国研究生入学考试（Graduate Record Examinations，GRE） 申请研究生院的个体需要参加 GRE 考试。研究生项目的录取通常基于 GRE 分数、本科平均绩点和其他该研究生项目的特定要求。GRE 考试包括两种：普通考试和专业考试。GRE 普通考试用来评估与特定学习领域无关的言语推理、定量推理、批判性思维和分析性写作技能。GRE 专业考试衡量本科生在 8 个特定领域的学习成绩：生物化学、生物、化学、计算机科学、英语文学、数学、物理和心理学。

GRE 普通考试有计算机考试和纸质考试两种形式，GRE 专业考试只能选择纸质考试。计算机考试是一种自适应测验，这意味着给考生的问题依赖于考生对先前问题的回答。考试以中等难度的问题开始，当个人回答完一个问题时，计算机会对该问题打分，并根据该信息决定下一个问题。如果考生答对了一个题目，接下来就会出现一个难度更高的题目；如果考生答错了，接下来就会出现一个难度较小的题目。

无论是普通考试还是专业考试，依据库理–20 公式计算的信度系数都保持在 0.80 ~ 0.90 的较高水平。在预测效度方面，GRE 普通测验与大学第一年的 GPA 呈正相关（$r \leqslant 0.40$）（Kuncel & Hezlett，2007）。与 GRE 普通考试的言语量表或定量量表相比，GRE 专业考试往往能更好地预测特定科目第一年的 GPA。同样，由于 GRE 和大学第一年 GPA 之间的相关性存在一定程度的误差，许多研究生院制定了一系列包括 GRE 在内的入学标准，而非仅仅根据 GRE 做出决定。

值得注意的是，GRE 在 2011 年经历了一次重大的计分改革。根据美国教育考试服务中心（ETS，2011）的数据，言语推理和定量推理分数过去按 200 ~ 800 分制以 10 分递增计算，现在按 130 ~ 170 分制以 1 分递增计算。2011 年之前在言语推理上的 590 分相当于 2011 年之后的 159 分。你可以想象这对研究生的申请来说是多么的不同！幸运的是，研究生院的招生办公室非常熟悉这些变化，他们会依照建议通过多种录取标准来做决定。

米勒类比测验（Miller Analogies Test，MAT） 米勒类比测验（MAT）是另一种申请

研究生院的个人入学考试。MAT 是一个由 50 道题组成的团体测验，包含 100 个多项选择的类比项目。这些选项来自文学、社会科学、化学、物理、数学和常识。在每个 MAT 的类比题中都缺少一个词，需要选择选项中的一个进行替代。四个选项中只有一个选项能正确完成类比。大多数 MAT 类比项中的术语是单词，但在某些情况下，它们可能是数字、符号或词组。例如，

飞机：空中：汽车：（a. 潜艇 b. 鱼 c. 陆地 d. 飞行员 ）。

解决 MAT 类比问题的第一步是确定三个给定术语（项目）中的哪两个术语能够构成一个完整的"配对"。在这个例子中，可以是"飞机"与"空中"相关（第一个术语与第二个术语相关）或"飞机"与"汽车"相关（第一个术语与第三个术语相关）。在 MAT 考试里，永远不会出现第一个术语与第四个术语相关的情况。

其他入学测验　其他在高等教育中广泛使用的入学测验包括医学院入学考试（Medical College Admissions Test，MCAT）、法学院入学考试（Law School Admissions Test，LSAT）和经企管理研究生入学考试（Graduate Management Admissions Test，GMAT）。在使用这些测验时，最重要的考虑因素是该测验的效度是否已经被证明，特别是该测验是否通过当地学院或大学的验证。

准备测验

准备测验是用于预测儿童进入学校后是否会成功的能力倾向测验。学前准备一直被定义为做好了学习特定材料的准备，并能够在典型的学校环境中取得成功（Bracken & Nagle，2007）。学校经常使用准备测验来判断儿童是否"准备好"上幼儿园或 1 年级。这些测验与入学测验相似，都是通过衡量当前的知识和技能，以预测受测者未来的学习成绩，区别在于，学前准备测验是专门针对幼儿的测验。

大多数（美国）州将 5.1 岁定为可以就读幼儿园的起始年龄。但满足这个特定年龄要求的儿童在为上幼儿园所做的准备方面差异很大。例如，一些儿童有非常丰富的幼儿园学前教育经验，他们能够识别字母、数字和形状，而其他儿童可能缺少这些能力。准备测验被用来确定儿童掌握与学习相关的必备基本技能的程度。大多数准备测验主要评估以下五个方面的水平（Boan，Aydlett，& Multunas，2007）。

- **身体状况**　关注感觉功能、运动技能、疾病或医疗状况、成长和整体健康水平。
- **社交与情感**　关注与年龄相符的自我认知、社交技能和心理健康水平。
- **学习能力**　关注注意力、好奇心和学习热情。
- **语言能力**　关注言语沟通能力、非言语沟通能力和早期读写能力。
- **认知与常识**　关注问题解决能力、抽象推理能力、早期数学技能和全面的知识

储备。

美国的大多数学校都使用准备测验（Csapó，Molnár，& Nagy，2014）。那些被认为"暂时还没有准备好"的孩子往往要再等一年才能上学。准备测验可以用来开发课程和制定个性化的教学方式。大多数准备测验的目的是评估与学校培养目标有关的领域，如常识、语言、健康水平和身体机能。研究发现，这些测验的预测效度都不尽人意，因此，它们被用在幼儿园入学决策中是非常值得推敲的。通常，"准备"的概念更多受父母因素的影响，而非受学业准备情况的影响。例如，经济困境、父母道德败坏和对学习的支持已被证明会影响准备情况（Okado，Bierman，& Welsh，2014）。因此，在评估入学准备情况时，可能存在文化偏见。我们会提醒咨询师和其他专业人员，在使用此类评估时要注意其调查结果缺少一系列其他实质性信息的支持。常用的学校准备测验包括考夫曼早期成就和语言技能测验（Kaufman Survey of Early Academic and Language Skills，K-SEALS）、幼儿园学前准备测验（Kindergarten Readiness Test，KRT）、入学准备测验（School Readiness Test，SRT）、城市入学准备测验（Metropolitan Readiness Tests，MRT）和布莱肯入学准备评估（Bracken School Readiness Assessment，BSRA-3）。

人们对利用准备测验来做出有关儿童的重要决定提出了一些担忧。尽管大多数研究人员、教育工作者和政策制定者在入学所必需的各个维度方面观点一致（如身体发展状况，情感和社会发展情况，学习能力、语言和认知状况，常识等），但对于这些维度是否准确或完整存在一些争论（Meisels，1999）。此外，评估学龄前儿童是具有挑战性的，他们快速和不均衡的发展情况可能会受到环境因素的巨大影响（Saluja，Scott-Little，& Clifford，2000）。另外，适用于年龄较大儿童的典型标准化纸笔测验并不适用于入学儿童（Shepard，Kagan，& Wurtz，1998）。

身心障碍成人的能力倾向评估

本章涵盖了与表现预测和目标相关的一般能力倾向。我们可以根据成人能力倾向评估的结果来记录在高等教育或其他情况下的身心障碍人士需要哪些帮助。例如，如果某位同学有记录在案的身心障碍，大学需要通过合理的调节方法帮助这名学生取得成功。能力倾向测验是证明某人存在学习障碍或表现障碍的证据之一。根据美国学习障碍协会（Learning Disabilities Association of America，2018）的要求，如果成人在生活、工作或学校中遇到阻碍他们达到理想目标的重大情况，他们应该接受评估。虽然就业环境可能不被要求提供调节帮助，但接受评估的成人可以使用与其特定身心障碍有关的任何信息，以更好地为工作做准备或选择适当的职业道路。

总结

能力倾向测验通过衡量一个人在特定任务中的表现，以预测该对象在未来某个时刻或不同情况下的表现。能力倾向可能体现在学校表现、工作表现，以及其他任务或情况中。能力倾向测验通过衡量一个人习得知识（通过教学）的能力和天赋来判断一个人的潜力。多元能力倾向成套测验主要用于教育和商业环境，以及职业指导系统。其中，使用最广泛的是军事职业能力倾向成套测验（ASVAB）、差异能力倾向测验（DAT）和一般能力倾向成套测验（GATB）。

专业能力倾向测验是为了测量人们对某一特定领域（如艺术或音乐）的精通程度而设计的。机械和文书能力倾向测验被职业教育和商业及工业领域人士用作咨询、评估、分类和安置受测者。多元能力倾向成套测验和专业能力倾向测验都是为帮助受测者能更好地了解自己的独特能力而设计的。

问题讨论

1. 有哪些主要的多元能力倾向成套测验？什么时候应该使用这种测验？为什么？这种测验的优缺点是什么？

2. 什么时候你会使用专业能力倾向测验？为什么？这种测试的优缺点是什么？

3. 一些学区要求所有学生在他们的高中时期接受多元能力倾向成套测验。你认同这种要求吗？为什么？

4. 你认为可以通过使用纸笔能力倾向测验来衡量艺术、音乐和机械方面的能力吗？为什么？

建议活动

1. 就广泛使用的多元能力倾向成套测验或专业能力倾向测验写一篇评论。

2. 采访那些使用能力倾向测验的咨询师——就业咨询师、职业生涯咨询师和学校咨询师——了解他们使用什么测验及使用原因。

3. 接受多元能力倾向成套测验或专业能力倾向测验，并写一份报告，详细说明结果和你对测验的感受。

4. 做一个你所在的领域会用到的能力倾向测验的注释参考书目。

5. 案例学习：阿尔伯特是一个 23 岁的男生，在 10 年级辍学。他目前就读于当地一所社区大学的高中同等课程，该课程由私营行业委员会赞助。他在食品服务行业做过很多工作，但都没能保住那些工作。他有妻子和三个孩子，现在他意识到需要进一步的培训和教育来支撑家庭开支。他在职业评估中的知觉速度与准确度的百分等级为 45，并接受了差异能力倾向测验（DAT），结果如下。

项目	百分等级
言语推理	40
数字能力	55
抽象推理	20
机械推理	55
空间关系	30
拼写	3
语言运用	5
文书书写速度与准确性	45

（1）你如何描述阿尔伯特的才能？

（2）你还想知道关于阿尔伯特的什么信息？

（3）如果你是一名咨询师，你会鼓励阿尔伯特探索哪些职业或教育方向？

职业生涯和就业评估

学习本章之后，你将能够做到以下几点。

- 描述职业生涯评估。
- 解释初始访谈在职业生涯评估中的应用。
- 解释兴趣量表在职业生涯评估中的应用，并描述其中几个关键量表，包括霍兰德职业兴趣量表、斯特朗兴趣量表和坎贝尔兴趣和技能量表。
- 描述工作价值观，并解释工作价值观对职业生涯决策过程的影响。
- 描述人格量表在职业生涯评估中的应用。
- 讨论综合评估方案，如职业偏好系统、库德职业规划系统等。
- 描述就业评估中使用的各种工具和策略。

职业生涯发展是专业心理咨询实践的基础领域之一。无论你是专攻职业生涯咨询还是将其作为你综合实践的一部分，了解职业生涯咨询方面的知识都是至关重要的。评估是职业生涯咨询的关键组成部分。职业生涯评估是一个旨在帮助个体进行职业探索、职业发展或决策的系统过程。提供职业生涯咨询的专业人员使用各种正式和非正式的工具和程序来评估个体的兴趣、技能、价值观、个性、需求，以及其他与职业选择相关的因素。在就业背景下，企业和组织可以借助各种评估策略来优化人员配置，并进行其他与人员相关的决策。本章将向你介绍职业生涯和就业评估中使用的工具和程序。

职业生涯评估

职业生涯评估（career assessment）是职业生涯规划的基础。它被用来帮助个体更好地理解自己，找到并选择自己喜欢的职业。人们可能在许多阶段都需要职业决策的帮助，例如，高中或大学毕业后进入职场、中年时的职业转变、失业或搬到新城市后重新找工作。职业生涯评估是一个帮助个体对未来职业发展做出明智决定的过程。它可以帮助个体识别和明晰他们的兴趣、价值观和个性，并开始探索职业选择。职业生涯评估通过使用多种评估工具和策略收集信息。我们将对这些方法进行描述，其中重点是兴趣量表、工作价值观量表、人格量表、能力和技能评估、职业发展量表、综合评估方案和访谈。

兴趣量表

兴趣量表是职业咨询中最受欢迎的工具之一。兴趣就是喜好或偏好，换句话说，兴趣是人们喜欢的东西（Harrington & Long，2013）。在心理学理论中，一些理论家坚信没有兴趣就无法学习。有时候兴趣是动力的代名词。职业发展理论家指出了兴趣的重要性。斯特朗（Strong，1927）假设兴趣属于动机范畴，有许多态度、兴趣和人格因素与职业选择和职业满意度有关。

大多数人都想找到一份与自己兴趣契合的工作，而评估兴趣是职业生涯评估的一个常见组成部分。衡量兴趣有多种技术可用，例如，量表、清单、结构化和非结构化访谈及问卷。1927 年，斯特朗编制了第一版斯特朗职业兴趣量表（Strong Vocational Interest Blank）。最新版本的斯特朗兴趣量表被广泛应用于当今的各个领域，它提供了一种个人兴趣与某些职业领域成功人士兴趣的对比概况。另一份兴趣量表——库德职业调查表（Kuder Preference Record—Vocational）于 1932 年首次出版。库德的测验最初测量了 10 个一般领域的兴趣，如户外活动、文书、音乐、艺术和科学。如今，库德公司依靠互联网提供更为广泛的工具和资源，帮助个体识别他们的兴趣，探索更多选择，并为事业做出规划。

在职业生涯评估中，兴趣量表专门用于评估个人兴趣与各种职业或职业对应的教育或培训要求的匹配程度。一些兴趣清单是综合职业生涯评估的一部分，综合职业生涯评估还包括对能力、工作价值和人格的衡量。我们将对其中一些重要的兴趣量表进行介绍。

霍兰德职业兴趣量表（Self-Directed Search，SDS） SDS 是使用最广泛的职业兴趣量表之一。它由霍兰德（Holland）博士于 1971 年首次开发，历经多次修订，最新版本于 2017 年发表，并被更名为标准 SDS（Standard SDS）。SDS 通过对能力和兴趣的评估来指导受测者。这份量表是帮助高中生、即将进入职场的大学生或重返职场的成年人寻找最适合自己兴趣和能力的职业的工具。它适用于 15 ~ 70 岁的、需要职业指导的任何人。SDS 的施测与计分简单易行，并且可以在线进行测验。SDS 基于霍兰德的理论（即 RIASEC 模型）将人们分为 6 个不同的群体。

现实型（Realistic，R）人群通常重视实践、喜欢体力劳动、动手能力强、喜欢使用工具，他们喜欢现实型的职业，如汽车修理工、飞机驾驶员、测量员、电工和农民。

研究型（Investigative，I）人群通常善于分析、有才智、有科学头脑且喜欢探索，他们更倾向于研究型职业，如生物学家、化学家、物理学家、地质学家、人类学家、实验室助理和医学技师。

艺术型（Artistic，A）人群通常具有创造性、原创性和独立性，他们喜欢艺术型职业，如作曲家、音乐家、导演、舞蹈家、室内设计师、演员和作家。

社会型（Social，S）人群通常是合作的、支持的、乐于助人的、治愈的，他们喜欢社会型职业，如教师、顾问、心理学家、治疗师、宗教工作者和护士。

企业型（Enterprising，E）人群喜欢竞争环境，有很强的领导素质，喜欢影响他人。他们更喜欢有进取心的职业，如采购员、业务主管、销售人员、主管和经理。

常规型（Conventional，C）人群通常注重细节，有很强的组织能力。他们更喜欢常规型职业，如记账员、金融分析师、银行家、税务专家、秘书和无线电调度员。C 型人群有行政和数学能力，喜欢在室内工作，喜欢整理东西。

在施测时，个体会评估并记录他们的兴趣和能力。具体地说，他们被要求确定自己在机械、科学、教学、销售和文书领域的白日梦、活动、好恶、能力、兴趣职业，以及自我评价。在测量结束后，SDS 向个人提供他们的霍兰德代码。该代码基于 RIASEC 类别，反映了受测者的兴趣的综合状况。例如，我们假设一个受测者的霍兰德代码是 IEA（研究型、企业型和艺术型），字母 I 代表该受测者最接近的类型，字母 E 代表该受测者非常接近且仅次于 I 的类型，以此类推。

SDS 有几种适用于特定人群的形式。

- **R 型**（Form R），**职业发展** 用于帮助还未进入职场的个体了解职场，并将职业与他们的兴趣和技能相匹配。
- **E 型**（Form E），**职业指导** 用于帮助阅读能力有限的个体探索职业选择。
- **CP 型**（Form CP），**职业生涯管理** 主要关注那些已经或渴望承担高水平责任的个体的需求。

SDS 的 R 型测验有网上测验版本（Holland et al.，2001），能够为受测者提供一份可打印的解释性报告。该报告同样确定了受测者的霍兰德代码，并列出了与代码相对应的职业、研究领域，以及休闲活动。为了描述潜在的职业可能性，报告提供了四列信息（见表 13-1）。第二列（职业）列出了根据受测者的霍兰德代码确定的职业。这些职业摘自《职业名目字典》（*Dictionary of Occupational Titles*，DOT），这本字典简要描述了 12000 多种职业。第三列（O*NET 代码，美国职业信息网络代码）提供了每个职业对应的 O*NET 代码。第四列（ED）显示了每个职业所需的教育水平，"1"表示上过小学或不需要特殊培训，"2"表示通常需要接受过高中教育或通过美国教育发展证书考试（GED），"3"表示通常需要上过社区学院或接受过技术教育，"4"表示需要接受过大学教育，"5"表示需要拥有高级学位。

表 13-1　霍兰德职业兴趣量表解释性报告中的职业列表示例

霍兰德代码	职业	O*NET 代码	ED
ISC	计算机网络专家	15-1152.00	3
	透析技术员	29-2099.00	3
	语言学家	19-3099.00	5
	市场研究分析师	11-2011.01	4
	微生物学家	19-1022.00	5
	职业医师	29-1062.00	5

Source: Reproduced by special permission of the Publisher, Psychological Assessment Resources, Inc., 16204 North Florida Avenue, Lutz, Florida 33549, from the Self-Directed Search Software Portfolio (SDS-SP) by Robert C. Reardon, Ph.D. and PAR Staff, Copyright 1985, 1987, 1989, 1994, 1996, 1997, 2000, 2001, 2005, 2008, 2013. Further reproduction is prohibited without permission from PAR, Inc.

第二版斯特朗兴趣量表（Strong Interest Inventory，SII）　该量表是美国最受推崇的职业兴趣衡量工具之一。该量表已经在公共机构和私人组织中广泛使用了80多年。1927年，斯特朗出版了第一版斯特朗兴趣量表（当时称为 Strong Vocational Interest Blank），最近一次更新是在 2012 年（Herk & Thompson，2012）。SII 是为评估成人、大学生和 14 岁及以上的高中生的职业兴趣而设计的（Harmon，Hansen，Borgen，& Hammer，1994）。它评估了受测者在职业、工作和休闲活动，以及教育科目方面的兴趣，并得出以下几个主题和量表的结果。

- **5 个个人风格量表**　与工作风格、学习环境、领导风格、冒险精神和团队导向有关的个人偏好。
- **6 个一般职业主题量表**　兴趣模式基于霍兰德 RIASEC 类别（现实型、研究型、艺术型、社会型、企业型和常规型）。
- **30 个基本兴趣量表**　六大职业主题中的特定兴趣领域。
- **244 个职业兴趣量表**　与各种职业中符合条件的工作者相关的兴趣。

测量结果会呈现在 SII 概况和解释性报告中，该报告包括了对个人分数的全面介绍。此外，该报告还提供了一份摘要，以图表形式简要介绍了受测者的成绩，内容包括个人的三个最高的一般职业主题、五大兴趣领域、最不感兴趣的领域、十大强势职业、其他兴趣对应的职业，以及个人风格偏好。图 13-1 给出了概况。

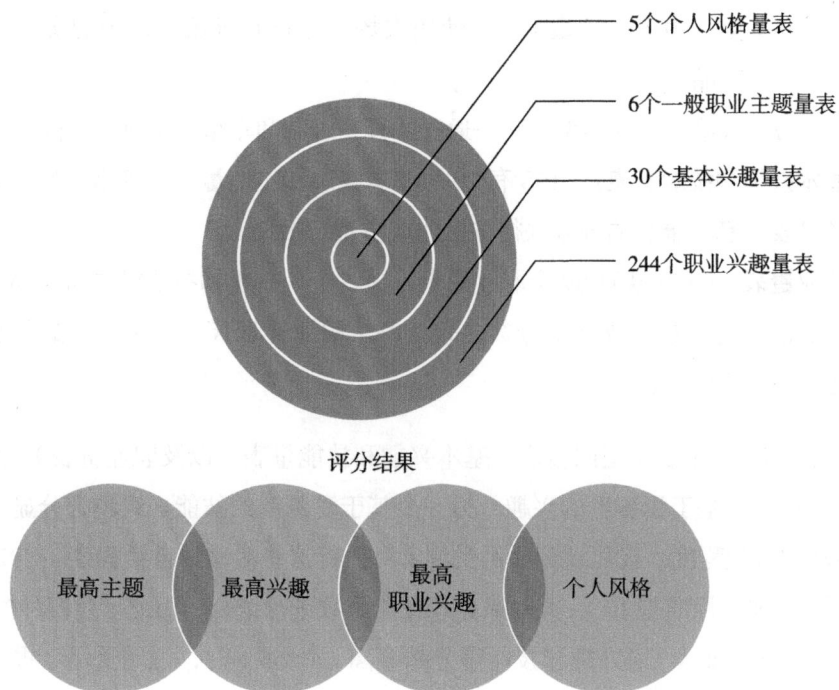

图 13-1　斯特朗兴趣量表概况

坎 贝 尔 兴 趣 和 技 能 量 表（Campbell Interest and Skill Survey，CISS）　该量表（Campbell，Hyne，& Nilsen，1992）是另一种衡量兴趣和技能的自我评估工具。它的主要目的是帮助个体了解如何将兴趣和技能融入职场，从而帮助他们做出更好的职业选择。它侧重于那些需要大专以上教育的职业，并且最适合那些即将上大学或受过大学教育的人。CISS 包含 200 个兴趣题目，受测者被要求用从"非常喜欢"到"非常不喜欢"的 6 分制来评价他们对每个项目的喜欢程度。CISS 还包含 120 项技能题目，要求受测者对自己的技能水平进行从"专家"（在这一领域被广泛认可为优秀）到"无"（在这一领域没有技能）的 6 点评分。CISS 的得分来自三个量表的得分：（1）定向量表；（2）基本兴趣和技能量表；（3）职业量表。

- **定向量表**：这些量表涵盖了有关职业兴趣和技能的七大主题。每个定向量表都对应霍兰德 RIASEC 主题（用以对比的霍兰德维度在括号中标注）。

    （1）影响力（企业型）——通过领导力、政治、公众演讲、销售和营销影响他人。

    （2）组织力（常规型）——组织他人进行工作，管理和监控财务绩效。

    （3）互助力（社会型）——通过教育、医学、咨询和宗教活动帮助他人。

    （4）创造力（艺术型）——创造艺术、文学或音乐作品，设计产品或环境。

    （5）分析力（研究型）——分析数据，运用数学，进行科学实验。

（6）生产力（现实型）——使用农场、建筑和机械工艺中的实操技能生产产品。

（7）冒险力（现实型）——通过体育、管制和军事活动进行冒险和竞争。

- **基本兴趣和技能量表**：CISS 有 29 个基本兴趣和技能量表，基本上是定向量表的子量表。基本量表的分数往往与职业成员密切相关。

- **职业量表**：CISS 共有 59 个职业量表，提供个人兴趣和技能模式与大部分职业从业者的兴趣和技能模式的分数比较。每个职业量表代表一个特定的职业，如医生或人力资源总监。

对于每个 CISS 量表（定向量表、基本兴趣和技能量表，以及职业量表），人们要计算两个分数：一个基于受测者的兴趣，另一个基于受测者的技能。兴趣评分显示受测者对指定活动的喜爱程度，技能评分显示受测者对执行这些活动的自信程度。CISS 使用 T 分数（平均值 50，标准差 10），并对兴趣和技能分数进行组合，由此产生四种模式。

- 追求（Pursue） 当兴趣和技能得分都很高（≥ 55）时，说明受测者报告对这些活动既感兴趣，也对自己的能力有信心。这是一个需要受测者去追求的领域。

- 发展（Develop） 当兴趣得分较高（≥ 55）而技能得分较低（<55）时，这可能是受测者需要开发的领域。受测者可能喜欢这些活动，但对自己的能力感到不确定。接受进一步的教育、培训或累计这些技能的经验可能会使受测者表现更好并更有信心。或者，受测者可以只将其作为爱好来发展。

- 探索（Explore） 当技能得分较高（≥ 55）而兴趣得分较低（<55）时，这是受测者可能需要探索的领域。受测者对自己进行这些活动的能力有信心，但并不喜欢这些活动。通过一些探索，受测者也可能会找到一种方法，在其他更感兴趣的领域使用这些技能。

- 避免（Avoid） 当兴趣和技能得分都很低（≤ 45）时，这是受测者在职业规划中应该避免进入的领域。受测者报告称不喜欢这些活动，并且对自己开展这些活动的能力也没有信心。

其他兴趣量表　职业版生涯评估量表（Career Assessment Inventory–Vocational Version，CAI-VV）将个人的职业兴趣与 91 个特定职业对应的个人兴趣进行比较，这些职业涉及当今劳动力市场中的一系列职位，包括熟练工种和技术与服务职业，需要 2 年或 2 年以下的高等教育培训。增强版生涯评估量表（Career Assessment Inventory–Enhanced Version）将个体的职业兴趣与 111 个特定职业对应的个人兴趣进行比较，这些职业涉及当今劳动力市场中更完整的技术和专业职位。

哈林顿 – 奥谢生涯决策系统修订版（Harrington-O'Shea Career Decision-Making

System Revised，CDM-R）适用于 12 岁及以上个体。CDM-R 提供 6 个兴趣领域（如手工艺、艺术、科学和社会）的评分。它用一种工具来评估能力、兴趣和工作价值观。一级 CDM 是针对中学生的，二级 CDM 是针对高中生、大学生和成年人的。

兴趣确定、探索和评估系统（Interest Determination，Exploration，and Assessment System，IDEAS）提供对机械、电子、自然 / 户外、科学、数字、写作、艺术 / 手工艺、社会服务、儿童保育、医疗服务、商业、销售、办公室实践和食品服务等相关职业的评分，该工具适用于 6 年级至 12 年级的青少年。

杰克逊职业兴趣调查表（Jackson Vocational Interest Survey，JVIS）适用于高中生、大学生和成年人，共包含 34 个基本兴趣量表，如创意艺术、表演艺术、数学、领导力、商业、销售、法律、人际关系、管理和专业咨询等。它还有自信、进取心、助人和逻辑等 10 个职业主题。

咨询师在使用兴趣量表时需要注意几个方面。首先，兴趣不等于天赋。虽然一些人可能对律师职业感兴趣，但他们可能没有在该领域取得成功的潜力。其次，由于兴趣量表是自我报告式的，结果可能会有偏差。咨询师应该询问来访者的兴趣和经历，询问他们的喜好，找出他们喜欢或不喜欢这些领域的原因，从而检查测验结果的有效性。例如，一个人可能声称对某些领域感兴趣，但其可能并没有在该领域实践过。最后，来访者报告的一些好恶可能受到父母、配偶或家庭态度的影响，并不是个人偏好的真实反映。当你在职业生涯评估方面与来访者合作时，要强调花费很多时间做某事并不代表对做此事感兴趣。人们可能会在父母、配偶、家人或同辈压力下花时间做事情，或者他们根本没有时间做自己最喜欢的事情。与兴趣量表相关的其他问题列举如下。

1. 尽管有很多证据表明个体的兴趣从十几岁开始趋于稳定，但一些来访者在成年后的兴趣可能会发生巨大变化。

2. 由于学生可能还没有必要的相关经历（无论是真实的还是替代的），在 10 年级或 11 年级之前使用工具进行的测量可能是不准确的。

3. 工作中的成功通常与能力而不是兴趣更相关。

4. 许多兴趣量表的结果容易被伪造，不管是有意的还是无意的。

5. 反应定势可能会影响个人资料的有效性。来访者可能会选择他们认为更符合社会期望的选项，或者默许这些选择可能更合适。

6. 高分并不是兴趣量表上唯一有价值的分数。低分同样显示了人们不喜欢或想要避免的事情，通常比高分更具有预测功能。

7. 在选择职业时，社会期望与传统习俗可能比个人兴趣更有影响力。在过去的几十年里，性别偏见是兴趣测量中的一个主要问题，在选择测量工具和进行数据解释时需要考虑。

8. 社会经济阶层可能会影响兴趣量表的得分模式。

9. 一些量表可能是针对专业领域研发的，而不是针对能力和技术领域。许多量表都因专门面向即将升入大学的学生而受到批评。

10. 数据概况可能是枯燥且难以解释的。在这种情况下，咨询师应该使用其他工具和技术来确定受测者的兴趣。

11. 不同测验使用不同类型的心理测量计分程序。一些兴趣量表使用迫选题目，即要求个体必须从一组选项中进行选择。即使受测者可能喜欢（或不喜欢）所有选择，也必须选择。计分程序将对结果的解释产生影响。

工作价值观量表

当前最被广泛接受的"价值观"定义来自罗克奇（Rokeach，1973）的开创性工作，他将价值观定义为"一系列持久的信念，对个人或社会而言，一种具体的行为方式或存在的终极状态比与之相反的行为方式或存在的终极状态更可取"。在这个定义中，罗克奇将价值观视为稳定的信念，可以是对自己的，也可以是对他人（或社会）的。价值观可能是持久的，但罗克奇也认为当人们学着做出偏向某种价值观的决定时，价值观也会发生变化。

工作价值观是一个人对工作或职业满意度中很重要的方面。工作价值观是职业生涯决策中的重要决定因素，也是工作满意度和任期的重要组成部分（Sinha & Srivastava，2014）。休伯（Super，1970）认为，理解个体的价值观结构对于明确职业目标和确定特定类型的培训很重要。工作价值观包括声望和认可、独立性、社会交往、经济报酬等方面。

工作价值观量表用于确定个人与工作相关的价值观，以便使个人做出与自身价值观相匹配的工作选择。工作价值观量表包括修订版休柏工作价值观问卷（Super's Work Values Inventory-Revised，SWVI-R；2006）、罗克奇价值观调查表（Rokeach Values Survey，RVS）、显著性量表（Salience Inventory，SI）、第四版贺尔职业取向量表（Hall Occupational Orientation Inventory，4th Edition），以及明尼苏达重要性问卷（Minnesota Importance Questionnaire，MIQ）。

修订版休柏工作价值观问卷　该问卷是库德职业规划系统使用的工具之一。库德职业规划系统是一个基于互联网的综合性系统，为职业规划提供各种资源和工具。SWVI-R 衡量了几个在职业选择和发展中被认为很重要的价值观维度。它适用于初中生、高中生、大学生和计划进入、继续或离开给定教育项目或职业的成年人。该测验是在线施测的，可以实现即时计分和结果报告。受测者使用与重要性水平相对应的描述性陈述对测验项目进行评级（1= 根本不重要，2= 有些重要的，3= 重要，4= 非常重要，5= 至关重要）。这份量表对 12 种与工作相关的价值观维度进行了评估，分数报告提供了每个测量项目的百分等级，这些分数以排序条形图的形式展示，以描述高（75 ~ 100）、中（25 ~ 74）、低（0 ~ 24）。

标题旁边的条形长度（见图 13-2）表示个人如何排列自己的工作价值观。受测者需要在选择职业时参考自己的前三项或前四项工作价值观。

展现你的工作价值观排名
卡布加，这是你的修订版休柏工作价值观问卷的内容，用来判断在你眼中工作最重要的方面是什么。
该问卷的目的是让你了解你认为工作中最重要的方面，并且尽可能为未来的发展找到合适的方向。

工作价值观排名
点击图标中的星星可将信息计入档案之中

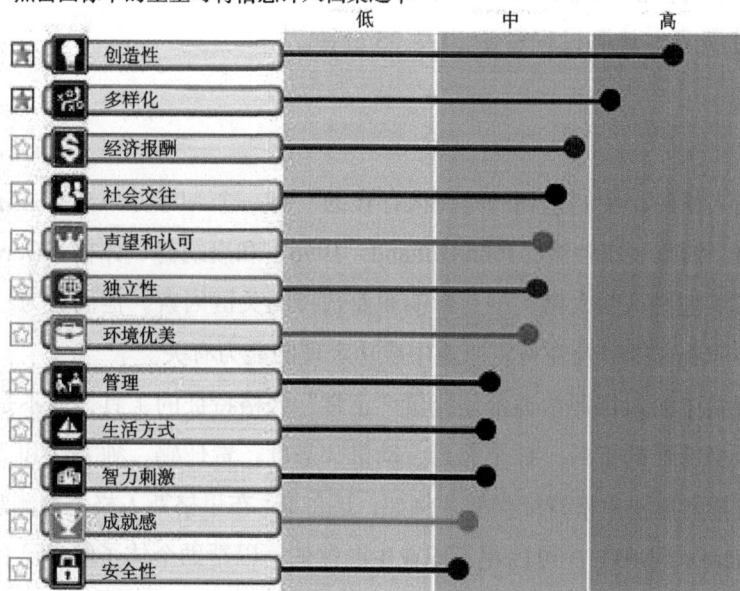

图 13-2　修订版休柏工作价值观问卷分数报告示例

Source: Figure 11.2 Super's Work Values Inventory-revised sample report available within the Kauder Career Planning System®, Super's Work Values Inventory-revised. Copyright © 2018 Kauder, Inc., www.kauder.com. All rights reserved.
M13_SHEP6022_09_SE_C13.indd 288 09/04/19 11:26 AM

罗克奇价值观调查表　罗克奇价值观调查表是一种使用等级排序的工具，在该工具中，受测者要对 18 个终极性价值观和 18 个工具性价值观进行排序。终极性价值观是我们希望在生活中达到的最终状态，如自由、家庭和睦、安全、快乐、健康、喜悦或衣食无忧的生活。工具性价值观是我们实现"终极价值"目标的手段，包括礼貌、雄心、关心、自我控制、顺从或乐于助人等。

显著性量表　该量表衡量的是一个人对其职业角色和其他生活角色的偏好。该量表衡量了 5 个主要生活角色的重要性：学生、工作者、操持家务者、休闲者和公民。这份调查表由 170 道题目组成，分 15 个量表，考察了 5 个主要生活角色在参与、承诺和价值期望方面的相对重要性。该量表主要面向成人和高中生。

第四版贺尔职业取向量表　该量表以人本主义人格理论为基础，强调个人工作动机 / 行为的动态性、变化性和发展性。该理论旨在帮助个人了解他们的价值观、需求、兴趣、偏好的生活方式，以及这些与职业目标和未来教育计划的关系。有 3 套量表可供选择，包括中级（3 ~ 7 年级）、青年 / 高校，以及成人基础（用于普通教育程度及以下的成人）。

明尼苏达重要性问卷　这份问卷测量了 20 种职业需求和与这些需求相关的 6 种潜在价值观。其评估的价值观包括成就、利他主义、自主、舒适、安全和地位。这个工具适合 15 岁及以上人群，施测过程需要 20 ~ 35 分钟。

人格量表

当我们想到人格时，我们想到的是持久存在的、将一个人与另一个人区分开来的思想、行为和情绪。约翰·霍兰德（John Holland，1996）和唐纳德·休柏（Donald Super，1990）的职业发展理论认为人格类型是影响职业选择的关键因素。他们认为，个体的性格特征与他们的职业选择以及在特定职业中成功表现的能力有关。

职业生涯评估中的人格评估通常是测量"正常"人格特征的工具，而不是测量不适应或"病态"人格特征的工具。社交能力、动机、态度、责任感、独立性和适应性是影响职业探索和选择的重要人格特征类型。例如，迈尔斯-布里格斯人格类型测验（Myers-Briggs Type Indicator，MBTI）可以用于职业生涯评估，以帮助个体了解自己和他人，以及他们如何以不同的方式处理问题。该测试可以帮助组织进行职业规划和发展，提高团队合作，解决冲突，并改善个体与主管、同事和雇主之间的沟通。MBTI 测验包含 16 种人格类型（在第十四章有更详细的描述）。了解一个来访者的性格类型可以帮助他选择一个更适合他性格的职业领域，从而帮助他进行职业生涯规划。此外，这可以增加来访者对自身学习方式的关注，使他们可以从与职业相关的教育或培训项目中受益更多。其他常用的职业生涯评估人格量表包括 16 种人格因素问卷（Sixteen Personality Factor，16PF）、修订版大五人格问卷（NEO Personality Inventory-Revised，NEO PI-R）和艾森克人格调查表（Eysenck Personality Inventory）。

能力和技能评估

每个职业都需要不同的知识、能力和技能。因此，职业生涯评估的一个重要功能是帮助个体识别其当前和潜在的能力和技能，并利用它们进行职业选择（Harrington & Long，2013）。"能力"一词指的是一个人目前在知识和认知层面完成特定任务的才能。能力被认为是天生的、基于神经构造的、相对稳定的个人特征。相反，技能可能来自教育经历、工作经历和个人生活经历。与能力相关的术语——能力倾向指的是一个人潜在的能力，包括通过学习或努力取得成功的潜在能力。

在职业生涯评估中，评估能力和技能的工具用于帮助个体识别其能力和技能所对应的在工作方面的可能性。这包括评估出可以立即转化为工作相关技能的能力。为了帮助来访者选择能够成功胜任的职业，咨询师需要熟悉各种职业所需的职责和能力。通过了解来访者的能力和各种职业所需的能力，咨询师可以提出结合来访者当前和潜在优势的职业选择建议（Arulmani，2014）。

有许多资源可以为咨询师提供关于各种职业所需的能力和技能的信息，政府机构如美国劳工部的网站和私营公司是这类信息的主要来源。教育机构、专业协会和商业公司也提供关于技术学校、学院和继续教育的在线信息。此外，美国国家和州网站提供关于劳动力市场趋势的信息，包括对未来职位空缺的预测。O*NET在线版本是美国职业信息的主要来源。O*NET数据库是《职业名目字典》的在线版本，包含了数千个职业的信息，描述了每个职业的几个不同特征，如任务特点、报酬，以及与职业相对应的知识、能力、技能、兴趣、工作价值观等。通过对各行各业的职员进行广泛的调查，数据库也在不断更新（参见表13-2的O*NET总结报告中对教育、职业和学校咨询师所需能力和技能的描述）。另一个资源是来自美国劳工部的《职业前景手册》（*Occupational Outlook Handbook*，OOH），这是一个按首字母A到Z排列的职业经典参考手册。这个全国性的职业信息来源旨在帮助个体对他们未来的工作和生活做出决定。《职业前景手册》（OOH）每两年修订一次，它对职业进行了详细描述，包括在教育和经验方面应具备的条件、工作地点、就业前景、报酬、工作条件、晋升机会等，并且提供政府资源列表作为额外信息。

一些评估工具通过职业表现来评估个体的能力和技能，其中许多工具与我们在第十二章中讨论的相同。例如，军事职业能力倾向成套测验（ASVAB），该测验用于衡量受测者在民用和军事职业领域的能力。作为ASVAB职业探索计划的一部分，ASVAB通常用于高中及高中以上的学生。它评估的能力包括科学常识、算术推理、词汇知识、短文理解、数学知识、电学知识、车辆与工艺知识，以及机械原理。另一个工具是职业能力定位问卷（CAPS），这是一个多元能力倾向成套问卷，旨在测量诸如机械推理、空间关系、言语推理、数学能力、语言运用、词汇知识，以及知觉速度与准确度等与职业相关的能力。该工具是为初中生、高中生、大学生和成人设计的。更多关于多元能力倾向成套测验的信息，请参阅第十二章。

表 13-2　O*NET 总结报告中对教育、职业和学校咨询师所需能力和技能的描述。

能力：

- 口头表达：在沟通中交流信息和想法以使其他人理解的能力
- 口语理解：听和理解通过口语（单词和句子）呈现的信息和想法的能力
- 问题敏感度：判断某件事何时出错或可能出错的能力，它不涉及解决问题，只涉及识别问题
- 口齿清晰：说话清晰的能力，这样别人才能理解你
- 归纳推理：将信息片段组合起来形成一般规则或结论的能力（包括在看似不相关的事件之间找到联系）
- 书面表达：用书面形式交流信息和想法的能力，以便其他人能够理解
- 演绎推理：将一般规则应用于特定问题以产生有意义的答案的能力
- 语音识别：识别和理解他人语音的能力
- 书面理解：阅读和理解书面信息和观点的能力
- 近视觉：能够近距离看到细节的能力

技能：

- 积极倾听：充分注意他人在说什么，花时间理解他人的观点，适当地提问，不要在不适当的时候打断他人
- 社会洞察力：意识到并理解他人的反应
- 阅读理解：理解工作相关文件中的书面句子和段落
- 服务导向：积极寻找帮助他人的方式
- 表达能力：与他人交谈时能有效传递信息
- 批判性思维：使用逻辑和推理来识别问题解决方案的优缺点
- 时间管理：管理自己和他人的时间
- 写作：根据受众的需要，以书面形式进行有效的交流
- 主动学习：理解新信息对当前和未来问题解决和决策的影响
- 协调：根据他人的行动调整行动

Source: U.S. Department of Labor National Center for O*NET Development. (2007). O*NET Online Summary Report for: 21-1012.00—Educational, Vocational, and School Counselors.

职业发展量表

职业发展的概念被用来描述个体做出适合其年龄和发展阶段的职业选择的过程，以及他们成功完成每个阶段具体发展任务的能力。职业发展也被称为职业成熟度，它考虑了态度和认知这两个维度（Brown & Lent, 2013）。态度维度包括个体对做出有效职业选择的态度和感受。认知维度包括个体对职业决策需要的认识以及对职业偏好的理解。

在青少年职业生涯评估中，职业发展尤为重要。在人生的这个阶段，青少年常常不得不在还没有做好准备的情况下做出重要的教育和职业决定。许多青少年不能很好地整

合自己的兴趣、能力和技能，并将它们集中于一个特定的职业目标，而职业生涯评估的主要目的便是帮助受测者确定自己的职业目标。因此，评估自己的技能和兴趣，进行职业探索是该年龄段个体职业咨询的重要目标。

许多职业发展工具可以用来帮助咨询师评估来访者的态度、职业意识和职业知识。这些工具可以为咨询师提供关于来访者未来职业发展和教育需求的有价值的信息，以帮助其制订职业指导计划。职业发展是一个持续的过程，在人生的各个阶段，大多数人都不得不做出各种与职业有关的决定。职业发展工具包括修订版职业成熟度量表（Career Maturity Inventory，CMI-R）、职业发展量表（Career Development Inventory，CDI），以及职业决策因素量表（Career Factors Inventory，CFI）。

修订版职业成熟度量表（CMI-R） 该量表是为 6 至 12 年级的学生开发的，用于测量与职业选择过程相关的态度和能力。该量表包括两部分：态度量表和能力量表。态度量表测量有关职业成熟度的态度，包括果断、参与、独立、定向和妥协维度。能力量表有 5 个子量表：自我评价、职业信息、目标选择、计划和问题解决。

职业发展量表（CDI） 该量表（Super，Zelkowitz，& Thompson，1981）是为 K-12 和大专院校的学生开发的。该量表包含 5 个子量表：职业规划、职业探索、决策制定、工作信息和关于职业组合偏好的知识。这些子量表结合起来为职业发展态度、职业发展知识和技能，以及职业定位做出评分。

职业决策因素量表（CFI） 该量表旨在帮助人们确定他们是否准备好参与职业决策过程。CFI 可用于 13 岁及以上个体，它的 21 项自我评分小册子需要 10 分钟来完成。它探讨了个体感知到的自我意识缺乏、职业信息缺乏、职业焦虑和普遍的犹豫不决等方面的议题。

综合评估方案

职业生涯评估的趋势是综合评估兴趣、价值观和其他维度，如能力、职业成熟度和职业发展。

职业偏好系统（Career Occupational Preference System，COPS） 职业偏好系统是一个综合的职业生涯评估系统，它结合了兴趣、能力和价值观量表。这些工具可以单独使用，也可以结合使用，从而提供全面的职业相关信息，以帮助个体完成职业决策过程。该方案包括以下量表。

- 职业偏好系统兴趣量表旨在测量与 14 个职业群（career clusters）相关的兴趣。它面向从 7 年级到大学的学生及成人。
- 职业能力定位问卷旨在测量与职业相关的能力，如机械推理、空间关系、言语推理、数学能力、语言运用、词汇知识，以及知觉速度与准确度。

- 职业定位与评价问卷是一个将个体的个人价值观与职业领域价值观相匹配的价值观量表。

库德职业规划系统（Kuder Career Planning System，KCPS） 库德职业规划系统是一个基于互联网的系统，其理论来源于全球职业指导领域的先驱弗雷德里克·库德（Frederick Kuder）博士。库德职业规划系统提供了几个可定制的职业发展工具，以帮助个体确定他们的兴趣，探索他们的职业选择，并做出职业规划。初中生、高中生、大学生和成人都可以使用该系统。库德职业规划系统包括兴趣量表、技能评估和价值观量表，所有这些量表都可以通过以下系统获得。

- 库德英才系统是为学前至 5 年级学生设计的。该在线系统通过游戏、活动和视频等互动过程帮助孩子确定职业探索的领域。
- 库德技能评估系统是为 6 ~ 12 年级学生设计的，它提供了一个交互式在线平台来帮助个体探索大学和未来的职业道路。该评估在 20 分钟内完成，并可帮助学生制订长期的职业计划。
- 库德之旅 – 库德职业规划系统是一个在线互动系统，旨在帮助大学生和成人进行职业规划。这个基于研究的系统为用户提供了兴趣、技能和工作价值观方面的分析。

访谈

正如心理咨询的所有领域一样，初始访谈是职业生涯评估的重要组成部分。与其他非结构化访谈相同，咨询师在访谈过程中收集来访者的主要背景信息（见第四章）。此外，他们可能会问来访者一些与职业生涯评估相关的问题，如来访者的工作经验、教育和培训经历、兴趣和休闲活动等（Barclay & Wolff，2012）。咨询师还可能会要求来访者描述他们的"典型一天"，包括他们更倾向于按部就班还是自发性工作、更多依赖他人还是独立行事等。职业规划的一个重要方面是来访者是否已经做好做出职业决策的准备，以及是否做好在职场知识、能力、技能上的准备。巴克利（Barclay）和沃尔夫（Wolff）建议，咨询师可以使用结构化的职业访谈（如职业建构访谈）来分析来访者的生活主题、模式、自我概念和突出的兴趣。此外，巴克利和沃尔夫认为，职业建构访谈的评分者可以从访谈的内容中识别被访谈者的 RIASEC 代码。虽然还需要进一步的研究来验证这些结果，但访谈通常可以获得与标准化评估相同的编码。

麦克马洪和沃森（McMahon & Watson，2012）认为，职业生涯评估的叙事方法可以对职业兴趣和潜在的职业道路进行充分的定性分析。吉布森和米切尔（Gibson & Mitchell，2006）提供了一些可以向有兴趣转行的来访者提出的问题。

1. 可以简单回顾一下你的工作经历吗？
2. 你的教育背景是什么？
3. 你是否有过与职业选择相关的独特经历或兴趣，如业余爱好或特殊兴趣？
4. 你为什么在这个时候决定转行？
5. 说说你对新职业的想法。

就业评估

在就业背景下，企业和组织使用各种评估策略来对雇员或求职者提出建议或做出决定。例如，有各种人事测评程序可以用来选择基层员工、进行恰当的工作分配、选择高级主管、决定谁将在组织内得到晋升、决定谁有资格接受培训，以及为个体提供诊断和职业发展信息。有效的人事测评程序能够系统地收集有关求职者是否具有工作资格的信息。并非所有的评估工具都适合每个工作和组织环境，各机构必须根据其特殊需要确定最适当的评估策略。有效使用评估工具将减少在招聘时做出错误的决定（U.S. Office of Personnel Management，2009）。接下来，我们将讨论关于就业评估的常见程序，包括选拔性面试、履历信息和测验。我们还将介绍有关职业分析和评估中心法的信息。

选拔性面试

选拔性面试是在评估求职者时使用最广泛的方法之一。面试的目的是获取候选人（求职者）的资格和经验等信息。尽管证明面试是选拔人才的有效程序的证据有限，但它仍被广泛使用（Hebl，Madera，& Martinez，2014）。根据赫布、马德拉和马丁内斯（Hebl，Madera，& Martinez，2014）的说法，面试过程涉及许多议题，会受到文化或种族偏见的严重影响。尽管面试作为主要的选拔过程被广泛使用，但很少有人关注面试中的多元文化和偏见等问题（Manroop，Boek-horst，& Harrison，2013）。

尽管面试会受面试官主观视角的很大影响，但它仍然是人事选拔中评估适配性的可行方法。赫布、马德拉和马丁内斯建议面试官采用一种更系统、结构化且与工作相关的面试方法来代替非结构化的方法。这些结构化方法往往更有效。当然，面试官也应该接受选拔人才方面的培训，并了解性格特征与工作表现之间的关系。

情景面试法是结构化面试的一种，它基于工作中的关键事件提出具体问题，有证据支持它是一种有效的评估工具（Seijts & Kyei-Poku，2010）。尽管结构化方法的使用有助于缓解面试官的偏见对面试的影响，但重要的是我们要找到需要持续关注的问题。对面试的研究表明，面试官更倾向于在面试的前半程就对是否录取候选人做出决定。消极信息往往比积极信息更重要，视觉线索往往比言语线索更重要（Levashina, Hartwell, Morgeson, & Campion, 2014）。此外，评级还会受到同时有多少候选人被评级的影响，与面试官有相似之处的候选人——相同的种族、性别等——往往会得到更好的评价。通常，面试官对候选人最后的评级是一致的，要么是优秀——仁慈偏差，要么是一般——趋中偏差，要么是差——严格偏差。有时，候选人的一个或两个好的或坏的特征会影响面试官对该候选人所有其他特征的评级（晕轮误差，halo error）。有时，前一个候选人的素质会影响当前候选人的评级（对比效应，contrast effect）。面试官有时对自己评估候选人的能力过于自信，并且会做出草率的决定。因此，面试官需要以下技能方面的培训和指导（Gatewood, Feild, & Barnick, 2010）。

1. 营造开放的交流氛围。

2. 始终如一地提问。

3. 保持对面试节奏的控制。

4. 培养良好的言谈举止。

5. 学习倾听技巧。

6. 做适当的笔记。

7. 保持对话流畅，避免引导或恐吓候选人。

8. 解释、忽略或控制面试中的非言语暗示。

如果面试官在面试过程前接受过培训，在面试过程中可以尽可能使用小组讨论，能够提出与工作相关的问题，并针对工作要求设计多个问题，那么选拔性面试会更具价值。

履历信息

几乎所有的雇主都要求求职者填写一份申请表、一份履历信息表，或者呈现一份个人介绍。雇主认为这些表格提供了描述求职者过去行为的信息，可以用来预测其未来的行为。在职业发展领域，履历资料受到了广泛的关注。总的来说，个体在从理性的角度使用履历资料进行评估时会根据一些假设：（1）对求职者未来行为的最佳预测工具是他们过去的行为；（2）了解求职者的生活经历可以间接衡量他们的动机特征；（3）求职者在描述他们之前的行为时，比讨论他们做出这些行为的动机具有更少的防御意识（Chernyshenko, Stark, & Drasgow, 2011）。履历资料已被证明是员工留职和职业成功的最佳预测因素之一（Breaugh, 2014）。履历资料在评估个人并将其分类到不同小组以更好地使其发挥能力方面也很有价值。人事主管有时会把一大群现任和前任员工分成"成功员工"和"不成功员工"两类，并决定用哪些因素来区分这两类人。根据比艾夫（Breaugh）的说法，履历资料工具比其他定制测验更便宜，而且可以预测员工离职率和员工评级。

测验

许多雇主将测验作为评估过程的一部分，以此为在职者或求职者提出与工作相关的建议、意见或做出决定。要保证测验结果的有效性，测量工具必须对预期目的有效，并且不得设置歧视性条件。测验有助于确保员工在就业方面得到公平待遇。

私营企业中的测验 私营企业的员工主要从事制造业、零售业和服务业。在这些行业中使用的测验测量的是一般能力、认知能力、文书能力、空间和机械能力、知觉速度与准确度等维度。雇主也可以对员工的态度、动机、忠诚度，以及企业提供的工作环境等其他因素进行评估，以了解员工在该组织中的优势和劣势，并监测员工队伍的变化。工作满意度工具用于衡量员工对管理、公司、同事、报酬、晋升空间、安全感、自主性，以及尊重需求等方面的态度。人格量表也应用于一些就业环境。总的来说，在这些环境中被使用最广泛的人格量表有迈尔斯－布里格斯人格类型测验（MBTI）、加利福尼亚心理调查表（California Psychological Inventory）、爱德华人格偏好量表（Edwards Personal Preference Inventory，EPPI），以及吉尔福德－齐默尔曼兴趣问卷（Guilford-Zimmerman Temperament Scale）。

私营企业使用的标准化工具列举如下。

- 职业态度和策略调查表（Career Attitudes and Strategies Inventory，CASI）有助于发现需要进一步讨论和探索的职业问题。它包括职业检查、对职业或情况的自我评估，以及对影响受测者职业生涯的信念、事件和力量的调查。

- 综合能力测验（Comprehensive Ability Battery，CAB）包含20个纸笔子测验，用于测量与工业企业中相关的单一主要能力。子测试包括言语能力、数字能力、空间能力、感知能力、书写速度与准确性、推理、隐藏形状、背诵、机械能力、有意义的记忆、记忆广度、拼写、听觉能力、美学判断、组织观点、形成观点、语言流畅性、创意、追踪和绘画。

- 温德利综合人格特征测验（Wonderlic Comprehensive Personality Profile，WCPP）是针对需要较强交流能力的职位（如销售岗位）的人格测验。评估的主要特征是情绪的强烈程度、直觉、识别能力、动机、敏感性、自信、信任和良好印象等。

- 员工能力倾向调查（Employee Aptitude Survey，EAS）由 10 项测验组成，这些测验测量在各种职业中取得成功所需的认知、感知和心理运动能力。测验内容包括言语理解、视觉追踪、视觉速度和准确性、空间利用、数字推理、言语推理、词语流畅性、机械速度和准确性，以及符号推理。

- 员工可靠性调查（Employee Reliability Inventory，ERI）是一份包含 81 道题目的面试前试卷，旨在帮助雇主在做出招聘决定前选择可靠且高效的员工。它衡量受测者的情感成熟度、责任心、可信任度、长期承诺、可靠的工作表现，以及对客户的礼貌行为。

- 工作效能预测系统（Job Effectiveness Prediction System，JEPS）是一个针对办事员职位的初级雇员（如行政助理）和技术 / 专业职位的初级雇员（如投资分析师）的选拔系统。它包括诸如编码和转换、比较和检查、归档、语言使用、数学技能、数字能力、阅读理解、拼写，以及言语理解等测验。

- 人才选拔量表（Personnel Selection Inventory，PSI）是一个较流行的体系，旨在识别能够为组织做出积极贡献的高素质员工。该体系基于广泛的研究，并遵循（美国）联邦平等就业机会委员会（EEOC）关于公平就业实践的指导方针和《美国残疾人法案》（ADA）。PSI 还提供了整体就业能力指数（求职者是否适合受雇）和重要行为指标（可能需要进一步探查的关键领域）的分数。它还包括 18 个评估潜在员工态度的其他量表，如诚实、拒绝吸毒、非暴力、压力耐受性，以及监管态度等。

- 韦斯曼人员分类测验（Wesman Personnel Classification Test，WPCT）评估一般的口头和数字能力，用于选择能胜任文书、销售、监督和管理职位的员工。

- 温德利人事测验（Wonderlic Personnel Test，WPT）测量一般的言语、空间和数字推理能力，用于人员的选拔和安置。它衡量候选人学习特定工作技能、解决问题、理解指令、将知识应用于新情况、从特定工作培训中受益，以及对特定工作感到满意的能力。该测验可以使用纸 / 笔或计算机 / 互联网方式施测。

政府部门中的测验 （美国）联邦政府于 1883 年开始参与就业评估，当时国会成立了美国公务员委员会。1979 年，美国人事管理办公室参与了评估过程，并为 1000 多种类型的工作制定了工作分类和竞争性考试标准。美国人事管理办公室负责 2/3 的联邦文职人员，其中很大一部分人员是由评估程序选出的。

其他政府机构也开发和管理他们自己的测验。例如，美国国务院使用自己的测验来选择外交官员。美国就业服务局开发了供地方和州就业办公室使用的工具。使用较广泛的是一般能力倾向成套测验（GATB），它将受测者的分数与 600 多个工作岗位的职工的分数进行比较。美国就业服务局还开发了兴趣量表和听写、打字与拼写能力测验。

（美国）州和地方政府机构也通常需要使用测验来选择职员。警察、消防员和文员经常需要参加测验。技术工种常常比非技术工种接受更多测验。当然，测验并不是唯一的标准。教育、经验、性格和居住要求也是招聘时需要考虑的其他重要因素。

美国各州经常对职业和专业执照有硬性要求，这就需要用到某种类型的考试（如特定的教师执照考试）。各国通常为特定职业设立许可证委员会。需要进行执照考试的职业包括建筑师、针灸师、听力专家、脊椎指压治疗师、牙医、牙科保健师、工程师、殡葬师、景观建筑师、土地测量员、职业治疗师、心理专业人员、语言病理学家、助听器顾问、验光师、注册护士、实习护士、药剂师、物理治疗师、医师、医师助理、儿科医师，以及社会工作者等。

军队中的测验 军队常常使用测验来进行选拔和职能分类，如军事职业能力倾向成套测验（ASVAB），它是一项综合能力倾向测验，有助于确定武装部队各类职业领域所需的适当技术培训或教育。此外，特定的测验被用来选择能够进入军事学院、预备役军官培训项目、军官候选人学校，以及飞行训练等专业项目的候选人。具代表性的测验有学员评估成套测验（Cadet Evaluation Battery，CEB）、空军军官甄别测验（Air Force Officer Qualifying Test，AFOQT）、备用军事飞行能力倾向选拔测验（Alternate Flight Aptitude Selection Test，AFAST），以及国防语言能力倾向测验（Defense Language Aptitude Battery，DLAB）等。

职业分析

有效的人事评估的关键要素之一是职业分析。职业分析是一种有目的的、系统的过程，用于记录工作的特定职责和要求，以及分析这些职责的相对重要性。它用于分析有关特定工作的职责和任务、环境和工作条件、工具和设备、主管和员工之间的关系，以及工作所需的知识、能力和技能。进行职业分析是为了：（1）帮助确定该工作的培训要求；（2）做出关于报酬的决定；（3）帮助选择合适的候选人；（4）评估工作表现。

面试是获取职业分析信息的一个很好的方法，它可以由员工、主管和其他对工作有了解的人来执行。表 13-3 给出了对员工进行职业分析面试的示例。

表 13-3 职业分析类面试

你的职称是什么
你在哪里工作
你是哪个部门的成员

（续表）

工作任务
你的任务是什么？你是怎么做到的？你使用特殊设备吗
你在工作中执行的主要任务是什么？你在每项任务上花费的时间百分比是多少
知识要求
对于你执行的每项任务，什么类型的知识是必要的
执行这些任务需要哪些类型的专业知识和常识？你需要正式的课程、在职培训等吗
需要什么水平的知识
技能要求
执行工作需要哪些类型的手工、机械或智力技能？哪些类型的任务需要这些技能
能力要求
你的工作需要什么类型的沟通技巧，口头的还是书面的？作为工作的一部分，你必须准备报告或完成记录吗
需要哪些类型的思考、推理或解决问题的技能
你的工作需要什么样的定量和数学能力？需要哪些类型的人际交往能力
你负责监督其他员工吗
需要哪些类型的身体能力
体育活动
执行你的工作需要什么类型的身体活动
你多久进行一次体育活动
环境条件
你在工作中会遇到什么样的环境条件
其他
描述典型的一天
你的工作还有其他需要描述的方面吗

职业分析也可以在焦点小组或多人面试中由一个面试官和几个面试者实现。多人职业分析应遵循以下步骤。

1. 阅读并审核待分析工作的现有材料和数据。

2. 让现场的主管和有经验的工作人员组成一个小组，讨论工作要求，列出要执行的任务和角色。

3. 展示已确定的任务和工作特征，以便小组能够对你所写的内容做出反应。

4. 列出产出、知识、能力和技能，包括完成工作所需的工具、设备和辅助工具的使用。获得小组对所执行任务的同意。

5. 让员工确定花费在每项任务或技能上的时间百分比。

6. 将常见任务组合在一起。

7. 让员工说明他们如何知道或识别某项任务或工作的表现是优秀、一般，还是较差的。

8. 构建一个评估工作绩效的体系，让主管和员工对确定的任务和绩效标准做出反应。

有几种标准的工具可用来进行职业分析。它们通常包含三个主要部分：受测者的背景信息、工作任务和其他杂项信息。这类工具的例子有职位分析问卷和关键工作评价。

职位分析问卷　职位分析问卷是一个结构化的工作分析问卷，用于衡量执行工作所需的人员属性。它由195道题目组成，分为六大类。

1. 信息输入：员工从哪里及如何获得用于执行任务的信息？
2. 思考过程：在执行任务中涉及哪些推理、决策、计划和信息加工活动？
3. 工作产出：执行任务需要哪些物理活动？使用了哪些工具或设备？
4. 人际关系：在执行任务时需要与他人建立什么样的关系？
5. 工作环境：工作是在什么样的物理和社会环境中进行的？
6. 其他工作特征：除了前面所述之外，还有哪些活动、条件或特征与工作相关？

问卷使用等级量表形式，其题目可以评估：（1）在给定任务中需要运用人员属性的程度；（2）所需时间；（3）对工作的重要性；（4）发生的可能性；（5）对所讨论的工作的适用性。

关键工作评价　它为学生和员工提供有关他们工作技能水平的可靠的和相关的信息。它包括八项测试，其中六项评估基本学术技能，两项评估非学术工作技能（如团队合作能力）。关键工作评价还包括一个职业分析系统，帮助雇主识别员工在工作上取得成功所需的技能。有以下三种不同的职业分析可供选择。

1. 岗位描述（job profiling）与焦点小组一起使用，以确定该工作最关键的任务及有效执行该任务所需的技能水平。
2. 技能地图（skillmap）提供给工作管理人员或专家，以便他们确定并评估特定工作所需的任务和技能要求。
3. 关键工作评估（workkeys estimator）对特定工作所需技能水平进行快速评估。

评估中心法

在就业评估方面，评估中心法指的是一种评估技术或方法。评估中心法是一个以群体为导向的、标准化的活动，为在特定的组织环境中判断或预测与工作绩效相关的行为提供基础（Muchinsky，2008）。这些活动可以在工作场所实现，也可以在工作场所以外的地方进行。评估中心法主要用于在人力资源管理中：（1）决定选择或提拔谁；（2）评估员工在工作技能方面的优缺点；（3）帮助员工发展与工作相关的技能（Thornton & Rupp，2006）。由于评估中心法成本较高，它们主要被大型机构使用。

马金斯基（Muchinsky，2008）列出了评估中心法的四个特征。

- 参与评估中心法的人员（被评估者）通常是管理层人员，公司以选拔、晋升或培训为目的做出评估。
- 被评估者以10～20人为一组，有时可能会针对特定的练习形成分组。小组形式为同行评估提供了机会。
- 由几名评估员共同进行评估。他们以团队的形式工作，由集体或个人提出选拔和晋升的建议。
- 评估程序可能需要一至几天才能完成，并且采用多种评估方法，主要使用小组练习，但也使用量表、履历信息和访谈等方式。

评估中心法通常使用情境判断测验和工作样本测验。情境判断测验通常是纸笔测验，它向受测者呈现一个书面场景和一系列可能的问题解决方案。个体必须对如何处理这种情况做出判断。工作样本测验通过让受测者执行模拟工作任务来测量工作技能。

桑顿和拜哈姆（Thornton & Byham，1982）确定了评估中心法经常测量的九个维度：沟通技巧、计划、组织策略、责任委派、果断性、主动性、压力承受能力、适应性和坚韧程度。评估中心法的实施人员应牢记以下准则。

1. 评估应基于有关职位或行为明确界定的维度。
2. 应该使用多种评估技术。
3. 应该使用各种工作抽样技术。
4. 需要熟悉工作和组织，有工作或角色经验者优先。
5. 所有观察者和评分者都需要接受评估中心法程序的全面培训。
6. 所有相关行为都应被观察、记录，并传达给其他观察者和评分者。
7. 小组讨论和决策程序用于整合观察结果、评估维度，并做出预测。
8. 应该根据明确的外部常模对被评估者进行评估，而不是基于彼此了解。
9. 观察者应该警惕第一印象和其他通常在评级和观察中出现的错误。

员工选拔指南

作为一名职业发展方向的专业顾问，你可能会被邀请到不同的公司对职业选拔过程提供咨询服务。例如，一家公司可能会遇到员工保留问题。由于员工离职成本较高，公司要求你帮助他们制订更好的员工选拔计划。那么，你目前可以提供的一个主要方向是收集评估数据。更具体地说，你可以根据对员工选拔过程的研究，为你的客户提供一些指导方针。

1. 全面了解法律和伦理方面的议题。

2. 能够了解基本的测量概念。

3. 能够了解收集标准参照效度证据的步骤。

4. 能够分析与工作中成功表现相关的能力、技能和个人素质。

5. 能够考虑实际因素，如成本、涉及的员工数量和时间等。

6. 能够找出旨在测量工作特性的测验。

7. 能够对在职员工和求职者进行测验。

8. 能够观察接受测试的员工，并向主管报告这些员工的表现。

9. 能够分析测验分数与员工评级和工作表现的关系。

10. 能够在证据有效的前提下，制订一个操作计划，以利用数据进行选拔。如果证据不充足，应该选择其他工具并获得额外的评级。

11. 能够系统地对各评价系统进行监测和评价。

就业评估趋势

就业评估的最大趋势是评估技术的不断发展和演变。互联网改变了评估过程，使公众更容易获得评估机会。基于互联网的评估使公众可以随时访问并获得即时计分，同时，对施测人员需求的减少也实现了方便、经济、高效的测验过程（Osborn, Dikel, & Sampson, 2011）。

"虚拟职业中心"将求职者和招聘公司聚集在一起（Osborn et al., 2011）。这些职业中心提供各种服务，包括分区发布简历、构建标准化简历模板、设立工作公告板、提供公司背景信息，以及进行人员评估。研究人员需要进一步研究职业中心的影响，以及其对雇主和雇员进行的评估。

可以说，基于互联网的评估已经成为常态。公司可以使用互联网来管理预筛选问卷、申请职位空缺、进行结构化行为面试，以及选择简短的测验（Dozier, Sampson, Lenz, Peterson, & Rerdon, 2014）。互联网评估公司可以为雇主提供一个平台，用于管理技能评估、员工评估、就业前筛选，以及就业后评估。网络评估带来便利的同时也引发了诸如受测者身份验证、受测者评估结果保护等议题。

　　另一个持续存在的议题是就业测验中的歧视问题。雇主们需要对如何利用测验进行招聘保持敏感，他们不想做出歧视和不公平的行为。由于当雇主们以选拔为目的使用测验时必须验证测验的有效性，因此以选拔为目的来使用测验的情况已经减少。然而，以认证为目的使用测验的情况有所增加。

　　由于许多企业担心员工偷窃公司财物，因此企业在招聘程序中也会进行诚信测验，并对现有员工进行评估。诚信测验是一种标准化测验，主要对应聘者的道德倾向和工作态度进行评估。据称，这些测验可以识别出有问题的员工，他们要么过去偷过东西，要么将成为无生产力的员工。诚信测验受到了一些人的欢迎，因为它有助于预防偷窃行为、降低员工流失率和提高生产率。但该测验也受到了一些人的批评和质疑，他们认为这个测验不严谨，或者侵犯了员工的隐私权和其他公民权利。

总结

　　进行职业生涯评估和就业评估的方法有很多种。职业生涯测验和就业测验也有很长的历史，最早始于 20 世纪 20 年代的斯特朗兴趣量表。这些测验已被证明是衡量职业成功与否的好方法，但还需要考虑许多因素，来访者的成熟度、社会经济阶层和受教育水平都在评估兴趣和职业满意度方面发挥重要作用。环境和遗传因素也牵涉其中。来访者可能缺少做出有效判断所必需的经验。家庭、社会和同伴的期望也可能会影响一个人的行为模式，气质也可能影响一个人的偏好。职业顾问需要对职场有全面的了解，也需要对评估技术和咨询程序有广泛的了解。

　　就业测验在（美国）联邦和州政府机构中比在商业和工业企业中使用得更广泛。此外，许多技术和专业工作者必须参加认证或执照考试（如心理健康顾问的认证），这些都成为招聘的先决条件。商业和工业测验主要用于选拔目的。对研究的分析表明，基于研究的测验不会歧视少数群体和女性，并可节省机构的开支。然而，目前人们更多地依赖于临床判断和对求职者所获得的经验和教育的考量。职业顾问需要遵循在就业环境中使用测验的 9 项准则。

问题讨论

　　1. 你认为找出某人兴趣的最好方法是什么：（1）使用兴趣调查表，或者（2）问这个人"你对什么感兴趣，你喜欢做什么，你想成为什么样的人"。解释你的立场。

　　2. 你参加过哪些职业生涯评估测验？何时参加的？评估结果是如何呈现给你的？你认同这个结果吗？这些测验对你的职业发展有什么影响？如果你目前失业了，你会寻求职业生涯评估来帮助你识别其他可能的工作或职业领域吗？

3. 想象一下你是一家大型私立儿童医院人力资源部的主管。你被要求聘请一些人为在医院接受治疗的儿童提供心理咨询服务，你必须确定哪些人可以被描述为"胜任这项工作的优秀咨询师"。描述你将选择的评估方法，包括（1）一份面试问题列表，（2）你将使用的测验类型。在你看来，通过这些方法，你需要从个体身上获得哪些信息才能确定这个人是否胜任这项工作？在这种情况下，有哪些相关的伦理问题？

4. 你将如何着手建立一项你所在领域的员工执照考试？你会做什么来确保这项考试符合该职业的所有法律准则？

建议活动

1. 评估本章中列出或讨论的工具，并对其进行评论。

2. 使用几个职业生涯评估工具，并对结果进行解释。用录像或现场角色扮演来为你的来访者展示评估结果。

3. 根据以下主题之一写一篇命题文章：（1）评估在职业咨询中的作用；（2）兴趣量表中的性别和文化偏见；（3）基于互联网的职业生涯评估；（4）职业生涯评估的历史。

4. 设计一些非测验技术来评估个人兴趣和价值观。在个体样本上尝试你的评估技术，并将你的发现写成报告。

5. 研究下列案例中的假设情况，并回答与之相关的问题。

艾瑞卡的案例

艾瑞卡今年35岁，是一个孩子的母亲，大学毕业后一直在做同一份工作。艾瑞卡是她家里第一个上大学的人，她一家是墨西哥移民，几代人都从事贸易工作。艾瑞卡的家人以手工劳作为荣，并一直反对她接受教育。最近，艾瑞卡认为自己已经在目前的职位上取得了最大的进步，她已经厌倦了同一份工作。她有了一些职业倦怠，决定看看自己还能从事什么类型的职业。在与职业顾问讨论了她对职业的担忧后，艾瑞卡同意使用兴趣量表作为讨论的起点。职业顾问使用了职业偏好系统（COPS）和职业能力定位问卷（CAPS）。艾瑞卡的分数如下。

COPS 职业群	原始分数	百分等级
科学，专业	26	91
科学，熟练	11	50
技术，专业	9	45
技术，熟练	4	30
消费者经济学	11	50
户外办公	18	70

商业，专业	26	85
商业，熟练	14	55
室内办公	1	2
沟通	15	45
艺术，专业	17	35
艺术，熟练	21	48
服务，专业	30	87
服务，熟练	17	50
CAPS 能力维度	**原始分数**	**百分等级**
机械推理	13	83
空间关系	15	92
言语推理	24	98
数学能力	18	92
语言运用	22	83
词汇知识	41	68
知觉速度与准确度	116	83
动手速度和灵巧度	230	32

（1）你如何描述艾瑞卡的兴趣？

（2）你如何描述艾瑞卡的能力倾向？

（3）关于艾瑞卡，你还想了解哪些信息？

（4）关于测验，你还想了解哪些信息？

6. 采访一个在商业和工业领域从事人事工作的人。找出那个人的公司在雇佣员工和提拔员工时采用哪种评估程序。

7. 对你目前的工作进行任务或工作分析。了解他人（你的同事和上司）的反应，看看他们是否同意，然后设计评估工具来评估你所在领域的个体。确定可以使用的标准化评估工具和程序。

8. 为确定专业发展需求，并确定哪些人应该被提升到管理层，设计一个评估程序来评估你所在领域的员工。

9. 写一篇关于以下主题之一的文学评论：（1）评估中心法；（2）职业分析；（3）就业测验的法律议题；（4）基于互联网的就业测验。仔细分析本章中列出的一个被广泛使用的测验。

人格评估

人格（personality）包括人们拥有的使他们彼此不同的所有特殊品质——魅力、活力、性格、态度、气质、聪明程度，以及他们所表现出的情感和行为。人格评估帮助咨询师理解特定个体的行为，以确定未来的行动方向，或者对个体独特的未来行为做出预测。它为我们描绘了一个人持久的人格特质和短暂的人格状态。人格问卷在就业中用来帮助人们进行选拔，在法庭中用来帮助识别有问题的行为模式，在临床中用来识别个人问题、诊断精神疾病，以及评估来访者在接受心理咨询后的成长或变化。近年来，人格评估已经成为用来预测亲密关系成败的一种流行方法（Solomon & Jackson，2014）。为评价人格的病理情况，许多工具和技术（如结构化人格问卷和投射技术）被用于人格评估。还有一些工具主要侧重于评估积极的人格特质。

定义人格

"人格"一词有很多含义。多年来，研究者一直试图找到一个全面的人格定义——他们的努力使文献中出现了数十个不同的定义。例如，被称为人格理论之父的戈登·奥尔波特（Gordon Allport，1937）就描述和区分了 50 多种人格的含义。一些研究者认为人格是气质的同义词，也就是一个人的思维、情感和行为的自然倾向。而有些人则根据外在的、可观察的行为来定义人格，例如，沃森（Watson，1924）将人格描述为"我们的习惯系统的最终产物"。相比之下，一些学者关注的是潜在的主观品质。在这一点上，奥尔波特认为人格是"个人的精神物理学系统中的动态组织，决定了他对环境的独特适应"。换句话说，长期以来定义人格一直是研究者面临的挑战。构成人格的许多特征及由此延伸的人格障碍相互重叠，难以区分（Esbec & Echeburúa，2011）。我们怎样才能确定一个人的人格是由什么构成的呢？也许定义人格的核心是一致性。人格通常包括稳定和持久的行为。你如何定义人格将直接影响你作为专业咨询师的工作表现。例如，如果你认为人格是稳定的、不变的行为集合，只与遗传倾向有关，那么你很可能会认为一些来访者是没有希望的。如果你认为人格是遗传与环境（社会）学习的结合，那么你可能会看到来访者有机会管理根深蒂固的行为，甚至改变长期存在的行为模式。

不管你如何定义人格，你都必须承认它是一个复杂的结构。因为人格是复杂的，所以有数以千计的评估工具来衡量人格的方方面面。在本书中，我们将人格定义为既源于遗传倾向，也源于社会学习的相对稳定的思维、情感和行为模式，这些模式将一个人与另一个人区分开来，并随着时间的推移而固定下来。在介绍有关人格评估的信息之前，我们将讨论与人格相关的三个基本术语的背景信息，这三个术语是：特质（traits）、状态（states）和类型（types）。

特质、状态和类型

特质　人格特质可以被看作一个人具有的与众不同的特征或品质。特质可以被定义为表现出一致的思维、情感和行为模式倾向的个体差异维度（McCrae & Costa，2003）。特质被认为是随着时间的推移而相对稳定的，在不同的个体之间是不同的，并影响个体的行为。"开朗""被动""外向""完美主义"和"积极"等词反映了与个体行为相关的特定人格特质，而与情绪品质相关的特质包括"快乐""焦虑"或"喜怒无常"。这些特质的集合形成了一般社会人格的强弱势概况，可以用来区分一个人和另一个人（Harwood，Beutler，& GrothMarnat，2012）。作为专业咨询师，我们往往更关心那些非适应性特质。DSM-5人格与人格障碍工作组建议使用25个病理性特质来识别人格障碍（Krueger，Derringer，Markon，Watson，& Skodl，2012）。托马斯等人（Thomas et al.，2013）确定这些病理性特质符合人格五因素模型的框架（在本章后面讨论）。更简单地说，有一些证据表明，病理性人格特质和正常人格特质可以通过一个单一的模型来解释。然而，在提出解释人格特质的单一模型之前，通常需要研究者进行更多的研究。

研究人格特质的困难在于人们用来描述彼此的形容词数量太多。美国心理学家奥尔波特（1937）开创了人格特质研究的先河，他是第一个发现数千个区别人类人格特质的单词的学者，在查找词典后，他发现了18000多个与人格特质相关的单词。他将这个列表缩减到大约3000个单词，并将其分为3个层次：基本特质（支配和塑造一个人的行为）、中心特质（在特定文化中的所有人都存在的一般特质）和次要特质（仅在特定情况下出现的特质）。尽管他做出了努力，但学者们对哪些特质和多少特质可以解释人类的人格意见不一，目前已经有数百种声称可以测量一种或多种人格特质的问卷可用。想想一些流行的交友网站，它们声称能够在人格的不同方面匹配用户。这些网站声称利用人格特质理论成功地帮助用户建立了持久的关系。然而，被匹配的特质数量各不相同，各种标准化的人格评估工具也是如此，有些评估工具衡量的是5种因素，另一些评估工具衡量的是16种因素或更多。最终的结果是，有无数种方法可以衡量人格特质。

状态 就人格而言，"状态"一词是指某些特质的短暂表现（Kalimeri，2013）。特质是指持久的人格特征，而状态通常是指暂时的行为倾向。例如，一个人在经历了创伤性事件后可能会被描述为处于焦虑状态，但通常不会被认为是一个焦虑的人（特质）。尽管很少有人格问卷将特质与状态区分开来，但斯皮尔伯格（Spielberger，1970）设计了状态–特质焦虑问卷来识别个体在特定时刻（状态）感受到的焦虑和他们的一般焦虑感受（特质）。

类型 一些研究者通过将特质分为不同的集群或类型来扩展理解人格特质的方法。如果特质被认为是一个人的特定特征，那么类型则被认为是对一个人的一般描述。前者侧重于个体属性，而后者代表了一系列具有更深远影响的基本品质或特征（Kroeger & Thuesen，2013）。例如，外倾性可以被认为是一种与社交性、健谈性、自信、冒险精神和高能量水平等特质相关的人格类型。自希波克拉底将人分为4种类型（抑郁质、黏液质、胆汁质和多血质）以来，人格类型学就已经存在。最值得注意的是卡尔·荣格（Carl Jung，1921）创立的心理类型理论，它成为迈尔斯–布里格斯人格类型测验（MBTI；Myers，McCaulley，Quenk，& Hammer，1998）的基础，这可能是评估人格类型的最著名的工具之一。

人格问卷

人格问卷通常用于识别和衡量一个人的人格结构和特征，或识别和衡量一个人特有的思维、情感和行为模式（Weiner & Greene，2011）。一些人格问卷衡量特定的特质（如内倾性）或状态（如焦虑），而另一些则评估包含广泛特征和属性的人格维度。除了测量和评估之外，人格问卷还可用于其他目的，如提高自我认识和自我理解（Urbina，2014）。大多数人格问卷是自我报告式的，这意味着受测者需要提供有关他们自己的信息，还有一些工具可以从受测者以外的个体（如父母、配偶或教师）那里获取信息。以下是不同专业人员为什么需要使用人格问卷的示例。

- 职业顾问使用人格问卷帮助人们选择职业。
- 临床心理健康咨询师使用人格问卷缩小来访者一系列不同的症状范围，进行特定心理障碍的评估。
- 学校咨询师查看高中生的人格问卷结果，以确定是否有任何与学业问题有关的困难。
- 就业顾问使用人格问卷来确定来访者有助于其工作表现的人格属性（如尽责性、情绪稳定性、宜人性）。
- 神经心理学家使用人格问卷来确定个体的脑损伤对其认知和行为的影响程度。

人格问卷的开发方法

编制人格问卷的方法可能有所不同。常见的4种方法是推理法、基于理论的方法、标准组法和因素分析法，以及这些方法的组合。

推理法　编制人格问卷最古老的方法之一是推理法，它涉及使用推理和演绎逻辑来构建测验项目（题目）。换句话说，题目的开发基于它们在逻辑上有多大程度与给定构念相关。伍德沃斯个人资料调查表（Woodworth，1920）就是一个例子，它被认为是第一份结构化（客观的）人格问卷。这份包含116个项目的自我报告问卷是为了满足美国对加入第一次世界大战的士兵的精神筛查需求而编制的。测验项目包括伍德沃斯认为属于心理不适应指标的陈述。这些项目只是简单地列在纸上（如你常常感到快乐吗），受测者回答"是"或"不是"。使用推理法开发工具意味着测验完全依赖于测验开发者对被测量构念（人格）的假设，而这些假设可能是有根据的，也可能是没有根据的。

基于理论的方法　与推理法不同，使用基于理论的方法编制的人格问卷建立在既定的人格理论基础上。例如，使用投射技术的工具基于人格的心理动力学理论，该理论强调潜意识（隐藏的情感和内部冲突）的重要性。因此，投射工具被认为是通过允许受测者对某种类型的非结构化刺激（如墨迹、图片或不完整的句子）做出反应，从而揭示他们的潜意识，使受测者投射或表达出无意识的恐惧、冲突或需要。类似地，迈尔斯－布里格斯人格类型测验（MBTI）是根据荣格的心理类型理论构建的。荣格确定了两个共同创造人格类型的维度：态度（外倾和内倾）和功能（感觉、直觉、思维和情感）。基于荣格的理论，MBTI将个人的偏好分为4个独立的类别：（1）外倾或内倾；（2）感觉或直觉；（3）思维或情感；（4）判断或感知。这4种偏好的组合产生了16种独立的人格类型，用以描述受测者。

标准组法　标准组法是一种编制人格问卷的实证研究法，涉及可以区分标准组和对照组的题目。该方法需要先确定具有已知人格特征的人群样本，如一组被诊断患有精神分裂症的个体（标准组）。为确定可区分标准组和对照组的题目，对精神分裂症患者和对照组（"正常"群体）使用以标准组群体样本为基础的工具，然后将区分精神分裂症组与对照组的题目放在一个单独的量表中，再对该量表进行交叉验证（cross-validated），以查看它如何将精神分裂症组与其他组区分开来。使用标准组法，重点在于使工具具有辨别力。明尼苏达多相人格测验第二版（MMPI-2）和明尼苏达多相人格测验第二版简明版（MMPI-2-RF）的创建就是使用标准组法的例证，它们是基于测验题目检测成人精神病理症状的能力而开发的。

因素分析法 因素分析法是另一种实证研究法，它使用统计程序来（1）分析大量变量（如人格特质）之间的相互关系，以及（2）根据其共同的潜在维度（因素）解释这些变量。在构建人格问卷时，因素分析法有助于将众多人格特征缩减为较少的人格维度，然后对其进行测量和评估。例如，卡特尔及其同事通过将 18000 个描述人格的词汇（最初由奥尔波特确定）减少到 181 个人格集群，使用因素分析生成 12 个因素。这些因素为 1949 年发布的第一个卡特尔 16 种人格因素问卷（16pf）奠定了基础。半个多世纪以来，经过多次修订，16pf 仍然是一种被广泛使用的测量正常成年人人格的工具。另一个例子是修订版大五人格问卷（NEO PI-R），它包含 240 个项目，基于人格的 5 个维度：神经质、外倾性、开放性、宜人性和尽责性。这些广泛的因素分析派生的类别已被证明代表了奥尔波特的 18000 个人格形容词的基本结构（Costa Jr. & McCrae，1992），并得到了学者和研究人员的大力支持（Detrick & Chibnall，2013；Furnham，Guenole，Levine，& Chamorro-Premuzic，2013；Gorostiaga，Balluerka，Alonso-Arbiol，& Haranburu，2011；Källmen，Wennberg，& Bergman，2011；Vanden Broeck，Rossi，Dierckx，& De Clercq，2012；Vassend & Skrondal，2011）。

组合方法 许多人格问卷是使用推理、理论、标准组和因素分析的组合构建的。例如，米隆临床多轴问卷第三版（MCMI-III）的题目最初是基于理论的题目，其来源是米隆（Millon，1969）的人格和精神病理学理论，然后它使用标准组程序，根据题目区分人格障碍或临床综合征群体的能力来改进测验题目。

人格问卷的种类

在本节中，我们将介绍几种人格评估工具和策略，这些工具和策略分为三类：结构化人格问卷、投射工具和技术，以及评估人格积极方面的工具（聚焦积极心理学的人格问卷）。

结构化人格问卷

结构化（客观化）人格问卷通常是标准化的自我报告工具，答题者利用一组数量有限的选项来表明题目（项目）描述他们人格的准确程度（Kamphaus & Frick，2010）。例如，许多结构化人格问卷使用选择性反应题型（如是非判断题、匹配题、多项选择题）或评定量表。人格问卷的答案没有对错之分，答题者根据人格问卷所测量的人格特征进行评分。例如，对人格问卷项目的真实回答可能表明答题者存在特定特征，而非表明答题者回答正确了。由于选择性反应题型的形式允许使用与人格层面相关的项目，因此结构化人格问卷中的项目通常可以得到快速回答，而无需冗长的施测时间（Cohen & Swerdlik，2010）。此外，人们可以使用各种方式（如手工计分、计算机计分）快速且可靠地对项目计分，并准确地解释项目。

结构化人格问卷的范围可宽可窄。一个宽领域的工具可以测量和提供广泛的人格变量的分数。宽领域人格问卷非常全面且耗时（需要 1 ~ 2 个小时完成），可能包含数百个测验项目，并可能提供多个量表或子量表的分数。第二版明尼苏达多相人格测验（MMPI-2）是宽领域人格问卷的最佳示例，它包含 567 道是 / 非选择题，可得出数个量表的分数。本·普拉斯（Ben-Porath）和特勒根（Tellegen）开发了与 MMPI-2 再结构化临床量表保持一致的版本（MMPI-2-RF）。这个新版本有 300 多道题目，可用于广泛的评估目的。

相比之下，窄领域人格问卷侧重于人格的某些具体方面，如特定症状（抑郁或焦虑等）或行为。它们通常比宽领域人格问卷更简短，完成时间通常不超过 15 或 20 分钟。这类问卷经常用于临床评估，可用于：（1）筛查和诊断精神障碍（如进食障碍或情绪障碍）；（2）制订治疗计划；（3）监测治疗进展；（4）评估治疗结果。例如，第二版贝克抑郁量表（BDI-II）这种被广泛使用的问卷就包含专门描述抑郁症状的项目。第十五章将提供更多关于窄领域人格问卷的信息。

结构化人格问卷可以关注人格的病理或非病理方面。病理是指任何偏离健康、正常状况的事物。在人格方面，病理用于表示精神障碍或行为障碍的症状或其他表现（精神病理学），如抑郁心境、焦虑、幻觉和妄想等症状。第二版明尼苏达多相人格测验（MMPI-2）和第四版米隆临床多轴问卷（MCMI-IV）是病理性人格问卷的例子——它们的总体意图是确定与特定精神病理学相关的症状或行为是否存在。非病理性问卷不再强调病理性人格特征，而是关注"正常"的人格特征。它们是为正常人群开发的，用于评估社交、责任感和灵活性等非病态人格特征。非病理性人格问卷包括加利福尼亚心理调查表（CPI）、迈尔斯 – 布里格斯人格类型测验（MBTI）、修订版大五人格问卷（NEO PI-R）、卡特尔 16 种人格因素问卷（16pf）和里索 – 赫德森九型人格类型问卷（Riso-

Hudson Enneagram Type Indicator，RHETI）。

在本节中，我们将介绍几个典型的结构化人格问卷。

第二版明尼苏达多相人格测验（MMPI-2，Butcher et al.，2001）是使用最广泛的人格问卷之一，它是一种综合性、结构化的工具，用于评估成人精神病理学的主要症状。临床医生经常使用它来辅助诊断精神障碍并选择合适的治疗方法。MMPI 最初是由明尼苏达大学的心理学家哈瑟韦（Hathaway）和精神病学家 / 神经学家麦金利（McKinley）在 20 世纪 30 年代末至 40 年代初开发的。考虑到原始标准化常模的充分性，1989 年发布的 MMPI-2 采用了更能代表美国人口的常模。MMPI-2 可用于年龄在 18 岁及以上、阅读能力在 6 年级水平以上的个体。它需要 60 ~ 90 分钟完成，它可以通过手动、录音和计算机等方式进行测量，并提供英语、西班牙语和法语等版本。MMPI-2 仅限于在评估、人格理论、精神病理学和诊断方面接受过足够培训并获得许可或合格认证的专业人员使用。

MMPI-2 包含 10 个评估人格和精神病理学维度的临床量表。这些临床量表是使用实证研究法开发的：题目的选择基于题目区分临床组和正常组的能力。它还具有 9 个用于检测反应风格（受测者对题目的反应模式）的效度量表。受测者可能会以多种方式对题目做出反应，这可能会影响测验的效度（Butcher et al.，2001）。例如，受测者可能会留下大量未回答的题目，通过少报或多报症状来歪曲自我描述，随机选择答案，或者选择全部正确或全部错误的答案。MMPI-2 的效度量表旨在帮助检测导致测验无效的原因并评估此类失真对测验结果的影响。表 14-1 提供了有关效度量表和临床量表的描述。

表 14-1 MMPI-2 效度量表和临床量表

名称	缩写	描述
效度量表		
无法回答量表	CNS	未回答问题的总数。如果遗漏 30 个或更多题目，则测验结果高度可疑或无效
反向答题矛盾量表	VRIN	检测随机或不一致的反应。T 值等于或高于 80 导致测验无效
同向答题矛盾量表	TRIN	选择所有正确或所有错误的答案。T 值等于或高于 80 导致测验无效，（注意：在 MMPI-2 配置文件中，TRIN T 值后面的字母 "T" 表示更多真实反应，而 TRIN T 值后面的字母 "F" 表示更多错误反应）
诈病量表	F	识别过度报告的症状（假装不好）。T 值等于或高于 90 导致测验无效，T 值在 70 ~ 89 之间表明症状被夸大了，也可能是在求救
后诈病量表	$F_{(B)}$	在测验的后半部分检测过度报告。如果 $F_{(B)}$ 上的 T 分数比 F 上的 T 分数至少高出 30 分，那么测试后半部分的项目量表可能无效
精神疾病诈病量表	$F_{(p)}$	检测的症状被故意多报。T 值等于或高于 70 表明夸大了症状（也许呼救），T 值等于或高于 100 导致测验无效
说谎量表	L	检测故意少报（故意使自己看起来有利）。T 值等于或高于 80 可能表明作答不诚实并导致测验无效

（续表）

名称	缩写	描述
修正量表	K	检测无意的漏报（由于拒绝、缺乏洞察力或采取防御性的测验方法），T值等于或高于65导致测验无效
过度描述量表	S	评估自我展示为高品德和负责任的倾向，没有心理问题，很少或没有道德缺陷。T值等于或高于70导致测验无效
临床量表 注意：一般来说，所有临床量表T值等于或高于65都被认为是高分并且在"临床"范围内		
疑病量表	Hs	专注于健康问题，几乎没有或完全没有器质性基础的医疗诉求，健康问题可能与压力有关
抑郁量表	D	临床抑郁症，感到悲观、绝望、内疚、有自杀倾向、不配
癔症量表	Hy	难以应对压力，在压力条件下，身体症状可能会恶化
病态人格量表	Pd	反社会行为，触犯法律，偷窃、说谎，叛逆、愤怒和/或冲动行为，滥用药物
男性女性倾向量表	Mf	非传统的性别角色。男性得分高表明拒绝传统的男性角色，女性得分高表明拒绝传统的女性角色
妄想量表	Pa	偏执症状，如牵连观念、被迫害妄想、多疑、过度敏感、观点僵化
精神衰弱量表	Pt	焦虑、极度恐惧、紧张、强迫症
精神分裂症量表	Sc	思维、情绪和行为的紊乱，幻觉，妄想
轻躁狂量表	Ma	轻躁狂或躁狂症状，如情绪高涨、易怒、思想飘忽不定、浮夸、易激动
社交内向量表	Si	有回避社会交往和责任的倾向，没有安全感、优柔寡断、内向

自从最初的MMPI发布以来，研究者已经开发了许多附加的量表和子量表（如内容量表和补充量表）来衡量人格的许多病理或非病理方面。此外，MMPI-2-RF（第二版明尼苏达多相人格测验简明版）于2008年作为MMPI的缩减版本发布。虽然MMPI-2-RF是一种简明的形式，但由于MMPI-2有大量的研究基础支持，所以MMPI-2仍然是被人们更多使用的版本。

MMPI-2以T值形式报告分数。解释分数涉及几个步骤。首先，临床医生检查效度量表分数，以确定结果是否包含有关受测者人格和临床问题的有效、有用和相关的信息。如果受测者在效度量表上的得分等于或高于特定的T值，则临床量表的结果可能无效。

例如，说谎量表（L）上的T值为80或更高可能表明个体不诚实地回答问题，从而导致测验无效。只有在评估了效度量表并确定结果有效的情况下，临床医生才能继续检查临床量表得分。一般而言，临床量表中T值高于65分被视为在"临床"范围内，"临床"范围是指通过该量表测量的有特定症状的个体样本所获得的分数范围。所得推论不应仅基于一种临床量表的高分，相反，应该根据所有高量表分数及个人的背景信息和提出的问题做出推断。图14-1给出了MMPI-2的数据示例。

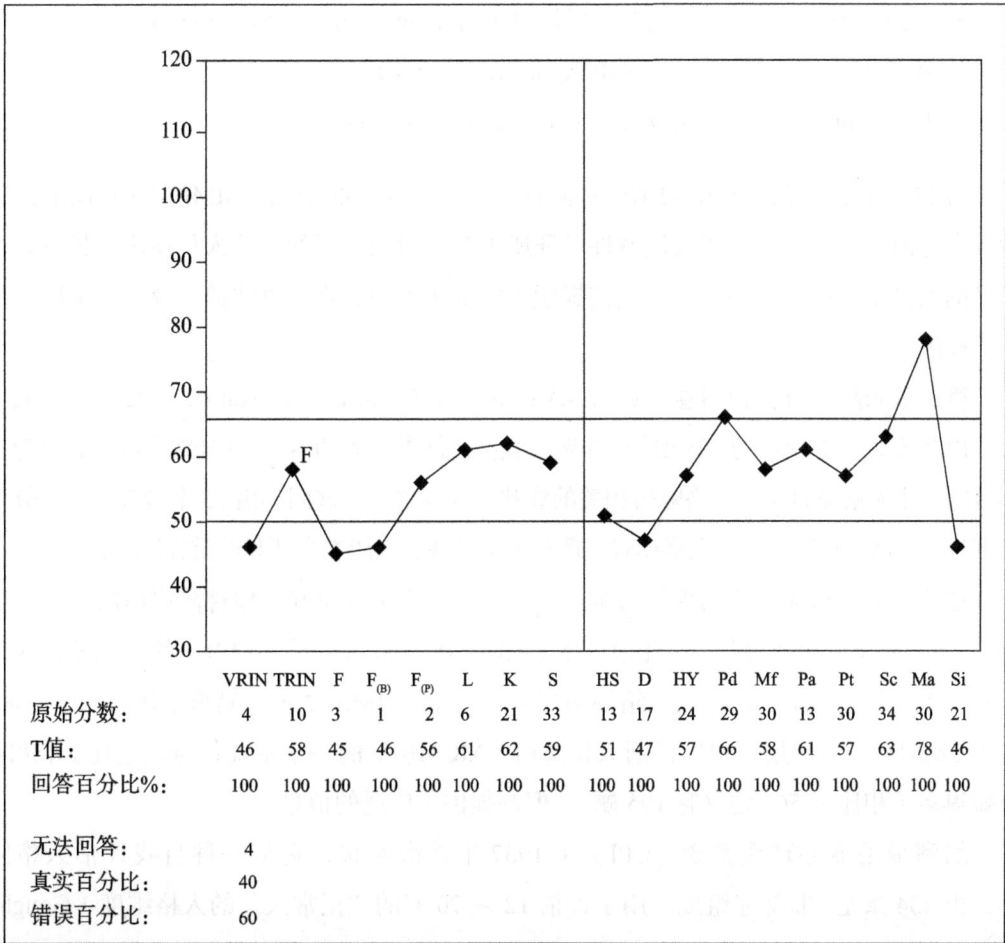

图 14-1　MMPI-2 数据图

　　MMPI-2-RF 是 MMPI 的缩减版本和更新版本——包含 338 个是 / 非题目，其结果可用于多种用途。MMPI-2-RF 有 51 个经实证验证的分数和数个效度指标。 MMPI-2-RF 中包含许多与题目数量较多版本相同的量表。MMPI-2-RF 基于重组的临床量表，也能得出有效的报告。重组后的临床量表包括以下内容。

- RCd-（dem）— 心境低落（demoralization）
- RC1-（som）— 躯体抱怨（somatic complaints）
- RC2-（lpe）— 低积极情绪（low positive emotions）
- RC3-（cyn）— 愤世嫉俗（cynicism）
- RC4-（asb）— 反社会行为（antisocial behavior）
- RC6-（per）— 迫害观念（ideas of persecution）

- RC7-（dne）—— 功能失调的负面情绪（dysfunctional negative emotions）
- RC8-（abx）—— 异常体验（aberrant experiences）
- RC9-（hpm）—— 轻躁狂激活（hypomanic activation）

与 MMPI-2 一样，MMPI-2-RF 量表的解释需要特定的培训。MMPI-2-RF 仅限拥有助人专业博士学位、专业实践领域许可证或被专业组织认证的专业人员使用。虽然获得许可的人员是合格的使用者，但我们提醒你检查（美国）州许可法律，确认（美国）州特定权限。

第四版米隆临床多轴问卷（MCMI-IV；Millon，Grossman，& Millon，2015）是为成年人（18 岁及以上）设计的 195 项是 / 非题自我报告问卷，大约需要 30 分钟完成。它是为数不多的关注人格障碍及与人格障碍相关的症状的问卷之一。该问卷由 25 个量表组成，分为以下几类：修正指数、临床人格模式、严重人格病理、临床综合征和严重临床综合征。

这些量表及构成量表的项目与米隆（1969）的人格理论和《精神障碍诊断与统计手册》（第五版）的分类系统密切相关。MCMI-IV 通常被认为是 MMPI-2 的替代品，因为这两种工具都涵盖了广泛的成人精神病理学。然而，MMPI-2 主要侧重于评估临床症状，而 MCMI-IV 则专门用于协助诊断人格障碍。MCMI-IV 的一个主要优点是它比 MMPI-2 简短得多（相比于 567 题仅有 195 题），但却提供了广泛的信息。

加利福尼亚心理调查表（CPI）于 1957 年首次发布，它是一种自我评估人格问卷，由 434 条是 / 非陈述组成，用于评估 12 ~ 70 岁的"正常人"的人格维度（Gough，2000）。除 MMPI-2 外，CPI 是研究最彻底、使用最频繁的人格问卷。测验题目侧重于典型的行为模式、感受和意见，以及与社会、道德和家庭事务相关的态度（如"我喜欢社交聚会只是为了与人相处"）。问卷结果被绘制在 20 个代表人格特征的量表上，这些量表被分为 4 个一般领域（见表 14-2）。该问卷根据不同年龄和社会经济地位的 6000 名男性和 7000 名女性的标准化样本建立常模，其中包括高中生、大学生、教师、企业高管、监狱管理人员、精神病患者和监狱囚犯。

表 14-2　加利福尼亚心理调查表的一般领域和量表

一般领域	量表
自我确认，人际关系	支配性（领导能力） 进取能力（有抱负与不确定） 社交能力（外向与害羞） 社交风度（自信与含蓄） 自我接纳（积极的自我与自我怀疑） 独立性（自给自足与寻求支持） 同理心（有同理心与无同理心）

（续表）

一般领域	量表
社会价值和内化程度	责任心（有责任心与无纪律） 社会化（顺从与叛逆） 自我控制（过度节制与不控制） 良好印象（取悦别人与抱怨别人） 同众性（适应与以不同的方式看待自我） 幸福（乐观与悲观） 宽容（公正与挑剔）
认知和智力功能	顺从成就（高效和有序与注意力分散） 独立成就（清晰的思维与不感兴趣） 智力效率（坚持完成与艰难开始）
角色和个人风格的衡量	心理感受性（深刻而敏锐与冷漠和缺乏动力） 灵活性（喜欢改变与不变） 女性气质/男性气质（敏感与无情）

迈尔斯－布里格斯人格类型测验（MBTI，Myers et al.，1998）是另一种广为人知且被广泛使用的非病理性人格量表。它由凯瑟琳·库克·布里格斯（Katharine Cook Briggs）和伊莎贝尔·布里格斯·迈尔斯（Isabel Briggs Myers）在20世纪40年代开发，以荣格的心理类型理论为设计依据，用来测量个体的偏好（Myers & Myers，1995）。该工具将个体的喜好分为4类，每一类由两个相反的极点组成。

- 外倾性（E）或内倾性（I）：外倾性（extraversion）和内倾性（introversion）是用来划分个体倾向于把精力集中在哪些方面的术语。外倾性的人会将他们的能量导向外部世界的人、事和情境。内倾性的人将精力集中在内心世界的思想、情感、信息或信仰上。

- 感觉（S）或直觉（N）：感觉（sensing）和直觉（intuitive）用于区分个体更喜欢怎样处理或获取信息。感觉型更喜欢处理事实、更客观或更多使用5种感官来注意什么是真实的。直觉型更喜欢超越5种感官来获取信息，产生新的可能性和做事方式，或者预测尚不明朗的事物。

- 思维（T）或情感（F）：思维（thinking）和情感（feeling）用于对个体偏好的决策方式进行分类。思维型倾向于根据对证据的逻辑和客观分析做出决定。情感型更喜欢根据他们的价值观和主观评价做出决定。

- 判断（J）或感知（P）：判断（judging）和感知（perceiving）用来区分个体更喜欢怎样组织他们的生活。"判断"一词并不意味着"评头论足"。它只是表明个体倾向于以有计划、稳定和有组织的方式生活。感知表明在对事物做出反应时个体更喜欢自发性和灵活性。

这 4 个类别结合起来形成了 16 种可能的人格类型（或偏好的组合），它们能较好地描述受测者。每种类型都有自己的兴趣、价值观和独特的天赋。这些类型通常用 4 个字母的缩写来表示，举例如下。

ESTJ：外倾、感觉、思维、判断

INFP：内倾、直觉、情感、感知

MBTI 的结果提供了对不同人格类型的详细描述。例如，报告为 ENFP（外倾、直觉、情感和感知）的个体将被描述如下（Myers & Myers，2004）。

- 好奇、有创造力和想象力。
- 精力充沛、热情和具备自发性。
- 敏锐地洞察他人和外部世界。
- 感谢他人的肯定，常表达感谢并支持他人。
- 注重和谐和善意。
- 常根据个人价值观和对他人的同情做出决定。
- 通常被他人视为风度翩翩、有洞察力、有说服力和多才多艺。

修订版大五人格问卷（NEO PI-R）是著名的、备受推崇的基于人格五因素模型的人格问卷，它表明人格的基本维度包含以下组成部分：神经质、外倾性、开放性、宜人性和尽责性。NEO PI-R 包括 5 个因素各自的量表及每个因素的 6 个特质量表。

1. 神经质：倾向于体验负面情绪（焦虑、敌对、抑郁、自我意识、冲动和脆弱）。

2. 外倾性：向外部社交世界投入能量（温暖、合群、自信、活跃、寻求刺激和积极情绪）。

3. 开放性：对新想法和新体验（幻想、美学、感觉、行动、想法和价值观）的开放程度。

4. 宜人性：倾向于友好、谨慎和谦虚的行为（信任、直率、利他、顺从、谦虚、温柔）。

5. 尽责性：与责任心和坚持不懈相关（胜任力、秩序、尽责、追求成就、自律和深思熟虑）。

NEO PI-R 包含 240 条陈述，要求受测者按 5 分制对他们的同意程度进行评分。分数是根据定性描述词汇报告的：非常低、低、平均、高和非常高。测验有两种形式：量表 S 用于自我报告；量表 R 用于观察员报告。还有一个较短的版本——大五人格问卷简版（NEO-FFI），它有 60 个项目，只产生 5 个领域的分数。

16 种人格因素问卷（16pf）是针对成人人格特质的综合测量问卷，它被广泛应用于制订治疗计划、夫妻咨询、职业指导及提供招聘和晋升建议。16 个人格因素被分为 5

个全局因素。16 个人格因素和 5 个全局因素来自受测者的反应。这 16 个人格因素是乐群性（A）、聪慧性（B）、稳定性（C）、恃强性（E）、兴奋性（F）、有恒性（G）、敢为性（H）、敏感性（I）、怀疑性（L）、幻想性（M）、世故性（N）、忧虑性（O）、实验性（Q1）、独立性（Q2）、自律性（Q3）和紧张性（Q4）。5 个全局因素是外倾性、独立、坚韧、自我控制和焦虑。所有人格因素和全局因素的原始分数都转换为标准十分，这些分数显示在报告中的低—平均—高这一连续谱上。例如，一个人在乐群性因素上的得分可能从内向（低）到热情（高）。图 14-2 给出了 16pf 的分数分布示例。

人格因素

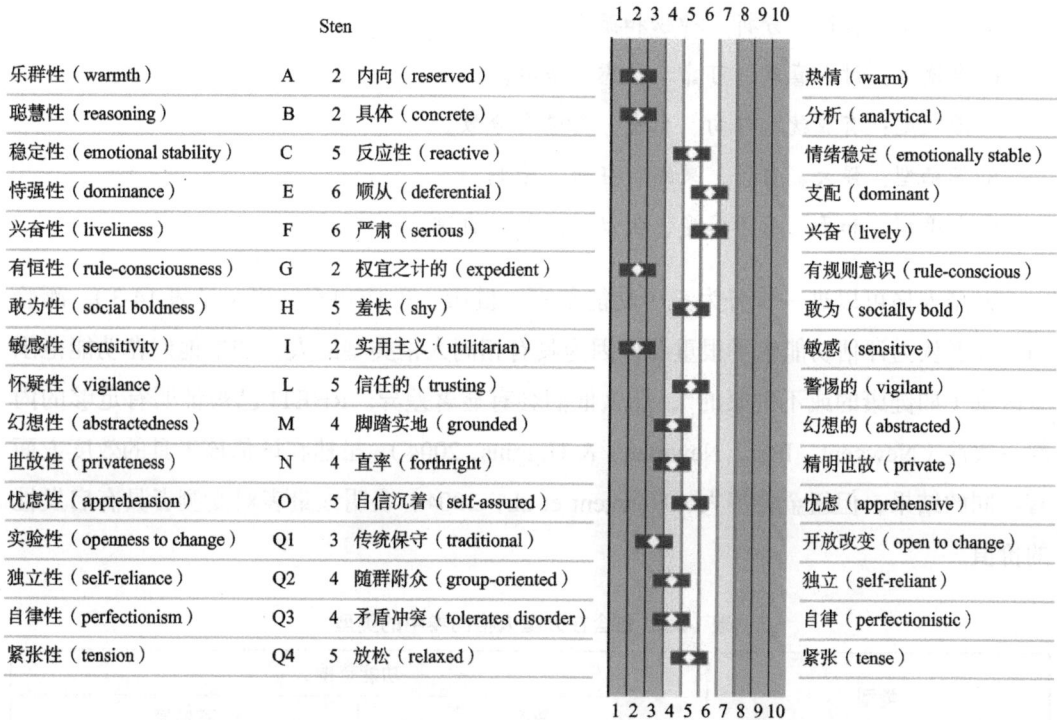

全局因素

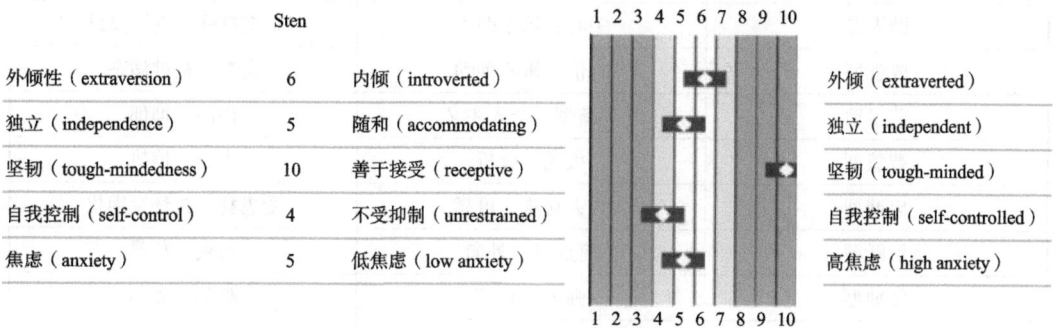

图 14-2 16pf 分数分布示例

里索－赫德森九型人格类型问卷（RHETI）是一种包含 144 道题目的人格类型问卷，可生成 9 种人格类型的人格概况。里索（Riso，1990）假设这个古老的系统将帮助个体解开他们隐藏的人格倾向，使他们能够成为更加自由和功能良好的人。他认为，研究一个人的个人资料会引发自我理解，以及之后对他人的理解。九型人格类型如下。

1. 完美型：理想主义、有目的、有秩序、自控和完美主义。
2. 助人型：慷慨、关心、示范、讨人喜欢和占有欲。
3. 成就型：自信、适应性强、雄心勃勃、有动力、注重形象。
4. 艺术型：表现力、戏剧性、内向和喜怒无常。
5. 智慧型：敏锐、分析、神秘和孤立。
6. 忠诚型：讨人喜欢、可靠、焦虑和多疑。
7. 活跃型：有成就、外向、自发、贪婪和分散。
8. 领袖型：强大、自信、果断、任性、专制。
9. 和平型：和平、乐于接受、被动、随和、自满。

九型人格可以进一步分为三个功能范围：健康、平均和不健康（见表 14-3）。测验的开发者认为评估功能水平很重要，因为具有相同人格类型的人，如果他们在功能范围有区别（如健康的或不健康的），那么他们会有显著差异。RHETI 已被证明有足够的内部一致性（Newgent，Parr，Newman，& Higgins，2004）。虽然在评估该工具的效度方面有不同的结果，但纽金特等人（Newgent et al.，2004）表明该量表对受测者具有启发性的价值。

表 14-3　包含在九型人格问卷中的类型

类型	功能范围	
	健康	不健康
完美型	理想主义、有秩序	完美主义、不宽容
助人型	关心、乐于助人	占有欲强、善于操纵
成就型	自信、雄心勃勃	自恋、精神病态
艺术型	创新型、个人主义	内向、抑郁
智慧型	敏锐、分析	古怪、偏执
忠诚型	讨人喜欢、可靠	受虐狂、被怀疑困扰
活跃型	有成就、外向	过度、狂躁
领袖型	强大、自信	独裁、破坏
和平型	和平、令人放心	被动、压抑

投射工具和技术

与结构化人格问卷相比，投射工具和技术要求受测者使用开放式回答来回应模棱两可的刺激（如墨迹、图片或短语）。这些投射工具要求受测者在面对歧义时做出反应，在这样的过程中，人们以一种揭示或投射他们人格特征元素（如关注、需要、冲突、欲望、感受）的方式来解释这些测量工具。虽然大多数咨询师都会在预备评估课程中学习投射技术，但这通常不会让咨询师在实践中熟练地使用这些工具（Neukrug, Peterson, Bonner, & Lomas, 2013）。对投射技术感兴趣的咨询师需要额外的课程或培训才能胜任该领域的工作。当然，在使用这些技术或任何评估技术之前，你应该咨询你所在的（美国）州的法律，以确保在你的认证或许可范围内行使权益。

人们需要将各种解释方法与投射工具一起使用，以推断个体的潜在人格和社会情感功能（Smith, 2011）。投射工具与人格的心理动力学理论密切相关，它强调无意识（隐藏的情绪、内部冲突）的重要性。因此，通过分析人们对某种类型的非结构化刺激（如墨迹、图片或不完整的句子）做出的反应，就可以揭示人们无意识中的恐惧、冲突或需求。一些著名的投影工具和技术是罗夏墨迹测验、主题统觉测验、言语投射技术和投射绘画。

罗夏墨迹测验 罗夏墨迹测验是由赫尔曼·罗夏（Herman Rorschach, 1921）开发的。罗夏墨迹测验是一种测量个人对世界或环境的看法或感知的测验。它由一系列不规则但对称的墨迹组成（见图 14-3）。

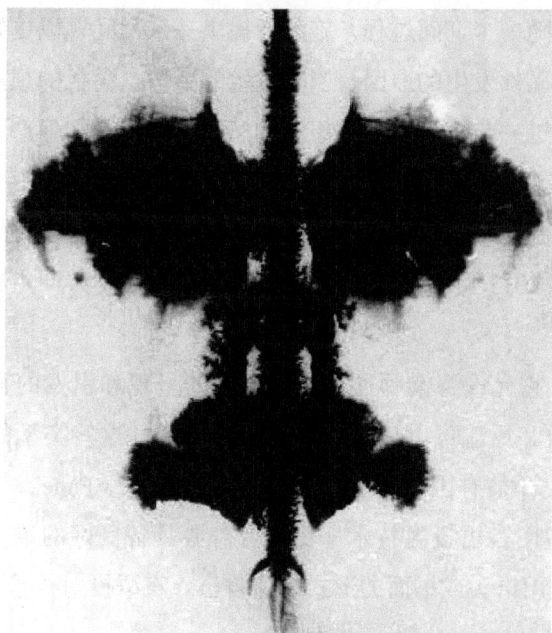

图 14-3 一幅罗夏墨迹图

受测者需要看墨迹图并口头描述他们看到的内容。通过分析某人在墨迹上看到的内容，施测者可以对个体的情绪、认知、应对方式、对他人和关系的感知及自我感知做出各种假设。测验由 10 张印在不同卡片上的双面对称的墨迹组成。5 张卡片是黑白的，2 张卡片是黑色、白色和红色的，3 张卡片是彩色的。

测验分为两个阶段。第一个阶段为自由联想阶段，施测者依次向受测者出示一张墨迹，并通过提出诸如"这可能是什么"之类的问题指示受测者描述每张卡片上的内容。施测者记录所有相关信息，包括受测者的回答、非言语手势，以及停顿多长时间才对每张卡片做出反应等。第二个阶段为询问阶段，施测者试图确定墨迹上的哪些特征在受测者对图像的感知中起了作用。施测者询问诸如"是什么让它看起来像（什么）"和"你在墨迹的哪个部分看到了（无论受测者看到了什么）"之类的问题，以获得对解释回答有用的信息。

施测者必须接受过有关罗夏墨迹测验使用的全面培训。临床医生在施测、计分和解释过程中可能会犯许多错误。然而，通过监督培训，犯错的数量可以显著减少（Callahan，2014）。最初的测验没有测验手册，也没有施测、计分或解释说明。经过多年发展，已有若干由不同作者编写的说明书和测验手册面世，使用最广泛的是由埃克斯纳（Exner，2013）设计的综合系统。

主题统觉测验（Thematic Apperception Test，TAT） 该测验（Murray，1943）最初基于亨利·默里（Henry Murray，1938）的人格理论而设计。TAT 包括一系列黑白图卡片，其中包含各种人物、场景和物品。受测者需要看每一张图片并编故事。在每个 TAT 卡片故事之后都会跟随一个询问过程，施测者提出一系列问题以更好地理解受测者所编的故事，例如，导致事件发生的原因、当时发生的事情、角色的想法和感受及故事的结果等。问题可能涉及进一步澄清角色的想法和感受及故事是如何产生的。有多种可以解释 TAT 的方法。一些解释涉及受测者识别故事中的英雄或主角，其依据是我们相信受测者会认同故事中的角色，并将他们无意识的动机、情感和需求投射到角色上（Aronow，Weiss，& Reznikoff，2013）。此外，施测者应确定故事中的共同主题，并注意受测者如何关联故事。

言语投射技术 它允许咨询师通过言语刺激的呈现和引发的言语反应来理解受测者的人格要素。刺激和反应可以口头或书面形式传递。这些类型的投射技术允许咨询师在受测者进行自我评估有困难的时候评估其人格信息（Panek，Jenkins，Hayslip，& Moske，2013）。要使用言语投射技术，受测者需要具备良好的语言技能，并且应该能够听或读单词，以及用口头或书面的形式表达自己。言语投射技术的一个例子是投射问题，例如，

- 如果你可以成为任何你想成为的人，你会成为什么人？

- 如果你可以许三个愿望，你会许什么愿望？

- 如果你有一根魔杖，你会改变生活中的什么？

个体的人格特质和状态会在一定程度上反映在对这类问题的回答中（Weiner & Greene，2011）。咨询师可以使用这些技术来解释个体对自己和世界的看法。

句子完成工具是另一种言语投射技术，在这种技术中，受测者会看到一个句子主干列表（潜在句子的开头），每个主干后面都有一段空格。受测者的任务是完成句子。完成该任务的典型方法是让受测者阅读主干，然后提供书面答复，但口头施测和答复也是一种选择（Hodges，2011）。句子完成工具的范围可能从几个题目（10 ~ 15 个）到 50个或更多题目不等。句子完成工具的基础是受测者的回答可以提供对其自我形象、发展特征、人际反应、需求和感知到的威胁的洞察（Hodges，2011）。尽管已发表的句子完成工具会给出总分，但大多数施测者只是简单地通读已完成的句子，并对受测者的回答可能意味着哪些人格特质形成印象。第二版罗特不完整句子填空（Rotter Incomplete Sentence Blank 2nd Edition，RISB2）可能是最著名的句子完成工具之一。表 14-4 给出了来自 RISB2 的 10 个示例句子。

表 14-4　罗特不完整句子填空示例（RISB2）

1. 我希望_____	6. 有时_____
2. 我偷偷地_____	7. 最快乐的时光_____
3. 我觉得_____	8. 唯一的麻烦是_____
4. 我很遗憾_____	9. 让我烦恼的是_____
5. 我不能_____	10. 其他孩子_____

Source: Rotter Incomplete Sentences Blank, Second Edition. Copyright © 1950, renewed 1977 by NCS Pearson, Inc. Reproduced with permission. All rights reserved.

与句子完成工具相似的是故事完成技术。故事完成技术有不同的版本（Koppitz，1982；Thomas，1937），但总的来说，它涉及编写与被评估儿童年龄和性别相同的"假设儿童"的故事。其中举了一个例子：一个男孩和他的父母坐在桌边，父亲突然生气了，为什么（Koppitz，1982）。这类故事旨在探索孩子的白日梦、幻想、态度和防御机制，并且以此分析它们的重要主题。

投射绘画　投射绘画可能属于最古老的投射类评估程序之一，经常用于儿童和青少年（Weiner & Greene，2011）。与其他投射方法一样，绘画被认为包含有关儿童的自我概念、动机、关注点、态度和欲望的非言语线索和象征性信息（Cummings，1986）。最常见的投射绘画技术之一是人像绘画测验（Draw-a-Person，DAP；Machover，1949）（见

图 14-4　Draw-a-Person 人像绘画技术示例

图 14-4）。在这种技术中，只需给孩子一张纸和一支铅笔，并要求他画一个完整的人物图画。图画必须在咨询师在场的情况下创作。

　　绘画完成后有一个询问过程，在这个过程中，施测者会询问受测者有关绘画的问题，例如，"给我讲一个关于这个人的故事""这个人在做什么"或"这个人感觉如何"。问题的答案及图画本身将用于形成关于儿童人格和功能的各种假设和解释。虽然有许多方法可用于对人像绘画进行评分，但最常用的是科皮茨发展评分系统（Koppitz，1968）。科皮茨发展评分系统关注儿童绘画中的 30 个情绪指标。情绪指标是指绘画中的特定细节（如人物形象的大小、透明的身体、交叉的眼睛、暴露的牙齿、切断的手、没有眼睛等），用于区分适应正常的儿童和情绪紊乱的儿童。三个或更多情绪指标的存在可能表明孩子有潜在问题或存在适应不良情况。例如，成绩不佳可能反映在身体各部分整合不良、怪物或怪诞人物、遗漏身体、遗漏手臂或遗漏嘴巴上（Koppitz，1982）。一个充满敌意、好斗儿童的人像绘画可能表现出高大的身材、透明的身体、交叉的眼睛或牙齿、长长的手臂、大手或生殖器。抑郁、内向儿童的人像绘画的特征是人物身材矮小和手臂短，没有眼睛。表 14-5 给出了一些解释人像绘画的一般原则。

表 14-5　解释人像绘画的一般原则

维度	解释
图形在页面上的方位 / 位置	
中心	正常、理性、有安全感的人
右上	理智化倾向、可能抑制情绪的表达
左上	冲动行为、对即时情感需求的满足有驱动力、对过去的导向
纸上方	高度的抱负、极端的乐观
纸下方	不安全感、自尊水平低、抑郁倾向、失败主义态度
在下边缘	需要支持、缺乏自信
图的大小	
异常大	侵略性、扩张性或浮夸的倾向，发挥潜力
异常小	自卑感、胆怯感、不安全感、效率低下、压抑、压力下的抑郁行为

（续表）

维度	解释
铅笔压力，笔画 / 线条质量	
沉重的笔触	紧张、精力充沛、强硬和见诸行动倾向
轻巧、粗略的笔触	犹豫、优柔寡断、胆怯、没有安全感的人，内敛的性格、低能量水平
阴影笔画	焦虑
长笔画	控制行为、抑制
短笔画	冲动行为
直线，不间断的线条	坚定和果断的行为
可变笔画	灵活、适应性强的人
图形的组织和对称性	
奇异	分裂样倾向
框住	难以控制生活、依赖外部结构或组织
封装的元素	渴望从生活中消除冲突
极度对称	强迫症、防御性、冷漠、疏远、高血压和完美主义倾向
缺乏对称性	不安全感、冲动控制差、不平衡的自我概念
擦除	
过度的	不确定性、优柔寡断和不安，强迫人格
偶尔 / 为了画好	灵活性、令人满意的调整
局部的	冲突或担心该区域所代表的内容
细节	
缺乏	身心失调、高血压疾病或抑郁和退缩
过度	强迫倾向、僵硬和 / 或焦虑、高度情绪化
奇异的	精神病迹象
透明 /X 光图	精神分裂症或躁狂症倾向、判断力差、以性器官表明的性障碍
裸体	偷窥或裸露倾向
扭曲和遗漏	
扭曲	困惑、精神病或精神分裂症倾向
遗漏	冲突、否认
透视	
自下而上	拒绝、不快乐或自卑、退缩倾向
自上而下	优越感、弥补潜在不足的感觉
遥远	无法接近、渴望退缩
亲密	人际温暖、心理通达
阴影	
阴影区域	焦虑

（续表）

维度	解释
完全缺失	人格障碍
颜色	
红色	问题或危险、愤怒或暴力反应、需要温暖和关爱
橙色	外向、对外部世界的情绪反应、生死斗争、矛盾心理
黄色	开朗、理智化倾向、缺乏抑制、膨胀、焦虑
绿色	调节情感倾向、健康的自我、平和、安全
蓝色	安静、冷静、控制良好、冷漠、疏远、逐渐消失或退缩
紫色	内在情绪和情感刺激、情感内化、大胆的外表、需要控制或占有
棕色	感性、安全、固着、僵化、接触自然
灰色	不参与、压抑、否认、情绪中立
白色	被动、空虚、人格解体、与现实失去联系

另一种投射绘画技术是房 – 树 – 人技术（Buck，1948）。在这种技术中，孩子需要在不同的纸上分别画一座房子、一棵树和一个人（见图 14-5）。房子绘画可唤起孩子对他们的家庭生活和家庭关系的感受。画一棵树会引起人们对内在优势或劣势的感觉。画的人会揭示儿童对自我的看法（自我概念）。

图 14-5　房 – 树 – 人绘画示例

家庭图也是一种投射绘画技术，它提供了一种非威胁性方式，可评估儿童对其家庭的看法。例如，家庭动力绘画要求孩子画一张包含每个家庭成员的图画，包括孩子自己及家庭成员正在做的事情（Burns & Kaufman，1970）。家庭图的使用强调家庭成员从事的活动，因此涉及"动力学"（kinetic）这个术语。绘画完成后会进入询问阶段，需要孩子（1）解释每个人物是谁（如姓名、年龄、与孩子的关系）；（2）描述所有的人物，他们在图画中在做什么，他们的感受，以及他们在想什么；（3）讲述一个故事，包括在图画中人物呈现动作之前发生的事情及接下来发生的事情。除了人物的位置、彼此之间的距离及人物之间的障碍物（Knoff & Prout，1985）之外，咨询师还可以根据图画中人物的动作、图画的风格和使用的符号（Burns & Kaufman，1972）对家庭图进行分析和解释。

结构化工具和投射工具的议题 尽管大多数评估主题的图书将人格问卷分为结构化（客观化）工具和投射工具两种，但一些学者认为这两个术语都具有误导性（Ortner & Schmitt，2014）。例如，作为一个单词，客观（objectivity）意味着中立和公正。然而，客观化工具只是从计分者的角度来看是客观的——受测者根据自己的观点完成测验，这一点肯定是不客观的。事实上，客观指的是不需要施测者依靠自己的判断来对受测者的回答进行分类或解释（题目类型如多项选择题、是/非题）。而投射这一术语通常涉及一种工具，在这种工具中，刺激是一项任务或活动，它被呈现给个体，个体需要在最少的外部指导或约束下产生反应。投射工具要求受测者在模棱两可的情况下给出回答，因此，他们会投射或提出带有他们人格特征的元素（Meyer & Kurtz，2006）。

另一个议题是投射工具是否具有足够的信度和效度来证明其使用的合理性。人们对罗夏墨迹测验的评价褒贬不一，而主题统觉测验和投射绘画通常无法为其信度和效度提供研究支持。尽管许多心理学家、咨询师和其他助人专业人员仍然相信这些工具可以帮助他们更好地了解受测者，但投射工具的使用已大大减少。在某些情况下，例如，在对儿童的评估中，研究人员呼吁不使用投射技术（Duvoe & Styck，2014）。

聚焦积极心理学的人格问卷

有些人格问卷以积极心理学为基础，并评估人格的积极方面（Spielberger & Butcher，2013）。一些研究人员认为，个体的幸福感或对生活的满意度是评估心理健康和心理咨询成功与否的重要标准。因此，积极的人格变量包括那些与幸福感或满意度相关的生活质量变量，例如，自我效能、心理弹性、应对技巧、生活幸福感和满意度。生活质量问卷（Quality of Life Inventory，QOLI）和生活满意度量表（Satisfaction with Life Scale，SWLS）是聚焦积极心理学的人格问卷的例子。

许多聚焦积极心理学的问卷专门用于评估自尊。我们将自尊定义为人们评价自己的方式及基于这些评价对自己做出的判断。罗森伯格（Rosenberg，1965）给自尊下了更广泛的定义，即对自己有利或不利的态度。自尊是心理咨询和心理学中的一种流行构念，它与特定的人格特质（如羞耻）、行为、学业成就、焦虑和抑郁有关。评估自尊的问卷有库伯史密斯自尊量表（Coopersmith Self-Esteem Inventory）、第二版皮尔斯－哈里斯儿童自我概念量表（Piers-Harris Children's Self-Concept Scale，2nd Edition）、第三版无文化取向自尊问卷（Culture-Free Self-Esteem Inventory，3nd Edition）、第二版田纳西自我概念量表（Tennessee Self-Concept Scale，2nd Edition）、多维自尊问卷（Multidimensional Self-Esteem Inventory）和罗森伯格自尊量表（Rosenberg's Self-Esteem Scale）等。

生活质量问卷　该问卷（Frisch，1994）是一个简短但全面的、衡量个体对生活整体满意度的问卷。人们的生活满意度取决于他们的需求、目标和愿望在生活的重要领域得到满足的程度。该问卷包含32个题目，要求受测者描述他们生活中某些方面（如工作或健康）的重要性及他们对这些方面的满意程度。该问卷可得出总体生活质量得分（以T值和百分等级报告），分为极低、低、中等或高4类。这份问卷还给出了16个生活领域（如健康、自尊、爱情、工作等）的加权满意度评分。满意程度由−6分（极度不满意）至6分（极度满意）的评分代表，最终汇总在一份档案报告中。负的加权满意度评分表示个体在该领域可能需要治疗的帮助；−6分和−4分被认为是最令人担忧和紧迫的领域。

库伯史密斯自尊量表　该量表（Coopersmith，1981）评估一般情况下和特定情况下（社会、学术和个人情况）人们对自我的态度。它最初是为儿童设计的，借鉴了卡尔·罗杰斯以前使用过的量表。

该量表分为8~15岁学生版和16岁及以上成人版。它由与一般自我、社会自我/同龄人、家庭/父母、学校/学术相关的自尊量表，以及一个谎言量表组成。受测者通过选择"像我"或"不像我"来回答。表14-6展示了库伯史密斯自尊量表学生版中的题目示例。

表 14-6　库伯史密斯自尊量表学生版中的题目示例

像我	不像我	
		1. 和我在一起很有趣
		2. 我常常希望我是别人
		3. 我对自己很自信
		4. 我什么都不担心
		5. 我在学校的表现没有我想的那么好

第二版皮尔斯–哈里斯儿童自我概念量表　该量表是一个60项自我报告量表，用于评估7~18岁个体的自我概念（Piers & Herzberg，2002）。它可以纸笔或计算机的

方式作答，通常需要个体在 10 ~ 15 分钟内完成量表。该量表提供总体自我概念（Total-TOT）的一般测量和 6 个子量表的测量：行为调整（BEH）、智力和学校状况（INT）、外貌和属性（PHY）、免于焦虑（FRE）、受欢迎程度（POP），以及幸福感和满意度（HAP）。

1.行为调整（BEH）：行为调整子量表衡量承认或否认在家庭或学校有问题的行为。

2. 智力和学校状况（INT）：智力和学校状况子量表衡量个体对自身智力能力和学业成绩的评价。

3. 外貌和属性（PHY）：外貌和属性子量表衡量个体对其外貌、领导力和表达想法的能力等属性的评价。

4. 免于焦虑（FRE）：免于焦虑子量表衡量个体的焦虑和消极情绪水平。

5. 受欢迎程度（POP）：受欢迎程度子量表衡量个体对自身社会功能的评价。

6. 幸福感和满意度（HAP）：幸福感和满意度子量表衡量个体对生活的幸福感和满意度。

第二版皮尔斯－哈里斯儿童自我概念量表的题目是 2 年级阅读水平的简单描述性句子（如 "我在学校表现良好"）。个体通过选择 "是" 或 "否" 来表明每个项目是否适用于他们。分数报告为 T 值和百分等级，分数越高表示自我概念越好（高自尊或自爱），而较低的分数与更消极的自我概念相关。在 6 个子量表上，分数可分为极低（ T 值 ≤ 29 ）、低（ T 值为 30 ~ 39 ）、一般低（ T 值为 40 ~ 44 ）、平均水平（ T 值为 45 ~ 55 ），以及高于平均水平（ T 值 ≥ 56 ）。总量表（TOT）分数对极低、低和平均水平排名使用相同的分类。但在平均水平之后的分类方式发生了变化，增加了高平均（ T 值为 56 ~ 59 ）、高（ T 值为 60 ~ 69 ）和非常高（ T 值 ≥ 70 ）。

其他自尊量表　还有许多自尊量表可供咨询师使用。如第三版无文化取向自尊问卷，它是一套自我报告量表，用于衡量 6 岁 0 个月至 18 岁 11 个月的儿童和青少年的自尊。它由三个不同版本组成：6 ~ 8 岁儿童采用初级版，9 ~ 12 岁的青少年采用中级版，13 ~ 18 岁的青少年采用青少年版。三种版本都提供了全面自尊系数。中级版和青少年版量表提供四个方面的分数：学术自尊、一般自尊、父母 / 家庭自尊和社会自尊。青少年版量表提供了一个额外的自尊分数：个人自尊。原始分数可以转换为标准分数、百分等级和描述性分类。

第二版田纳西自我概念量表（Fitts & Warren，1996）测量 7 ~ 90 岁个体的自我概念，并提供成人和儿童两种形式的量表。成人量表适用于 13 岁及以上的个体，儿童量表适用于 7 ~ 14 岁的个体。每种形式都可以在 10 ~ 20 分钟内完成团体或个体测量。该量表包含 15 个维度分数，包括自我概念分数（身体、道德、个人、家庭、社会和学

业 / 工作）、补充分数（身份、满意度和行为）、总结分数（总自我概念和冲突）和效度分数（不一致的反应、自我批评、假装和响应分布）。

多维自尊问卷（O'Brien & Epstein，2012）是一个 116 项的李克特表，用于衡量自尊。该问卷提供的分数领域包括：（1）全面自尊；（2）自尊的 8 个组成部分（能力、可爱、讨人喜欢、个人力量、自我控制、道德自我认可、身体外观和身体功能）；（3）身份整合（身份感）；（4）防御性自我强化（衡量美化个人自尊倾向的效度量表）。

反应风格

人格评估中的反应风格（也称为反应偏差）是指受测者以某种特定方式对某一题目做出反应，从而歪曲了测验结果。反应风格是人格评估的一个重要方面。由于大多数人格评估工具都是自我报告式的，因此个体有可能会根据评估的目的歪曲他们的反应以给人留下深刻印象，或者歪曲他们的反应以暗示他们的功能不佳（Ray et al.，2013）。例如，正在被评估以确定是否适合作为父母的个体可能倾向于为题目选择令社会满意的答案。在这种情况下，个体可能会"假装善良"，因为他们对自己的行为有所防备，并渴望与孩子团聚。有时选择是无意识的表达，有时选择是有意的表达，有些人故意以导致病态或不良情况的方式回答问题，在这种情况下，他们可能被一些动机推动来表现出比实际情况更严重的症状。例如，假设你是一名咨询师，正为法院系统对个体做出评估，以确定他们是否应该因谋杀而受审。如果个体可以证明他们的心理健康问题损害了他们判断是非的能力，那么他们就可以避免被起诉。在这种情况下，装病就很可能发生。

有些受测者可能更倾向于对题目给出"是"或"正确"而不是"否"或"错误"的回答，而其他人可能会随机回答问题。反应偏差带来的问题在于，受测者没有提供诚实、准确的答案，这可能会使结果可疑甚至无效。例如，假设你正在对一名接受心理咨询服务的青少年进行评估。该个体可能不太愿意参与评估过程。他可能不会全力以赴完成评估，而可能只对所有题目回答"是"。当然，除了对所有题目都回答"是"以外，受测者还可能出现更多的反应方式。常见的反应方式如下（Cohen, Swerdlik, & Sturman，2012）。

- 社会期望：选择最有利于自己的回答。
- 默许：不论题目内容如何，受测者都倾向于接受或同意陈述（将所有题目回答为"是"或"正确"）。
- 非默许：不同意任何陈述（将所有题目都回答为"否"或"错误"）。
- 异常：做出不寻常或不常见的反应。
- 极端：在评定量表上选择极端而不是中等评级。

- 赌博 / 谨慎：当对答案有疑问时进行猜测或不猜测。

所有自我报告量表都存在反应偏差，因此，测验开发者使用各种方法来尝试控制反应偏差。例如，MMPI-2 和 MMPI-2-RF 有效度量表，用于识别可能影响测验结果或使测验结果无效的受测者反应方式。爱德华人格偏好量表以社会期望为基础，采用迫选的方式来控制社会期望反应风格。换句话说，题目包括可能符合期望和不符合期望的成对短语。

总结

人格问卷是一种识别和衡量一个人的人格结构和特质，或者识别和衡量一个人特有的思维、情感和行为模式的方法（Cohen et al.，2012）。人格问卷帮助专业人员了解个体的行为，目的是对未来的行动方针做出决定，或者对这个人独特的未来行为做出预测。咨询师可以从众多的人格工具和技术中进行选择，这些工具和技术可以分为三类：结构化人格问卷、投射工具和技术，以及评估人格积极方面的工具。

结构化人格问卷是标准化的自我报告工具，要求受测者使用一组有限选项的回答来描述他们的人格。例如，第二版明尼苏达多相人格测验、第四版米隆临床多轴问卷和加利福尼亚心理调查表等都是结构化人格问卷的示例。投射工具和技术要求受测者使用开放式回答来回答与模棱两可的刺激相关的问题。这方面的例子包括罗夏墨迹测验、主题统觉测验、言语投射技术和投射绘画。一些人格问卷（如自我概念量表）是专门为衡量积极的人格特质而设计的。

问题讨论

1. 开发人格问卷的方法有多重要？一种方法比另一种方法更有优势吗？解释你的答案。

2. 反应偏差是人格问卷的主要问题。你将如何以最大程度地减少诈病的方式构建人格问卷？你相信每个人都会在人格问卷上作假吗？详述你的答案。

3. 从食物选择到职业选择，再到音乐喜好，有各种各样的题目内容可以测量人格维度。你认为题目的内容在评估人格方面有多重要？

建议活动

1. 在操作上定义一个人格结构并设计一种测量该结构的方法。开发一些初步题目并将它们交给你的朋友回答。受测者对测验形式的反应如何？

2. 找出你感兴趣的人格问卷。批判性地对其进行分析。阅读《心理测量年鉴》和

《测验评论》中的测验评论。

3. 采访使用人格问卷的助人专业人员，了解他们经常使用哪些人格问卷，并了解其为什么使用该人格问卷。

4. 回顾关于当前人格评估的一个议题的研究，并针对你的发现写一篇批判性的分析。

5. 为适合你当前或未来领域的人格问卷制作带注释的参考书目。

6. 九型人格活动：在这个九型人格练习中，下表显示了九型人格和四组描述每种类型的形容词。

（1）按照从1（最不像我）到9（最像我）的排序对每组中的每个形容词进行排名。不许重复（每个等级对于每个组中的每个形容词只能使用一次）。

（2）阅读九行中的每一行，将四组的总分相加。看看你的高分和低分，然后返回表14-4给出的九型人格类型并查看九种类型的描述。第1行给出完美者的分数，第2行给出助人者的分数，依此类推。确定你得分最高的九型人格类型。

（3）在小组中讨论你的结果。你是否认为你的九型人格类型符合你的性格类型？请解释。

九型人格

类型	第一组	排名	第二组	排名	第三组	排名	第四组	排名	总分
1	有原则的		有序的		完美主义的		理想主义的		
2	关怀的		慷慨的		有控制欲的		助人的		
3	适应性强的		有野心的		注重形象的		务实的		
4	直觉的		个人主义的		自我关注的		内敛的		
5	敏锐的		原创的		启发性的		理智的		
6	有魅力的		负责任的		戒备的		注重安全的		
7	热情的		有才华的		过度的		忙碌的		
8	自信的		乐观的		坚定的		果断的		
9	随和的		稳重的		易接受的		值得信任的		

7. 观察下面的修订版大五人格问卷（NEO PI-R）的分数得分范围，并回答以下问题。

（1）你如何描述这个人的人格？

（2）NEO PI-R缺失效度和说谎量表将如何影响你解释该工具的结果？

NEO PI-R 维度	得分范围
神经质	低

外倾性	极高
开放性	高
尽责性	高
宜人性	高

15 | 第十五章

临床评估

学习目标

学习本章之后，你将能够做到以下几点。

- 描述和解释临床评估的目的。
- 定义精神障碍。
- 描述《精神障碍诊断与统计手册》(第五版)(DSM-5)，并解释其在临床评估中的用途。
- 说明维度评估的使用。
- 描述结构化、半结构化和非结构化访谈在临床评估中的使用。
- 描述精神状态检查。
- 列出并描述常用的临床评估工具。
- 列出自杀的危险因素和警告信号，并解释如何评估自杀风险。
- 描述观察在临床评估中的价值。
- 描述神经心理学评估。
- 探讨临床评估中的文化因素。

"临床评估"这个术语通常指应用评估程序来(1)诊断精神障碍；(2)制订干预计划；(3)监测心理咨询进展；(4)评价心理咨询结果。传统上，临床评估是在精神健康环境中使用的，涉及咨询师收集来访者的相关信息，组织和整合数据，并利用他们的临床判断来形成对来访者的诊断。此外，咨询师还会利用临床评估来制订干预计划，监测来访者在心理咨询过程中的进展并评价心理咨询结果。虽然临床评估主要应用于精神健康环境中，但所有的咨询师都必须理解这一过程，并能够解释临床评估的信息。临床评估结果为各种环境下的咨询提供了信息。与所有评估一样，临床评估包含了多种数据收集工具和策略及多种信息来源。

临床评估的基础

临床评估通常能够回答如"这个来访者有精神障碍吗"和"如果有，诊断结果是什么"这样的典型问题（Cohen，Swerdlik，& Sturman，2012）。临床评估的一个重要功能是诊断精神障碍。

精神障碍在美国及国际上很常见。在美国，大约有 26.4% 的 18 岁及以上的美国人在特定的一年内患有可诊断的精神障碍（Demyttenaere et al.，2013），大约有 20% 的儿童和青少年患有精神障碍。

诊断中的政策议题

诊断精神障碍已经成为许多咨询师[①]工作中不可或缺的一部分。虽然咨询师接受了诊断方面的培训，但（美国）各州的法律在诊断特权方面的规定各有不同。例如，在得克萨斯州，咨询师能够进行评估。然而，在路易斯安那州，除非得到由州医学检查委员会颁发执照的专业人员的督导，否则专业咨询师无法诊断严重的精神障碍（《路易斯安那州精神健康咨询师执照法》，Louisiana Mental Health Counselor Licensing Act，1987）。同一个咨询师可以在某个州独立诊断，但在另一个州就必须接受督导。这些差异通常是由于政策问题而不是能力问题造成的。由于本书的目的是为你提供评估基础，因此我们对实践权限的讨论是有限的。当你准备成为专业咨询师时，对你来说查看你所在州关于执业特权的法律是很重要的。对你来说，在州和国家层面积极倡导咨询师平等也是很重要的。加入州立心理咨询协会，获得适当的资格证书，并参与心理咨询宣传工作，以上这些努力都有助于为咨询师创造一个更统一的执业范围。

确定诊断

尽管各州的咨询师在诊断方面有不同的特权，但了解诊断程序仍然很重要。为了做出对来访者的诊断，咨询师可能会在临床评估过程中使用各种正式和非正式的工具和策略。通常，咨询师先进行访谈，从访谈中收集的背景信息有助于咨询师决定采用哪些进一步的评估工具或策略。例如，一位在访谈期间抱怨受抑郁困扰的来访者可能会被要求完成一份评估抑郁症状的量表。从访谈和量表中收集的信息可以帮助咨询师诊断来访者是否患有抑郁症。

除了诊断，临床评估还可以帮助咨询师做出与治疗相关的决策。通过评估，咨询师

[①] 在中国，根据《中华人民共和国精神卫生法》，心理咨询人员不得从事心理治疗或者精神障碍的诊断、治疗。——编者注

可以明确对来访者的诊断，并根据这些信息选择对该特定诊断有效的治疗方案。例如，一位患有抑郁症的来访者可能会接受认知行为疗法的治疗，这是一种被证明在治疗抑郁症方面有效的治疗方法。认知行为疗法包括识别和纠正来访者与抑郁情绪相关的错误想法，帮助来访者提高社交能力，并增强来访者解决问题的能力。

研究人员和临床医生也可以使用临床评估来监测治疗进展和评价治疗结果。他们分析哪种治疗方法对患有特定疾病的来访者可能最有效，或者确定哪些人群能从某种治疗方式中受益最多。他们监测来访者在整个治疗过程中的进展，以记录症状的改善或恶化，以及评价治疗的最终结果。

在本章中，我们将讨论临床评估的过程。我们将从描述精神障碍的诊断开始，然后介绍有关在临床评估中使用访谈、正式工具和观察的信息。

DSM-5

临床评估的一个关键功能是诊断精神障碍。临床医生使用《精神障碍诊断与统计手册》（第五版）（DSM-5；APA，2013）中的标准来诊断疾病。DSM-5 是美国咨询师、心理学家、社会工作者、精神病学家和其他精神健康专业人员使用的官方精神障碍分类系统。使用 DSM-5 前需要接受大量培训，这超出了本书的范围。准备成为临床精神健康咨询师的人将接受异常人类行为、精神病理学和诊断方面的课程。对于其他咨询师预备专业的人来说，必须完成选修课程或继续教育才能胜任诊断过程。对于所有咨询师，我们建议他们在提升临床评估和诊断技能时，接受（美国）认证临床督导师或具有（美国）州委员会督导资质的咨询师的临床督导。虽然我们无法提供有关临床评估的深入探讨，但我们将为你介绍一些与诊断相关的知识并提供 DSM-5 中关于障碍的简要概述。

开始理解 DSM-5 前，咨询师需要理解"精神障碍"一词的含义。一般说来，精神障碍是一个复杂的结构，由影响精神健康和广泛的生物功能、社会功能、职业功能和关系功能的各种症状组成（表 15-1 给出了 DSM-5 障碍类别的描述）。DSM-5 以临床医生对特定标准的评估为依据对精神障碍做出分类。DSM-5 包含了 22 类 300 多种不同的障碍。每种精神障碍都有一系列诊断标准（症状、情绪、认知和行为），满足这些标准才能做出诊断。例如，代码为 296.21 的重性抑郁障碍可能以一系列症状为标志，如几乎每天都会失眠和感到疲劳，意料之外的体重变化，情绪低落，以及缺乏对日常活动的兴趣或乐趣。这种诊断也可以用相应的症状来描述，如焦虑不安、紧张症、季节性模式或心境协调的精神病性特征（APA，2013）。每种障碍还包括对其特征的具体描述，包括特定的年龄、文化和性别相关特征，患病率、发病率和风险，病程（如典型的终身模式），并发症，易感因素，家族模式，以及鉴别诊断（如何将这种障碍与其他类似的障碍区分开来）。DSM-5 还提供了每种障碍的代码，这有助于保存医疗记录、进行统计分析和向第三方报告。

表 15-1 DSM-5 障碍的一般分类

- 神经发育障碍
- 精神分裂症谱系及其他精神病性障碍
- 双相及相关障碍
- 抑郁障碍
- 焦虑障碍
- 强迫及相关障碍
- 创伤及应激相关障碍
- 分离障碍
- 躯体症状及相关障碍
- 喂食及进食障碍
- 排泄障碍
- 睡眠 - 觉醒障碍
- 性功能失调
- 性别烦躁
- 破坏性、冲动控制及品行障碍
- 物质相关及成瘾障碍
- 神经认知障碍
- 人格障碍
- 性欲倒错障碍
- 其他精神障碍
- 药物所致的运动障碍及其他不良反应
- 可能成为临床关注焦点的其他状况

与《精神障碍诊断与统计手册》（第四版修订版）（DSM-IV-TR）中使用的多轴诊断系统不同，DSM-5 结合了上一版本中轴 I、轴 II 和轴 III 信息（轴 I：临床障碍；轴 II：人格障碍和精神发育迟滞，参见表 15-2 对 DSM-5 人格障碍的描述；轴 III：一般医学状况），采用了非轴诊断文档编制。

表 15-2 DSM-5 人格障碍

A 类	偏执型人格障碍 分裂样人格障碍 分裂型人格障碍
B 类	反社会型人格障碍 边缘型人格障碍 表演型人格障碍 自恋型人格障碍
C 类	回避型人格障碍 依赖型人格障碍 强迫型人格障碍

咨询师使用一种新的维度评估过程来评估来访者的当前状况和疾病的严重程度。通过使用这种新的维度评估过程，咨询师提供所需的诊断信息，以确保来访者接受适当的治疗来应对他们当前的症状和障碍。

我们以朱利奥为例来说明新的维度评估过程，他是个 3 岁的男孩，父母为他的发育感到担心。朱利奥的母亲报告说，他在坐起、爬行、行走和其他方面都延迟了。朱利奥在语言交流方面有困难，但似乎能理解别人对他说的话。朱利奥的母亲没有报告任何怀孕或分娩并发症。她表示朱利奥在保持体重方面有困难，他比较挑食。朱利奥倾向于只吃某种质地的食物。此外，朱利奥对日常生活中的变化高度敏感。例如，如果父母选择了与往常不同的路线去幼儿园，朱利奥就会发脾气。朱利奥玩玩具时会采取一种不寻常的方式。例如，他不会让汽车前进，而是把它翻过来转轮子。如果朱利奥的游戏被打断，他会变得非常不安。

朱利奥的幼儿园老师报告说，朱利奥不与其他孩子互动，也不尝试进行口头交流，他似乎经常盯着远处看，似乎没有注意课堂上发生的事情。她注意到他确实做了一些口头表达，但似乎只是在重复她所说的话。

根据所收集的信息，朱利奥的 DSM-5 诊断为 2 级 299.0，并伴有语言障碍。根据 DSM-5，处于 2 级的个体需要大量的支持来治疗他们的障碍。在此案例中，朱利奥存在明显的语言交流障碍、社交障碍，他对他人社交提议的反应减弱、行为缺乏灵活性并存在其他症状。虽然他能够在幼儿园学习，但并不成功。他需要大量的干预和支持来管理他目前的行为并在发展阶段上取得进展。

DSM-5 的推出引发了争议，这种争议不会在短时间内被消除。从 DSM-IV-TR 到 DSM-5 的变化是巨大的，并面临许多挑战。DSM-5 的批评者坚持认为，这个版本缺乏推动众多变化的科学性（Whitbourne，2013）。包括医疗保险和医疗补助服务中心在内的几个组织一直强烈反对这些变化，以至于他们现在要求使用《国际疾病分类手册》（*International Classification of Disease Manual*，ICD）来取代 DSM-5（Whitbourne，2013）。ICD 是由世界卫生组织（WHO）开发和出版的诊断系统，截至撰写本文时已更新到第 11 版。自 19 世纪末开始使用的 ICD 系统与 DSM 相似，都为临床医生提供了对疾病和诊断进行分类的方法。然而，DSM 更适合临床使用，因为它增加了症状、标准和定义，并扩展了诊断（Foley，2016）。然而，熟悉这两种诊断工具对于临床医生来说是有帮助的，因为保险公司通常除了依赖 DSM 诊断代码外，还会依赖 ICD 代码。

作为一名专业咨询师，你很可能会使用 DSM-5 进行诊断，也可能需要了解另一位助人专业人员给出的诊断。因此我们将回顾一些常见的对 DSM-5 优缺点的评价。对

DSM-5 的批评之一是在严重性指标中纳入了轻度类别。许多人认为这样的分类将导致常见现象的病理化。例如，轻度神经损伤的诊断可能很难与老年人的平均认知变化区分开来（Whitbourne，2013）。除了对 DSM-5 的批评外，DSM 所有版本也受到了整体批评，原因如下：（1）它强调病理症状；（2）管理式护理组织倾向于使用分类来拒绝患者对正常冲突的治疗需求或对长期护理的需求；（3）它具有强烈的医学导向，与咨询师所信奉的健康哲学背道而驰（Remley & Herlihy，2013）。对 DSM-5 的进一步解释超出了本书的范围。其他信息来源可提供有关 DSM-5 和诊断的信息（参见 Seligman & Reichenberg，2014）。

当然，DSM-5 的变化也有积极的一面。与之前所有版本一样，DSM-5 在临床实践中有一些独特的优势：（1）它提供了一个通用的诊断系统，为精神卫生专业人员之间的交流提供便利；（2）它包含了对文化、年龄和性别特征的关注；（3）严重程度指标要求从业者考虑影响患者功能障碍的各种身体、社会心理和环境情况。无论你如何看待 DSM-5 较过往版本的变化，都必须深入研究它，并在诊断过程中打下坚实的基础。

在回顾了障碍的分类方式后，我们将转向确诊过程。正如本书中回顾的其他领域一样，评估是用于得出临床答案的主要过程。临床评估的形式很多，有些评估形式的使用频率比其他评估形式更高。在本章的其余部分，我们将探索用于诊断的各种方法（如访谈、精神状态检查、标准化评估工具等）。

临床评估中的访谈

初始访谈是临床评估中的一个基本组成部分。就像任何评估工具或方法一样，访谈有明确的目的，即收集关于个人的数据或信息。在临床评估中，访谈通常被称为临床访谈或诊断性访谈，它与测验和观察相结合，目的是收集关于来访者的背景和所呈现问题的足够信息，以便制订诊断和治疗计划。如第四章所述，访谈的结构化程度可以有所不同。一些访谈更灵活，允许来访者讨论他们想讨论的任何话题，而另一些访谈是高度结构化和以目标为导向的。就结构而言，访谈可以分为结构化、半结构化和非结构化访谈。每种类型都有其优缺点，但这三种类型访谈的主要目的都是获取来访者的相关信息。

结构化访谈在《精神障碍诊断与统计手册》（第四版）（DSM-IV）发布后激增。正如我们在前文讨论的那样，结构化访谈由一组特定的问题组成，这些问题用于确定一个人是否符合特定精神障碍的诊断标准。咨询师必须严格按照书面形式阅读所有问题，不得偏离正文。有些结构化访谈用来评估儿童、青少年或成年人的各种精神障碍。结构化访谈示例如下。

- 复合性国际诊断访谈（CIDI）。
- DSM-5 结构化临床访谈（SCID-5）。
- 创伤后应激障碍结构化访谈（SIP）。
- 物质使用障碍诊断表（SUDDS-5）。

半结构化访谈的统一性比结构化访谈低，这让咨询师有更多的机会去探索和扩展来访者的反应。虽然半结构化访谈规定了一组预先确定的问题，但咨询师有一定的灵活性，可以改变问题的措辞或提出额外的问题以求澄清。许多半结构化访谈被称为生物 – 心理 – 社会访谈，因为它们从整体的角度深入研究个人的历史。一些临床医生和机构开发了他们自己的生物 – 心理 – 社会访谈，但也使用一些半结构化的诊断性访谈。

关于用于临床评估的半结构化访谈，一个著名的例子是 DSM-5 结构化临床访谈（SCID-5；First，Williams，Karg，& Spitzer，2015）。SCID-5 专门用于帮助确定 DSM-5 诊断，它分为几个模块，每个模块包含与特定疾病直接对应的访谈问题。虽然它的标题包括术语 "结构化"，但 SCID-5 被认为是半结构化访谈，因为咨询师可以根据来访者的理解来定制问题，或提出额外的问题以求澄清，或甚至只使用访谈的特定部分。例如，如果你有一位有临床抑郁症病史的来访者，他正在寻求帮助来治疗抑郁症，那么你可能只想使用心境障碍模块来专门询问有关抑郁症症状的问题，并确认现有的诊断。SCID-5 有几个版本，包括临床版（SCID-5-CV）、研究版（SCID-5-RV）和人格障碍诊断版（SCID-5-PD）。访谈时间从 15 分钟到 90 分钟左右不等，具体取决于访谈的模块数量。

用于诊断的其他半结构化访谈的例子包括以下内容。

- 情感障碍和精神分裂症儿童诊断表（K-SADS）。
- 儿童和青少年半结构化临床访谈（SCICA）。

非结构化访谈是临床评估中最常用的访谈类型。人们之所以视其为非结构化的，是因为这类访谈没有对提问的方式或记录答案的方式进行标准化。定制问题和决定如何记录反应的是咨询师（Jones，2010）。虽然非结构化访谈是灵活的，但它并不是没有方向或形式的。咨询师通常评估几个一般领域，如所呈现的问题、家庭背景、社交和学术历史、医学史和药物使用史等（第四章的表 4-3 提供了对访谈的一般领域的描述）。正如你可能猜到的那样，一次非结构化访谈需要一位知识渊博、技术娴熟的临床医生来管理访谈过程的各个方面，并将在 "诊断决策树" 的各部分收集的信息整合在一起。

作为临床评估的一部分，与精神障碍诊断相关的主题将在非结构化访谈中讨论。例如，其中一个领域涉及收集有关来访者 "呈现问题" 的信息，这是来访者的主要问题或困扰。对于临床评估，咨询师可能会重点询问心理症状（如抑郁或焦虑），以及职业 / 学校功能和社会功能，以帮助确定 DSM-5 诊断。此外，咨询师还会从以下三个主要方面询问来访者（APA，2013；Seligman & Reichenberg，2014）。

1. **发病 / 病程** 问题是从什么时候开始的？来访者是否有过感觉更糟或更好的时候？有什么特别的模式吗？

2. **严重性** 问题是否影响来访者的生活（如工作、人际关系和休闲）和 / 或导致痛苦或苦恼？

3. **压力源** 来访者是否认为一些外部事件导致了问题？是否有压力性生活事件与该问题有关？

临床评估中的非结构化访谈也可能包括关于发育史的问题，特别侧重于从童年期到成年期与当前或潜在心理健康问题的发展相关的风险因素；有关虐待儿童、家庭暴力和来访者家族中精神疾病的问题；有关物质使用的问题，如过去和现在的酒精或药物（包括处方药）使用情况、消费水平，以及物质使用所产生的任何后果（如法律问题、失业和经济困难）。

精神状态检查

精神状态检查（mental status exam，MSE）是临床评估的重要组成部分。这是一个观察和描述来访者精神状态的结构化程序，包括对来访者的外观、言语、行为、情绪、感知和想法的检查。MSE 的目的是提供关于来访者精神状态的广泛描述，再将其与从临床访谈中获得的背景信息相结合，从而帮助咨询师做出准确的诊断。MSE 最初是根据医学体检建立的，就像体检旨在检查患者的身体和主要器官系统，MSE 则旨在检查精神功能的主要系统（Dickerson & Atri，2014）。在临床评估中，当临床医生怀疑来访者可能有某种程度的智力残疾时就会使用 MSE。在医院环境中，精神科医生要求对急性精神障碍患者进行每日 MSE 的做法并不少见（Sommers-Flanagan & Sommers-Flanagan，2013）。事实上，MSE 是大多数医疗机构的基本程序。任何想要从事医疗心理健康领域工作的人都应该具备 MSE 报告方面的知识。以下是对 MSE 的几个一般类别的描述（Sadock & Sadock，2007）。

- **外观** 来访者的穿着打扮如何（如整洁、凌乱、蓬头垢面）？
- **行为 / 心理运动功能** 来访者是否表现出动作缓慢、不安或焦躁？来访者是否有任何异常行为，如抽搐、怪癖或手势？
- **对检查者的态度** 来访者对检查者的态度：合作、友好、专注、防御、敌对、回避、谨慎，等等。

- **情感和情绪**　来访者是否有悲伤、愤怒、抑郁或焦虑等情绪？来访者在情绪上有反应吗？情感与情绪一致吗？

- **言语**　来访者的话量、反应速度和质量如何（如话量极少，大部分用"是"或"不是"来回答；健谈的；快速／强制言语）？

- **知觉障碍**　来访者是否有幻觉？如果是的话，涉及什么感觉系统（如听觉、视觉、嗅觉、触觉）？

- **思维**　来访者在思维过程中是否受干扰，包括思维的速度以及思维的敏捷性和灵活性（如思维奔涌、思维奔逸、思维插入）。思维内容中是否存在任何干扰，如妄想、强迫观念、先占思维、自杀或杀人想法？

- **定向力**　来访者是否知道（1）日期和时间，（2）他们在哪里，以及（3）他们周围的人是谁（如以时间、地点和人为导向）？

- **记忆**　来访者的短时记忆（如他们早餐吃了什么）和长时记忆（如对童年的记忆）如何？

- **专注力和注意力**　来访者的专注力或注意力是否受损？来访者是否容易分心？

- **信息和智力**　来访者能否完成对符合其受教育水平和背景的智力任务？

- **判断和洞察力**　来访者是否具备社会判断能力？来访者是否了解其疾病的性质？

- **可靠性**　来访者报告他们的情况的准确性如何？

一个知名的精神状态筛选测验名为简易精神状态检查（Mini Mental Status Examination，MMSE；Folstein, Folstein, & McHugh, 1975）。之所以称为"简易"，是因为它只关注心理功能的认知方面，而排除了关于情绪、知觉障碍和思维过程／内容的问题。因此，该测验通常用于评估阿尔茨海默症或其他形式的痴呆症。MMSE 由 11 个问题组成，测量 5 个认知功能领域：定向力、记忆力、注意力和计算、回忆，以及语言（以定向力和记忆力为项目示例的内容见表 15-3）。因为神经认知问题可能会影响大脑功能的一个方面，但不会影响另一个方面，所以重要的是从每个领域都要收集信息。例如，受测者可能知道他们的名字和位置，但不知道年份。我们强调，像 MMSE 这样的筛查工具并不适合作为诊断的唯一依据，但它可以作为对广泛认知功能的简要概述，并可以筛查是否需要进行更彻底的神经心理学评估。MMSE 的最高得分为 30 分。得分 23 分或更低表明有严重的认知障碍。MMSE 的测量只需要 5 到 10 分钟，因此可以重复使用和常规使用。

表 15-3　以定向力和记忆力为示例的精神状态检查项目

项目	说明	目的
定向力	今天是几号	评估来访者的定向力
记忆力	仔细听，我要说三个词。等我说完请你重复一遍。准备好了吗？开始，苹果（停顿），硬币（停顿），表格（停顿）。现在把这些话重复给我听	评估来访者的瞬时回忆和记忆

Source: Reproduced by special permission of the publisher, Psychological Assessment Resources, Inc., 16204 North Florida Avenue, Lutz, Florida 33549, from the Mini Mental State Examination, by Marshal Folstein and Susan Folstein, Copyright 1975, 1998, 2001, by Mini Mental LLC, Inc. Published 2001 by Psychological Assessment Resources, Inc. Further reproduction is prohibited without permission of PAR, Inc. The MMSE can be purchased from PAR, Inc. by calling (813) 968-3003.

用于临床评估的工具

临床评估中使用的正式工具的主要类型包括问卷和量表，两者都属于人格测验的范畴。

临床评估所用的问卷和量表是以病理为焦点的，用于检测临床问题或心理症状，如抑郁、焦虑、幻觉和妄想等。事实上，其中的许多工具都直接与 DSM 分类系统相对应。例如，第四版米隆临床多轴问卷（MCMI-IV）中的量表被分成人格和精神病理学两个类别，它们与 DSM 病因学是一致的。第二版贝克抑郁量表（BDI-II）是另一个例子，它是专门为评估 DSM 中列出的抑郁症状而开发的。许多临床测验检测受测者的得分是否在临床范围内，而临床范围指的是与经历精神病理症状的个体样本相一致的得分范围。例如，如果一位来访者的得分在贝克抑郁量表的临床范围内，则表明他正在经历类似于抑郁症个体的标准样本的症状。

用于临床评估的工具可聚焦宽领域（评估一系列症状和问题），也可聚焦窄领域（评估一组特定的症状或问题）。第二版明尼苏达多相人格测验（MMPI-2）、第四版米隆临床多轴问卷（MCMI-IV）和 90 项症状清单修订版（SCL-90-R）是评估一系列成人心理病理症状的宽领域测验的例子。此外，有成百上千的窄领域测验可用于评估特定类型的症状。下面我们将提供一些更知名的临床测验的信息。

贝克抑郁量表第二版（BDI-II）是为测量 13 岁及以上人群抑郁症严重程度而使用最广泛的工具。来访者大约需要 5 到 10 分钟来完成由 21 道题目组成的自我报告量表。量表内容对应 DSM-5，包括以下内容：（1）悲伤，（2）悲观，（3）过去的失败，（4）失去快乐，（5）内疚，（6）惩罚感，（7）自我厌恶，（8）自我批评，（9）自杀想法或愿望，（10）哭泣，（11）易激惹，（12）兴趣丧失，（13）犹豫不决，（14）无价值感，（15）精力衰减，（16）睡眠模式的变化，（17）易怒，（18）食欲的变化，（19）注意力难以集中，

（20）疲劳或疲惫，（21）对性失去兴趣。然而，由于 DSM-5 在抑郁症诊断方面有一些重大变化，因此咨询师使用时应注意最佳做法并进行多方面的评估。BDI-II 中的题目需要来访者选择最能描述他们在过去两周内感受的陈述（从 0 到 3 的四分制评分）。其简单的评分量表格式使个体能够轻松理解问题并做出适当的回答。咨询师只需将题目得分相加即可给量表打分。原始总分在 0 ~ 63 之间，0 ~ 13 分表示几乎没有抑郁，14 ~ 19 分表示轻度抑郁，20 ~ 28 分表示中度抑郁，29 ~ 63 分表示重度抑郁。BDI-II 是在临床或非临床环境中评估抑郁症的一种快速、有效的方法。出版商近期将 BDI-II 的分类降低为 B 级资格，这意味着测验使用者必须拥有心理咨询或相关领域的硕士学位，或者获得其所在（美国）州执业的许可或认证才能施测。在技术质量方面，BDI-II 已显示出较强的内部一致性信度和重测信度，以及聚合效度的证据。

90 项症状清单修订版（SCL-90-R）是一个包含 90 道题目的自我报告量表，旨在测量 13 岁及以上人群的心理症状模式（Derogatis，1994）。该量表可以通过纸和笔、磁带或电脑作答，需要 12 到 15 分钟完成。每道题目代表一种特定的心理症状（如感到害怕、精力低下、做决定困难等），这些症状被分为五个等级（0 ~ 4），从完全没有（0）到非常严重（4）。

SCL-90-R 会对三个整体指标和九个主要症状维度得出原始分数和 T 分数（Derogatis，1994）。这三个整体指数提供了衡量个体痛苦程度的指标，内容如下。

1. **整体严重性指数** GSI，该指数是问卷中 90 道题目的原始分数的平均值。它提供了衡量受测者心理状态的数字指标。一般来说，T 分数在 63 分或以上表明受测者存在达到临床显著水平的心理问题。

2. **阳性症状均分**（PSDI），这一指数是对症状强度或严重程度的衡量。例如，如果受测者的 PSDI 评分是 2.5 分，那么得分在 0 分以上的所有项目的平均值都在 2 分（中等）到 3 分（偏重）之间。PSDI 得分越高，说明症状严重程度越高。

3. **阳性症状总数**（PST），这是得分在 0 分以上的项目数量。PSDI 是对症状严重性的衡量，而 PST 指数代表症状的数量（或广度）。例如，如果受测者的 PST 的原始分数是 60 分，这意味着在 90 道题目中，该受测者得分为 1 ~ 4 分的题目数量为 60。PST 得分低表明症状相对较少，而 PST 得分高则表明有一系列广泛的症状。

九个主要症状维度代表了不同的心理症状类型。如果在两个或两个以上的症状维度上 T 得分为 63 分或 63 分以上意味着达到心理困扰的"临床显著"水平。这些主要症状包括以下这些。

1. **躯体化**（SOM）：这一维度反映了对身体功能障碍的感知所带来的痛苦。主诉可集中在心血管、胃肠道、呼吸、大肌肉组织或其他身体部位（注意对实际题目的反应）。疼痛和焦虑都可能会出现。

2. 强迫症（O-C）： 这一维度关注的是导致痛苦的强迫思维和强迫行为。它关注持续的、不可抗拒的和不想要的冲动、思想和行动。

3. 人际敏感性（I-S）： 这一维度反映了不自在和自卑感。自我贬低、自我怀疑和人际关系中的不适在这个指数得分高的人身上表现得很明显。高分人群对与他人的人际行为有消极的期望，并且有自知力。

4. 抑郁（DEP）： 得分高反映出一系列抑郁症状，如退缩、缺乏动力、失去活力、绝望和自杀想法。

5. 焦虑（ANX）： 该指数关注焦虑的一般症状，除紧张、不安和颤抖外，还包括惊恐发作，以及恐怖、忧虑和恐惧的感觉。

6. 敌意（HOS）： 这一维度得分高表示个体有愤怒的思想、感觉和行为，如攻击性、易怒、愤怒和怨恨。

7. 恐惧焦虑（PHOB）： 这一维度关注的是与特定的人、地点、物体或情境相关的持续的、非理性的恐惧。这个维度的题目更能反映出广场恐惧症或惊恐发作，而不仅仅是恐惧症。

8. 偏执思维（PAR）： 这一维度代表了偏执思维的关键要素，如猜疑、敌意、夸大、害怕失去自主权和妄想。

9. 精神病性（PSY）： 这一维度上的题目表明一种孤僻和孤立的生活方式，以及精神分裂症的一级症状，如幻觉和思想控制。分数反映了从轻微的人际疏离到严重的精神病症状的一系列精神质。

为了解释 SCL-90-R 得分，咨询师需检查：（1）整体严重性指数；（2）主要症状维度；（3）具体项目。SCL-90-R 提供了一个临床概况，显示了整体严重性指数和主要症状维度的 T 分数和原始分数。它还提供了一份量表，列出了一些被认为相当困难或极其困难的题目（项目）。在关于杰达的案例研究中的图 15-1 给出了一个临床概况示例。SCL-90-R 的一个独特点是，个体的得分可以根据 4 个标准组进行比较和绘制：精神科门诊病人、非病人、精神科住院病人和非患病青少年。SCL-90-R 可用于对患者临床状态的一次性评估，也可反复用于记录治疗结果。

进食障碍问卷第三版（Eating Disorder Inventory-3，EDI-3；Garner，2004）是一种被广泛使用的心理特征自我报告量表，被证明与进食障碍患者的临床症状相关。问卷包括 91 道题目，分为 12 个主要量表，其中 3 个为进食障碍专门量表，9 个为与进食障碍高度相关但不是特定于进食障碍的一般心理量表。问卷可得出 6 个部分：其中一个特定于进食障碍（进食障碍风险），另外 5 个针对一般的综合心理结构（无效性、人际问题、情感问题、过度控制和一般心理失调）。

创伤后应激障碍诊断量表（PDS；Foa，1995）旨在帮助发现和诊断创伤后应激障碍（PTSD）。它包含 17 道题目，以 4 分制（从 0=根本没有或只有 1 次到 3=每周 5 次或更多次 / 几乎总是）来衡量过去一个月的创伤后应激障碍症状的严重程度。这些题目评估受测者在以下症状的严重程度——再次经历创伤的症状（如"做关于事件的噩梦"）、回避症状（如"试图不去想、不谈论事件或不让自己对事件有感觉"）和唤醒症状（如"感觉烦躁或愤怒"）——所有这些症状都与 DSM-5 中列出的 PTSD 症状相对应。该量表提供以下方面的结果。

- 创伤后应激障碍诊断（是或否）。
- 症状严重程度评分和评级，轻度 =1 ～ 10，中度 =11 ～ 20，中度至重度 =21 ～ 35，严重 > 36。
- 确认的症状数量。
- 功能损害程度（无损害、轻度、中度、重度）。

在心理测量学上，尽管利用更大的、可能在人口统计学上更具代表性的样本进行额外验证研究将会更好，但是 PDS 基本达到了有效和可靠地区分创伤后应激障碍和非创伤后应激障碍受测者的主要目标。

案例研究　杰达

杰达，25 岁，兼职图书管理员。有一天她开车去工作的途中感到非常焦虑。她心跳加速，出汗，呼吸急促，感到头晕和颤抖，感觉自己即将死亡。她把车停在路边，大约 10 分钟后恢复正常。当天，杰达继续开车上班，并能完成工作，但在接下来的几周里她经历了类似的事件。在接下来的几个月中，她一直担心再次发作，并且越来越担心在她独自开车而没有人帮助她时再次发作。她开始避免开车，甚至开始害怕独自出门。

杰达在门诊心理咨询中心寻求咨询，并在初始评估期间填写了 SCL-90-R。查看杰达的 SCL-90-R 临床资料并回答以下问题。

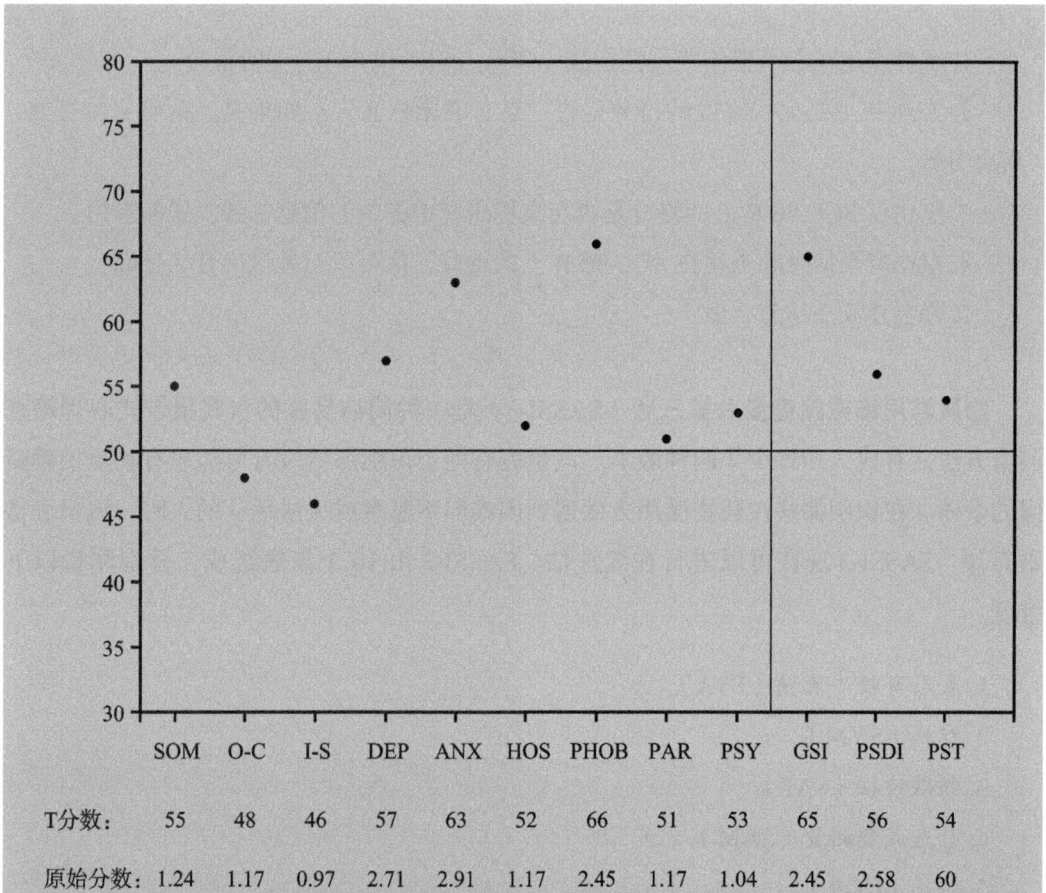

图 15-1　SCL-90-R 临床症状清单示例

症状记录

以下项目被认为是"极度"痛苦的：

13. 独自一人时会感到紧张；

25. 不敢一个人走出家门。

以下项目被认为是"相当令人痛苦的"：

39. 心跳加速；

50. 因为某些事情、地点或活动会吓到你，你不得不回避它们；

72. 恐怖或惊恐发作。

1. 解释杰达在三个整体严重性指数（GSI，PSDI 和 PST）上的得分。

2. 杰达在主要症状维度的得分是否"具有临床意义"？如果是，请确定维度并解释分数。

3. 杰达在 SCL-90-R 上的得分是否与案例研究中提供的信息一致？说明理由。

4. 根据背景信息和杰达在 SCL-90-R 上的得分，你可以对她做出什么推断？

5. 你会建议杰达怎么做？

物质滥用细微筛查量表第三版（SASSI-3）是一种简洁易施的自我报告式心理筛查测量方法，有成人和青少年两种版本。该量表有助于识别那些极有可能患有物质依赖障碍的个体。在识别那些在药物滥用方面遇到困难但不愿意或无法承认的人时，该量表特别有用。SASSI-3 现在可以进行在线评估。SASSI-3 由 10 个量表组成，分别测量以下维度。

1. 表层有效[①] 酒精（FVA）。

2. 症状（SYM）。

3. 细微特征（SAT）。

4. 补充成瘾测量（SAM）。

5. 矫正（COR）。

6. 表层有效其他药物（FVOD）。

7. 明显特征（OAT）。

8. 防御性（DEF）。

9. 家庭与控制措施（FAM）。

10. 随机回答。

自杀风险评估

自杀是美国第十一大死因，也是 15 ~ 24 岁人群的第二大死因。我们几乎不可能准确描述经历过自杀意念或自杀未遂的人数，但总体而言，我们可以估计，每出现一个完成自杀的人，就意味着大约有 10 到 20 人曾试图自杀（Granello & Granello, 2006）。大约 71% 的咨询师会与试图自杀的来访者一起工作（Granello, 2010）。

这些统计数字是可怕的，虽然没有人能够绝对肯定地预测谁会自杀，但心理健康专

---

① 该量表的设计理念主要基于一些细微（subtle）或非直接（indirect）的物质依赖筛查方法，所以这里采用"表层有效"一词以强调并区别于内容有效。——译者注

业人员会努力找到评估自杀风险的准确方法，以确保人们的安全。

作为在训的咨询师，了解自杀风险评估的细微差别以及与自杀来访者合作的最佳做法至关重要。自杀风险很难评估，原因有几个。首先，不存在"一刀切"的方法，这意味着自杀风险的确定要将风险因素和警告信号结合起来进行评估。风险因素是指会增加自杀风险的来访者的持续特征，而警告信号是指表明即将发生自杀风险的来访者行为（Hawton, Casañas i Comabella, Haw, & Saunders, 2013）。婚姻和工作状况、绝望感或孤独感，以及家族史都是风险因素的例子。警告信号包括交代后事、赠送财产，以及情绪和行为的剧烈变化等（Granello & Granello, 2006）。

综合自杀风险评估通常涉及多种评估方法和信息来源。最常见的评估方法是非结构化访谈，心理健康专业人员用此法评估几个关键领域的自杀风险，如意图、具备可行手段的自杀计划、自杀想法史，以及自杀想法和精神障碍的家族史（Granello & Granello, 2006）。

重要的是，有关自杀风险的问题要用清楚坦率的语言提出（例如，"你想过自杀吗"或"你在考虑自杀吗"）。有时，来访者会使用委婉说法暗示自杀计划（例如，"我只想和天使在一起"或"我不会再让他们挑剔了"）（Granello & Granello, 2006）。在这些情况下，专业人员直接询问来访者自杀计划至关重要。

许多心理健康专业人员将自杀风险评估工具和非结构化访谈结合使用。目前有数百种评估自杀风险的工具，它们要么是商业出版的，要么在研究文献中出现。尽管这些工具是为了直接测量自杀意念和行为而设计的，但没有一种工具被普遍认为能有效地确定自杀风险。表 15-4 列出了一些常用的自杀风险评估工具。

表 15-4　自杀风险评估工具一览表

成人	儿童和青少年
成人自杀意念问卷（ASIQ）	青少年自杀量表（ASI）
贝克自杀意念量表（SSI）	儿童自杀评估（CSA）
费尔斯通自我毁灭性想法评估（FAST）	哈卡维·阿斯尼斯自杀量表（HASS）
自杀概率量表（SPS）	自杀取向量表-30（ISO-30）
自杀意念量表（SIS）[①]	修订版自杀行为问卷（SBQ-R）
自杀意图量表（SIS）	自杀概率量表（SPS）
	自杀意念问卷（SIQ）

除了评估自杀意念和行为的工具外，还有一些工具可以衡量与自杀密切相关的变量，如绝望感和生存原因。例如，贝克绝望量表（Beck Hopelessness Scale, BHS; Beck

①　自杀意念量表对应的英文是 Suicidal Ideation Scale，自杀意图量表对应的英文是 Suicide Intent Scale，两者的简称都是 SIS。——编者注

& Steer，1988）是一种自我报告工具，旨在衡量人们对未来的信念的积极和消极程度。另一个例子是生存原因简明问卷（Brief Reasons for Living Inventory，BRFL；Ivanoff，Jang，Smyth，& Linehan，1994），该问卷评估的是如果有自杀的想法，那么是什么原因阻止了自杀。

许多评估一般心理症状的问卷和量表也有评估自杀风险的"关键题目"。例如，第二版贝克抑郁量表有一道自杀题目，由 4 个等级组成：1（"我没有自杀的想法"），2（"我有自杀的想法，但我不会执行"），3（"我想自杀"），4（"如果有机会我会自杀"）。同样，效果问卷（OQ-45；Lambert，Lunnen，Umphress，Hansen，& Burlingame，1994）有一道潜在的自杀筛查题目，上面写着"我有结束自己生命的想法"，受测者可以按照从"从未"到"几乎总是"的 5 分制给这个题目打分。虽然仅凭一道题目不能充分评估自杀风险，但这类题目可以作为有用的筛查工具，以表明是否需要对自杀风险进行更彻底的评估。

虽然正式的评估工具可能是有用的工具，但它们不能取代与来访者的访谈和互动，也不能取代临床判断。全面的自杀风险评估包括审查从访谈中获得的信息，以及从评估工具中获得的信息和 / 或与当事人关系最密切的人提供的附带信息。

观察和临床评估

如第四章所述，观察是一种评估方法，它涉及监测他人或自己在特定背景下的行为，并将观察到的情况记录下来。在临床评估中，观察被用来帮助患者确诊，确定特定的行为模式，提供行为基准数据，并确定有效的治疗方法。在临床评估中，观察通常是非正式的，通常始于临床医生和来访者之间最初的握手（O'Donohue，Cummings，& Cummings，2006）。在这种情况下，来访者潮湿的手掌可能会透露出他的焦虑程度。非正式观察贯穿于与来访者的互动过程中，咨询师会记录来访者的一些特征或行为，如面部外观、眼神、体型、动作、衣着等（Carlat，2011）。

- 面部外观：吸引人、漂亮、愉快、朴素、苍白、憔悴、发红、红鼻子、浓密的妆容、胡子刮干净、没刮胡子。
- 眼神（凝视）：良好或不良的眼神接触、眼神游移不定、回避、凝视、注视、空洞、颓靡、强烈、咄咄逼人、锐利。
- 体型：干瘦、精瘦、虚弱、体重不足、身材正常、肌肉、矮胖、超重、中度肥胖、肥胖、病态肥胖、矮、中等身高、高。
- 动作：无异常动作、烦躁不安、抽搐、拍打嘴唇、紧张、不安、双手扭曲、缺少灵活性、僵硬、瘫倒在地。

- 衣着：穿着随意、整洁、合适、专业、完美、邋遢、不合适、华丽、性挑逗、肮脏、紧身、宽松。

观察也可以是正式的，使用结构化工具来记录数据，如事件记录、持续时间记录、时间采样和评定量表。有几种已发表的评分标准常用于儿童的临床评估。这些评分表可以由教师、家长或其他了解当事人的人来填写，也可以由受测的孩子填写。儿童行为检查清单（Child Behavior Checklist/6-18，CBCL/6-18）是广泛使用的评估儿童行为和情绪问题的工具。其他测量儿童行为的工具包括行为和情绪筛查系统（Behavioral and Emotional Screening System）、儿童症状问卷（Child Symptom Inventory）和行为障碍量表（Con- duct Disorder Scale）。

儿童行为检查清单（CBCL/6-18；Achenbach & Rescorla，2001）　在临床评估中，儿童行为检查清单被认为是评估 6 ~ 18 岁儿童（代指该年龄段的儿童及青少年）行为和情绪问题的黄金标准。CBCL/6-18 是由父母、监护人和 / 或关系紧密亲属完成的评定量表，用于评估儿童的能力和行为 / 情绪问题。它是阿肯巴克心理行为问题评价体系的一部分，该系统包括一套完整的评分表，用于评估儿童和成人的适应和适应不良功能。例如，CBCL/6-18（由家长 / 监护人填写）旨在与青少年自评量表（YSR）（由儿童填写）和教师报告表（TRF）（由儿童的教师填写）一起执行。这三种工具都测量了八种综合结构：焦虑 / 抑郁、社交退缩、躯体主诉、社交问题、思维问题、注意力问题、犯罪行为和攻击行为。

在 CBCL/6-18 中，父母被要求对 118 道描述他们孩子具体行为和情绪问题的题目进行评分。父母使用以下标准对孩子现在或过去 6 个月内关于每一道题目描述（关于孩子现在或过去 6 个月内的表现）的真实程度进行评分：0=不正确，1=某种程度上或有时正确，2=非常正确或经常正确。这些题目的例子有，"表现得太幼稚""经常哭""经常打架"。此外，还有两道开放式题目可供家长报告其他问题。完成 CBCL/6-18 需要具备 5 年级水平的阅读能力，大多数家长在 15 到 20 分钟内就能完成。结果可以是手工计分，也可以是计算机计分。

CBCL/6-18 提供了几个量表来衡量父母对孩子行为和情绪问题的看法，其中有 3 个能力量表和一个总体能力量表，8 个症状量表，内化问题、外化问题和总体问题量表，以及 6 个 DSM 取向量表。能力量表反映了儿童参与各种活动（如运动、爱好、游戏）、社会关系和学习的程度和质量。症状量表包括经验性衍生的症状，标记为焦虑 / 抑郁、孤僻 / 抑郁、躯体主诉、社交问题、思维问题、注意力问题、违规行为和攻击行为，以及其他与任何一个症候群量表没有强烈关联的问题的清单。前三个症状量表构成内化问题量表，后两个症状量表构成外化问题量表。总体问题量表是量表上所有 120 道题目的总和。DSM 取向量表由经验丰富的精神病学家和心理学家评定的与《精神障碍诊断与统计手册》（第四版）（DSM-IV；APA，1994）定义的诊断类别非常一致的题目组成。表 15-5 提供了每个 CBCL/6-18 量表的摘要。

CBCL/6-18 分别为 6 ~ 11 岁和 12 ~ 18 岁的男孩和女孩提供分数概况。

表 15-5　CBCL/6-18 量表

量表	描述
能力量表	
活动	参与体育、爱好、俱乐部、团队、工作、家务
社交	朋友数量，与同龄人、兄弟姐妹和父母的关系，独立工作和玩耍的能力
学术成就	学业成绩水平、留级、特殊服务、学校问题
总体能力	三个能力量表的总和
症状量表	
焦虑 / 抑郁	哭泣、害怕上学、恐惧症、完美主义者、感觉无人关爱、感觉毫无价值、紧张、恐惧、内疚、难为情、自杀念头、忧虑
孤僻 / 抑郁	很少享受生活、喜欢独处、不说话、遮遮掩掩、害羞、缺乏活力、不开心、悲伤、孤僻
躯体主诉	噩梦、头晕、疲劳、疼痛、头痛、恶心、眼睛问题、皮肤问题、胃痛、呕吐
社交问题	依赖成年人、感到孤独、与其他孩子相处不好、嫉妒心强、认为别人"让自己难堪"、容易发生事故、嘲笑、不被其他孩子喜欢、笨拙、喜欢和更小的孩子在一起、语言问题
思维问题	反复思考、伤害自己、听见一些东西、身体抽搐、抠皮肤、强迫、看到不存在的东西、睡眠减少、囤积东西、奇怪的行为、奇怪的想法、梦游、睡眠问题
注意力问题	行为举止比实际年龄小很多、不能把事情做完、不能集中精神、不能安静地坐着、做白日梦、冲动、功课差、注意力不集中、目不转睛地盯着别人看
违规行为	喝酒、做错事后不感到内疚、违反规则、与"坏"孩子交往、撒谎或欺骗、更喜欢大一点的孩子、离家出走、放火、经常想着性、吸烟、逃学、吸毒、破坏公物
攻击行为	争吵、对别人刻薄、要求关注、破坏自己的财产、破坏别人的财产、不服从父母、在学校不服从、打架、攻击、尖叫、顽固、情绪化、生闷气、多疑、戏弄别人、脾气不好、威胁要伤害别人、比其他孩子吵闹
内化问题、外化问题和总体问题量表	
内化问题	焦虑 / 抑郁、孤僻 / 抑郁、躯体主诉症状的得分之和
外化问题	违规行为和攻击行为症状的得分之和
总体问题	所有 120 道题目的 0-1-2 分的总和
DSM 取向量表	
情绪问题	很少享受生活、哭泣、伤害自己、无价值感、感到内疚、疲劳、冷漠、自杀的想法、低能量、悲伤。符合 DSM 的重性抑郁障碍和心境恶劣的标准
焦虑问题	依赖成人、恐惧症、怕上学、紧张、害怕、心慌。符合 DSM 对广泛性焦虑障碍、社交焦虑障碍和特定恐怖症的标准
躯体问题	疼痛、头痛、恶心、眼睛问题、皮肤问题、胃痛、呕吐。符合 DSM 躯体化和躯体形式障碍的标准

（续表）

量表	描述
注意缺陷 / 多动问题	不能完成事情、不能集中注意力、不能安静地坐着、坐立不安、难以听从指示、打扰别人、冲动、说话、破坏、注意力不集中、说话太多、比其他孩子吵闹。符合 ADHD、多动冲动和注意力不集中类型的标准
对立违抗问题	争吵、目中无人、在学校不听话、固执、脾气不好。符合对立违抗障碍的标准
品行问题	刻薄、破坏别人的财产、做错事后不内疚、违反规则、打架、与"坏"孩子交往、撒谎或欺骗、攻击、不负责任、偷窃、发誓、威胁、逃学

Source: From Achenbach, T. M. & Rescorla, L. A. (2001) Manual for the ASEBA School Age Forms & Profiles. Burlington, VT: University of Vermont, Research Center for Children, Youth and Families. Copyright ©2001 by T. M. Achenbach. Reprinted with permission.

评分概况包括每个量表的原始分数、T 分数和百分等级（图 15-2 举例说明了 CBCL/6-18 症状量表的评分概况）。T 分数可进一步分为临床范围、临界性临床范围或正常范围。每个范围的 T 分数根据等级的不同而不同。例如，在能力量表上，较高的 T 分数与正常功能相关。在症状量表、内化问题量表、外化问题量表、总体问题量表和 DSM 取向量表上，较低的 T 分数与正常功能相关。

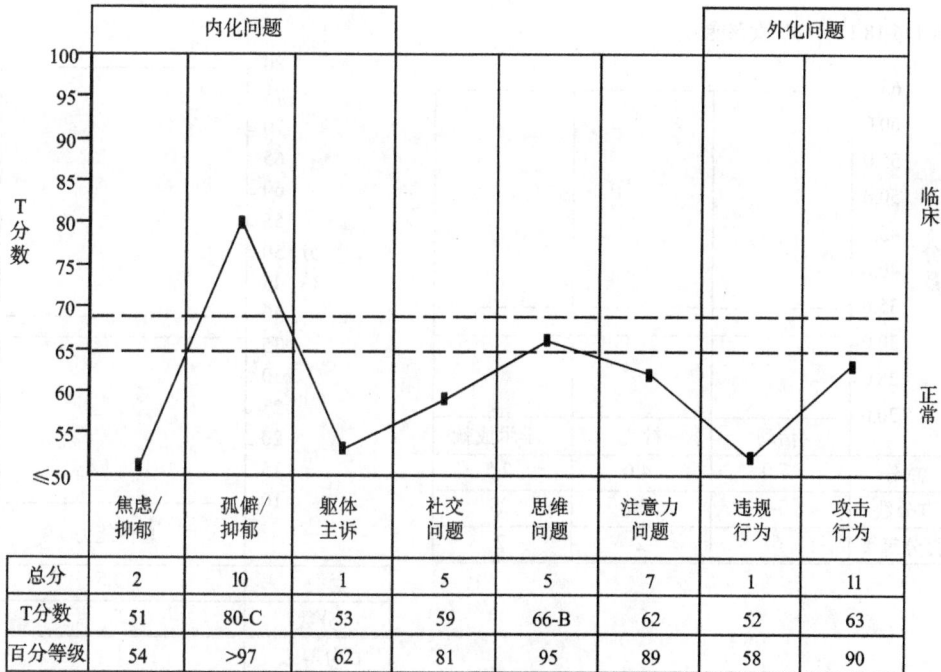

	焦虑/抑郁	孤僻/抑郁	躯体主诉	社交问题	思维问题	注意力问题	违规行为	攻击行为
总分	2	10	1	5	5	7	1	11
T分数	51	80-C	53	59	66-B	62	52	63
百分等级	54	>97	62	81	95	89	58	90

图 15-2　CBCL/6-18 症状量表的评分概况

Source: Reprinted with permission from Achenbach, T. M., & Rescorla, L. A. (2001). *Manual for the ASEBA school age forms & profiles.* Burlington, VT: University of Vermont, Research Center for Children, Youth and Families.

案例研究　萨布丽娜

姓名：萨布丽娜　　医生：达西·杨　　填报人：詹娜·罗宾森

性别：女性　　机构：社区心理咨询诊所　　关系：母女

年龄：12　　评估日期：2007/05/28

12岁的萨布丽娜被她的生母詹娜·罗宾森带到一家门诊心理咨询中心。罗宾森女士说，她担心萨布丽娜在学校的问题和她在家里的情绪。萨布丽娜上6年级，成绩很差，她最近的进步报告显示，她的社会研究、数学和科学成绩为D，语言艺术成绩为C。罗宾森女士说，萨布丽娜很难集中精力做作业，经常不能完成家庭作业。她经常很累，每天放学后都要小睡一会儿。萨布丽娜在家表现很好，她在学校几乎没有任何行为问题，她从来没有被训斥或放学后被留校。

罗宾森女士说，萨布丽娜在学校没有朋友，但她在教堂有两个很亲密的朋友。萨布丽娜每周见她朋友的次数还不到1次。在家里，罗宾森女士说萨布丽娜会做一些家务（如整理床铺和收拾碗碟）。她说萨布丽娜喜欢玩电脑游戏和阅读。

罗宾森女士完成了CBCL/6-18。以下是萨布丽娜的CBCL/6-18得分

CBCL/6-18 12~18岁女孩能力量表

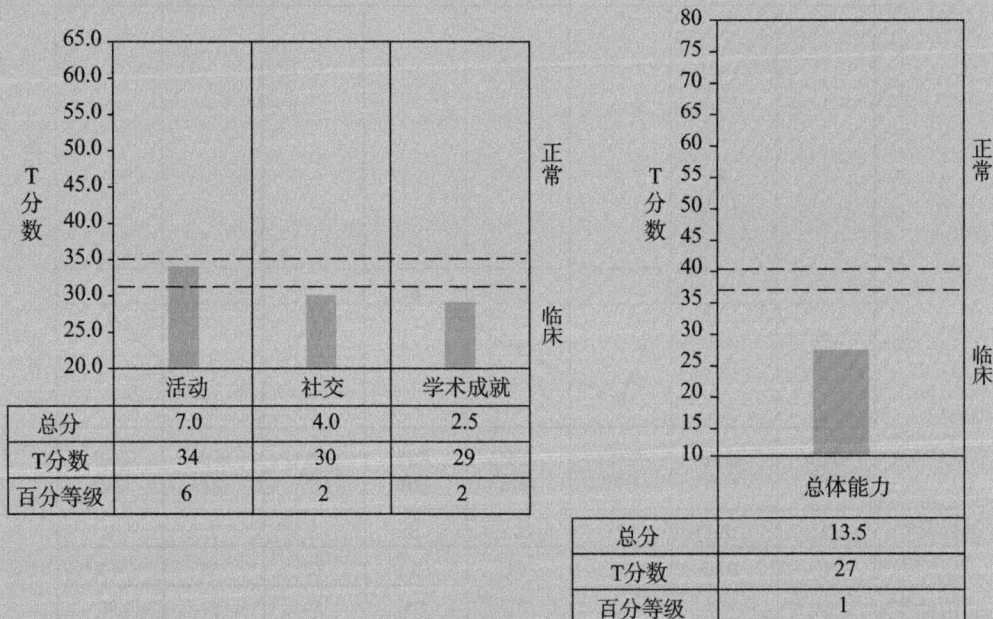

	活动	社交	学术成就
总分	7.0	4.0	2.5
T分数	34	30	29
百分等级	6	2	2

	总体能力
总分	13.5
T分数	27
百分等级	1

- 3个业余爱好/活动（电脑游戏、阅读、洋娃娃）
- 2项家务（如铺床、收拾碗碟）
- 没有俱乐部或团队
- 2个朋友
- 每周联系朋友少于1次
- 学校的成绩低于平均水平
- 复读3年级

CBCL/6-18 12～18岁女孩症状量表

	焦虑/抑郁	孤僻/抑郁	躯体主诉	社交问题	思维问题	注意力问题	违规行为	攻击行为
总分	3	10	6	8	2	16	0	0
T分数	52	78	68	69	56	87	50	50
百分等级	58	>97	97	97	73	>97	≤50	≤50

- 完美主义
- 感觉无价值
- 自我意识

- 喜欢独处
- 沉默
- 神秘
- 缺乏活力
- 悲伤
- 孤僻

- 眩晕
- 劳累
- 疼痛或痛苦
- 头痛
- 恶心
- 腹痛

- 孤独
- 易出事
- 被嘲笑
- 笨拙
- 喜欢年幼的孩子

- 囤积物品
- 睡眠问题

- 比实际年龄幼稚
- 不能完成任务
- 无法集中精力
- 感到困惑
- 做白日梦
- 完成家庭作业困难
- 疏忽大意
- 眼神茫然

注：标记为"完全或有时适合"或"非常或经常适合"的题目被列在每个量表下。

CBCL/6-18 12～18岁女孩内化问题、外化问题、总体问题和其他问题量表

其他问题量表

过度进食

超重

吃手指

	内化问题	外化问题	总体问题
总分	19	0	51
T分数	68	34	66
百分等级	97	6	95

CBCL/6-18 12~18岁女孩DSM取向量表

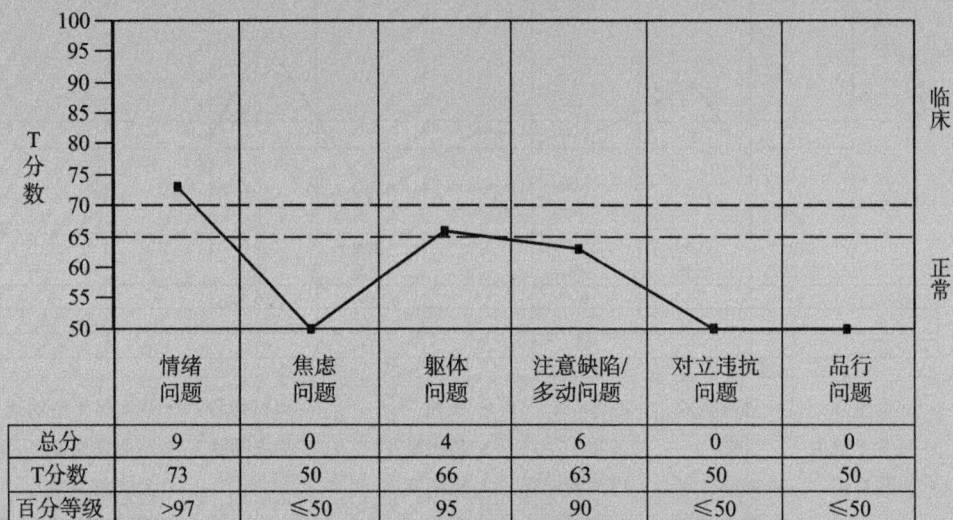

	情绪 问题	焦虑 问题	躯体 问题	注意缺陷/ 多动问题	对立违抗 问题	品行 问题
总分	9	0	4	6	0	0
T分数	73	50	66	63	50	50
百分等级	>97	≤50	95	90	≤50	≤50

- 无价值的
- 不活跃的
- 睡眠问题
- 劳累
- 悲伤

- 疼痛
- 头痛
- 腹痛

- 不能完成任务
- 无法集中精力
- 心不在焉

注：标记为"完全或有时适合"或"非常或经常适合"的题目被列在每个量表下。

1. 识别并解释处于临床范围内的 CBCL/6-18 量表得分（下表提供了正常、临界性临床和临床范围的临界值）。使用下面的例子作为你的答案格式。

孤僻 / 抑郁量表：在孤僻 / 抑郁量表中，琼的分数高于第 97 百分等级。这表明她的功能在临床范围内。这也表明她正在经历重大的心理症状，如缺乏活力、悲伤和孤僻。她喜欢独处，不愿意敞开心扉，而且不愿流露情感。

正常、临界性临床和临床范围列表

量表	正常范围	临界性临床范围	临床范围
活动、社交和学术成就能力量表	T 分数 > 35	T 分数：31 ~ 35	T 分数 < 31
总体能力量表	T 分数 > 40	T 分数：37 ~ 40	T 分数 < 37
症状量表	T 分数 < 65	T 分数：65 ~ 69	T 分数 > 69
内化问题、外化问题和总体问题量表	T 分数 < 60	T 分数：60 ~ 63	T 分数 > 63
DSM 取向量表	T 分数 < 65	T 分数：65 ~ 69	T 分数 > 69

2. CBCL/6-18 的结果与萨布丽娜的背景信息一致吗？为什么？

3. 总的来说，CBCL/6-18 的成绩给出了关于萨布丽娜的什么结果？

4. 根据背景信息和 CBCL/6-18 分数，你能对萨布丽娜做出什么推断？

5. 你对萨布丽娜和她妈妈有什么建议？

神经心理学评估

神经心理学研究的是大脑与行为的关系，以及脑损伤或疾病对个体的认知、感觉运动、情绪和一般适应能力的影响。神经心理学评估包括评估各种认知和智力能力，如注意力和专注力、学习和记忆能力、感知能力、言语和语言能力、视觉空间技能（感知物体间空间关系的能力）、整体智力和执行功能。此外，心理运动的速度、力量和协调性也将以某种方式得到测量。三个著名的神经心理测量工具是霍尔斯特德-雷坦神经心理成套测验（HRNTB）、鲁利亚-内布拉斯加神经心理成套测验（LNNB）和本德尔视觉-运动格式塔测验第二版（Bender-Gestalt II）。

霍尔斯特德-雷坦神经心理成套测验（HRNTB） 该套测验旨在评估 15 岁及以上个体的大脑和神经系统功能，需要大约 6 到 8 个小时来完成，涉及 8 个单独的测验。它使用韦氏智力量表，但也包括一些最初由霍尔斯特德（Halstead）使用，以及由雷坦（Reitan）和其他人添加的几个测验。该套测验内的一些测验要求使用触觉，例如，霍尔斯特德触觉性能测验（Halstead Tactual Performance Test）要求受测者在蒙住眼睛的情况下，仅使用触觉将 10 块不同形状的积木放入一个匹配的 10 孔模板中。在克拉夫粗糙度判别测验（Klove Roughness Discrimination Test）中，受测者必须为 4 块覆盖不同等级砂纸的积木排序。这些积木被放在百叶窗后面，测验根据受测者花费的时间和每只手的犯错次数来计分。霍尔斯特德-雷坦神经心理成套测验还包括视觉和心理运动量表，例如，雷坦失语症筛查测验（Reitan Aphasia Screening Test）包含抄写和语言两个任务。抄写任务要求受测者复制正方形、希腊十字、三角形和钥匙。语言功能测量包括命名、复述、拼写、阅读、写作、计算、叙述性演讲和左右定向。语言部分通过列出失语症状的数量来计分。克拉夫槽钉板测验（Klove Grooved Pegboard Test）要求受测者将形状像钥匙的钉子放入一块含有随机方向的凹槽的板上。受测者先用一只手完成，然后用另一只手完成。量表上的其他测验包括霍尔斯特德类别测验、言语感知测验、西肖尔节奏测验、手指敲击测验、跟踪测验、知觉障碍测验和视野检查。

鲁利亚-内布拉斯加神经心理成套测验（LNNB） LNNB 是另一系列旨在评估神经心理功能的测验。它是为 15 岁及以上的个体设计的，需 1.5 到 2.5 小时完成。LNNB 在

11 个临床量表、2 个可选量表、3 个总结量表和 11 个因素量表上评估了广泛的认知功能。以下是临床量表的列表和说明。

1. **运动功能**测量各种运动技能。

2. **节奏**测量非言语听觉感知，如辨别音调和节奏模式。

3. **触觉功能**测量触觉辨别和识别。

4. **视功能**测量视觉知觉技能和视觉空间技能。

5. **接受性言语**测量对声音从简单到复杂的感知。

6. **表达性言语**测量重复声音、单词和词组并产生叙述性话语的能力。

7. **写作**测量将单词分解成字母的能力，以及在不同条件下写作的能力。

8. **阅读**测量将字母转换成声音并阅读简单材料的能力。

9. **算术**测量数字知识、数字概念和执行简单计算的能力。

10. **记忆**测量短时记忆和配对联想学习能力。

11. **智力过程**测量排序、问题解决和抽象化技能。

本德尔视觉－运动格式塔测验第二版（Bender-Gestalt II） Bender-Gestalt II 被广泛用于筛查儿童和成年人的神经心理损伤。具体地说，Bender-Gestalt II 评估视觉运动能力和视觉感知技能。视觉运动能力是指眼睛和手以流畅、高效的模式协同工作的能力。视觉感知技能是指一个人接受、感知和理解视觉刺激的能力。为了评估这些技能，Bender-Gestalt II 使用了 9 张刺激卡片，每张卡片都显示了一个抽象的图案（见图 15-3）。每次呈现一张卡片给受测者，然后要求受测者在一张白纸上复制图案。

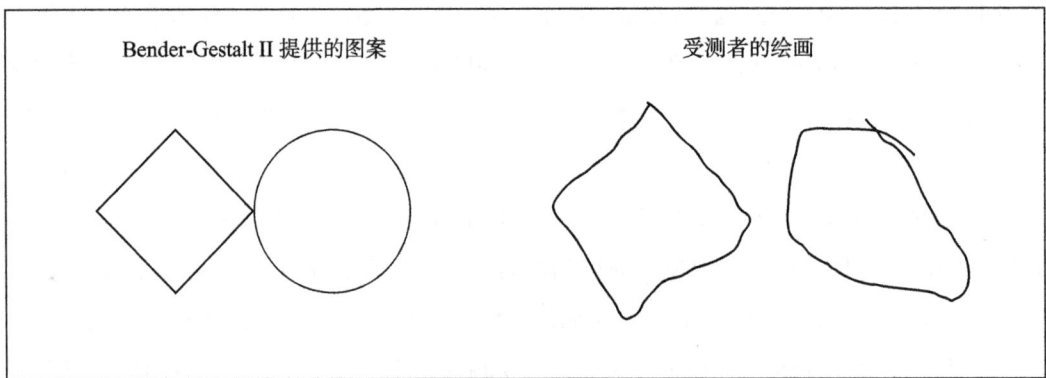

图 15-3　设计与 Bender-Gestalt II 刺激卡片类似的图案

　　虽然有几种系统可以用来给 Bender-Gestalt II 计分，但通常计分过程涉及将个人的绘画与卡片上显示的图案进行比较。例如，整体计分系统对每幅绘画进行从 0 到 4 的评分，0 等同于涂鸦或完全不准确，4 等同于完全准确。它具体评估诸如错位（旋转）、缺少元素、增加元素、元素简化、元素遗漏、元素替换和元素混合等偏差。第二版科皮茨发展评分系统也关注受测者绘画中的错误。评估员检查每张卡片是否有4种类型的错误：扭曲、旋转、连接错误和重复错误（某些设计元素的重复）。该系统提供标准分数、百分等级、特定分数和年龄当量。

科皮茨（Koppitz，1975）描述了使用 Bender-Gestalt II 筛选情绪指标的做法，情绪指标被定义为与儿童特定类型的情绪行为问题（如冲动、精神错乱和低挫折耐受力）相关的绘画特征。情绪指标如下。

1. **秩序混乱** 精神错乱、缺乏规划能力、组织能力差的迹象。

2. **波浪线** 运动协调性差和 / 或情绪不稳定。

3. **用破折号代替圆圈** 冲动或缺乏兴趣。

4. **人物体型增大** 挫折耐受力低、易情绪爆发。

5. **图形较大** 冲动和见诸行动。

6. **图画较小** 焦虑、退缩、拘束和胆怯。

7. **细线条** 胆怯、害羞和退缩。

8. **无意的过度工作或加重描画的线条** 冲动、攻击性和见诸行动。

9. **第二次尝试画图** 冲动和焦虑。

10. **扩张（用两张或两张以上的纸来完成九张图）** 冲动和见诸行动。

11. **在作品周围画方框** 试图控制冲动、内部控制薄弱、需要外部限制和外部结构。

12. **对图案自发加工和 / 或补充** 不寻常地全神贯注于自己的想法、恐惧和焦虑，严重的情绪问题。

用于神经心理学评估的其他测验主要包括以下这些。

- 考夫曼简短神经心理学评估程序（Kaufman Short Neuropsychological Assessment Procedure，K-SNAP）是由 H·S. 考夫曼（H.S.Kaufman）和 N·L. 考夫曼（N.L.Kaufman）开发的，用于测量 11 ~ 85 岁个体的认知功能。这项测验测量的是注意力和定向力、简单记忆和感知技能。

- 第二版快速神经心理筛查测验（Quick Neurological Screening Test, Second Edition，QNST-II）可评估 15 个与学习相关的神经整合领域。这些量表涉及对大小肌肉的控制、运动规划、运动发育、速度和节奏感、空间组织、视觉和听觉技能、感知技能和平衡定向。

- 第二版罗斯信息加工评估（Ross Information Processing Assessment, Second Edition，RIPA-2）旨在评估各种认知和语言缺陷，并确定严重程度。RIPA-2 中的量表测量瞬时记忆、近期记忆、空间定向、对环境的定向、对一般信息的回忆、组织，以及听觉处理和保持。

临床评估中的文化考量

文化胜任力对于心理咨询实践是必不可少的，也应该是咨询师与每一位来访者工作时的考虑因素。重要的是要认识到，评估程序在世界各地都在使用，心理咨询师是一种全球性的职业。作为全球化背景下的咨询师，你在受托使用评估工具时要考虑到对你的来访者的文化影响。无论你是在哪个国家从事心理咨询工作，你都会评估来自不同种族和文化背景的来访者。在评估过程中，评估行为时要考虑来访者的文化参照系，这一点很重要。在评估中缺乏多元文化视角的后果是将文化上正常的行为认定为病态行为。例如，某些文化相信与逝者的灵魂有联系。如果来自那个文化的来访者报告说在丧亲期间听到或看到了已故的亲属，那么就必须从文化的角度来评估这一报告。在这种情况下，如果不考虑文化，很可能会导致对精神障碍的误诊（APA，2013）。

正如你已经学会或将要学习的那样，可以让他人舒适地讨论文化议题是迈向文化胜任力最重要的步骤之一。在临床评估中，你可能需要恭敬地询问与来访者之间的文化差异。这些问题可能与性别、年龄、种族、民族、宗教信仰或其他文化因素的差异有关。例如，想象一下，你有一个正在努力戒毒的来访者，并在他们的服用记录上报告他们是阿米什人。探索他们与阿米什文化和传统的联系非常重要。了解阿米什人关于吸毒和心理咨询的观点也很重要。萨默斯 – 弗拉纳根（Sommers-Flanagan & Sommers-Flanagan，2013）提出了在探索文化差异时使用的各种技术，例如，澄清、接受行为和口头表达的文化规范、接受对危机原因的信念，以及不过早诊断。

总结

"临床评估"一词一般指使用评估程序来：（1）诊断精神障碍，（2）制订治疗计划，（3）监测治疗进展，（4）评估治疗结果。传统上，临床评估被用在心理健康领域，涉及心理咨询师确定为回答转介方面的问题需要哪些信息，然后组织和整合数据，并利用他们的临床判断来形成对来访者的诊断意见。

临床评估普遍会用到访谈，以帮助确定个体诊断。访谈技术包括非结构化、半结构化和结构化访谈，以及精神状态检查。此外，有许多正式的量表用于临床评估。这些量表中的大多数以病理学为焦点，并且与 DSM-5 中列出的疾病症状密切相关。量表可以评估广泛的症状或一组特定的相关症状。正式和非正式观察也用于临床评估，以做出准确的诊断和制订治疗计划。

问题讨论

1. 心理（精神）健康环境下临床评估的目的是什么？

2. 哪种评估方法（如访谈、测验、观察）在临床评估中提供了最重要的信息？请解释原因。

3. 在临床评估中使用行为观察有哪些优点和缺点？在哪些情况下，观察比标准化测验更合适？

4. 在临床评估中使用访谈有什么优点和缺点？

建议活动

1. 采访心理健康领域的心理学家和心理咨询师，找出他们使用什么测验和评估程序，以及使用原因。

2. 仔细查阅临床评估中使用的测验。阅读不同期刊和年鉴上对测验的评论。

3. 设计访谈计划，并在几个人身上试用。写一份对结果的分析。

4. 写一篇关于某一主题的文献综述，如行为评估、入职访谈、咨询实践中测验的使用或者神经心理测验。

5. 阅读下面的案例研究，并在最后回答问题。凯伦在周五晚上 9 点拨打了自杀热线电话，并与实时在线的危机干预咨询师进行了通话。

凯伦说她很沮丧，想自杀。她一直在喝伏特加，并从邻居那里拿到了几片安定。她说她很孤独，浪费了自己的生命。她说药片就在她家里，她正在考虑服用。经过进一步的讨论，咨询师发现凯伦下周就 40 岁了。她一个人住，没有朋友，也没有住在附近的家人。她过去很虔诚，但从去年开始就不再去教堂了。凯伦曾参与过精神健康服务，多年来曾多次因抑郁和自杀念头在精神病院接受住院治疗。

（1）确定该案例中与自杀风险相关的危险因素和警告信号。

（2）你如何描述凯伦自杀的总体风险？

（3）为了进一步评估自杀风险，你想问凯伦什么问题？

教育评估

学习本章之后，你将能够做到以下几点。

- 讨论学校评估项目的目标。
- 解释常见的咨询师评估活动。
- 定义特定学习障碍。
- 描述与特定学习障碍的确定和干预反应相关的评估过程。
- 描述评估天赋的过程和步骤。
- 讨论如何使用考试准备和表现策略来提高成绩。
- 描述在学校进行环境评估的目的。
- 列出并解释学校咨询师在评估和评价方面的胜任力。
- 讨论教育中有关高利害关系测验的议题。
- 解释为什么在教育实践中所有与孩子和家长一同工作的咨询师都需要理解评估。

与儿童、青少年、大学生、父母或家庭打交道的咨询师需要对教育系统的评估有全面的了解。你可能在想："但是我不打算在学校工作！"不管工作环境如何，教育评估的结果都会给心理咨询过程提供信息。教育评估是学校咨询师和以学校为基础的心理健康咨询师的主要职能，它包括许多在本书中提到的评估种类（如成就评估、能力倾向评估、职业评估和观察等）。教育系统中评估的目的各不相同，可以包括诸如识别有特殊需要的学生、确定学生是否已达到毕业要求、为有学习障碍的大学生做出适当的调整、为教育需求未得到满足的孩子主张权利、帮助家长了解他们在《残疾人教育法案》中的权利，以及评估学校心理咨询计划的有效性。教育评估是一种广泛的实践，包括各种各样的评估工具（如成就测验、能力测验、能力倾向测验和职业评估工具）和评估程序（如功能性行为评估、观察、解释、撰写报告）的使用。学校咨询师、在校心理健康咨询师和大学咨询师在评估项目中发挥着重要作用，他们经常参与评估数据的收集和使用，定期监测学生的进步，并与各方沟通评估工具的目的、安排和结果。另外，那些不在学校环境中工作的咨询师可以随时了解情况，以帮助他们服务的孩子、父母和家庭。为了有效地实践，咨询师需要具备专门的知识和技能，以便能够熟练地使用评估工具和策略。由于教育评估的范围很广，很难在一章中描述所有与教育系统相关的心理咨询专业人员的角色和活动。因此，在本章中我们将主要关注学校咨询师的角色和功能，但要强调的是，这里的内容与所有咨询师和助人专业人员有关。

学校评估项目

教师、咨询师、行政人员和家长需要了解关于学生的各种信息。他们需要了解学生的认知能力、学术能力，以及学生的兴趣、成就和遇到的问题。学校实施评估项目，可以通过提高所有学生的学习成绩来为改善公立学校的职能提供必要的信息，并向家长汇报孩子的教育进展。学校评估项目可能包括用于不同目的的多种不同工具。这些目的一般如下。

1. 确定幼儿园和1年级学生的准备情况。
2. 确定学生是否已掌握学校系统所要求的基本和必要的技能。
3. 安排学生参加教育项目。
4. 识别有特殊需要的学生。
5. 评估课程和具体的学习计划。
6. 帮助学生做出教育和职业方面的决定。
7. 评估个别学生的智力和能力倾向。
8. 衡量学生在特定课程和学科领域的成绩。

学校咨询师将积极参与学校评估项目。他们可以对评估工具进行实施、计分和解释，或者可能被要求对整个测验计划做出调整。学校咨询师也经常被要求将其他专业人员收集的评估结果转述给学生、家长、教师和管理人员。

设计学校评估项目

设计学校评估项目是一个复杂的过程，需要不同利益相关者之间的合作。为了确保制定一个有效且全面的评估项目，计划过程应涉及主管人员、校长、学校咨询师、教师、家长、社区领导、当地高等机构的代表，以及其他校区的行政领导等。不同利益相关者的参与将帮助每个成员理解其在项目中的角色。例如，通过参与评估项目，教师可以获得有助于教学决策的信息；校长可以协助制订教学计划，使评估数据可以帮助教学人员进行课程评价；项目团队也可以为学生使用评估信息来指导自己的教育和职业决策提供方法。在设计学校评估项目时，应该遵循以下步骤。

- 确定评估项目的目标。
- 确定决策所需要的信息类型。
- 确定可提供的评估工具的类型，并建立选择评估工具的程序。
- 确定成员在评估程序中的责任。
- 制定程序，以将评估结果分发给适当的个人。
- 制定评价策略以持续监控评估项目。

学校评估项目中使用的评估工具

学校评估项目包括几种不同类型的评估工具，用于不同的年级水平（见表 16-1）。例如，对 3 ~ 8 年级和高中 1 年级的学生进行州成就测验，以评估他们达到（美国）州立教育标准的情况。对学龄前儿童进行准备测验，以确定他们是否准备好进入幼儿园或 1 年级。当学生进入初中和高中时，评估兴趣、能力和价值观的工具可能被用来获取辅助学生做出进入高中后规划的信息。以下是在学校评估项目中使用的评估工具和策略的类型列表和简要描述。

表 16-1　学校评估项目示例

测验 / 问卷	适用年级												
	K	1	2	3	4	5	6	7	8	9	10	11	12
准备测验	√												
（美国）国家（州）成就测验				√	√	√	√	√	√		√		
美国国家教育进展评估（NAEP）					√				√				√
学科领域测验										√	√	√	√
一般能力倾向成套测验（GATB）								√					
职业发展 / 成熟度									√				
职业兴趣 / 价值											√		
军事职业能力倾向成套测验（ASVAB）											√		
SAT 预备测验（PSAT）/PLAN 项目											√		
学术能力评估测验（SAT）												√	√
美国大学入学考试（ACT）												√	√
（美国）国家英才奖													√

成就测验　（美国）每个州都要求学校实施与其教育标准相一致的成就测验。正如我们在成就评估一章（第十一章）中提到的，各州可以开发自己的标准化成就测验，或者使用出版商开发的一系列成就测验，如斯坦福成就测验。在这些测验中，学生要想证明自己已掌握某些知识，就必须获得一个不低于最低分数线的测验分数，以便升入下一年级或从高中毕业。学校还可以实施（美国）国家教育进展评估（NAEP），该项评估跟踪学生在 4 年级、8 年级和 12 年级的成绩。许多小学实施阅读诊断测验，以监控学生学习阅读技能的进展。其他形式的成就评估包括基于课程的评估、基于课程的测量和基于表现的评估。

智力测验　学校使用智力测验的目的多种多样。它可以用来帮助识别有智力缺陷或学习障碍的学生，或将学生归类于特定的学术或职业问题中。大多数学校都进行能力测验，如认知能力测验（CogAT）或奥蒂斯－列侬学校能力测验第八版（OLSAT-8），以筛选学生进入资优项目。

准备测验　学校经常用准备测验的分数来评估孩子是否"准备好"进入幼儿园或升入 1 年级。准备测验评估儿童是否具备学校学习所必需的基本技能。正如我们在前文指出的，在使用准备测验时，应谨慎和仔细地检查常模团体。这类测验很可能潜存文化偏见。

能力倾向测验　四种使用最广泛的能力倾向测验是军事职业能力倾向成套测验（ASVAB）、差异能力倾向测验（DAT）、一般能力倾向成套测验（GATB）和职业能力定位问卷（CAPS）。一些学区对 10 年级学生进行能力倾向测验。使用 ASVAB 的普通心理咨询师将访问高中，并为所有希望参加测验以获得教育和职业指导的高中生施测。而学生只有在需要面试的情况下才会见到军队人员。

入学考试　大多数高中咨询师负责协调项目，以为 10 年级、11 年级、12 年级学生实施 PSAT、PLAN、SAT、ACT 或其他大学入学考试（详见第十二章的"入学测验"部分）。协调实施入学考试包括为学生和家长提供入学考试的指导，掌握预备课程的信息，并确保学生在必要的截止日期前完成考试注册。

职业评估工具　有各种职业评估工具可在学校中使用。大部分兴趣问卷在初中、高中都可以进行。此外，学校咨询师经常使用职业发展问卷，这类问卷可以帮助学区评估学生的教育和职业需求。流行的职业评估系统包括职业偏好系统、库德职业规划系统和大学与职业准备系统。

学校咨询师的评估活动

为了说明教育系统中的评估，我们将描述学校咨询师的评估活动。学校咨询师积极参与学校的评估工作，经常为不同目的而对评估工具进行选择、实施、计分和解释。例如，学校咨询师参与各年级标准化成就测验的实施和对结果的解释，使用正式和非正式的评估方法来确定学生的职业选择、兴趣和态度，进行需求评估以确定学校综合辅导计划的重点，并对项目和干预效果进行评价。学校咨询师需要了解如何识别有学习障碍的学生及哪些学生有资格参加资优课程。此外，教师和行政人员经常依赖学校咨询师这一资源，学校咨询师可向他们提供有关评估工具的信息，回答与测量相关的问题，并与家长就评估问题进行互动（Young & Kaffenberger, 2011）。

除了评估学生，学校咨询师还负责评价学校咨询项目的有效性（Dahir & Stone, 2011）。有各种评估工具可用来表明学校咨询项目对学校发展和学生成绩的影响。学校咨询师必须证明，他们实施的每一项活动（或干预）都是根据对学生的需求、成绩和 / 或其他数据的仔细分析而制定的。学校咨询师还必须报告即时的、中期的和长期的结果，以说明学生在学校咨询项目中是如何发生变化的，学校咨询师在这一方面所扮演的角色与问责的概念直接相关。在美国学校咨询师协会（ASCA）国家模式下，学校咨询师必须能够证明他们对学生的成功有影响（ASCA, 2012）。

评估是学校咨询师最主要的工作之一（McCarthy, Van Horn Kerne, Calfa, Lambert, & Guzmán, 2010）。无论是评估学生的表现，还是全面评估学校咨询项目，学校咨询师都在学校的评估项目中发挥着主要作用。因此，学校咨询师需要在各种各样的评估活动中获得知识和培训。在一项对学校咨询师的调查中，埃克斯特罗姆（Ekstrom）、埃尔莫尔（Elmore）、谢弗（Schafer）、特罗特（Trotter）和韦伯斯特（Webster）（2004）发现，在161 名受访者中，80% 的人表示正在进行与评估相关的活动，如阅读有关伦理、特殊需求和多元文化议题的内容，向家长、学校管理层、教师和其他专业人员传达评估信息，并在做决定时协调测验和非测验日期。

埃克斯特罗姆等人（Ekstrom et al., 2004）还发现，学校咨询师所进行的评估活动可能会因其工作对象的受教育水平不同（小学、初中和高中）而有所不同。例如，高中咨询师比小学咨询师更有可能参与实施标准化测验。高中咨询师也更多地使用评估工具来帮助学生进行职业规划。初中咨询师花更多的时间设计或调整评估工具，以用于设计或评价学校咨询项目，以及阅读有关评估的专业文献。小学咨询师不太可能安排测验并解释评估工具的结果，也不太可能在咨询或做安置决定时使用评估信息。在所有三种教育水平中，高中咨询师在选择、实施和解释评估工具方面有更多的责任。虽然没有研究证实这些评估任务在今天仍然保持不变，但它们明显符合 ASCA 国家模式（ASCA, 2012）的责任要求及《教育与心理测验标准》的要求。虽然这些任务对学校咨询师来说是很常见的，但人们需要对学校咨询师执行这些任务的胜任力有一定程度的关注（Maras, Coleman, Gysbers, Herman, & Stanley, 2013）。我们强调，要具备胜任力就需要在督导的监督下实践，并通过持续接受教育和全面学习评估材料来进行深入学习。

需求评估

评估学生的咨询需求是实施有效的学校咨询计划的一个关键组成部分。需求评估是一个正式的收集信息的过程，涉及从一系列来源（如学生、家长、教师、行政人员）收集关于他们对学生群体需求的看法的信息。需求评估可以确定学生的需求或期望，并由此得出学校咨询项目在学校和社区的架构内的优先级。根据辛克（Sink，2009）的观点，学校咨询师进行需求评估是 ASCA 国家模式责任维度的一部分。辛克认为，学校咨询师必须采取问责领导方式，评估学校咨询项目中缺失或未充分利用的元素、学生的学习进度和服务改善工作，以评价相关工作，并指导学校项目做出改变。大多数需求评估工具都是非正式的，用于评估学生在三个广泛领域的需求：学术、职业和个人 / 社会。表 16-2 给出了职业发展需求评估工具的一个例子。另外，你可以考虑对家长和教师进行需求评估，以确定你应该在学校咨询项目中提供的服务类型。需求评估的项目可能会要求参与者用李克特量表对各种服务需求（如防止欺凌、多元文化、社交技能、解决冲突）进行评估。

表 16-2　职业发展需求评估工具示例

阅读每一个短语，然后决定这个活动对你的重要性。在每个短语的右边圈出相应的数字			
0 不重要			
1 有一点重要			
2 比较重要			
3 非常重要			
1. 我知道当地有什么工作可以在高中毕业后立即进入	0	1	2	3
2. 知道如何申请工作	0	1	2	3
3. 知道如何写简历	0	1	2	3
4. 知道在面试中如何着装，该说什么	0	1	2	3
5. 更多地了解自己的职业兴趣	0	1	2	3
6. 学习更多关于我的职业兴趣领域所需的培训和教育	0	1	2	3
7. 与在我感兴趣的领域工作的人员交流	0	1	2	3
8. 安排获得自己感兴趣领域的工作经验	0	1	2	3
9. 更多地了解我的价值观及它们与我的职业选择之间的关系	0	1	2	3
10. 了解如果我想进入某些职业领域，我应该上什么课程	0	1	2	3

评估特殊学习障碍

学校咨询师采取单独工作或与学校其他人员合作的方式来满足所有学生的发展需要，包括那些有特殊学习障碍（SLDs）的学生的需要。特殊学习障碍是一种神经障碍，严重损害儿童在以下几个学术领域学习或展示技能的能力。

1. **口头表达**　口头传达思想和信息的能力。
2. **听力理解**　听懂并理解口头表达的单词、问题和指示的能力。

3. **书面表达**　以书面形式表达思想和信息的能力。

4. **基本阅读技能**　解码（阅读）单词的能力。

5. **阅读理解**　理解书面或印刷信息的能力。

6. **数学计算**　能够学习基本的数学知识，进行基本的数学运算，如加、减、乘、除。

7. **数学推理**　运用数学技巧、概念或过程来解决问题的能力。

患有 SLDs 的学生可能在听、思考、说、读、写作、拼写或解决数学问题上有困难。他们通常有平均或高于平均水平的智力，但他们可能在展示学术知识和理解力方面有困难。他们将在学术技能和能力上表现出个体内部差异。换句话说，他们通常在学校的一些科目上表现很好，但在某些技能上（如解码（阅读）单词、计算数学应用题或把他们的想法和思考写下来）感到极度困难。SLDs 被认为是由某种影响信息加工的神经系统疾病引起的，这意味着尽管患有 SLDs 的学生几乎总是能正常地看和听，但他们在理解所看到或听到的事物方面有困难。SLDs 可以由以下情况引起：感知（视觉或听觉）障碍、脑损伤、轻微脑功能障碍、诵读困难和发展性失语（语言障碍）。SLDs 不包括主要由以下因素导致的学习问题：视觉、听觉、智力或运动障碍，情感障碍，环境、文化或经济因素，以及英语能力有限。虽然人们尚不清楚 SLDs 的真实患病率，但据估计，大约有 5% 的学生被确诊为 SLDs，有多达 15% 的学生未明确确诊（Cortiello, 2014）。学校的一项重要工作是筛查患有 SLDs 的学生，以确保他们获得适当的服务和教育支持。从历史上看，学校用来识别 SLDs 学生的最常用方法是能力－成就差异模型（也称为智商－成绩差异模型），该模型是 1997 年《残疾人教育法案》的组成部分。当学生在能力（智力）测验中的分数和成就测验中的分数之间存在严重差异时，该模型将学生识别为学习障碍，能力测验和成就测验分数之间的 1 到 1.5 个标准差的差异通常被认为是严重的。因此，如果学生在某一领域（阅读等）的成绩远远低于能力测验成绩，就有可能被归类为特殊学习障碍。对于能力－成就差异模型的使用有许多反对意见（National Association of State Directors of Special Education's IDEA Partnership, 2007）。首先，批评人士将能力－成就差异模型描述为"等待失败"的方法，因为在差异被证明之前，是不进行干预的，而这种差异往往是在学生经历了几年的学业失败后才出现的。其次，从能力和成就评估中收集的信息并不能表明每个学生的具体学习需要。最后，该模型会使学生面临不公平的待遇，也就是说，使用能力－成就差异模型会导致不成比例的来自不同文化和语言背景的学生被认定为患有 SLDs。这种方法被视为一种等待失败的评估方法，不再被认为是一个可行的过程。如今，人们要求在识别 SLDs 时，要使用包括标准化评估在内的基于证据的评估程序（Decker, Hale, & Flanagan, 2013）。

干预反应模式 2004 年的《残疾人教育法案》改变了学校识别 SLDs 学生的评价程序。学校不再被要求使用能力 – 成就差异模型，相反，学校应该结合以研究为基础的教学、干预和评估程序来确定学生是否患有 SLDs。因此，许多（美国）州和学区采用了一种替代模式，其称为干预反应（responsiveness to intervention，RTI）模式。RTI 是一种综合的、多步骤的方法，用于识别患有 SLDs 的学生，进而在进展监测和数据分析的基础上，向面临风险的学生提供逐级加强的服务和干预。RTI 过程包括以下内容。

- 对所有学生进行全面筛查，以确定哪些学生有学业失败的风险。
- 为有风险的学生提供以研究为基础的指导和其他干预措施，并监测其有效性。
- 为成绩低于年龄 / 年级预期而未能取得足够进步的学生提供特殊教育服务（在提供以研究为基础的指导和干预的基础上）。

虽然目前没有被普遍接受的方法，但表 16-3 描述了由美国国家学习障碍联合委员会（National Joint Committee on Learning Disabilities，NJCLD，2005）概念化的三层 RTI 模型。

表 16-3　三层 RTI（干预反应）模型

层级一：指导	**为所有学生提供筛查、指导和行为支持** • 学校人员对识字技能、学术和行为进行普遍筛查 • 教师实施各种研究支持的教学策略和方法。以课程为基础的持续评估和持续进度监测被用来指导高质量的教学 • 根据持续评估的数据，学生接受不同的指导
层级二：干预	**成绩和进步速度落后于同龄人的学生在普通教育中接受更专门的预防或补习** • 以课程为基础的衡量标准用于确定哪些学生需要持续帮助，以及涉及哪些具体的技能 • 协作解决问题可用于设计和实施对学生的教学支持，可能包括一个标准协议或更个性化的策略和干预 • 被确定的学生将接受针对他们个人需求的更丰富的科学研究指导 • 经常监测学生的进步，以确定干预效果和需要的调整 • 进行系统评估，以确定指导和干预措施的准确性或完整性 • 在层级二的专业干预中，告知父母并让他们参与计划和监测孩子的进展 • 在实施干预和观测学生进步方面，通识教育教师可以根据需要从其他合格教育者那里获得支持（如培训、咨询、直接服务）
层级三：特殊教育	**对于未能在层级二取得足够进步的学生，我们会进行全面评估，以确定他们是否有接受特殊教育及相关服务的资格** • 告知家长他们的正当程序权利，要求并获得同意进行必要的综合评估，以确定学生是否有残疾，是否有资格接受特殊教育和相关服务 • 使用多种评估数据来源，其中可能包括来自标准化和标准参照措施的数据，家长、学生和教师的观察，以及在层级一和层级二收集的数据 • 根据特殊教育时间线和其他任务，提供丰富、系统、专门的指导，并根据需要收集额外的 RTI 数据 • 根据《残疾人教育法案》（2004）的要求，申请与评估和资格确定有关的程序保障

Source: Based on Responsiveness to intervention and learning disabilities: A report prepared by the National Joint Committee on Learning Disabilities.

在各个层级都有各种各样的正式工具（如成套成就测验、诊断性测验、学校准备测验、州立成就测验）和非正式工具（如基于课程的测量）用于筛查、监测进展和诊断。例如，在层级一，工作人员会在全校范围内进行筛查测验，以确定哪些学生没有达到年级期望水平，以便实施教学或行为干预。在层级二，进行进度监测（使用基于课程的评估）以确定哪些学生需要得到进一步帮助，并评估教学和行为干预的有效性。在层级三，诊断评估是对在层级二未能取得足够进步的学生进行综合评估的一部分，以确定他们是否适合接受特殊教育。

个性化教育计划　如果学生被诊断为有特殊学习障碍，学校就需要制订个性化教育计划（IEP）。IEP 是由教师、家长和其他学校工作人员（如学校咨询师、学校心理学家）创建的书面文件，其中涵盖对学生目前教育表现水平的陈述、年度目标清单，以及对特殊教育和相关服务的描述（如语言治疗、心理咨询、家长培训、康复咨询等）。IEP 每年至少接受一次审查，以检查学生在实现这些目标方面的进展情况。

在许多情况下，学校咨询师直接参与 IEP 过程。美国学校咨询师协会（ASCA，2012）指出，在 IEP 会议上支持学生是学校咨询师的适当活动，是学校综合辅导方案的一部分。除了参加 IEP 会议，学校咨询师还可以为教师提供咨询，对学生做出干预，为家长提供支持。对于非在校咨询师来说也是如此。支持可以在许多层面体现。对于学习如何更好地支持孩子的家长，临床心理健康咨询师也可以为家长提供一些教育指导服务。

评估天赋

需要注意的是，对天赋的定义有很多种。尽管（美国）各州对天赋的定义可能有所不同，但美国联邦立法中的相关内容可以指导教育背景下对有关天赋概念的定义。根据美国联邦政府，天赋（gifted）和天才（talented）在用于描述学生、儿童或青年时，是指在智力、创造力、艺术或领导力等领域或在特定学术领域表现出高成就能力的学生、儿童或青年，以及需要通过学校通常无法提供的服务或活动以充分发展这些能力的学生、儿童或青年（The No Child Left Behind Act，2001）。这些孩子在智力、创造力或艺术领域表现出很高的表现能力，以及很强的领导能力。美国国家天才儿童联合会（National Association for Gifted Children，2008）报告称，美国有近 300 万儿童（占美国学生人口的 5%）被认为是天才。然而，这可能不是一个可靠的数据。进行美国国家天才计划调查的研究人员（Callahan，Moon，& Oh，2014）指出，不同地区之间的天才儿童百分比差异很大，有些地区根本没有识别天才学生。

虽然我们不能确定天才儿童的确切百分比，但我们确实有基于研究的方法来评估和干预这一群体。天才儿童需要的服务或活动通常不是在常规的课堂环境中提供的，因此，大多数学校都有天才教育项目，为那些被认定为是天才的孩子提供独特的教育机会。它可以包括修改或调整常规课程和教学计划；增加学习机会，如自主学习和进阶实习；提供学科和年级的跳级机会，并提供差异化的学习体验。要想参加学校的天才计划，必须满足一定的最低标准。

评估学生天赋的过程通常包括两个阶段：筛查和鉴定。为了筛查有天赋的学生，大多数地区每年都会使用标准化的能力或成就测验进行全校范围的筛查。学生也可能被他们的老师、学校咨询师或家长推荐或提名进行天赋筛查。学生必须在筛查测验中达到设定的分数线才能进入鉴定阶段。鉴定阶段将对以下四个方面进行进一步评估。

1. **认知能力**　在一般智力领域中表现出极高水平的能力，这可能反映在诸如推理、记忆、非语言能力，以及对信息的分析、整合和评估等认知领域。

2. **学术能力**　在一个一般的学术领域或一些特定的学术领域表现出异常高水平的能力，显著地超越其同龄人、经验或环境中的其他人。

3. **创造性思维能力**　创造性思维能力表现为创造性或发散性推理，高超的洞察力和想象力，并以新颖的方式解决问题。

4. **视觉或表演艺术能力**　在视觉艺术、舞蹈、音乐或戏剧方面达到极高水平的能力。

为了评估这四个领域，人们可以使用各种评估工具和策略（见表16-4）。认知能力和学术能力通常采用标准化能力测验和标准化成就测验进行评估。要进入天才课程，学生必须达到或超过（美国）州立法律规定的最低分数线。例如，学生的分数必须至少高于平均值两个标准差，或者在受认可的认知能力测验和成就测验中达到或超过第95百分等级。为了评估学业成就，各州可能只对测验中的特定子测验或量表分数做出要求，如阅读理解、书面表达和数学。

表 16-4　评估天赋的工具和策略

认知能力	创造性思维
・认知能力测验（CogAT） ・第二版认知评估系统（CAS-2） ・第二版差异能力量表（DAS-II） ・第二版考夫曼简明智力测验（KBIT-2） ・第八版奥蒂斯–列侬学校能力测验（OSLAT-8） ・瑞文渐进矩阵（APM和SPM） ・第五版斯坦福–比内智力量表（SB-5） ・第三版特拉诺瓦成就测验（Terra Nova 3） ・第四版韦氏学龄前儿童智力量表（WPPSI-IV） ・第五版韦氏儿童智力量表（WISC-V） ・第四版伍德考克–约翰逊认知能力测验（WJ-IV）	・认知能力测验（CogAT） ・第二版认知评估系统（CAS-2） ・第二版差异能力量表（DAS-II） ・天才评估量表（GATES） ・第二版考夫曼简明智力测验（KBIT-2） ・第八版奥蒂斯–列侬学校能力测验（OSLAT-8） ・瑞文渐进矩阵（APM和SPM） ・优秀学生行为特征评定量表（SRBCSS） ・第五版斯坦福–比内智力量表（SB-5） ・托兰斯创造性思维测验（TTCT） ・第四版韦氏学龄前儿童智力量表（WPPSI-IV） ・第五版韦氏儿童智力量表（WISC-V） ・第四版伍德考克–约翰逊认知能力测验（WJ-IV）

（续表）

学术能力	视觉或表演艺术能力
• 基本成就技能量表（BASI） • 加州成就测验（CAT 6） • 平均绩点或平均成绩（GPA） • 爱荷华（艾奥瓦）州基本技能测验（ITBS） • 第三版考夫曼教育成就测验（K-TEA-III） • 初级学业能力倾向测验（PSAT） • 学术能力评估测验（SAT） • 特拉诺瓦成就测验（TerraNova 3） • 第三版韦氏个人成就测验（WIAT-III） • 第三版伍德考克–约翰逊成就测验	• 天才评估量表（GATES） • 天赋等级量表 • 舞蹈表演评分规则 • 戏剧表演评分规则 • 音乐表演评分规则 • 视觉艺术作品评分规则 • 优秀学生行为特征评定量表（SRBCSS）

创造性思维能力可以通过智力测验、一般天赋筛查工具或专门用于评估创造力的工具来评估。例如，一个著名的专门用于评估创造性思维的工具是由保罗·托兰斯（Paul Torrance，1974）开发的托兰斯创造性思维测验（Torrance Tests of Creative Thinking，TTCT）。TTCT 由两种不同的测验组成：图形 TTCT 和口头 TTCT。图形 TTCT 包含抽象的图片，受测者被要求陈述图片可能是什么。口头 TTCT 为受测者提供了一个情境，之后给受测者提问、改进产品或"只是假想"的机会。测验在几个子维度上产生结果，包括流畅性（fluency）即相关想法的数量，独创性（originality）即思想的稀有性和不寻常性，详细程度（elaboration）即答复的详细程度，标题的抽象性（abstractness of titles）即图片标题超出简单标注的表达程度，对过早结束的抗拒（resistance to premature closure）即内心的开放程度。

托兰斯还开发了以下维度用于评估创造性：在行动和运动中进行创造性思考，即一种对创造力的非言语运动评估；用声音和文字进行创造性思考，即衡量个体为文字和声音创造形象的能力；用图片进行创造性思考，即使用基于图片的练习来衡量创造性思维。

视觉或表演艺术能力通常通过作品、表演或展览来展示。例如，学生可以提交包含艺术样本的作品集，表演音乐独奏会，提供在音乐或艺术比赛中获得第一、第二或第三名的证据，或者表演一系列的戏剧或舞蹈。经过培训的施测人员使用经批准的表格或检查清单对作品或表现进行评估。

也有专门为评估天赋特征而开发的工具。例如，修订版优秀学生行为特征评定量表（SRBCSS-R；Renzulli, Smith, White, Callahan, Hartman, & Westberg, 2002），这是一种被广泛使用的评定量表，可以由熟悉学生表现的学校工作人员完成。它由 14 个与天才学生的特征相关的量表组成：学习、动机、创造力、领导力、艺术、音乐、戏剧、计划、沟通（精确性）、沟通（表达性）、数学、阅读、科学和技术。分数报告包括原始分数、年级平均水平和百分等级，这些分数是根据参加考试的特定学生群体计算的。目前还没有关于该量表的（美国）国家常模。14 个量表中的每一个都代表了不同的行为集合，因此，从不同的量表获得的分数不应该相加得到一个总分数（Renzulli et al., 2002）。测验使用者可从 14 个量表中选择既适合测验目的又符合学校要求/需要的量表，例如，学校可能只使用艺术、创造力和音乐量表作为天赋评估项目的一部分。每个量表由数个题目组成，在这些题目中，评分者使用从 1（从不）到 6（总是）的等级来评估学生的行为。SRBCSS-R 的作者并没有根据学生群体的差异来设定鉴别天才儿童的分数线。相反，他们建议测验用户计算当地的分界点。SRBCSS-R 有在线版本，其摘要报告包括原始分数和百分等级。其他用于鉴别天才学生的工具包括天才评价量表学校版（Gifted Rating Scales–School Form）、天才评价量表（Gifted and Talented Evaluation Scale），以及中小学天才学生筛选评估（Screening Assessment for Gifted Elementary and Middle School Students）。

标准化的评估工具对于筛查和鉴定学生的天赋及根据学生的需求设计课程和服务是很有帮助的，但它们也有局限性。测验技术上的不足可能导致对某些天才学生的偏见，特别是那些来自不同种族、文化的学生，来自低社会经济环境的人，以及那些身患残疾或英语为第二语言的人。因此，虽然标准化测验在评估过程中至关重要，但在评估服务不足的天才学生时，应注意选择合适的评估工具。此外，一种工具的分数不应该成为天才教育项目做出录取决策的唯一标准。

为教师提供咨询

由于学校咨询师接受过测验和测量方面的培训，因此，教师经常会请他们来解释学生的评估结果。教师可能对基本的测量概念缺乏了解，不了解学生的考试成绩意味着什么，不熟悉新版标准化测验，或需要了解学生的考试成绩对课堂教学的影响。学校咨询师可以提供在职培训或研讨会，让教师了解一般的测量概念或新版标准化测验。学校咨询师也可以单独为教师提供咨询，以评价和解释学生的考试成绩。

练习 16.1 评估天赋

盖尔从 4 岁开始学钢琴。到 10 岁的时候，她已经是一个熟练的钢琴演奏者，参加过几次全国性的青少年钢琴比赛，最近还赢得了著名的全国肖邦青少年钢琴比赛奖。盖尔已经决定要成为一名职业音乐家。

在学校里，盖尔成绩优异。她的 5 年级老师认为，盖尔的音乐能力和高水平的学习成绩显示出天才特征。所以老师决定推荐盖尔去接受天才教育项目的筛查。盖尔通过了筛查测验，并接受了天赋评估鉴定。在盖尔的学校，要想有资格加入天才教育项目，学生必须满足特定的标准，具备如下图所示的突出的认知能力、特定的学术能力、创造性思维能力和视觉或表演艺术能力。

	工具	录取分数线
突出的认知能力	认知能力测验（CogAT）	最低录取分数为高于平均值两个标准差的分数减去综合分数标准误差和至少一个综合测验上的标准误差
特定的学术能力	第四版伍德考克－约翰逊成就测验（WJ IV ACH）	以下所有子测验的最低百分等级95： 1. 短文理解（阅读流畅性） 2. 应用问题（应用） 3. 写作示范（主题写作）
创造性思维能力	优秀学生行为特征评定量表（SRBCSS）	创造力量表最低原始分数为32分。
视觉或表演艺术能力	1. 优秀学生行为特征评定量表（SRBCSS） 2. 艺术或音乐作品展示	1. SRBCSS在以下量表中的最低原始分数为： • 艺术量表＝53 • 音乐量表＝34 • 戏剧量表＝48 2. 艺术展示或音乐表演的证据

以下是盖尔的考试成绩

认知能力测验（CogAT）

成套和综合测验	标准分数	9分制	百分等级	描述
言语能力	132	9	98	非常高
量化能力	129	9	97	非常高
非言语能力	126	8	96	平均以上
综合分数	129	9	97	非常高

注：标准误差（SEM）＝3

第四版伍德考克－约翰逊成就测验（WJ IV ACH）

标准测验量表	标准分数	百分等级	描述
口语词汇	124	95	优秀
数列	127	96	优秀
言语注意	121	92	优秀
匹配字母模型	124	95	优秀
语音加工	120	91	高于平均
回忆故事	121	92	优秀
可视化	119	90	高于平均
一般信息	124	95	高于平均
概念形成	120	91	高于平均
数字反转	125	95	优秀

优秀学生行为特征评定量表（SRBCSS）

量表	原始分数	百分等级
艺术	48	85
沟通（表达性）	42	75
沟通（精确性）	37	64
创造力	55	95
戏剧	50	65
领导力	37	58
学习	58	90
数学	58	93
动机	50	95
音乐	52	98
计划	45	60
阅读	52	95
科学	35	75
技术	30	79

1. 根据 CogAT 分数，你会如何描述盖尔的总体智力水平？

2. 根据她在 WJ IV ACH 上的分数，你会如何描述她的总体成就水平？

3. 你如何解释盖尔的 CogAT 分数与她的 WJ IV ACH 分数的比较？

4. 你如何解读盖尔的 SRBCSS 中创造力和音乐子测验的分数？

5. 根据盖尔的分数，她没有被天才班录取。为什么？

6. 给天才教育项目的管理者写一封信，对这一决定提出上诉。在你的信中，确保你参考了所有关于盖尔的相关评估，包括她的学术成绩、评估工具的分数（例如，WJ IV ACH、CogAT 和相关 SRBCSS 子测验分数），以及任何与创造性艺术或音乐能力相关的证据。

学校的环境评估

学校评估几乎只关注学生的学术成就和学习成果。虽然学生的成绩提供了有价值的信息，但它不能提供教育过程的完整画面。课堂环境是影响学生学习成绩的重要因素，对课堂环境的评价是通过环境评估进行的。环境评估涉及评价特定的环境因素，这些环境因素与行为相互作用并能预测行为。环境包括我们周围的一切及我们所接触到的事物，内容如下。

1. **物理空间** 可用空间的大小和空间的安排方式。

2. **空间的组织与监督** 根据用途或功能对空间进行的组织。

3. **材料** 环境使用者需要用到的材料。

4. **同伴环境** 环境中的人的数量和类型。

5. **组织和调度** 环境的组织级别、活动的调度安排，以及参与人员的角色。

6. **安全** 没有危险并有充分监督的环境。

7. **响应能力** 提供机会以增强个人能力和独立性的环境。

许多学校环境因素都与学生的学业问题有关，如物理环境、师生关系、课程和教材，以及其他学生行为。其他变量（如出勤率、社会交往和课堂中断）也会影响学生的表现。

对课堂环境的评估需要关注：（1）物理和结构维度；（2）互动维度；（3）教学维度。物理和结构维度包括座位位置、教室设计与桌椅布置、空间密度，以及拥挤程度、噪音和灯光。互动维度包括学生与环境中的材料、人及活动的互动程度。教学维度是指与学生成就相关的教师行为。斯特朗等人（Strong et al., 2011）确定了几种有效的教师行为，如询问学生已知的知识、进行积极的互动、在教室里走动、让学生产生想法、创造一个愉悦的课堂环境、使用视觉资料和教具、核查学生的理解程度、有明确的目标、清晰地呈现概念、展现公平，以及进行差异化教学。

个人－环境匹配理论强调人们有必要研究受众的需求、能力和愿望与环境需求、资源和响应机会之间的一致性（Holland, 1997）。咨询师寻找方法使不同的环境安排和条件推动适应行为的发生，并研究个人与环境的相互作用。个人－环境匹配理论具有广泛的应用价值，尤其可以重点应用在与学龄前儿童和在普通教室学习的残疾学生打交道时。

目前人们已经开发了几种评估工具来衡量各年级课堂环境的各个方面。评估工具对不同群体（如家长、教师、学生和行政人员）的看法进行测量。以下为一些主要工具。

- 第三版课堂环境量表（Classroom Environment Scale, CES; Trickett & Moos, 1995），该量表评估学生对初中和高中课堂环境的感知。该工具评估课程内容、教学方法、教师个性、班级构成和整体课堂环境特征对学生的影响。学生版包含90道是/非题目，需要20～30分钟完成。学生们用从1（几乎从不）到5（经常）的5分制量尺来评价他们对课堂气氛的看法。9个子量表分为3个主要维度：关系、个人成长/目标导向，以及系统维护和改变。子量表包括参与度、隶属关系、教师支持、任务导向、竞争、秩序与组织、规则清晰度、教师控制和创新。

- 学校影响量表（Effective School Battery，ESB）评估学校氛围，并提供了关于学生和教师的态度等方面的描述。它衡量和报告的内容涵盖学校安全、员工积极性、行政领导力、学校规则的公平和清晰性、尊重学生程度、教室秩序、学术氛围、学校奖励、学生的教育期望、对学校的依恋，以及反映在学生和教师的看法、行为和态度方面的其他学校氛围。

- 学校环境偏好调查（School Environment Preference Survey，SEPS）测量在传统学校中发生的工作–角色社会化。SEPS 有 4 个子量表：自我从属、传统主义、规则一致性和不批判性。该测验有助于为学生规划教学策略，或帮助学生适应不同的学习环境。

- 课堂教学反应性环境评估（Pesponsive Environmental Assessment for Classroom Teaching，REACT）评估学生对课堂环境的感知。该工具产生 1 个单因素得分（课堂教学环境）和 6 个子量表——积极强化、教学呈现、目标设置、差异化教学、形成性反馈和教学享受得分（Nelson，Demers，& Christ，2014）。

学校咨询师的评估和评价胜任力

美国学校咨询师协会（ASCA）和心理咨询评估协会（AAC）开发了一份文件，描述了学校咨询师需要的评估和评价胜任力。这份文件列出了学校咨询师应该具备的 9 项能力。

1. 可以熟练地选择评估策略。
2. 可以识别、获取和评价最常用的评估工具。
3. 可以熟练地掌握对评估工具进行实施和计分的方法。
4. 可以熟练地解释和报告评估结果。
5. 可以熟练地利用评估结果进行决策。
6. 可以熟练地制作、解释和呈现有关评估结果的统计信息。
7. 可以熟练地指导和解释对学校咨询项目和咨询相关干预措施的评估。
8. 可以熟练地调整和使用问卷、调查和其他评估工具，以满足所在环境的需求。
9. 知道如何进行专业且负责的评估和评价实践。

教育中的评估议题

如今学校评估的主要议题是对公立学校学生普遍实行的强制性测验。标准化成就测验一直是美国教育体系的一部分。考德威尔（Caldwell，2008）将学校中涉及测验的传统过程描述为一个周期，即每隔一段时间进行一次标准化测验。出版商将测验进行计分并返还学校通常需要几个月的时间，往往这时再对课堂教学进行调整就太晚了。在一切恢复正常之前，学校管理会议和报纸文章会如火如荼地进行，直到下一个周期开始。

所有这一切都在《不让一个儿童落后法案》（NCLB）于 2001 年通过并于 2002 年 1 月签署成为法律后改变了。这项法案包含了自 1965 年颁布《中小学教育法案》（ESEA）以来对其进行的最全面的修改。NCLB 强调教育问责制，要求美国的学校以每个学生的成就来表明办学的成功，通过问责制，学校和家长可以获得必要的信息，以识别需要帮助的儿童，并将注意力和资源集中在这些儿童身上。因此，为了获得联邦资金，（美国）所有 50 个州的学区都被要求进行测验，以衡量学生在达到州立成绩标准方面的进展。每个州都确定了教育标准，规定了学生在特定年级应该掌握的特定学科领域的技能和知识（如 5 年级数学）。根据 NCLB，所有州都被要求在 3 ~ 8 年级和高中 1 年级进行阅读、数学和科学测验。为了升入下一年级或从高中毕业，学生们必须获得不低于最低分数线的考试成绩来证明自己的掌握程度。

2015 年，《让每一个学生成功法案》（ESSA）成为（美国）新的联邦法律。这项法律与 NCLB 的不同之处在于 NCLB 使用学生的考试成绩来评估学校的表现。你可以想象，这对单个数据点和学生的成绩造成了多大的压力。不符合标准的学区随后面临制裁，导致许多教育系统瘫痪，无法跟上联邦的要求。而在 ESSA 的指导下，学校的表现得到了更广泛的评估，涉及对学校氛围因素的评价，其中包括学生的心理健康（Grapin & Benson，2018）。根据 ESSA，学校仍然会对学生进行学术测验，但学校有一个更灵活的法律问责体系。因为本章集中在咨询的教育评估方面，所以我们将更密切地关注"高利害关系测验"的概念。

在高利害关系测验中，评估的利害关系和结果是重要的考虑因素。"利害关系"（stakes）这个术语是指考试结果可能对学生、团体或组织产生的影响（AERA et al.，2014）。高利害关系测验会直接影响学生的升学、留级、毕业、入学等教育道路和选择。低利害关系测验则用于监测学生的学习进展，并向学生、教师和家长提供反馈。高利害关系测验还涉及根据学生的考试成绩来判断学校的办学质量。例如，学生成绩好的学校可能会获得奖金或绩效工资等经济奖励，而学生成绩不佳的学校可能会受到制裁，包括制定 / 实施改进计划、被留待察看、失去认证、失去资金、将学生转到更好的学校，甚至关闭学校。学校排名通常以学生的成绩（成绩单）为基础，这意味着学校的排名反映了教学的效果或质量。

NCLB 的支持者认为，考试有助于识别需要帮助的孩子并为其提供资源，使学校对学生的进步负责，并在学校排名下降到不可接受的水平时为家长提供选择。此外，美国教育部在 2006 年报告称，自 NCLB 实施以来，全美学生的成绩都有所提高。然而，许多批评人士认为 NCLB 将面临失败。他们认为存在以下问题（Adrianzen, 2010; Frey, Mandlawitz, & Alvarez, 2012; Kieffer, Lesaux, & Snow, 2008; Ott, 2008; VanCise, 2014）。

- 学校的课程范围缩小到了基本的阅读、写作和算术，剔除了那些无需测验的科目（如艺术、音乐、社会科学、体育等）。
- 有不同背景或不同学习技能的儿童的学校正在受到惩罚。
- 高利害关系测验在学校里创造了一种贪婪、恐惧和压力的氛围，而这些都不利于学习。
- 极高的利害关系会鼓励学校作弊，并导致成绩较差的学生辍学。
- 学校咨询师会花更多的时间协调成就考试的实施，影响了他们为学生、教师和管理人员提供服务。
- （美国）各州之间没有统一的标准成就测验，这意味着没有办法比较各州学生的表现。

美国教育研究协会（AERA）是研究教育问题的主要组织。该组织承认，尽管政策制定者出于改善教育的良好意图而设立高利害关系测验（考试），但他们需要仔细评估考试可能造成的严重伤害。例如，政策制定者和公众可能会被与教育改善无关的虚假分数的提高所误导；学生可能面临更高的教育失败和辍学风险；教师可能会因为他们无力控制的资源不公平问题而受到指责或惩罚；如果考试成绩本身而不是学习成为课堂教学的首要目标，那么课程和教学可能会被严重扭曲（AERA, 2000）。该组织建议验证考试成绩和考试用途，为学生提供学习相关材料的资源和机会，明确说明可能的负面后果，以及给应试者提供使用规则。

尽管 NCLB 已经到了被重新批准的时候，但美国国会对该法案的修订仍存在争议。在为解决美国教育研究协会提出的一些问题而修订法律时，党派政治一直是一个持续存在的议题。

考试准备和表现

由于成就测验的分数对学生获得教育项目或职业机会至关重要，所以学生必须在成就测验中表现良好。因此，人们对考试准备和表现策略越来越感兴趣，学生可以使用这些策略来提高他们的考试成绩。这些策略包括辅导、提升考试技巧和降低考试焦虑。

辅导

辅导是行政人员、教师和咨询师用来帮助考生提高考试成绩的一种方法。尽管辅导没有一个被普遍接受的定义，但这个术语通常用来指训练考生回答特定类型的问题，并提供特定考试所需的信息（Hardison & Sackett，2008）。辅导计划通常侧重于提高学生对考试的熟悉度、演练测验模拟题或进行科目复习。辅导计划的提供渠道包括公立学校提供的课程、私人课程、私人家教，以及测验书籍、软件程序或视频。例如，最好的辅导项目也许是 SAT 备考班。每年都有成千上万的（美国）高中生参加 SAT 预备课程，希望提高他们在大学入学考试中的分数。最近在全美范围内进行的一项调查结果显示，参加 SAT 补习班的学生在 SAT 考试中比没有参加补习班的学生平均高出 60 分（The Ohio State University，2006）。

关于辅导，重要的是对其社会、哲学和伦理方面的关注。研究发现，来自低优势家庭的学生——那些家庭收入较低、父母受教育程度较低和父母从事较低级别工作的学生——不太可能使用任何形式的备考计划（The Ohio State University，2006）。

提升考试技巧

考试技巧是指利用考试的特点和形式获得高分的能力。考试技巧独立于学生在所测科目上具备的知识。考试技巧包括使用时间、避免错误、猜测和演绎推理等方面的策略。

提升考试技巧的策略包括在考试前熟悉考试。考生在到达考试场地之前，最好尽可能多地了解可能遇到哪些情况。一旦学生知道对考试该做哪些预期，他们就应该对参加考试进行模拟练习。一般来说，考生在接到关于如何参加考试的指导后，会感觉自己更了解情况，从而降低焦虑。这样可以减少由于考生不熟悉考试程序而造成的错误，并且可以得到更好地反映考生知识和能力的分数。

每种题型都有其适用的特殊策略。例如，在多项选择题测验中，考生在尝试选择正确答案之前，应该仔细检查所有选项或答案。如果学生在看到正确答案如选项 A 时停下来，他可能会错过选项 B、C、D 和 E，这些选项也可能是正确的。多项选择题的某些选项可能相似，只是略有不同，通常这些选项是可以排除的。如果考生知道有错误的选项可以被排除，并从剩下的选项中选择，那么他获得高分的机会就会更大。西蒙兹等人（Simmonds et al.，1989）为多项选择题设计了 SPLASH 测验策略。SPLASH 是一个缩写（以下内容的首字母缩写），代表以下内容。

1. **略读试卷**（skim the test）　略读整个试卷，以大致了解题目的数量、问题的类型，以及自己擅长和不擅长的领域。

2. **制定你的策略**（plan your strategy）　包括知道考试时间限制和从哪里开始答题。

3. **不纠结于难题**（leave out difficult questions）　学生应该把难的问题留到最后。

4. **完成你知道的问题**（attack questions you know）　学生应该首先回答所有他们能够确定答案的问题。

5. **系统地猜测**（systematically guess）　在完成所有已知的问题后，学生应该对他们不知道的问题做出最佳推测。

6. **肃清卷面**（house cleaning）　在考试结束前，留出几分钟时间填写所有答案，复核答题卡，并擦掉该清理的部分。

降低考试焦虑

随着高利害关系测验（考试）在教育中被越来越广泛地应用，考试焦虑已经成为学校咨询师面临的普遍问题。考试焦虑是指一些个体在考试中感受到不安、紧张或不祥的感觉。考试焦虑会给学生带来很多问题，如胃痛、头痛、注意力不集中、恐惧、易激惹、愤怒，甚至抑郁。患有考试焦虑的学生通常会担心考试没考好。这种思维模式抑制了他们掌握、记住和回忆信息的能力。相反，考试焦虑程度低的学生不会过分担心，能够专注于自己的考试。关于考试焦虑是有争议的。一些研究人员对焦虑会影响考试成绩的观点产生了质疑。他们认为那些能力较差的人更容易焦虑，考试成绩的缺陷是基于技能而不是焦虑。萨默和阿伦黛西（Sommer & Arendasy，2014）的结论是，考试焦虑是一种基于现有缺陷的情境特异性特征。

在评估考试焦虑方面，几乎没有已出版的具有很强心理测量属性的量表。在《心理测量年鉴》中，只有一种特定的工具——考试焦虑概况（Test Anxiety Profile，TAP）得到了评价，这些评价建议人们使用该工具时要格外谨慎。其他工具有考试焦虑量表（Test Anxiety Inventory，TAI）和儿童考试焦虑量表（Test Anxiety Scale for Children，TASC），但我们建议使用这些量表时要谨慎。TAI 由 20 个项目组成，在这些项目中，受测者被要求报告他们在考试之前、期间和之后经历特定焦虑症状的频率，使用从 1（几乎从不）到 4（几乎总是）的 4 分制量表。TASC 是一个有 30 个项目的工具，用来评估考试焦虑、远程学校问题、糟糕的自我评价和焦虑的躯体症状。

我们应该激励学生在考试中尽力而为，但不应该让他们焦虑。然而，有时压力不是来自咨询师或教师，而是来自父母。目前在我们（美国）的教育体系中，考试在某些州显得过于重要。它被用来作为唯一的标准，以判断一个学生是否应该升入下一个年级或允许从一个水平到另一个水平。在考试管理中，咨询师应该考虑以下策略。

1.确保学生理解考试说明——与他们核对考试说明，询问他们是否理解。在集体考试中，你可以在教室里转一圈，看看学生是否按照指示做了，并正确地记录了他们的答案。

2.建立融洽的关系和一个尽可能放松、无压力的环境。在考试前，创造一个学习导向的环境。学生可能需要使学习更有效的学习习惯，可能需要更多的时间来准备考试。考试是一种有趣的学习经历，也是一种激励。在考试的时候，你要保持友好和积极的态度，但要遵循标准化的程序。确保学生在适当的物理设施、工作空间、适当的照明、充足的通风环境下进行考试等。

3.为了减轻一些重要测验和考试带给学生的压力，可以组织小组或课堂讨论如何参加考试，给学生提供练习测验，并为即将到来的考试提供指导手册和学习指南清单。

放松练习常用于减轻考试焦虑。放松练习的目的是帮助学生平静下来。以下给出了咨询师对学生进行放松练习的示范。

找一个舒服的姿势坐下来。闭上眼睛，深呼吸。呼气，让你的身体和大脑完全放松。再次吸气，当你呼气时，感觉更加放松。除了我说的话，什么都别想。仔细倾听。继续缓慢地深呼吸。你开始感到越来越放松。

你坐在沙滩的躺椅上。天气不太热也不太冷。温度刚刚好。一切都很平静和愉快。你看到海浪涌向海滩，它们是美丽的蓝色，太阳是灿烂的黄色。你会感到全身温暖舒适。在清新的空气中深吸一口气。你忘记了时间。天空变得更蓝了。

现在你放松了，积极地看待自己。你可以说："我能记住所有我需要知道的考试内容。"多说几遍。说："我会知道正确答案的。"说："我是敏锐的，我的头脑很强大。"

总结

评估工具和策略在教育中被广泛使用，并在学生的人生决策中发挥着重要作用，这些决策涉及从升学和毕业到大学录取和进入某些职业或教育培训计划等。学校咨询师在学校评估项目中扮演着积极的角色，可以对各种评估工具进行实施、计分和解释，与学生、家长、教师和管理人员沟通评估结果，或者协调整个评估项目。

学校咨询师需要了解设计学校评估项目的过程、各种类型的评估工具和策略，以及他们将最常参与的评估活动。他们还应该意识到教育中与评估相关的其他议题，如评估天赋、评估学习障碍、考试准备和表现、环境评估，以及高利害关系测验等。

问题讨论

1. 研究表 16-1 某学校评估项目示例。你会添加或删除哪些测验？为什么？

2. 学生是否应该每 2 到 3 年进行一次智力测验和成就测验？为什么？是否应要求所有学生进行人格测验如迈尔斯－布里格斯人格类型测验（MBTI）？为什么？

3. 描述干预反应，并解释为什么干预对有学习障碍的学生很重要。

4. 你是否同意能力－成就差异模型是一种"等待失败"的方法？请做出解释。

5. 咨询师和教师是否应该确保在所有主要考试之前都进行关于考试技巧的培训？为什么？

6. 你认为焦虑对测验（考试）成绩有重要影响吗？我们应该评估学生在测验前和测验中的焦虑吗？为什么？

7. 教师可能会因为成就测验而感到压力巨大。他们可能不喜欢他们所在（美国）州使用的标准化成就测验，因为它不能衡量他们所教授的内容。在这种情况下，地区行政人员应该采取什么步骤来获得地区教师的支持？

建议活动

1. 采访一位学校咨询师，了解学校评估项目中有哪些测验。
2. 就与学校评估项目有关的议题写一份意见书。
3. 准备一份附有注释的参考书目，以帮助一个人准备参加重要的大学入学考试。
4. 实施一项测验，以测量考试焦虑。
5. 阅读下面的简要案例，并回答每个案例下面的问题。

肯特的案例

肯特需要参加 SAT 来完成学业档案，以便他所申请的学院能考虑将他录取。他说："我没有时间参加学校的考试预备课程。这只是一个能力倾向测验，能力有就是有，没有就是没有。"

（1）你同意肯特的观点吗？

（2）你会用什么方法来帮助他？

利蒂希娅的案例

利蒂希娅是一名高三学生，在一个化学荣誉班上课。她的 4 分制平均成绩是 3.0 分。每当她在课堂上考试时，她就会感到恶心和眩晕。她参加其他课程的考试时就没有这种感觉。

（1）你认为利蒂希娅的问题是什么？

（2）你会用什么方法来帮助她？

17 | 第十七章

沟通评估结果

学习成果

学习本章之后，你将能够做到以下几点。

- 描述在口头交流评估结果过程中反馈环节的使用。
- 描述与反馈环节相关的潜在问题和议题。
- 描述与家长进行反馈的过程。
- 解释使用书面评估报告的目的。
- 描述评估报告的每一个组成部分。
- 描述一份优秀的评估报告所需的品质。
- 列举并探讨向其他专业人员及公众报告评估结果的准则。

当咨询师完成了所有评估过程并对结果进行分析和解释后，有责任将评估结果传达给那些有权获得信息的人。在进行评估时，咨询师以适当的方式传达结果与遵循适当的评估程序一样重要。我们将这一章节放在书的末尾，是为了使读者按发展顺序对整个评估过程进行学习。尽管如此，沟通结果这一过程是评估中不可或缺的组成部分，不能被看作评估完成后才去做的工作。

咨询师在沟通评估结果的时候，面对的可能不仅仅是受测者。沟通评估结果可能涉及来访者、家长（如果受测者为未成年人），以及其他与受测者有关的专业人员（如教师、学校行政人员、心理健康专业人员）。如果来访者是被法院系统强制进行评估的，那么你必须将结果传达给法院或法院官员。需要明确指出的一点是，只有在来访者或其监护人明确给予许可的情况下，咨询师才能将结果告知他人。在某些情况下，你必须自行决定谁是有资格被告知这些信息的人选。例如，在被法院系统强制评估的案例中，来访者有可能就是法院系统本身（法院系统作为来访者，委托咨询师对某受测者进行评估），那么结果就只需要向法庭汇报。正如你看到的，沟通结果的过程比它看起来要复杂得多。本章将介绍如何使用反馈环节和书面报告来沟通评估结果及其他信息。图 17-1 呈现了评估过程的线性视图。

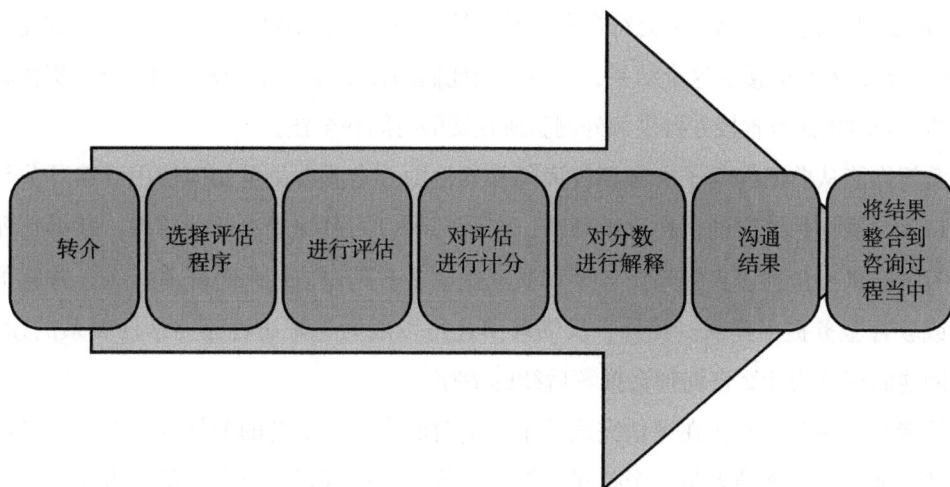

图 17-1　评估过程

反馈环节

在大多数情况下，评估过程的最后一步是完成口头或书面报告，咨询师需要用容易理解的语言和有效的方式将评估结果传达给来访者（或其他相关人员）。评估结果往往直接关系到来访者的利益。根据评估的初衷，来访者会想知道评估结果对于他们的学术地位和目标、职业决策、能力或情感问题方面具有什么样的意义，多数情况下，评估的结果与这些方面的确有很大的利害关系。例如，评估可以决定被告是否有在法庭上接受审判的能力，甚至可以决定被告是否有在死刑案件中被判处死刑的受审能力。因此，具备足够强的沟通能力，能够将公平有效的评估结果传达给众人，其重要程度甚至可以决定生死。即使不是在生死攸关的情况下，评估结果也会产生持久的影响。试想一下，一名学校咨询师不得不向家长解释他们的孩子的评估结果，说明孩子没有接受资优教育的资格。在一个真实的例子中，一位家长有两个年龄较大的孩子都在参加一所当地学校的资优教育项目，家长要求他们最小的孩子也接受这个资优项目的测验。在完成多方面的评估后，咨询师确认这个孩子并不符合资格要求。接下来，与孩子的家长沟通评估过程和测验分数的意义是非常重要的。这个孩子的智商为 110，他的成就分数也在 110 左右，成绩处在一般水平，教师们认为他和其他同年级的孩子相差无几，但是家长确信自己的孩子有天赋，并要求进行额外的评估。作为沟通结果过程中的一部分，学校咨询师要以家长可以理解的方式向他们解释测量的标准误差。在智商测验中，误差带（band of error，例如，+/-3）可以预测如果一个人被反复测验，他的测验分数会怎样。根据误差带，我们可以预测，如果这个孩子再次接受测验，他的分数可能会提高，也可能会下降。但不管是哪种情况，变化都会很小，因为智力不会随着测验场合的改变而产生巨大的变化。如果孩子再次接受测验，他的分数可能在 107 到 113 之间，仍然不会符合资优教育计划的要求。用家长可以理解的方式花时间给他们解释，家长会接受这个结果，并意识到他们的孩子是没有资格参加额外的资优教育计划的，同时也能节省校方提供额外测验所花费的时间和金钱。

希望你能从前面的例子中看到咨询师和其他助人专业人员是如何使用反馈环节与来访者口头沟通评估结果的。在反馈环节，咨询师可以回顾和澄清评估结果，获得与评估过程有关的额外信息，告知来访者（和其家庭成员）其评估结果意味着什么，并就干预措施或教育服务提出建议。此外，反馈环节还可以成为与来访者建立信任关系的途径，并帮助他们理解为什么咨询师会推荐后续的治疗。

反馈环节通常会安排在评估完成后不久的时间内，来访者的配偶和主要看护者可能被邀请参加。如果来访者是一个孩子，那么教师、学校管理人员和其他有可能获得该家庭许可的专业人员都可能被邀请参加。反馈环节一开始，咨询师应首先描述评估的目的。这一过程需要咨询师提前准备好如何解释较难理解的概念、测验的局限性，以及各种可能影响分数的测验偏差。同时指导来访者理解测验数据只代表一种信息来源，不足以充分评估个人的能力、技能或特质。

在解释了评估的目的之后，咨询师应该以来访者（和家庭成员）能够理解的方式报告测验结果。大多数人，不管是专业人员还是普通人，都认为百分等级是最容易理解的分数类型（Lichtenberger，Mather，Kaufman，& Kaufman，2004）。当向来访者解释百分等级时，他们会很容易理解排名第 1 百分等级并不是最好的结果。如果你的成绩位于第 1 百分等级，那就意味着在 100 个人中，你的分数等于或仅仅高于其中一人的分数。换句话说，你的分数可能是 100 个人中最低的。希望作为一名专业咨询师，你不必告诉你的来访者他们是第 1 百分等级，但是你可以看到用百分等级来解释评估结果的实用性。标准分数很容易通过使用转换表转换为百分等级。一些专业人员更喜欢使用分数的质性描述，而不是数字本身。在适当的时候，咨询师也可以向来访者解释测量的标准误差，这样做不仅可以借此机会强调测验结果不是绝对的，也可以告诉来访者他们的真实分数可能存在的区间。下面是与一位名叫朱恩的假想来访者口头沟通各种分数的例子，这位来访者今年 10 岁，上 5 年级（Miller，Linn，& Gronlund，2011）。

- **百分等级**（percentile ranks）"在数学计算子测验中，朱恩的分数在第 93 百分等级，这意味着她的分数等于或高于 5 年级全国常模中 93% 的个体。"
- **离差智商**（deviation IQ）"在言语理解指数方面，朱恩的标准分数为 115，高于平均水平。"
- **T 分数**（T scores）"June 在 6 ~ 18 岁儿童行为检查清单中的孤僻 / 抑郁综合征量表上得到了一个较高的 T 分数（T 分数为 70）。她的分数位于临床范围内，表明她害羞、缺乏活力、感到悲伤，并且较为孤僻。

- **标准九分**（Stanines）"在 1 ~ 9 的范围内，朱恩在数学计算子测验中得到 9 级计分制中的 8 分。这个分数表明朱恩的表现在高于平均水平的范围内，也就是 9 级计分制中 7 ~ 9 之间。标准九分的平均水平范围为 4 ~ 6 分，低于平均水平范围为 1 ~ 3 分。"

- **年级当量分数**（grade equivalent scores）"朱恩的数学计算子测验的年级当量分数为 6.3 分。这意味着朱恩在同一个 5 年级测验中正确回答了与（正处于学年的第 3 个月即 11 月份）普通 6 年级学生相同数量的题目。这高于全国 5 年级学生的平均水平，但这并不一定意味着朱恩可以上 7 年级的数学课。这仅仅意味着在测验中，她比大多数 5 年级学生表现得更好，和一个典型的 6 年级学生差不多。"

- **年龄当量分数**（age equivalent scores）"在阅读测验中，朱恩的年龄当量分数是 11-2。这意味着朱恩的分数与 11 岁零 2 个月大的孩子的平均表现相当。"

由于来访者经常会对他们的评估结果感到紧张或焦虑，咨询师应该关注来访者对他们的分数及其意义的感受。因此，反馈环节本身可以为来访者带来疗愈性体验，来访者对结果的反应也可能为专业人员提供关于来访者的新认知。此外，通过参与评估结果的讨论和解释，来访者可能会更加容易接受评估结果，获得更多的自我觉察，并更愿意在决策中参考评估结果。咨询师可参考表 17-1 所示的反馈环节中的结果解释指南来工作（Reynolds，Livingston，Willson，& Willson，2010）。虽然评估过程并不像描述的那样一贯是线性的，但是使用图表作为指南将有助于临床工作者了解评估过程中的典型步骤。

表 17-1　反馈环节的清单

—— 检查评估工具的用途
—— 解释如何计分并理解分数
—— 准确地定义所有术语
—— 讨论谁可以获取结果以及如何使用结果
—— 用一种受测者容易理解的方式报告结果
—— 在报告定量数据时使用百分等级
—— 保持机智和诚实
—— 避免使用术语。如果你必须使用专业术语，那么请花时间解释它们的含义
—— 强调评估结果中正面的部分，并客观地讨论结果中负面的部分
—— 避免使用"不正常""异常"或"病态"等术语。简单解释这些术语或其他症状的特征，但不要贴标签
—— 不要讨论每个测验或子测验的分数，把你的解释着重于最重要的评估结果上
—— 确认并保证受测者理解所有测验结果
—— 鼓励受测者（和其家长）提出问题，提供纠正性反馈，并提供更多信息
—— 避免做出具有广泛性或负面的未来预测
—— 为受测者安排足够的时间来接受结果
—— 不要试图说服受测者接受你对结果的解释一定是正确的
—— 运用良好的咨询技巧去倾听受测者，观察他们的非言语行为，确认他们的意见（即使他们不同意评估结果），并反思他们对评估结果的感受
—— 鼓励受测者进一步研究或思考评估结果的意义
—— 如果需要，安排后续会议，以促进理解、计划或决策

团体反馈环节

团体反馈环节经常被用来交流测验结果。具有独特的学习方式或性格类型的来访者可能更喜欢团体和社交互动，这样的来访者通常习惯从其他人及咨询师那里学习。现在大多数测验都会提供详细的解释材料，咨询师可以在团体反馈环节有效地使用这些材料，这种方法普遍更经济方便。咨询师可以与小型或大型的团体一起工作，也可以使用幻灯片或其他视觉方式来传达信息。这种类型的互动在一对一的情况下是不太可能出现的。如果来访者需要进一步的帮助来处理信息，团体反馈环节也不排除提供单独反馈的可能。

问题领域

在反馈环节，咨询师在传达信息时可能会遇到一些议题。在这里我们列举了一些较为常见的问题，包括结果接受度、来访者（受测者）准备度、负面的评估结果、扁平式简况，以及来访者的动机和态度等。

接受度 反馈环节的目标通常是让来访者接受评估结果，并将这些信息纳入他们的决策过程。但负面的结果常常促使来访者拒绝接受关于他们自己的有效并且真实的信息。咨询师可以通过以下方式提高来访者对测验结果的接受程度。

1. 让来访者在测验前参与决策制定和测验选择。
2. 与来访者建立融洽的关系，让他们信任咨询师，以在咨询过程中感到放松。
3. 花足够的时间向来访者解释测验的结果，但不要使用太多的数据，以免让来访者感到不知所措。
4. 将结果翻译或转述成来访者能够理解的语言。
5. 展示信息的效度，以便做出决策。

准备度 受测者（来访者）是否能接受测验结果的关键因素是他们是否有足够的准备度去倾听测验的结果。如何呈现测验的结果对个人接受结果的能力有着实质性的影响。如果与测验结果相关的信息将会损害受测者的自我概念，咨询师可能不得不先努力让受测者扩大其对事情的接受范围。下面的技巧可以帮助受测者提高准备度。

1. 在反馈环节之前进行几次会谈来建立融洽的关系。
2. 允许受测者自己提起有关测验结果的话题，咨询师不要在反馈环节的一开始就解释测验结果。
3. 关注测验而不是受测者。
4. 思考受测者对反馈的反应。

负面的评估结果　评估结果通常并不是来访者想要的或者期望的。来访者可能并没有通过认证或执照考试，或者没有达到大学入学的最低分数。在临床测验中，当来访者被告知他们在评估物质滥用问题的量表中得分很高时，他们可能会变得戒备起来。或者，有些来访者可能在人格测验的效度量表上得分很高，并被告知他们的测验是无效的。施测者必须知道如何恰当地将负面的测验结果传达给个人。以下是一些建议。

1. 解释临界分数的基本原理和既定程序的有效性。
2. 避免使用负面的术语或标签，如"异常""非正常"或"病态"。
3. 对来访者的观点和感受予以理解。
4. 尊重来访者与测验含义争论的权利，但未必要同意来访者的观点。
5. 辨识有关来访者的支持或不支持测验数据的其他信息。
6. 讨论数据的含义及这些数据对决策的重要性。

扁平式简况　很多时候，一个人的得分可能没有高低，而是所有分数都趋于平均，呈现一个扁平式简况。在能力和成就测验中，这表明来访者在所有领域的表现水平都是相似的。在兴趣或职业清单上，扁平式简况可能表明来访者尚未决定未来的发展目标。反应定势是测验中一个会造成扁平式简况的因素，有些来访者可能习惯于给所有事物评分都偏高、偏中或者偏低。如果遇到在关于兴趣和职业指导测验中呈现扁平式简况的来访者，咨询师可以要求来访者阅读霍兰德的 6 种类型的描述，并对最能体现他们个人特色的 3 种类型进行排序（Gati & Amir，2010），然后讨论来访者的期望、过去的相关经历、以前的工作经历，以及他们的误解和成见。如果遇到在能力倾向和成就测验中呈现扁平式简况的来访者，咨询师可以询问来访者的兴趣、价值观和职业目标，并向来访者保证他们的简况是正常的。咨询师应该与来访者讨论他们的目标，以及他们可以做的事情。另一个建议是要调查来访者在之前的测验中的表现，以确定这种模式是否典型。最后，在诊断方面，扁平式简况可以说明很多问题。例如，扁平式学习简况有可能有助于诊断阿尔茨海默症中的轻微认知障碍（Gifford et al.，2015）。

动机和态度　测验结果对于那些积极参加测验、及时上门并讨论结果的来访者，以及对数据的价值持积极态度的来访者来说更有意义。一些来访者可能在测验之前已经对测验持有消极态度且在测验之后一直保持这种态度。另外一些来访者在看到与他们预期的不一样的测验结果后会变得消极。

咨询师应该认识到测验不仅可以帮助来访者对自己设定更加现实的期望，也可以在制定决策过程中体现价值。然而，有些来访者过于看重结果，过于依赖测验的数据来解决他们的问题。还有一些来访者利用测验结果逃避自己的感受和问题。因此，负责解释测验结果的咨询师不仅要了解来访者参加或不参加测验的动机，还要了解来访者对测验的态度。其他重要信息包括解释测验结果的直接目标，以及来访者希望参与关于测验类型和测验结果传播的决策的愿望。

家长反馈环节

如今，几乎所有的孩子都会在他们的学习生涯中参加某种形式的标准化考试，大多数学生会参加团体成就测验，有些学生会因为某个疑似问题而被转介进行个体评估。所有的家长都想知道他们的孩子在学校表现如何，然而家长可能会对测验结果感到担忧，并惧怕测验结果可能会对孩子的未来产生负面影响。在进行与家长的反馈环节时，咨询师可以解释孩子的评估结果，并帮助家长理解评估的目的、测验分数的含义，了解他们的孩子是否符合学校标准，以及他们的孩子是否有任何其他的问题。评估的最终目的是帮助孩子，因此，提供具体的测验信息可以帮助家长清晰地做出下一步该采取什么具体措施的决定（Reynolds et al.，2010）。

家长反馈环节的第一步是描述测验中测量的内容。例如，施测者可以简单地告知家长，广泛成就测验第五版（WRAT-5）的数学计算子测验衡量的是一个人进行基本数学计算的能力，但不需要对子测验进行长篇大论的技术性描述。接下来，施测者会讨论孩子的分数，并在期间避免使用科学术语，着重于向家长提供有意义的信息（Miller et al.，2011）。施测者应该耐心地、善解人意地但同时诚实地帮助家长理解对评估结果的解释。一般来说，百分等级、年级当量分数和标准九分比较容易解释，被误解的可能性较小。实际的测验结果可以通过使用图表和档案的视觉方式来呈现，帮助家长理解结果。口头反馈必须是易懂且详细的。一般来说，最好的解释是简明扼要的，不要让家长因为短时间内无法接受太多的信息而变得不知所措。

《教育公平测验实施准则》规定，家长或监护人应被告知测验成绩被收录储存的方式和谁会在什么情况下被告知成绩；家长或监护人也应被告知如何进行投诉和如何解决测验过程中出现的问题；家长或监护人还应被告知来访者的权利，包括他们是否可以获得其子女的测验复印件和完整的答卷，以及他们的子女是否可以重考、申请重新对结果进行计分或取消考试成绩。

萨特勒和霍格（Sattler & Hoge，2006）提供了一个四阶段模型，用于向家长呈现评估结果。

第一阶段：建立信任关系 安排与家长在私人场合见面，并尽一切努力让家长出席会谈。施测者应该帮助家长在会谈过程中感到舒适，并鼓励他们自由地交谈和提问。

第二阶段：沟通评估结果 评估结果及其影响应以尽可能直接、详细和明确的方式进行总结。施测者应该明白他们分享的一些信息有时会引发与家长的冲突、对方的敌意或焦虑。他们需要帮助家长表达感受，并让家长感到自己的感受被接纳。这一步希望达到的目标是让家长对孩子形成正确的认识和现实的期望。

第三阶段：讨论建议 施测者需要留出时间让家长吸收和接受评估结果，并帮助他们制订下一步的行动计划。家长可能需要具体的或项目选择上的建议，施测者应该提前做好相关准备。

第四阶段：终止会谈 施测者应该总结评估结果和建议，并鼓励家长提出任何额外的问题。施测者还应告知家长，如有需要，可以进行额外的会谈。

为了回应家长的顾虑，施测者应该准备好回答许多关于测验的问题。表 17-2 提供了一个常见问题列表。

表 17-2 家长提出的常见问题

- 你为什么要测验我的孩子
- 你为什么要做这么多测验
- 什么是标准化测验
- 测验是如何进行的
- 我孩子的测验成绩意味着什么
- 与其他同龄或同年级的孩子相比，我的孩子表现如何
- 年级当量分数有什么问题
- 为什么我们学校的分数低于国家常模标准
- 你如何使用这些分数
- 为什么学生要参加州成就测验？它用来衡量什么？学生什么时候参加
- 我的孩子该如何为参加州成就测验做准备
- 这次测验的及格分数是多少
- 测验会提问什么样的问题
- 谁会看到测验结果
- 我能看测验的复印件吗
- 我能要一份我孩子的测验结果吗
- 考试成绩是否可以通过指导得到提高
- 我孩子的考试成绩会对他未来的选择带来怎样的影响
- 这些测验对成功的预测有多准确
- 这个测验对我的种族、性别或民族成员是不是公平的

米勒等人（Miller et al., 2011）建议采取以下行动来避免家长对评估结果的误解。

1. 将智力测验称为学习能力测验或能力倾向测验。因为"智力"这个术语经常被误解，通常带有一定的情绪色彩。

2. 不要把能力或能力倾向测验描述为是用来衡量固定能力的指标，因为它们不是。它们衡量的是习得的能力。

3. 不要直接告知家长测验成绩将"预测他们的孩子在学校的表现"。你可以换一种说法，比如这样说："和你孩子成绩相似的学生通常在学校表现很好。"，对于成绩较差

的学生的家长，你可以说："和你孩子成绩相似的学生通常觉得学习很困难。"

在反馈环节中，家长可能会对评估的各个方面表达顾虑。一个常见的问题是，如果家长不认同测验的结果怎么办？例如，如果评估结果表明孩子还没有准备好上幼儿园，但家长认为孩子已经准备好了，或者如果家长认为他们的孩子应该进入天才班，但评估结果表明孩子没有达到条件。家长应该被告知他们可以采取的其他途径，例如，自行进行独立评估，但也要告知家长校区可能不会为独立评估付费，而且很难再用相同的测验对来访者进行测试。

家长可能想知道测验结果是否真的重要。专业人员可以通过解释评估项目的目标和问责议题来帮助家长理解评估结果的重要性，同时还应向家长强调，许多安排和选拔决定都取决于评估的结果，因此，家长应鼓励孩子认真对待评估过程，尽最大努力去完成。

家长可能会问，这些测验是否带有文化偏见。施测者可以与家长讨论大多数标准化测验采用的用来减少测验偏差的步骤。例如，使用专家小组来检查测验题目、比较不同群体之间的测验结果，以确认是否有特定的人群会呈现分数差异。还需要着重解释的是，即使有这些尝试，偏见仍然可能存在于测验当中，并可能影响个体的真分数。

家长可能会疑惑分数究竟是固定的还是可变的。需要提醒他们的是，一个测验使用的是某个领域的题目来衡量某个特定时间段内能采集到的行为样本。测验分数确实会有所变化，会上下波动，他们孩子的分数可能每年都不一样。有时候，学生出现比较糟糕的表现是因为他可能不熟悉测验所测量的领域。大多数孩子在某些领域会比其他领域表现得更好。家长需要了解测验分数的动态变化，避免做出草率的价值判断。

家长可能会问，孩子是否应该被告知他们的测验结果。在大多数情况下，孩子应该得到反馈，并且以他们能理解的语言来呈现。这些信息可以帮助他们了解自己的长处和短处，并做出更加现实的教育和职业选择。

评估报告

除了口头反馈之外，咨询师还可以用书面评估报告的形式沟通评估结果，这些报告通常被称为心理报告或心理教育报告。这些报告总结了从访谈、测验和观察中收集到的数据，这些数据直接回应了评估的初衷。很多不同学科的专业人员都会撰写评估报告，包括学校心理学家、临床心理学家、神经心理学家、咨询师，以及言语和语言治疗师。尽管他们的专业角色可能不同，但他们都会参与撰写报告。评估报告的核心目的有四个：（1）描述来访者；（2）记录和诠释来访者在评估中的表现；（3）将评估结果传达给转介方；（4）就教育项目、治疗方法或其他适当的干预措施提出建议或决定（Cohen & Swerdlik，2018；Engelhard & Wind，2013；Urbina，2014）。报告还创建了个体的评估记录以供未来使用，并可作为法律文件（Gunn & Taylor，2014）。

书面评估报告的内容涉及转介方关注的具体问题（如心理、行为、学术或语言上的问题；Goldfinger & Pomerantz，2013）。例如，教师可能需要了解一个孩子的学习进度是否与同龄人不同，或者为什么一个孩子在某个特定的学科领域（如阅读）有困难（Schwean et al.，2006）；家长可能会申请评估，以确定他们的孩子是否符合学校资优教育项目的标准；法官可能需要知道监护权纠纷中的孩子归属于家长的哪一方更好；假释官可能想知道一个青少年的心理机能，以判断他是否有心理健康教育方面的需求。每个转介方都有不同的问题和对信息的需求。评估报告应该针对转介问题和预期受众而定制。

书面评估报告应该整合由多种评估方法得到的信息，包括访谈、观察、测验和记录。报告之间的评估信息的整合程度相差很多。整合度低的报告通常更关注测验分数，忽略不同方法之间不一致的结果，忽视来访者的整体背景，并且不讨论分数对来访者的意义。一份全面详尽的报告会细致详实地将评估结果整合在一起，确保报告对来访者是有特定意义的（Goldfinger & Pomerantz，2013）。

书面报告的篇幅差别可以很大。尽管大多数报告的页数在 5 ~ 7 页之间（Donders，2001），但报告的长度并没有一个普遍共识（Groth-Marnat & Horvath，2006）。针对法庭评估，艾克曼（Ackerman，2006）将报告分成简短（1 ~ 3 页）、标准（2 ~ 10 页）和全面（10 ~ 50 页）三种类型。长度取决于报告的目的、背景（教育、心理健康、医疗或职业环境背景）、转介方的期望、评估的重要性和影响度，以及报告内容及其所含信息的复杂性和数量。

优秀报告的品质

成功的评估过程要求评估结果能得以有效沟通。书面评估报告不仅会被其他心理健康专业人员阅读，也会被来访者、家长、教师、法院系统和其他专业人员阅读。因此，报告需要用一种能被广大读者理解的语言来撰写。然而，在书面报告中会经常遇到一些重要的问题，主要包括术语、定义不明确的词汇和缩写的使用，未能对评估结果做出足够全面的解释或缺乏逻辑，给出的建议不明确或不适当，语言组织不力，强调数字本身而不是对数字的阐述，以及只使用计算机生成的测验报告（Carr & McNulty，2014）。其中，过度使用术语是来访者、家长、教师，甚至心理健康专业人员最常抱怨的问题（Lichtenberger et al.，2004）。

　　为了使书面报告清晰易懂，语言应该是具体明确的，而不是抽象模糊的。抽象的陈述可能很难被理解，意义含糊不清的句子也经常会被误解，因为不同的人对这些句子会有不同的理解。例如，"约翰缺乏机械能力"这句话需要读者分别去解释"缺乏"和"机械能力"这两个概念。更好的说法是："约翰不会用螺丝刀，也不会给螺栓上垫圈"。同样，在"玛丽是一个外向的人"这句话中，该怎么定义"外向的人"呢？更好的说法是："玛丽喜欢和人们在一起，成为人们关注的焦点。她大声说话，大声笑，并且会确保跟房间里的每个人都介绍一遍自己"。

　　在撰写评估报告时，咨询师应考虑以下建议（Carr & McNulty，2014；Goldfinger & Pomerantz，2013；Lichtenberger et al.，2004；Wiener & Costaris，2012）。

- 避免使用术语和缩写。
- 用第三人称称呼自己（如用"施测者发现"代替"我发现"）。
- 使用简单的词语和简洁的句子。
- 避免使用不必要的单词和短语。
- 避免冗余。
- 以结论型陈述句开始段落，后面跟着支持陈述句的信息。
- 用过去时写背景信息和观察结果。
- 用现在时写评估结果。
- 一般而言，与评估目的无关的资料不应被包括在内。
- 大写测验标题。
- 注意标点、英文词汇的大小写、错别字和语法。

评估报告格式

　　没有任何一种单一的、理想的报告格式可以适用于所有的场景和评估工具（Wiener & Costaris，2012）。评估报告的标准格式取决于受众、转介问题，以及施测时使用的评估工具和策略。一般而言，书面评估应该讨论转介的原因、来访者的背景信息、行为观察结果、所使用的评估过程、评估结果和解释、施测者的解释与结论，以及建议（见表 17-3）。

　　一些专业评估者将测验作为一种收集数据的方法，他们的评估报告（特别是全面的心理评估报告）将包含评估过程中使

表 17-3　一篇报告的组成部分

1. 标题和身份信息
2. 转介原因
3. 背景信息
4. 行为观察
5. 评估工具和过程
6. 评估结果和解释
7. 总结
8. 建议

用测验的清单。如果评估过程中没有使用测验，咨询师则不需要在书面报告中列出或讨论测验。接下来，我们将分别描述评估报告的每个组成部分，并提供一个简短的评估报告示例。

标题和身份信息　大多数报告都以标题开头，紧接着是重要身份信息。标题通常位于第一页的顶部（如心理健康评估、心理教育评估、心理评估）。身份信息通常记录在标题下面，内容包括受测者姓名、出生日期、生理年龄、学校和年级（如果评估对象是学生）、评估日期、报告日期（撰写日期）、施测者姓名。

转介原因　转介原因通常是报告的第一部分，包含了来访者被转介进行评估的原因。这一部分至关重要，因为转介的原因会决定评价的重点，并提供了评估的初衷。报告的所有组成部分都应该考虑到转介问题（Lichtenberger et al., 2004）。撰写者还必须假定，转介方不是唯一会阅读报告的个体，其他人（如律师、精神健康专业人员、案件管理人员、受测者的家长、配偶和子女，甚至受测者本人）都有可能会阅读报告。

背景信息　这一部分提供来访者的背景（Goldfinger & Pomerantz, 2013），了解其背景才能充分地理解来访者。在这一部分，咨询师会简要地描述来访者的个人过往，其中可能包括按时间顺序整理的来访者的社会背景、个人成长经历、医疗经历、教育经历、家庭关系、就业信息（如有关联）等。这些信息通常是从与来访者（或其相关方）的访谈和官方记录中（例如，学校记录、过去的评估结果、干预计划、法庭文件、健康记录等）获取的。虽然这一部分提供了解释评估结果所需要的背景，但如果这些信息本身与转介问题无关，而且是非常私密的，那么咨询师应该仔细考虑是否将其纳入报告中（Kamphaus & Frick, 2005）。报告不应该包括传闻、未经证实的意见、普遍性的陈述或任何潜在的有害或破坏性信息。

行为观察　这一部分包括在评估过程中发生的和在其他环境中（如教室、候诊室、游乐场、家中）发生的观察（Lichtenberger et al., 2004）。咨询师可以直接观察来访者的行为，或者间接通过教师、家长和其他与来访者有接触的人的报告得到观察结果。在评估过程中的直接观察可以观察到来访者的外表、建立和维持融洽关系的难易程度、语言风格（如语速、音高、音量和说话的节奏）、注意力广度、分心程度、活动水平、焦虑程度、情绪、对评估过程的态度、对施测者的态度和不寻常的举止或习惯（Lichtenberger et al., 2004）。通常情况下，如果观察到的行为对该个体在评估过程中的表现或者对其学术、社交或情绪功能产生了积极或消极的影响，则需要在报告中提及。

评估工具和过程　咨询师需要在这一部分对评估中使用的工具和过程进行简要描述。这一部分通常以清单的形式进行撰写，可以记录来访者及其相关方（如家长、教师等）接受访谈的日期。该部分同时也要记录所使用的测验的名称，包括各种正式的观察方法。

评估结果和解释 这一部分需要咨询师描述根据不同的评估工具所获得的评估结果。咨询师只需要纳入与评估目的相关的结果，不需要对每个测验分数进行描述。就这一部分的格式而言，评估结果可以按照（1）领域，（2）能力，（3）测验来组织顺序。如果采用领域导向的格式，咨询师则可以根据每个需要关注的领域撰写单独的段落（如智力、成就、适应行为、社会及情感机能等）。每个段落可能包括通过多种评估工具和方法获取的数据。能力导向的格式类似于领域导向的格式，区别在于评估结果是根据特定的能力来组织的（如记忆、推理、视觉空间能力、表达性语言等），而不是根据领域。测验导向的格式是最常用的组织方式，其中每个单独的段落分别用来描述一个评估工具得出的结果。除了这三种常见的报告格式之外，咨询师还可以在附录中通过图表或图形的方式提供评估工具的数据。

在评估结果被呈现后，咨询师应该对来访者、转介方和其他相关方以明确恰当的方式对评估结果做出解释。首先可以讨论重要的临床发现，例如，位于"临床范围"内的测验分数。可以沟通的结果包括：（1）其他评估工具的分数，（2）在评估过程中或在其他情况下发生的行为观察，（3）从与来访者和相关方的访谈中，以及从任何文件或记录中获得的背景信息（Lichtenberger et al., 2004）。咨询师应尝试解释评估工具和方法之间的任何分数或结果差异。可能影响评估结果的效度或信度的因素（如文化差异、语言因素、残疾、健康问题等）也应该在这个部分讨论。咨询师需要铭记，这部分的重点是被评估的个体，而不仅仅是评估工具的分数。

计算机技术的进步正在改变专业人员进行评估的方式，包括将计算机生成的测验解释（computer-based test interpretations；CBTIs）纳入书面报告的评估结果和解释部分。CBTIs 将个体的测验结果转换成长文式叙述性报告，这可以为施测者提供几个优势：这样的报告可能比施测者自己撰写的报告更全面，可以节省施测者准备报告的时间并提供更客观的信息。然而，使用 CBTIs 的一个核心问题是这些解释的准确性。另一个值得担忧的问题是，这些冗长的叙述即使不是真的有效，也往往在未经训练的大众眼中，甚至在一些专业人员眼中显得十分有效（Goldfinger & Pomerantz, 2013）。不合格的咨询师可能会利用这些计算机生成的报告来弥补自身培训和经验的不足。此外，咨询师可能会越来越依赖 CBTIs 而不是他们自己的临床判断。使用 CBTIs 进行解释可能会产生许多问题（Lichtenberger, 2006）。咨询师应该将 CBTIs 视为临床判断的一个重要辅助手段，而不是替代品。在这种情况下，咨询师可以在有自己的临床判断的基础上，将 CBTIs 的信息纳入书面报告的评估结果和解释部分。

总结　这部分综合了报告各个组成部分的关键信息，以及咨询师对来访者的假设或临床印象。由于有些人可能只读整个书面报告中的这个部分，因此这部分内容显得尤为重要。咨询师要简要地重申来访者被转介的原因、相关的背景信息、行为观察，以及测验结果和解释。假设或临床印象是这一部分的关键元素，因为它们有助于描述和澄清来访者所有问题的性质及其存在的原因。所有的假设或临床印象都应基于评估信息并印证多项评估信息。接下来，咨询师要提供一篇关于评估的总结，通过结合受测者的背景信息、行为观察和测验结果来回答转介方最初的问题。总结应简明扼要，很少超过一页。总结的部分不包含新的信息。

一些为医疗或法庭系统撰写的报告往往要求评估者参照《精神障碍诊断与统计手册》（第五版）得出正式诊断并将诊断结果以一段话的形式记录在报告里。

建议　在这个部分，咨询师需要针对项目、策略方法和干预措施提出具体建议，以解决转介问题并改善被评估者的状况。具体的建议根据转介的原因及评估的场景而有所不同。例如，针对 K-12 学校学生的建议通常侧重于行为干预、教学策略或其他适当的教育服务（Lichtenberger et al., 2004）。为在精神健康诊所被评估的来访者提出的建议通常以治疗目的为中心，并需要根据来访者的临床诊断提出建议。请注意，一些评估报告还包含附录，其内容主要包括咨询师希望分享的、有助于执行所提建议的额外信息或阅读材料。例如，关于特定学习障碍或情绪障碍的药物治疗，或者有助于拼写教学的新型技术的信息。

简短的评估报告

学生：肖恩

出生日期：1999 年 8 月 10 日

生理年龄：8 岁，11 个月

学校：中城小学

年级：1 年级

评估日期：2008 年 9 月 15 日

评估员：凯瑟琳·拉米雷兹

转介原因

肖恩被转介进行评估，以确定他是否符合特定学习障碍的标准。肖恩的老师对他是否具备足够的口语能力表示担忧。

背景信息

肖恩的老师认为肖恩在课堂上难以表达自己的意思或想法。当被问到一个问题时，他经常很难想出合适的词语来回答问题，并且很难把句子组织起来。就行为而言，肖恩通常表现良好，没有任何问题行为记录。

肖恩说他喜欢上学，其中，数学是他最喜欢的科目。当他不上学或没有在和朋友一起玩时，他会花时间和哥哥一起看电视。

行为观察

在评估过程中，肖恩一开始比较害羞，但很快就恢复了较为热情的状态。他在评估过程中的努力度和配合度都很不错。

评估工具

第五版韦氏儿童智力量表（WISC-V）

第三版表达性词汇测验（EVT-3）

第五版皮博迪图片词汇测验（PPVT-5）

评估结果和解释

第五版韦氏儿童智力量表（WISC-V）

子测验	标准分数	百分等级
言语理解	96	39
视觉空间	95	37
流体推理	103	58
工作记忆	95	37
加工速度	97	42
全量表智商	97	42

第五版韦氏儿童智力量表的使用是为了评估肖恩的一般智力能力。肖恩的全量表智商（得分 97）和言语理解（得分 96）、视觉空间（得分 95）、工作记忆（得分 95）和加工速度（得分 97）的指标分数都在平均且正常范围内。各指标分数之间没有显著差异，表明肖恩并没有显著的认知优势或缺陷。

第三版表达性词汇测验（EVT-3）

	标准分数	百分等级
EVT-3 分数	98	45

第三版表达性词汇测试的使用是为了评估表达性语言和词汇的提取。测验题目是

施测者向受测者展示一幅图片，并做出一个陈述或提出一个问题，受测者需要用包含一个单词的答案来回复问题。肖恩得到了 98 分的标准分数，在平均范围内。这表明他能够使用一系列他这个年龄的孩子通常能掌握的词汇。在测试过程中，他在词汇的提取方面表现出一些困难，并且努力地在脑海中思索他觉得确切的词汇。

第五版皮博迪图片词汇测验（PPVT-5）

	标准分数	百分等级
PPVT-5 分数	90	25

第五版皮博迪图片词汇测验的使用是为了测量肖恩的接受性（听力）词汇。该测验包括的题目要求受测者从四张一组的图片中选出一张最能反映单词意思的图片。肖恩得到了 90 分的 PPVT-5 标准分数，低于他这个年龄的平均范围。这表明肖恩只掌握了基础词汇。

总结

咨询师对肖恩的疑似学习障碍进行了评估。在认知能力方面，他的分数在平均范围内。看起来没有认知问题干扰他的学习能力。肖恩在评估表达性语言和接受性语言能力的测试中，表现低于平均水平。他在快速提取单词方面有一些缺陷，这与教师的报告和评估期间进行的行为观察是一致的。然而，他不符合学习障碍的标准。

建议

肖恩回忆单词时的困难可能会影响他完成课堂作业的能力。他应该会从一些常见的课堂支持中受益，例如，当肖恩被要求回答问题的时候，老师应该给他足够的时间，让他说话的时候可以不会感到慌张或不会被打断，也可以在肖恩正在努力回忆单词的时候适当地给他提示。

与其他专业人员沟通评估结果

很多时候，咨询师被要求将测验结果与其他专业人员（如教师、校长、惩教所人员和司法工作人员）进行沟通，但并不是所有专业人员都能完全理解测验信息。同样，在相互尊重和共同认可的基础上，建立良好的咨访关系和工作关系是非常重要的。沟通技巧仍然是其中一个重要的变量。解释应该清晰明确。美国心理咨询协会（ACA）公布的《伦理准则》（2014）要求施测者了解评估工具的心理测量属性，并能够根据这些特性来解释评估结果。咨询师应该确保评估结果被准确地报告给正确的对象。戈德芬热和波梅兰茨（Goldfinger & Pomerantz，2013）针对如何将评估信息报告给其他专业人员提供了一些基本指南。

1. 准确了解对方需要什么信息，对方打算如何使用这些信息，以及对方具备什么资质。

2. 确保双方严格遵循伦理和法律程序，例如，获得来访者允许公布信息的书面许可。

3. 检查是否有既定的有关测验信息的程序。通常有已经生效的相关法律准则。

4. 针对对方提出的具体问题，尽可能用直接、简洁的语言书写报告。这种做法既节省了时间，又清晰准确地呈现了对方所需信息。

向公众传达评估结果

当测验结果向新闻媒体公布时，负责公布结果的人员应提供足够的信息，以尽量减少被误解的可能性。当前推崇的问责制运动已经影响了学校对测验数据的使用和报告。学校行政人员喜欢使用常模参照和效标参照的测验数据来表明学校正在实现社会教育目标。然而，许多人还是难以理解测量中使用的参照概念和许多不同类型的衍生分数报告。测验数据如果呈现得当，可以有效地为社会诠释学校系统的价值观。

与公众沟通应遵循以下过程。

1. 测验发生前后都应与相关方进行沟通。既可以利用新闻媒体向大众介绍测验，也可以通过给家长或监护人寄出信件和卡片进行通知。通知书的示例见表17-4。测验结果的报告可以通过当地媒体、家庭教师协会或社区会议公布。

2. 鉴于大多数民众可能不熟悉测验术语和统计术语，所以应该尽可能用简单易懂的语言去解释测验结果，同时保持准确和诚实。

3. 百分位数区或标准九分可以通过图形或视觉方式（如讲义、投影和幻灯片）报告。

4. 数据应该以摘要的形式呈现，如按年级而不是按教师排序。

5. 统计和测量术语可以用非技术语言去定义，并为每个术语提供示例。

6. 公众并不愚蠢，绝不可以带着优越感去对待群众。

表 17-4 给家长的通知书范例

亲爱的家长： 在接下来的几周内，您的孩子将参加第十版斯坦福成就测验（Standford 10）。Standford 10 是一个常模参照的标准化测验。这意味着您孩子的分数将与其他几千个同年级孩子的分数进行比较。Standford 10 将包括您的孩子在学校学习的许多科目。需要注意的是，Standford 10 的成绩没有及格或不及格的概念。测验结果只是有助于老师了解学生对某一科目的了解或知识储备，以便更好地帮助学生学习。 这封信中附上了几个测验题目的示例。我们建议您向孩子分享这些示例问题，这样他或她大概知道测验时会遇到什么样的题目。在 Standford 10 测验开始之前，老师也会带着学生们回顾一次样题。 以下是一些简单的建议，可以帮助您的孩子准备考试。 1. 每个孩子在测验前一天应该有良好的睡眠。我们建议孩子有 10 个小时的睡眠时间。 2. 每个孩子都应该在来学校之前吃一顿营养均衡的早餐。 3. 避免家中发生冲突和争吵。孩子的情绪状态对他们的表现会有很大的影响。 4. 确保您的孩子明白 Standford 10 的作用只是为了提供信息。Standford 10 的分数不会用来奖励或惩罚学生。 如果您有任何问题或建议，可以来学校办公室或通过电话立即与我们取得联系。我们衷心感谢您一年来的帮助和支持。 诚挚的 学校咨询师

所有口头或书面的沟通都应该包括以下部分。

1. 对测验或测验项目的大致描述。

2. 测验结果的使用说明。

3. 测量的技能和能力类型。

4. 所报告的分数种类和这些分数的含义。

5. 使用的常模类型。

6. 统计和测量概念的定义和示例，用于理解沟通内容。

7. 将测验结果与适当的参照物（国家、州、地区和学校，不同年份的变化或不同年级）进行比较。

8. 可能影响测验结果的因素。

口头报告需要留出时间来回答问题。施测者应该准备好回答以下公众常有的顾虑和问题。

• 这些测验是否会对少数族裔及处于弱势的学生不友好或有偏见？

• 我们为什么要做这么多测验？

• 为什么系统中的一些学校取得了比其他学校更高的成绩？

• 教师是否会受到测验结果的影响？

总结

　　沟通评估结果是评估过程的最后一步。一旦评估过程完成，并对结果进行了分析和解释，专业人员就有责任将结果传达给有权获得信息的个人，如来访者、家长（在受测者是未成年人的情况下），以及与受测者有关的其他专业人员（如教师、学校管理人员、心理健康专业人员）。

　　反馈环节是指咨询师安排向来访者呈现评估结果的会谈。反馈环节的作用是回顾和澄清评估结果，获得与评估过程相关的额外信息，指导来访者（和其家庭）理解评估结果意味着什么并提供建议。书面评估报告也用于沟通评估结果。报告整合了从与来访者的访谈中获得的信息、测验结果、观察结果，以及从来访者的相关方那里获得的任何其他信息。评估报告的中心目标是描述被评估的来访者，回答转介问题，组织和解释数据，并建议与转介原因有关的干预措施。

问题讨论

　　1.告知来访者（或其家长）评估结果时需注意哪些主要问题？

　　2.你会如何提高来访者对测验结果的准备度？

　　3.你会如何向来访者解释负面的测验结果？

　　4.专业人员在解释来自不同背景的来访者的测验结果时应该非常谨慎，你同意这一观点吗？为什么？

　　5.如果你可以选择接收自己测验结果的方式，你会选择什么方式？为什么？

建议活动

　　1.采访一些经常使用测验的学校咨询师、心理健康咨询师、职业咨询师或心理学家。了解他们是如何与自己的来访者（受测者）沟通评估结果的，以及他们是如何看待或解决受测者对结果的接受度、受测者的准备度、负面的评估结果、扁平式简况、受测者的动机和态度等问题的。

　　2.模拟反馈环节，一个人扮演"咨询师"，分别与（1）一个"家长"（也由其他人扮演），再与（2）一个成年"来访者"沟通测验结果，并录下整个过程。

　　3.为你所在领域内想要学习如何沟通测验结果的人设计召开一次专题研讨会。

　　4.角色扮演一个需要向专业人员寻求帮助解决测验问题或理解测验结果的人。例如，教师可能想知道如何帮助自己的学生提高考试成绩，因为他担心如果班级在成就测验中的表现不好或成绩不高，他会失去工作，或者医生可能想知道孩子是否有任何学习障碍的迹象，以及如何将这些信息告知孩子的家长。

5. 阅读下面的案例，并回答后面的问题。

当玛丽的母亲收到她正在上 2 年级的女儿玛丽在斯坦福成就测验中取得的分数时，她感到十分担心。玛丽的数学总分位于第 99 百分等级，但阅读总分只位于第 81 百分等级，玛丽在拼写方面位于第 95 百分等级，但在语言方面只位于第 45 百分等级，科学方面位于第 54 百分等级。玛丽之前已经参加过天才项目的测验，并以斯坦福 – 比奈智力量表中取得 133 分的成绩被项目录取。玛丽的母亲无法理解测验分数，希望教师和咨询师帮助她的女儿提高分数。

（1）你会如何设计与玛丽母亲的反馈环节？

（2）关于测验结果，你会告诉她什么？

6. 阅读下面的案例，并回答后面的问题：

阿尔伯特是一名 23 岁的男性，他希望有人能帮助他理解霍兰德职业兴趣量表（SDS）和迈尔斯 – 布里格斯人格类型测验（MBTI）这两个问卷中自己的得分。在了解他的过程中，你发现阿尔伯特在 10 年级的时候就辍学了，并且参加了一个高中同等学力的项目。他在食品服务这个行业换过很多工作，但都未能维持。他有一个妻子和 3 个孩子，他意识到自己需要进一步的培训和教育才能支撑他的家庭。他在 MBTI 测验中是内倾 – 感觉 – 情感 – 判断（ISFJ）型性格，在 SDS 测验中是艺术 – 现实 – 社会（ARS）型个体。

（1）你会如何与阿尔伯特沟通他的评估结果？

（2）关于测验结果，你会告诉他什么？

参考文献

为了节省纸张、降低图书定价，本书编辑制作了电子版参考文献。请扫描下方二维码查看。

版权声明